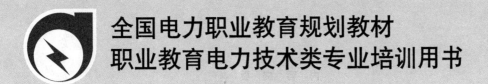

全国电力职业教育规划教材
职业教育电力技术类专业培训用书

继电保护及自动化实验实训教程

主　编　王艳丽
副主编　李全意　侯　娟
编　写　张　灵　吴娟娟　李　强
主　审　王　杰

中国电力出版社
CHINA ELECTRIC POWER PRESS

内 容 提 要

本书为全国电力职业教育规划教材。

本书是根据《国家职业技能鉴定大纲（继电保护）》的要求及高等职业教育的特点，结合电力职业教育、培训工作的需要编写而成。全书共三篇，分为十一章。内容包括继电保护及自动化检验基础，常用电磁型继电器检验，继电保护及自动装置测试常用仪器仪表，电力系统微机保护装置检验通则，低压输配电线路保护测控装置及检验，高压输电线路微机保护装置及检验，电力变压器微机保护装置及检验，发电机微机保护装置及检验，微机型自动装置检测及实验，变电站综合自动化系统及实验和变电站综合自动化系统装置接线与检测。

本书可作为高职高专发电厂及电力系统、电气工程及其自动化、供用电技术、继电保护等专业实验实训教材及电力职工培训相关专业的技术培训教材，也可供相关专业技术人员和高校电力专业师生参考。

图书在版编目（CIP）数据

继电保护及自动化实验实训教程/王艳丽主编．—北京：中国电力出版社，2012.11(2018.1 重印)

全国电力职业教育规划教材

ISBN 978-7-5123-3903-3

Ⅰ.①继… Ⅱ.①王… Ⅲ.①继电保护—高等职业教育—教材 ②继电自动装置—实验—高等职业教育—教材 Ⅳ.①TM77

中国版本图书馆 CIP 数据核字（2012）第 315326 号

中国电力出版社出版、发行

（北京市东城区北京站西街 19 号 100005 http://www.cepp.sgcc.com.cn）

三河市百盛印装有限公司印刷

各地新华书店经售

*

2012 年 11 月第一版 2018 年 1 月北京第三次印刷

787 毫米×1092 毫米 16 开本 17.75 印张 429 千字

定价 **32.00** 元

前 言

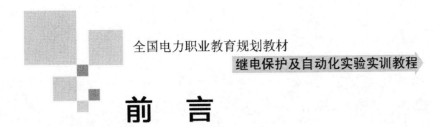

以就业为导向，实施以能力为本位，培养高素质技能型人才，力争使人才培养与社会需要“零距离”，是新的历史时期高职高专教育办学的宗旨和目标。将学历教育与国家职业资格证书体系衔接起来，加强学历教育与职业资格认证的结合，使学生在取得学历证书的同时获得相应的资格证书，是实现高等职业教育办学目标的重要举措，也是提高学生就业竞争力、提升学生自我价值的重要途径。为此，作者通过对电力生产现场的调研及向有关专家咨询，在总结多年来相关专业实践教学经验的基础上，根据《国家职业技能鉴定规范·电力行业》的要求，结合电力职业教育、培训工作的需要完成了本书的编写。

本书内容较丰富全面，紧密结合生产实际，突出教材特点，实用性、可操作性强。本书可作为高职高专发电厂及电力系统、电气工程及其自动化、供用电技术、继电保护等专业的专业实验、专业实训、专业测试技术、毕业设计等相关课程的教材及电力职工的技术培训教材，也可作为相关专业技术人员和高校电力专业师生的参考书。

本书由郑州电力高等专科学校的教师编写完成，其中，第一、四、六、七章由王艳丽编写，第九、十一章由李全意编写，第五、十章由侯娟编写，第二章、第三章的第一节由张灵编写，第八章由吴娟娟编写，第三章的二、三、四节由李强编写。本书由王艳丽担任主编并负责统稿；由大唐信阳发电有限责任公司总工程师王杰担任主审，在审阅过程中提出了许多宝贵的意见和建议，在此表示诚挚的谢意。

在本书编写过程中得到了郑州电力高等专科学校的杨晓敏、朱晓山，河南省电力公司濮阳供电公司的丁晓飞、蔡秀忠的大力支持和帮助，在此向他们致以衷心的感谢；对于本书末所附参考文献的作者以及未附在参考文献中的产品说明书、调试大纲的作者同样表示衷心的感谢。

由于编者教学水平和实践经验有限，书中难免存在不足和疏漏之处，敬请读者提出宝贵意见。

编 者

2012.11

目　录

第一篇

继电保护及自动化工作基础

第一章 继电保护及自动化检验基础

教学目的

了解继电保护工作的性质、职业道德及职业能力特征；熟知继电保护检验的基本原则；掌握继电保护屏的基本构成，初步掌握常见继电保护屏的布置规律。

教学目标

能说明继电保护工作的性质、职业道德及职业能力特征；能说明继电保护及自动化装置检验的分类与周期；能说明继电保护屏构成的基本原则；会结合实际讲述常见微机型继电保护屏的构成及屏上各元器件的作用。

第一节 继电保护及自动化工作职业概况

一、继电保护工的职业道德

继电保护是保证电网安全运行、保护电气设备的主要装置，是组成动力系统整体不可缺少的重要部分。继电保护装置配置使用不当或不正确动作，必将引起事故或使事故扩大。继电保护工作专业技术性强，一根线、一个触点的问题可能造成重大事故。因此继电保护工作人员应热爱本职工作，具有强烈的事业心，工作认真仔细，刻苦钻研技术，遵守劳动纪律，爱护工具设备，安全文明生产，诚实团结协作，艰苦朴素，尊师爱徒。

二、继电保护职业等级及职业环境条件

继电保护职业等级按照国家职业资格等级分为初级、中级、高级、技师和高级技师五个等级。

继电保护职业的环境条件是：室内、室外作业；部分季节设备检修、维护时高温作业，有一定噪声及灰尘。

三、继电保护职业能力的特征

继电保护职业能力的特征是：能根据值班记录以及信号、表计、保护动作情况、动作报告、故障录波报告等分析判断保护装置的异常情况并能进行正确处理，应具有领会理解和应用技术文件的能力，具有用精练语言进行联系和交流工作的能力，并能准确而有目的地运用数字进行运算，具有凭思维想象几何形体，懂得一维物体和二维物体表现方法。

第二节 继电保护及自动化的实现

一、继电保护及自动化装置的基本工作过程

图 1-1 所示为某一线路保护原理接线示意图，以该图为例，说明继电保护装置的工作

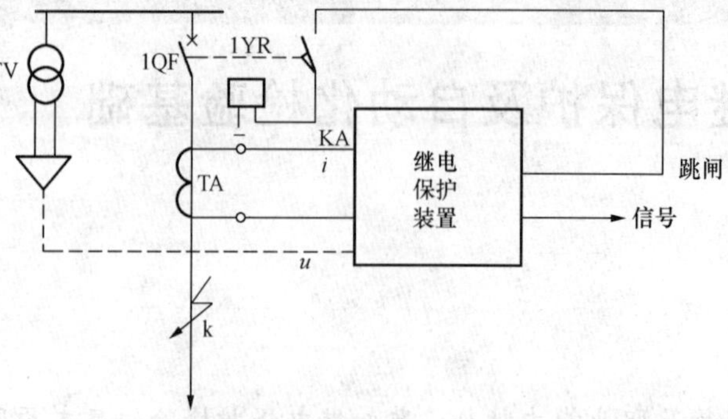

图 1-1　继电保护装置工作过程示意图

过程。当线路的 k 点发生短路时，线路中的电流由负荷电流突然增大到短路电流，通过电流互感器 TA 反应到二次侧后流过继电保护装置；同时母线电压降低，通过电压互感器 TV 二次反应到继电保护装置。继电保护装置通过对输入电流和电压进行计算比较判断，当满足跳闸的条件时，发出跳闸脉冲，经过断路器的动合辅助触点驱动其跳闸线圈，使断路器跳闸；如果仅满足告警条件时，发出告警信号。

继电保护自动装置的功能在实际实现时，其过程大致可描述为：首先根据被保护设备的需要，确定所需的微机保护自动装置型号，将这些装置按照国家规定的标准，安装在标准的继电保护自动装置屏上，并依照图纸完成屏内各单元之间的连线，对组装完毕的继电保护自动装置屏进行出厂调试，并将其运输至被保护设备所在的变电站（或集控站）进行安装；最后完成被保护设备对应回路的电流互感器二次侧、电压互感器二次侧与本继电保护自动装置屏之间的连线，进行整组调试。经过上述主要环节，就组成了某一被保护设备的继电保护及自动装置系统，该系统按照要求完成其继电保护及自动装置的任务。

图 1-2（a）、（b）所示为微机型继电保护屏正面图；图 1-2（c）所示为微机型继电保护屏背面图；图 1-2（d）所示为某一条线路保护屏交流部分接线示意图。

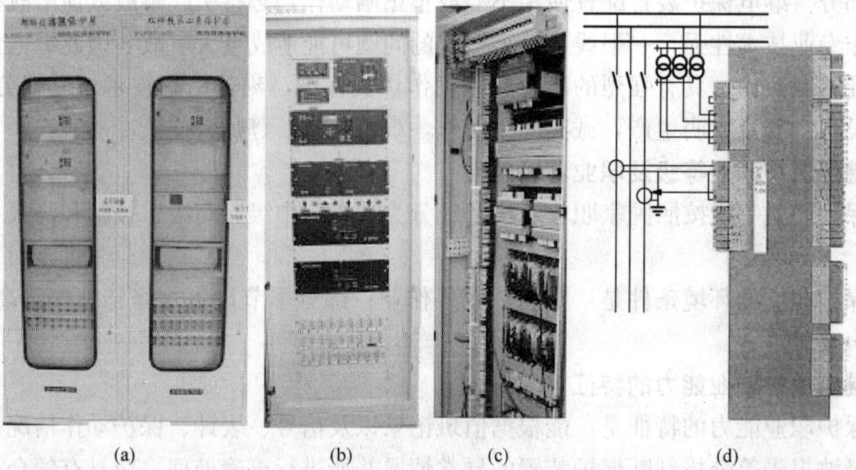

图 1-2　继电保护屏图片

（a）、（b）微机型继电保护屏正面图；（c）微机型继电保护屏背面图；

（d）某一条线路保护屏交流部分接线示意图

二、继电保护屏的基本构成

下面以 PXH—309x 线路保护屏为例，学习继电保护屏的构成。PXH—309x 线路中屏是适用于双母线接线的 220～500kV 线路，具有全线速动主保护和完整的后备保护，并能进行一次自动重合闸。PXH—309x 线路保护屏主要由 WXH—11x 微机线路保护装置、分相操作继电器箱、交流电压切换装置和 SF—500 收发信机构成，其屏正面照片如图 1-3 所示。

（1）交流电压切换装置的作用是：当双母线运行方式变化时，完成输入给有关保护装置及测量回路的 A 相、B 相、C 相和零序电压的切换。

（2）分相操作继电器箱主要包括了本线路除微机保护装置以外，所有保护、控制、信号等回路有关的继电器。例如，手动跳闸继电器、手动合闸继电器、跳闸位置继电器、合闸位置继电器、信号继电器等。

（3）SF—500 收发信机的作用是与微机保护装置配合实现高频保护的功能。

（4）WXH—11x 微机线路保护装置主要实现对被保护线路的高频保护、距离保护、零序保护及重合闸功能。

（5）重合闸方式切换开关、按钮。其中重合闸方式切换开关用于重合闸工作方式的切换；其他按钮分别完成本屏有关信号的试验、复归、启动等。

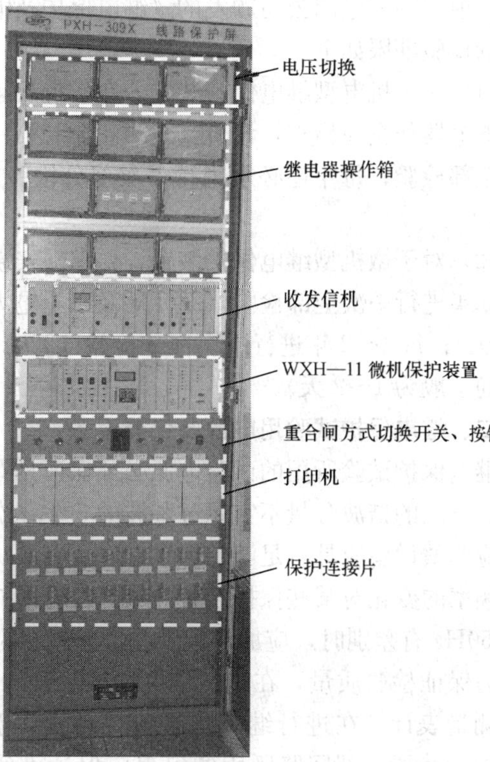

图 1-3　PXH—309x 线路保护屏正面照片

（6）打印机主要是与微机保护装置配合完成各种报告的打印。

（7）保护连接片用于控制本保护屏上所有保护的投入和退出。

第三节　继电保护及自动化装置的检验

一、继电保护及自动化装置检验的分类与周期

1. 继电保护装置检验的分类

按照《继电保护及电网安全自动装置检验条例》的规定，继电保护装置的检验分为新安装验收检验、定期检验和补充检验三类。

（1）新安装验收检验是在继电装置新安装完毕时进行的检验。新安装验收检验时，要求对继电装置进行全面检查试验，以保证其投入运行后的性能和质量满足整定要求。

（2）定期检验指继电保护装置运行后定期进行的检验。定期检验又分定期全部检验、定期部分检验以及作用于断路器的整组跳合闸试验三种情况。定期检验时，应根据不同情况按照现场检验规程的要求，分别进行相应项目和内容的检查试验。

（3）继电保护装置的补充检验主要是指由于保护装置改造、一次设备检修或更换、运行中发现有异常情况以及在事故以后所进行的检验，检验项目主要根据实际情况考虑确定。

2. 继电保护装置检验的周期

继电保护装置检验期限的确定，主要是从现场运行条件及继电保护装置制造质量等方面

考虑。根据国家电网公司颁发的《继电保护及电网安全自动装置检验条例》规定，继电保护装置的检验期限如下。

(1) 对于机电型继电保护装置，在新投入运行后的第一年内必须进行一次全部检验，以便对继电器作全面检查，评价其是否正常。第一次定期全部检验以后，要求每3～5年进行一次全部检验；每年还必须进行一次部分检验以及每年不少于一次作用于断路器的跳合闸试验。

(2) 对于微机型继电保护装置，要求新安装的保护装置第一年内进行一次全部检验，以后每6年进行一次全部检验（220kV及以上电力系统微机线路保护装置全部检验时间一般为2～4天）；每1～2年进行一次部分检验（220kV及以上电力系统微机线路保护装置部分检验时间一般为1～2天）。

二、继电保护试验用电源及仪器设备

继电保护试验所用的试验电源必须保证具有良好的波形。一般要求通入保护装置的试验电流、电压的谐波分量不宜超过基波的5%，必要时，可用谐波分析仪检测。交流试验电源和相应调整设备应具有足够的容量，以便有效防止在大试验负载时试验电源波形畸变。试验电源频率的变化对某些保护装置的电气特性影响较大时，应注意监测试验电源的频率，当频率与50Hz有差别时，应加以记录并考虑频率的影响。

为保证检验质量，在进行继电保护装置的电气试验时，应根据被测量的特性，选用合适的测量表计。在进行继电保护装置整定试验时，所用仪表的精确度应不低于0.5级。测量保护装置内部回路所用的仪表应保证不致破坏该回路的参数值。如并接于电压回路上的表计，应采用高内阻的仪表；若测量电压小于1V，应用电子毫伏表或数字型仪表；串接于电流回路的仪表，应采用低内阻的表计；测定绝缘电阻，一般情况下，采用1000V绝缘电阻表进行。

继电保护试验用的调节设备，如变阻器、调压器以及各种专用试验装置，应保证足够的热稳定性能，其容量应根据电源电压大小、试验接线误差及保护定值的要求，进行合理选定；同时调节设备应操作灵活方便，调整均匀平滑。

三、试验回路接线

进行继电保护试验时，试验回路的接线应尽量模拟实际运行情况，使得试验时通入保护装置的电气量与保护装置的实际工作情况相符合。

四、试验数据记录

记录继电保护测试结果的数据时，应注意以下事项。

(1) 继电器在整定位置下作动作值测试或者对微机保护所有特性中的每一点检测时，均应重复试验三次，每次试验的数值与整定值之间的误差应满足规定的要求。

(2) 对带有铁质外壳的继电器，应把外壳罩好后再录取测试数据作为正式试验数据。

(3) 在对继电器进行电流或电压冲击试验时，冲击电流值按保护安装处的最大故障电流；冲击电压值按1.1倍额定电压。

(4) 对于电气特性受试验电源频率变化影响较大的保护装置，在记录其试验数据时，应注明试验时的电源频率。

五、误差、离散值的计算方法

继电保护在试验时动作误差、离散值的计算式为

$$动作误差（\%）=\frac{实测值-整定值}{整定值}\times 100\%$$

$$离散值（\%）=\frac{与平均值相差最大的数值-平均值}{平均值}\times 100\%$$

六、继电保护及自动化装置的检验报告

1. 继电保护检验报告的内容

继电保护检验报告的内容一般应包括下列各项。

（1）被试设备的名称、型号、制造厂、出厂日期、出厂编号、装置的额定值。

（2）检验类别。

（3）检验项目名称。

（4）检验条件和检验工况。

（5）检验结果及缺陷处理情况。

（6）有关说明及结论。

（7）使用的主要仪器、仪表的规格型号和出厂编号。

（8）检验日期。

（9）检验单位的试验负责人和试验人员名单。

（10）试验负责人签字。

2. 继电保护检验报告举例

某微机线路保护试验报告见附录A。

复习思考题一

1. 简述继电保护工作的性质、职业道德及职业能力的特征。

2. 继电保护装置检验的分类有哪些？

3. 根据《继电保护及电网安全自动装置检验条例》，继电保护装置的检验期限是如何规定的？

4. 对于继电保护试验用的电源及仪器设备有哪些要求？

5. 记录继电保护测试结果的数据时，应注意哪些事项？

6. 继电保护在试验时动作误差、离散值的计算式是什么？

7. 图1-1中线路的电压等级若分别为10、110kV和220kV时，相应配置的继电保护装置应具有哪些继电保护及自动装置的功能（应配置哪些继电保护及自动装置）？

技能训练一

任务1：画出PXH—309x线路保护屏的屏面布置图，写出各单元的主要作用。

任务2：完成某10kV线路定期检验报告的初步设计（不带检验数据）。

第二章　常用电磁型继电器检验

教学目的

了解继电器一般检验项目和方法；熟悉电磁型电流、中间、时间、信号继电器的内部结构与工作原理；掌握电磁型继电器电气特性试验方法；掌握电磁型电流继电器返回系数的调整方法。

教学目标

学会继电器一般检验项目和方法；参照实物能说明电磁型电流、中间、时间、信号继电器的内部结构，能讲解其工作原理；能熟练进行电磁型继电器电气特性试验的操作；能进行电磁型电流继电器返回系数的调整操作。

第一节　常用电磁型继电器简介

不同性能的电磁型继电器，通过一定的逻辑组合构成电磁型保护装置，由于电磁型保护应用时间长，技术成熟且价格低廉，因此电磁型保护目前仍在配网和工矿企业供用电系统中得以应用。根据通入继电器线圈中输入量的物理性质不同，电磁型继电器可分为电流继电器、电压继电器；按通入继电器线圈电流种类的不同，又可分为交流继电器、直流继电器。常用的电磁型继电器有电流继电器、电压继电器、中间继电器、时间继电器和信号继电器等。几种常用电磁型继电器的文字符号和图形符号见表 2-1。

表 2-1　　常用电磁型继电器的文字符号和图形符号

继电器名称	文字符号	图形符号	继电器名称	文字符号	图形符号
电流继电器	KA	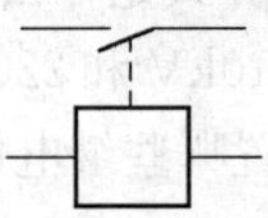	信号继电器	KS	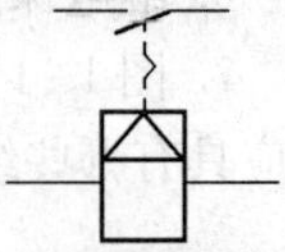
中间继电器	KM	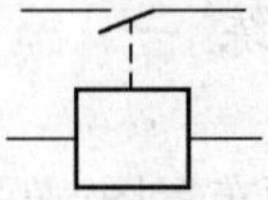	时间继电器	KT	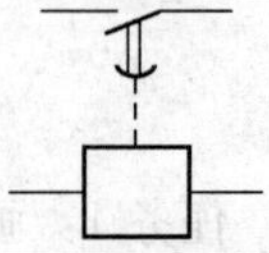

一、电磁型电流继电器

1. 用途

电磁型电流继电器用于发电机、变压器、输电线路及电动机等的过负荷和短路的保护装置，用以反应被保护对象的电流变化，作为继电保护的测量和启动元件。

2. 构成

（1）面板。电流继电器面板上（铭牌）标示的内容有：继电器型号、名称、额定电流（电流的性质和大小）、刻度盘、继电器线圈串并联时的刻度倍数以及生产厂家和出厂编号。图 2-1（a）所示为 DL—32 型电流继电器的面板。

（2）内部结构。电流继电器由电磁铁、线圈、Z 形舌片、弹簧、动触点、静触点、限制螺杆、定值调整把手、刻度盘、轴承等构成。图 2-1（b）所示为 DL—32 型电流继电器的内部结构。

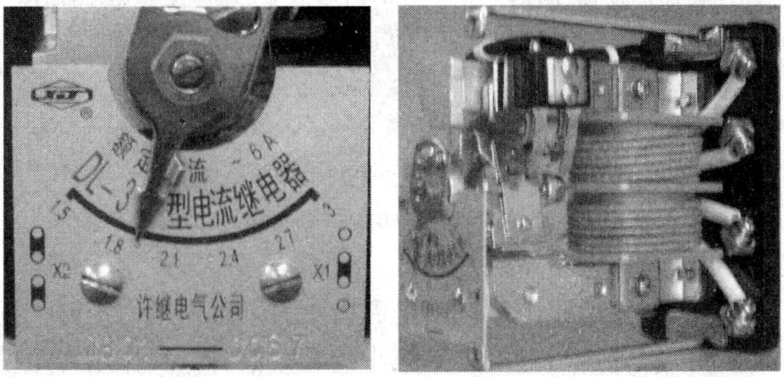

(a)　　(b)

图 2-1　DL—32 型电流继电器

（a）电流继电器面板；（b）电流继电器内部结构

3. 工作原理

电流继电器为瞬时动作继电器。当加至继电器线圈上的电流达到一定值时，该电流产生的电磁力矩克服弹簧反作用力矩和摩擦力矩，继电器动作，动合触点闭合，动断触点断开；当线圈上所加电流中断或减小到一定值时，弹簧的反作用力矩使继电器返回，动合触点断开，动断触点闭合。

4. 整定值调整

继电器铭牌上的刻度值为线圈串联时的动作电流值。

继电器整定值的调整方法有两种。

（1）转动刻度盘上指针（定值调整把手），改变弹簧的反作用力矩，从而改变继电器的动作值。调整把手顺时针转动时，整定值减小；逆时针转动时，整定值增大。

（2）改变继电器线圈的连接方式，调整把手位置不变，继电器线圈并联时的动作电流值是串联时的 2 倍。

二、中间继电器

1. 用途

中间继电器在继电保护及自动装置中，作为增加触点数量和容量的辅助继电器。

2. 构成

（1）面板。中间继电器面板上标示的内容有：继电器型号、名称、工作电压（电压的性质和大小）以及生产厂家和出厂编号。图 2-2（a）所示为 DZY—204 型中间继电器的面板。

（2）内部结构。中间继电器由电磁铁、线圈、舌门衔铁、触点片等构成。图 2-2（b）所示为 DZY—204 型中间继电器的内部结构。

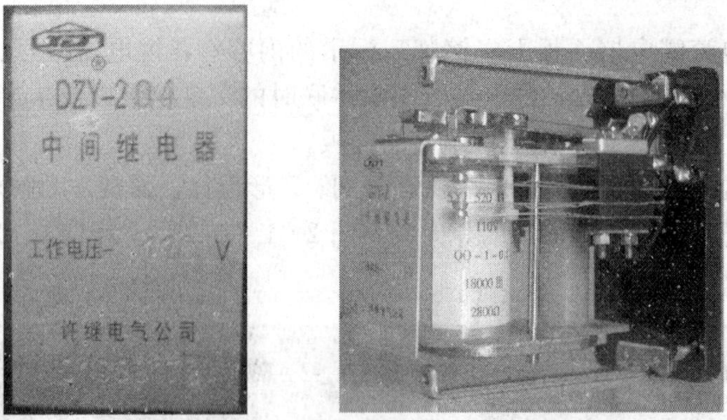

(a)　　(b)

图 2-2　DZY—204 型中间继电器

(a) 中间继电器面板；(b) 中间继电器内部结构

3. 工作原理

继电器线圈通电时，产生电磁力矩，当电磁力矩大于反作用力矩时，衔铁被吸合，带动动合触点闭合，动断触点打开；当电磁力矩减小到某一值时，反作用力矩使衔铁返回，带动触点返回到初始位置。

4. 类型与型号

中间继电器用途广、类型多，常用的型号有：DZ 型（瞬时动作的一般中间继电器），DZB 型（带保持线圈的中间继电器），DZS 型（具有延时特性的中间继电器），DZJ 型（交流电磁型中间继电器），DZK 型（快速动作的中间继电器等）。

三、信号继电器

1. 用途

信号继电器用于继电保护及自动装置中作为整组和个别元件动作后的信号指示，以便于分析继电保护与自动装置的动作情况。信号继电器分为电流启动或电压启动两种不同的类型。

2. 构成

（1）面板。信号继电器面板上标示的内容有：继电器型号、名称、额定电流值以及出厂编号和生产厂家。图 2-3（a）所示为 DX—31B 型信号继电器的面板。

（2）内部结构。信号继电器由电磁铁、线圈、舌门片、调节螺丝、带有可动触点的轴、弹簧、舌门片行程限制档、红色信号指示钮等构成。图 2-3（b）所示为 DX—31B 型信号继电器的内部结构。

3. 工作原理

信号继电器按电磁原理构成。当线圈通电时，衔铁被吸住，继电器动作，红色的信号指示钮被弹出，同时动合触点闭合并机械自保持。

4. 手动复归

信号继电器需手动复归红色信号指示钮。图 2-3（c）所示为信号继电器动作，红色信号指示钮弹出时的情况。

5. 特点

DX—31 型信号继电器的特点是电磁启动、掉牌信号、机械保持和手动复归。

(a)　(b)　(c)

图 2-3　DX—31B 型信号继电器

（a）信号继电器面板；（b）信号继电器内部结构；

（c）继电器动作（红色信号指示钮弹出）

四、时间继电器

1. 用途

时间继电器可作为继电保护和自动装置的时间元件。

2. 构成

（1）面板。时间继电器面板上标示的内容有：继电器型号、名称、工作电压（电压的性质和大小）、刻度盘以及出厂编号和生产厂家。图 2-4（a）所示为 DS—32 型时间继电器的面板。

（2）内部结构。时间继电器由磁路、线圈、衔铁、返回弹簧、瞬动触点、钟表机构、可动触点、静触点、刻度盘等构成。图 2-4（b）所示为 DS—32 型时间继电器的内部结构。

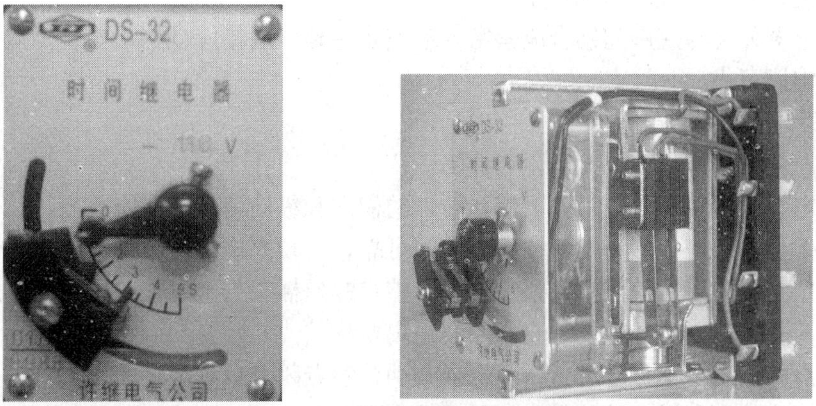

(a)　(b)

图 2-4　DS—32 型时间继电器

（a）时间继电器面板；（b）时间继电器内部结构

3. 工作原理

继电器启动部分是按电磁原理构成，继电器线圈可由直流或交流电源供电。在交流时间继电器内，装有桥式整流器，将交流整流后供给继电器线圈，当线圈加上电压后，衔铁被吸入线圈内，扇形齿轮曲臂被释放，在钟表弹簧作用下，使扇形齿轮转动，带动棘轮上的传动齿轮，与此同时，启动器强行推动摆轮，使之立即启动，以缩短启动时间和增加启动的可靠性。因棘轮的作用，使同轴上主传动齿轮只能单向逆时针旋转，同时主传动齿轮带动钟表机构转动。在钟表机构摆动下，使动触点恒速旋转，经一定时限与静触点接触。当断开电源后，衔铁被返回弹簧顶回原位。同时，扇形齿轮经轴套曲臂被衔铁顶回原处，使钟表弹簧重新拉伸，以备下次动作。

4. 时间整定

动作时间的长短用改变静触点位置来调整。

（1）使用一字形螺丝刀，松动用来固定静触点的螺钉。

（2）捏着安置静触点的黑色胶木的左右两端，移动至所要整定的刻度处。

（3）使用一字形螺丝刀，拧紧用来固定静触点的螺钉。

5. 注意事项

（1）进行时间整定时，不要触摸继电器静触点，不然将使继电器不能正常工作。

（2）松动固定静触点的螺钉时，拧一圈左右，安置静触点的黑色胶木可以移动即可，不要松动过多，否则将会造成螺帽脱落。

（3）黑色胶木底端小三角对应的位置为时间继电器的整定位置。

第二节 常用电磁型继电器一般性检验

一、一般性检验项目和要求

继电器在新安装和定期检验时，对继电器进行检查的项目和要求如下。

1. 外部检查

（1）继电器的外壳应清洁无灰尘。

（2）继电器外壳与底座间结合应紧密，玻璃要完整，嵌接应良好，安装要端正。继电器端子接线应牢固可靠。

2. 内部和机械部分检查

（1）继电器内部应清洁，无灰尘和油污。

（2）继电器的可动部分应动作灵活，转轴的横向和纵向活动范围应适当。

（3）各部件安装应完好，螺丝插头应牢固可靠，发现有虚焊或脱焊时应重新焊牢。

（4）整定把手应可靠地固定在整定位置，整定螺丝插头与整定孔的接触应良好。

（5）弹簧无变形，与转轴要垂直，层间距离要均匀。

（6）触点的固定要牢靠并无折伤和烧损，动合触点闭合后有足够的压力。对具有多对触点的继电器，应检查各触点的接触时间是否符合要求。

（7）对于静态继电器，印刷电路板不得有断线、剥落及锈蚀现象。面板整定插孔与插销、信号灯与灯座固定可靠。

3. 绝缘检查

（1）用1000V绝缘电阻表（俗称摇表）对全部保护接线回路测定绝缘电阻，其值应不小于1MΩ。

（2）单个继电器在新安装时或经过解体检修后，应用1000V绝缘电阻表（额定电压为100V及以上者）或500V绝缘电阻表（额定电压为100V以下者）测定绝缘电阻。

1）全部端子对底座和磁导体的绝缘电阻应不小于50MΩ。

2）各线圈对触点及各触点间的绝缘电阻应不小于50MΩ。

3）各线圈间的绝缘电阻应不小于10MΩ。

（3）在耐压试验中，新安装和继电器经过解体检修后，应进行50Hz交流电压、历时1min的耐压试验，所加电压应根据继电器技术数据中的要求而定。也允许用2500V绝缘电阻表测定绝缘电阻来代替交流耐压试验，所测绝缘电阻应不小于20MΩ。

（4）测定绝缘电阻或耐压试验时，试验前应将绝缘水平低于1000V的元件短接或拆除。

4. 继电器触点工作可靠性检验

新安装和定期检验时，应仔细观察继电器触点的动作情况，发现触点有抖动、接触不良等现象要及时处理。同时应结合保护装置整组检验，将继电器触点带上实际负荷，再对继电器的触点进行检查，不应有抖动、粘住或出现火花等异常现象。

5. 重复检查

继电器经检验和调整完毕后，应再次仔细检查拆动过的元件、螺丝和整定插头是否拧紧，定值是否正确，检验项目是否齐全，所有的临时衬垫等物件是否清除，临时接线、连线是否拆除等。

继电器加盖后，应结合保护装置整组检验，检查继电器动作情况、信号牌及复归是否正确灵活。

二、电流继电器的检验

1. 检验目的

熟悉DL—32型电流继电器的构造；校验电流继电器的动作电流和返回电流并计算继电器的返回系数。

2. 机械部分检查

（1）转轴活动范围的检查。检查转轴的纵向和横向活动范围，纵向活动范围应在0.15～0.2mm内。活动量太大易引起转轴脱落，太小易发生卡轴。

（2）舌片与电磁铁间隙的检查。舌片与磁极两极间隙应均匀不能相碰；如图2-1所示，舌片在初始位置时的角度α在77°～88°范围内。继电器在动作位置时，舌片与磁极之间的间隙不得小于0.5mm。

（3）弹簧的检查与调整。

1）弹簧的平面与转轴应严格垂直，不能有凸肚或平面倾斜现象。如不能满足要求时，可拧松弹簧里套箍和转轴间的固定螺丝，沿轴向移动套箍至合适位置，再将固定螺丝拧紧，或用镊子调整弹簧。

2）弹簧由起始拉角转至刻度盘最大位置时，层间间隙应均匀。否则，可将弹簧外端的支杆作适当的弯曲，或用镊子整理弹簧最外一圈的终端。

（4）触点的检查与调整。

1）触点上有受熏及烧焦之处时，应用细锉锉净，并用细油石打磨光。如触点发黑可用鹿皮擦净，不得用砂布打磨触点。

2）动触点与静触点间的总间隙不得小于 2mm。两静触点片的倾斜度应一致并位于同一平面上，触点应能同时接触。

3）动合触点或动断触点闭合时，动触点距静触点的边缘不小于 1.5mm，限制片与接触片间隙不大于 0.3mm。

（5）轴承与轴尖的检查。

1）将继电器置于垂直位置，将刻度盘上的调整把手移至左边最小刻度值上，检查触点动作的情况。若继电器良好，将调整把手由最小刻度值向左旋转 20°～30°时继电器的弹簧应全部松弛。此时略将调整把手往复转动约 3°～5°即可使动触点与静触点时而闭合或开放。

2）检查轴承时，先用锥形小木条的尖端将轴承擦拭干净，再用放大镜检查。如发现轴承有裂口、偏心、磨损等情况，应予以更换。

3）轴尖应用小木条擦净，并用放大镜检查。转轴的两端应为圆锥形，轴承的锥面应磨光，不得用刀尖或指甲削伤。轴尖的圆锥角应较轴承的凹口为尖，以便轴尖在轴承中仅在一点转动，而不是贴紧在凹口的四周转动。轴尖如有裂纹、削伤、铁锈等，应将轴尖磨光，用汽油洗净，并用清洁软布擦干。如还不能使用，则应更换。

3. DL—32 型电流继电器电气特性检验

（1）动作电流和返回电流的检验。检验方法和步骤见本章第三节内容。

动作值与返回值的测量应重复三次，每次测量值与整定值误差不超过±3%。否则应检查轴承和轴尖。

过电流继电器的返回系数应不小于 0.85，当大于 0.9 时应注意触点压力。

（2）返回系数的调整。返回系数不满足要求时应予调整。影响返回系数的因素较多，如轴尖的光洁度、轴承清洁情况、静触点位置等。但影响较显著的是舌片端部与磁极间的间隙和舌片的位置。

1）改变舌片的起始角与终止角。调整继电器左上方的舌片起始位置限制螺杆，以改变舌片起始位置角，此时只能改变动作电流，而对返回电流几乎没有影响，故用改变舌片起始角来调整动作电流和返回系数。舌片起始位置离开磁极的距离越大，返回系数越小；反之，返回系数越大。

调整继电器右上方的舌片终止位置限制螺杆，以改变舌片终止位置角，此时只能改变返回电流而对动作电流则无影响，故用改变舌片的终止角来调整返回电流和返回系数。舌片终止位置与磁极的间隙越大，返回系数越大；反之，返回系数越小。

2）变更舌片两端的弯曲程度以改变舌片与磁极间的距离，也能达到调整返回系数目的。该距离越大返回系数也越大；反之，返回系数越小。

3）适当调整触点压力也能改变返回系数，但应注意触点压力不宜过小。

（3）动作值的调整。

1）继电器的调整把手在最大刻度值附近时，主要调整舌片的起始位置，以改变动作值。为此，可调整左上方的舌片起始位置限制螺杆。当动作值偏小时，使舌片的起始位置远离磁极；反之，则靠近磁极。

2）继电器的调整把手在最小刻度值附近时，主要调整弹簧，以改变动作值。

3）适当调整触点压力也能改变动作值，但应注意触点压力不宜过小。

4. 技术指标

(1) 返回系数：继电器的返回系数不小于0.85。

(2) 动作时间：当通入继电器的电流为整定值的1.2倍时，动作时间不大于0.15s；3倍时不大于0.03s。

三、中间继电器的检验

1. 机械部分检查

除一般性检查外，在机械部分检查时应注意以下几点。

(1) 触点片应平整，触点应正位接触，同一动触点片的两个触头是否同时接触和同时分离。

(2) 触点接触后，应有足够的压力和明显的共同行程。

(3) 切换触点在切换过程中应能满足保护使用上的要求。

2. 电气特性检验

检验方法和步骤见本章第三节内容。

动作值与返回值的调整如下。

(1) 调整弹簧的拉力，可以同时改变动作值和返回值。

(2) 调整衔铁的限制钩以改变衔铁与铁芯的气隙。动作值偏高，应减小气隙，反之，则增加气隙。

3. 技术参数

(1) 继电器的动作电压不应大于70%的额定电压，动作电流不应大于继电器铭牌规定的额定电流。出口中间继电器的动作电压应为其额定电压的50%～70%。

(2) 返回电压不应小于其额定电压的5%。返回电流应不小于其额定值的2%。

(3) 具有保持线圈的继电器的保持电流应不大于其额定电流的80%，保持电压应不大于其额定电压的65%。线圈极性应与厂家所标极性相符。

在现场检验继电器的动作值、返回值和保持值时，均应与实际回路中串联和并联的电阻元件一起进行。

四、信号继电器的检验

1. 检验项目和要求

(1) 一般性检验。除按第一节要求进行检查外，机械部分的调整应满足：①动触点轴的轴向活动范围应为0.2～0.3mm；②衔铁动作后，信号指示钮可靠弹出，其挂钩位置应适当，不因振动而自动脱扣。

(2) 动作值的检验。检验方法和步骤见本章第三节内容。

2. 技术指标

电流信号继电器的动作电流不大于继电器铭牌的额定电流。电压信号继电器的动作电压不大于70%额定电压。

五、时间继电器的检验

1. 机械部分检查

(1) 衔铁上的弯板在固定槽中滑动应无显著摩擦。当手按下衔铁时，瞬时动断触点应断开，动合触点应闭合。

(2) 检查动触点在钟表机构的轴上固定是否牢固。按下衔铁时，动触点应在静触点1/3

处开始接触并在其上滑行到1/2处停止。延时滑动触点在滑动过程中，应保证触点接触可靠。释放后，动触点应能迅速返回。

(3) 钟表机构的检查：按下衔铁时，钟表机构开始走动直至终止位置的整个过程中应均匀走动，不准有忽快忽慢、时走时停、跳动或中途卡住现象。释放衔铁时，继电器返回不应缓慢，或中途停止，否则应在试验室进行钟表机构的解体检查。

2. 时间继电器的通电检验

检验方法和步骤见本章第三节内容。

3. 技术数据

(1) 动作值、返回值：继电器动作电压值不大于70%额定电压，返回电压不小于5%额定电压。

(2) 触点容量：继电器触点长期闭合电流5A，在电压不大于220V，电流不大于3A，时间常数小于5ms的情况下，触点断开功率为50W。

第三节 常用电磁型继电器特性实验

一、实验一：电磁型电流继电器特性测试

(一) 实验目的

(1) 熟悉DL—32型电流继电器的内部结构，掌握其工作原理。

(2) 学会该型继电器动作值及返回值的测量方法并计算继电器的返回系数。

(二) 实验项目

(1) 调整电流继电器的整定值。

(2) 测量电流继电器的动作电流、返回电流并计算其返回系数和其他参数值。

(三) DL—32型电流继电器内部结构

DL—32型电流继电器内部接线如图2-5所示。

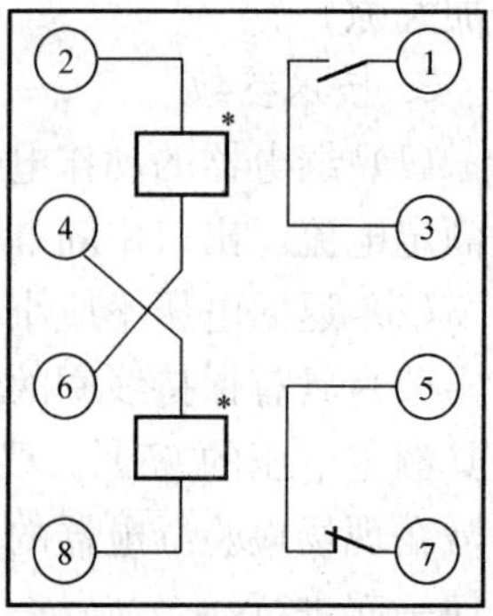

图2-5 DL—32型电流继电器内部接线图

(四) 实验设备（见表2-2）

表2-2 实验设备

序号	设备名称	符号	型号	规格	数量	备注
1	单相接触调压器	TR	TDGC—2	2kVA	1台	
2	滑线式变阻器	R	BX3—2	16Ω/8A	1个	
3	电流表	PA	T51—A	5/10A	1只	
4	单相交流电源开关	S			1个	在实验台板上
5	电流继电器	KA	DL—32		1个	在实验台板上
6	指示灯	HL			1个	在实验台板上
7	电池组	+、—		6V	1组	在实验台板上

（五）实验方法

1. 实验接线图

DL—32 型电流继电器实验接线图如图 2-6 所示。

2. 操作步骤

（1）将电流继电器的两线圈进行串联连接，按图 2-6 接线。

注意以下几点。

1）电流继电器两线圈串联连接时，整定的动作值为刻度值；两线圈并联连接时，整定的动作值是刻度值的 2 倍。实验时，一般按照整定电流由小到大，线圈先串联后并联进行。

2）滑线变阻器在这里起限流作用，做固定电阻使用；对其阻值不做调整。

3）单相接触调压器手柄旋至零位，才能合上或断开电源。

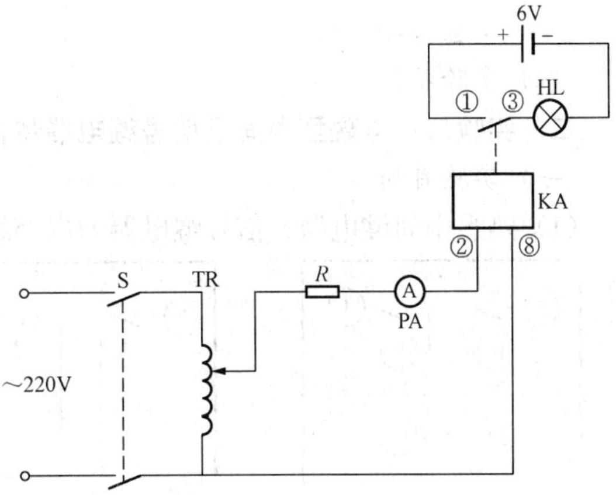

图 2-6　DL—32 型电流继电器实验接线图

（2）将单相接触调压器（TR）手柄旋至零位，电流表置在合适的量程。

（3）根据整定电流 I_{set} 的大小，将整定把手箭头拨至相应刻度，合上单相电源开关 S，缓慢而均匀地调节调压器的输出电压，使继电器电流慢慢地增加，直至继电器动作，指示灯亮停止调节。记下此时的电流数值，即为继电器的动作电流 I_{op}。

（4）电流继电器动作后，均匀地减小调压器的输出电压至继电器的触点刚刚分开，指示灯熄灭，记下这时的电流，即为返回电流 I_{re}。

（5）把单相接触调压器调至零位，拉开单相电源开关 S。

《保护继电器校验规程》要求：整定点动作值 I_{op} 与整定值 I_{set} 误差不应超过±3%。

若不满足要求，调整整定把手位置，重复上述过程，直至满足要求为止。

（6）动作值与返回值的测量应重复三次，将数据填入表 2-3，求出它们的平均值。

根据动作电流和返回电流计算返回系数及其他参数值。

《保护继电器校验规程》要求：返回系数应不小于 0.85，当大于 0.90 时，应注意触点压力。

表 2-3　　DL—32 型电流继电器实验数据记录表

整定值（A）	线圈连接方式	动作电流 I_{op}（A）				返回电流 I_{re}（A）				返回系数 K_{re}	误差（%）
		1	2	3	平均	1	2	3	平均		

（六）计算公式

返回系数

$$K_{re}=\frac{I_{re}}{I_{op}}$$

$$误差=\frac{实测值-整定值}{整定值}\times 100\%$$

（七）实验数据分析

（八）实验结论

二、实验二：电磁型中间及信号继电器特性测试

（一）实验目的

（1）熟悉中间继电器、信号继电器的内部结构及动作原理。

（2）掌握继电器的各项技术参数的测试方法。

（二）实验项目

（1）测量中间继电器的动作电压及返回电压。

（2）测量信号继电器的动作值。

（三）继电器的内部结构

DZY—204/110型中间继电器、DX—31B/0.5型信号继电器内部接线如图2-7所示。

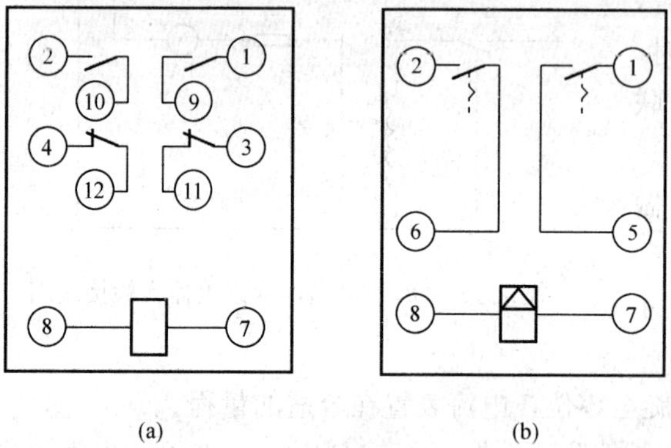

图2-7 继电器内部接线图

(a) DZY—204/110型中间继电器；(b) DX—31B/0.5型信号继电器

（四）实验设备（见表2-4）

表2-4　实 验 设 备

序号	设备名称	符号	型号	规格	数量	备注
1	滑线式变阻器	R	BX8—12	425Ω/1.45A	1个	
2	直流电压表	PV	C65—V	75/150V/300	1只	
3	电流表	PA	T51	0.5/1A	1只	
4	单相开关板	S2			1块	
5	直流电源开关	S1			1个	在实验台板上
6	中间继电器	KM	DZY—204	110V	1个	在实验台板上
7	信号继电器	KS	DX—31B	0.5A	1个	在实验台板上
8	指示灯	HL			1个	在实验台板上
9	电池组	+、-		6V	1组	在实验台板上

（五）实验方法

1. DZY—204/110型中间继电器

（1）实验接线图。DZY—204/110型中间继电器实验接线图如图2-8所示。

（2）动作电压及返回电压测定。

1）按图2-8接线，将滑线式变阻器R置中间位置、单相开关S2在断开位置。

2）合上直流电源开关 S1，调节滑线式变阻器 R（R 相当于分压器），使电压表指示为零。

3）合上单相开关 S2，调节滑线式变阻器 R 使电压升高，至中间继电器衔铁完全被吸合时为止，拉开直流电源开关。然后冲击地（迅速合上电源开关）通入继电器电压，能使继电器衔铁瞬时完全被吸合的最低冲击电压，即为继电器的动作电压 U_{op}，将 U_{op} 填入表 2-5 内。

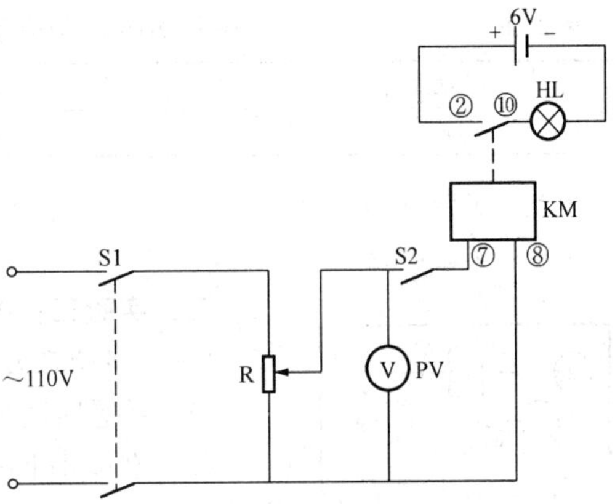

图 2-8　DZY—204/110 型中间继电器实验接线图

4）继续调节滑线式变阻器 R，使电压升至继电器的额定电压 110V，然后减小电压，测试使继电器衔铁返回至初始位置的最大电压，即为中间继电器的返回电压 U_{re}。拉开电源开关，将 U_{re} 填入表 2-5 内。

5）重复测试三次，求取动作值和返回值的平均值，记入表 2-5。

《保护继电器检验规程》要求：继电器的动作电压不应大于其额定电压（U_N）的 70%，返回电压不应小于其额定电压（U_N）的 5%。

表 2-5　　DZY—204/110 型中间继电器实验数据记录表

测试次数	1	2	3	平均
动作电压 U_{op}（V）				
返回电压 U_{re}（V）				

2. DX—31B/0.5 型信号继电器

（1）实验接线图。DX—31B/0.5 型信号继电器实验接线图如图 2-9 所示。

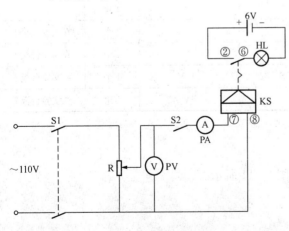

图 2-9　DX—31B/0.5 型信号继电器实验接线图

（2）动作值的测定。

1）按图 2-9 接线，将滑线式变阻器 R 置中间位置、单相开关 S2 在断开位置。

2）合上直流电源开关，调节滑线式变阻器 R，使电压表指示为零。合上单相开关 S2，调节滑线式变阻器 R（注意观察电流表），使信号继电器刚好动作指示灯亮，继电器掉牌；拉开直流电源开关 S1，手动复归继电器，给信号继电器冲击地加入电流，使继电器动作的最小电流即为信号继电器的动作电流 I_{op}。调节滑线式变阻器 R 使电流减小至零，重复测试三次，取其平均值，记入表 2-6 中。

《保护继电器检验规程》要求：电流信号继电器的动作电流 I_{op} 不大于继电器铭牌的额定电流。

表 2-6　**DX—31B/0.5 型信号继电器实验数据记录表**

测试次数	1	2	3	平均
动作电流 I_{op}（A）				

（六）实验数据分析

（七）实验结论

三、实验三：电磁型时间继电器特性测试

（一）实验目的

（1）熟悉时间继电器的内部结构及动作原理。

（2）掌握时间继电器的整定方法及各项技术参数的测试方法。

（3）学会使用 401 型电秒表。

（二）实验项目

（1）测量时间继电器的动作电压及返回电压。

（2）调整时间继电器的整定值、测量动作时间。

（三）继电器的内部结构

DS—32/110 型时间继电器内部接线如图 2-10 所示。

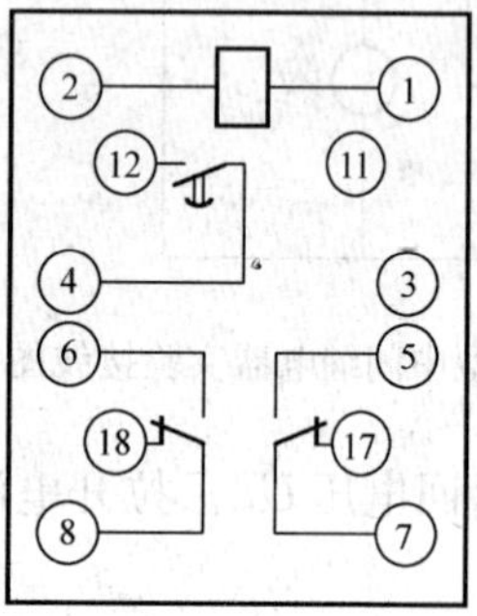

图 2-10　DS—32/110 型时间继电器内部接线图

（四）实验设备（见表 2-7）

表 2-7　**实　验　设　备**

序号	设备名称	符号	型号	规格	数量	备注
1	滑线式变阻器	R	BX8—12	425Ω/1.45A	1 个	
2	直流电压表	PV	C65—V	30/75/150V	1 只	
3	电秒表		401	0.01～60s	1 只	
4	单相开关板	S2			1 块	
5	交流电源开关	S			1 个	在实验台板上
6	直流电源开关	S1			1 个	在实验台板上
7	时间继电器	KT	DS—32	110V	1 个	在实验台板上
8	电池组	+、−		6V	1 组	在实验台板上

（五）实验方法

1. 实验接线图

DS—32/110 型时间继电器实验接线如图 2-11 所示。

2. 操作步骤

（1）动作电压和返回电压的测定。

1）按图 2-11 接线。交流电源开关 S、单相开关板 S2 在断开位置，滑线式变阻器 R 置中间位置。

2）合上直流电源开关 S1，调节滑线式变阻器 R，使电压表读数为零；合单相开关板 S2，调节滑线式变阻器 R，调至动触头开始滑动时为止，拉开直流电源开关。然后给时间

继电器冲击地加入电压，使时间继电器衔铁瞬时完全被吸入（动触头开始滑动时）的最低冲击电压，即为时间继电器的动作电压 U_{op}。拉开直流电源开关，将 U_{op} 填入表 2-8 中。

3）合上直流电源开关，升高电压至额定值（110V），然后调节滑线式变阻器 R，降低加到时间继电器线圈上的电压，使时间继电器的衔铁返回到原来位置（动触头返回）的最高电压即为时间继电器的返回电压 U_{re}，拉开直流电源开关，将 U_{re} 填入表 2-8中。

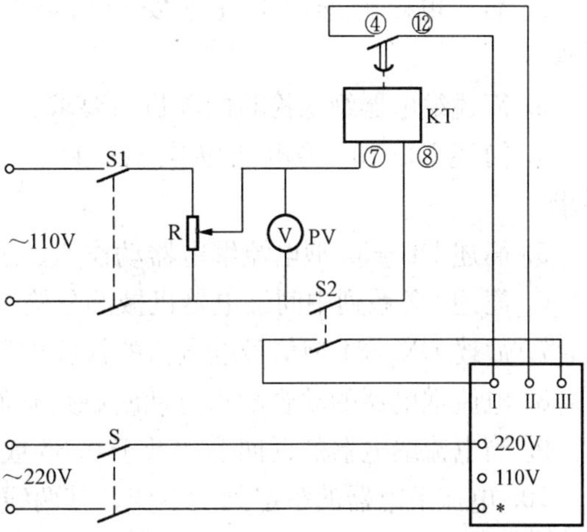

图 2-11　DS—32/110 型时间继电器实验接线图

《保护继电器检验规程》要求：动作电压 U_{op} 应不大于 70%额定电压值（U_N）；返回电压 U_{re} 应不小于 5%额定电压值（U_N）。

表 2-8　**DS—32/110 型时间继电器实验数据记录表**

参数	实验数据				
动作电压 U_{op}（V）					
返回电压 U_{re}（V）					
动作时间（s）	整定值	1	2	3	平均值

（2）动作时间的测定。

1）将时间继电器动作时间整定在某一刻度上，交流电源开关 S 在断开位置，滑线式变阻器 R 置中间位置。合上单相开关板 S2、直流电源开关 S1，调节滑线式变阻器 R 至继电器的额定电压值 110V，拉开直流电源开关 S1、单相开关板 S2。

2）合上电秒表电源开关 S，稍停几秒后再合上直流电源开关 S1、观察电压表，示值为 110V 时，合单相开关板 S2，此时时间继电器动作，电秒表计时开始，时间继电器延时动合触点闭合，电秒表停止转动，计时结束。

3）依次拉开 S、S1、S2，读取电秒表读数，即为动作时间，填入表 2-8 中。

4）按“指针回零”按钮，使指针回到零位。每一整定值测试三次。

《保护继电器检验规程》要求：在整定位置与额定电压下测量动作时间三次，每次测量值与整定值误差应不超过±0.07s。

（六）实验数据分析

（七）实验结论

复习思考题二

1. 电磁型继电器的一般检验项目有哪些？

2. 简述电磁型继电器在新安装和定期检验时，其内部及机械部分检查的项目和要求。

3. 简述继电器绝缘检验的项目与要求。

4. 简述DL—32型电流继电器、DS—30系列时间继电器机械部分检查的项目与要求。

5. 简述DL—32型电流继电器动作值、返回系数的调整方法。

6. 简述DZ系列中间继电器机械部分检查时应注意的事项。

7. 简述DX—31型信号继电器的检验项目与要求。

8. 电流继电器的动合触点与动断触点有何区别？

9. 当电流继电器的返回系数低于0.85或高于0.90时，可能出现什么问题？

10. 电流继电器的整定刻度不变，其两线圈由串联连接改为并联连接时，动作值为什么增大一倍？

11. 中间继电器特性测试时，返回电压是如何进行测试的？

12. 信号继电器动作，红色信号指示钮弹出（掉牌），为什么在断开电源的情况下，红色信号指示钮仍然在弹出位置？应如何操作才能进行下次测试？

13. 信号继电器特性测试中，为什么必须观察电流表，合上S2调节R的过程中电压表示值是多少？

14. 测定动作时间时，时间继电器线圈上所加电压应调至多大？

15. 对于DS—32/110型时间继电器，欲将动作时间整定为4s，当遇到下列情况时，应如何进行调整？

（1）时间静触头整定在4s，实测为3.91s；

（2）时间静触头整定在4s，实测为4.2s。

16. 一条10kV线路保护的定期检验报告见表2-9，根据该检验报告，判断报告所列继电器能否投入运行并说明原因。

表2-9　某10kV线路保护的定期检验报告

继电器型号	出厂号	用途	接线标号	动作值	返回值
DZY—204/220V	033	出口	ZJ	156V	15V
DZY—204/220V	034	出口	ZJ	130V	9V
DZY—204/220V	035	出口	ZJ	120V	18V
DX—31/1A	096	速断	1XJ	0.7A	
DX—31/1A	196	过流	2XJ	0.4A	
DL—32	0196	速断	1LJ	10A	8.8A
DL—32	0297	速断	2LJ	10A	8.4A
DL—32	0485	过流	3LJ	6A	5.5A
DL—32	0186	过流	4LJ	6A	5.2A
DL—32	0735	过流	5LJ	6A	5A

技能训练二

任务 1：参照实物，分别找出 DL—30 系列电流继电器、DZ—200 系列中间继电器、DS—30系列时间继电器以及 DX—30 型信号继电器的主要部件并简述工作原理。

任务 2：进行 DL—30 系列电流继电器内部和机械部分检查。

检查内容：

（1）继电器的内部检查：检查继电器内部是否清洁，螺丝是否紧固。

（2）检查转轴的纵向和横向活动范围，纵向活动应在 0.15～0.2mm 内。

（3）调整弹簧。

（4）检查并调整触点。

（5）检查轴承、轴尖。

任务 3：进行电流继电器绝缘检验。

（1）设备仪表：绝缘电阻表一块，电流继电器一只，连接导线两根。

（2）检查内容。

1）测试全部端子对底座和磁导体的绝缘电阻。

2）测试各线圈对触点及各触点间的绝缘电阻。

3）测试各线圈间的绝缘电阻。

4）判断测试结果是否符合规程要求及能否投入运行。

5）测试完毕，整理设备仪表，清理测试场地。

任务 4：进行电流继电器动作值及返回值检验。

（1）设备仪表：单相接触调压器 1 台，滑线式变阻器 1 台，电流表 1 块，单相交流电源开关 1 台，电流继电器 1 只，指示灯 1 只，电池组 1 组，连接导线若干。

（2）检查内容。

1）将继电器的线圈串联连接，将继电器整定至某一整定值。

2）测试继电器的动作电流值和返回电流值，重复测试三次。

3）继电器整定值保持不变，将继电器的线圈并联连接。

4）测试继电器的动作电流值和返回电流值，重复测试三次。

5）断开电源，判断测试结果是否符合规程要求，说明能否投入运行。

6）整理设备仪表，清理测试场地。

任务 5：进行时间继电器动作时间检验。

（1）设备仪表：滑线式变阻器 1 台，直流电压表 1 块，电秒表 1 块，单相交流电源开关 1 台，直流电源开关 1 台，单相开关板 1 块，时间继电器 1 只，指示灯 1 只，电池组 1 组，连接导线若干。

（2）检查内容。

1）将时间继电器整定至某一定值。

2）测试继电器的动作时间，重复测试三次。

3）断开电源，判断测试结果是否符合规程要求，说明能否投入运行。

4）整理设备仪表，清理测试场地。

第三章　继电保护及自动装置测试常用仪器仪表

教学目的

掌握电秒表、指针式万用表、绝缘电阻表的正确使用方法及注意事项，能根据测试结果判断被测元件及回路的性能；熟悉继电保护测试仪的实验项目，掌握继电保护测试仪的使用方法。

教学目标

学会并掌握电秒表、万用表、绝缘电阻表、继电保护多功能测试仪的正确使用方法及其注意事项，能正确使用电秒表进行测量；能正确使用万用表、绝缘电阻表进行测量和判断；会使用继电保护测试仪对继电器和继电保护装置进行测试。

第一节　电　秒　表

401型电秒表是携带式精密短时间测量仪表，用于测量任何动态的连续时间，测量各种继电器、开关接触器等的动作时间。

一、结构及工作原理

1. 面板结构

图3-1所示为401型电秒表的面板结构图，包括表盘、电秒表电源接线端子（220V、110V、*）、电秒表接线端子（Ⅰ、Ⅱ、Ⅲ）、工作选择开关、电源指示灯。

2. 回零按钮

回零按钮位于电秒表顶部。

3. 内部结构

401型电秒表的结构分为机械和电器两大部分。机械部分包括：端面齿轮离合器、减速轮系、指针回零装置；电器部分有同步微电机M（它是本仪表的频率源，也是动力源）、高灵敏继电器（高灵敏动合继电器K1和动断继电器K2，通过触点转换来控制仪表的计时机构的启动或停止）、仪表的直流电源（外接交流电源经降压、整流后供给继电器直流工作电压）。

401型电秒表电路图如图3-2所示，图中S为“连续”位置，S在闭合状态是“触动”位置。

4. 工作原理

401型电秒表的工作原理是用高速同步微电机，通过若干级齿轮减速后，由指针显示时间，因而指针的指示值，实际是某一时段内供给同步微电机交流电源的周波数，其原理框图如图3-3所示。

图 3-1　401 型电秒表面板结构

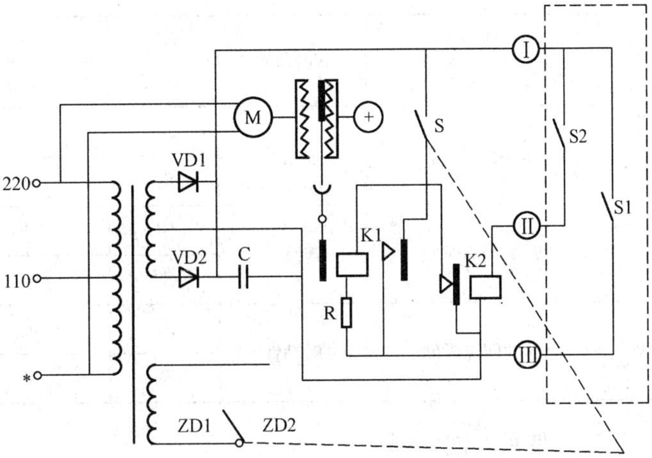

图 3-2　401 型电秒表电路图

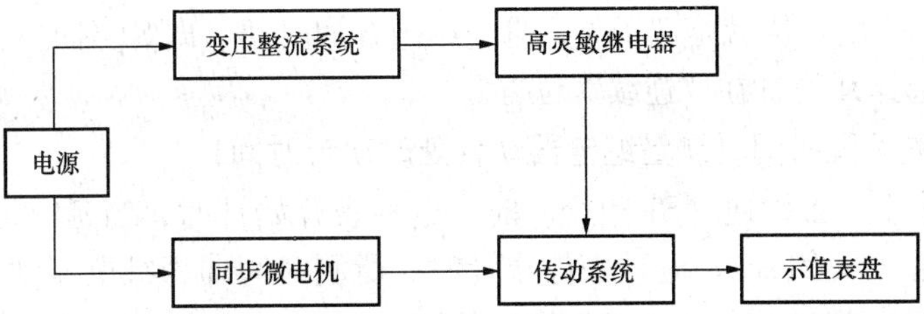

图 3-3　401 型电秒表原理框图

二、使用说明

（1）电秒表在测量时，首先应接通额定电源，先使同步微电机空转数秒达到同步，根据所测对象，将工作选择开关 S 置于“连续”或“触动”位置；然后，手按“指针回零”按钮，使指针回到零位，至此电秒表即可开始工作。当接线柱Ⅰ、Ⅱ、Ⅲ接上外电路后，指针就相应地转动或停止。

（2）使用之后，在做下一次测量时，应按“指针回零”按钮，使指针回到零位。

（3）401 型电秒表测量范围为 0.01～60s。字盘上有两圈刻度：外圈 100 格，每格 1/100s，以长针指示；内圈 60 格，每格 1s，以短针指示。

电秒表测量方式动作状态见表 3-1。

表 3-1　　401 型电秒表测量方式动作状态表

使用方法 / 测量分类	S 的位置	外接开关	动作状态及说明		
			准备状态	测量状态	结束状态
一个闭合时间	连续性	S1	断	通	断
		S2	断	断	断
两个闭合的间隔时间	连续性	S1	断	通	通
		S2	断	断	通

续表

使用方法 / 测量分类	S的位置	外接开关	动作状态及说明		
			准备状态	测量状态	结束状态
一个断续接触时间	连续性	S1	通	通	通
		S2	通	断	通
两个断开的间隔时间	连续性	S1	通	通	断
		S2	通	断	断
两个触动的间隔时间	触动性	S1	断	瞬时通	断
		S2	断	断	瞬时通

三、使用方法举例

1. 一个闭合时间（测量继电器动断延时断开时间）

当电秒表端子Ⅰ、Ⅲ接通（S1闭合）时，电秒表开始计时；当延时触点断开后，电秒表停止计时。电秒表的示值就是端子Ⅰ、Ⅲ连续闭合的时间（即S1延时断开的时间），如图3-4所示，工作选择开关S在“连续”位置。

2. 两个闭合的间隔时间（测量继电器动合延时动合时间）

当电秒表端子Ⅰ、Ⅲ接通（S1闭合）时，电秒表开始计时；当延时触点接通时，电秒表Ⅰ、Ⅱ端子接通（S2闭合），电秒表停止计时。所测时间即为继电器动合延时动合时间，如图3-5所示，工作选择开关S在“连续”位置。

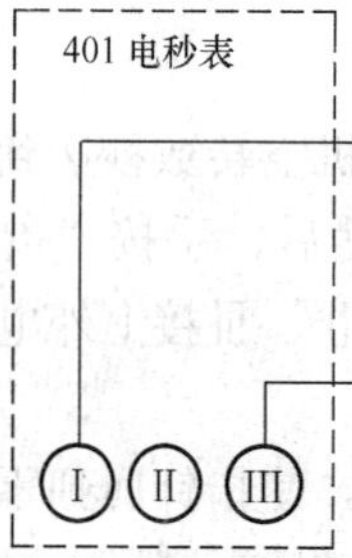

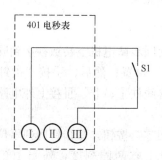

图3-4　测一个闭合的时间
（S1闭合开始计时，S1断开停止计时）

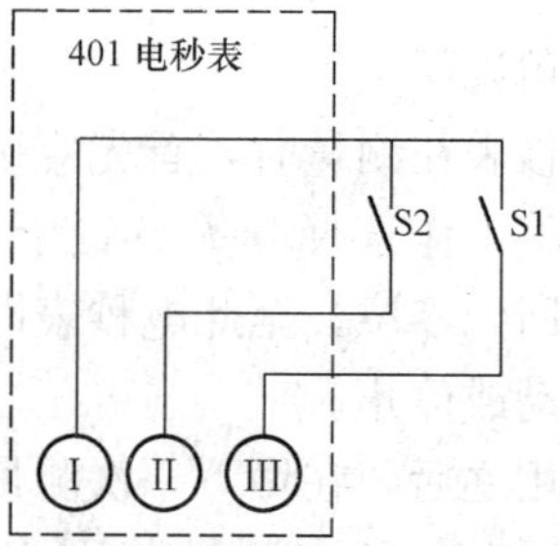

图3-5　测两个闭合的时间间隔
（S1闭合开始计时，S2闭合停止计时）

3. 一个断续接触时间

首先电秒表端子Ⅰ、Ⅲ接通（S1闭合），Ⅰ、Ⅱ接通（S2闭合）；当电秒表端子Ⅰ、Ⅱ断开时，电秒表开始计时，当电秒表端子Ⅰ、Ⅱ接通时，电秒表停止计时。所测时间即为继电器的断续接触时间，如图3-6所示，工作选择开关S在“连续”位置。

4. 两个断开的间隔时间（测量继电器延时返回动合触点的延时时间）

首先电秒表端子Ⅰ、Ⅲ接通（S1闭合），Ⅰ、Ⅱ接通（S2闭合），电秒表不计时；当电秒表端子Ⅰ、Ⅱ先断开时，电秒表开始计时，当电秒表端子Ⅰ、Ⅲ断开时，电秒表停止计时。所测时间即为继电器延时返回的动合触点的延时时间，如图3-7所示，工作选择开关S在“连续”位置。

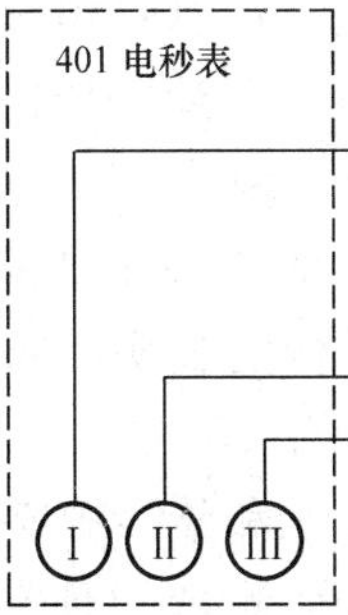

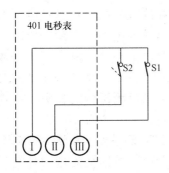

图 3-6 测一个断续接触时间
（S2 断开开始计时，S2 闭合停止计时）

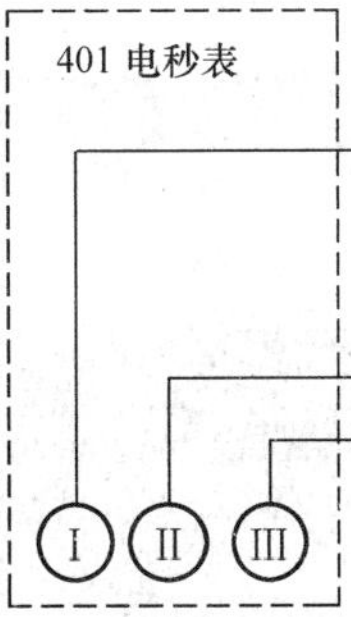

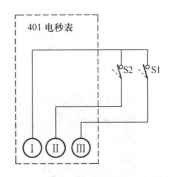

图 3-7 测两个断开的间隔时间
（S2 先断开开始计时，S1 相继断开停止计时）

5. 两个触动的间隔时间

电秒表工作选择开关 S 置“触动”位置（此时 S 为闭合状态）。只要端子Ⅰ、Ⅲ瞬时接通（触动），电秒表即刻计时；端子Ⅰ、Ⅱ接通，电秒表计时停止。

由使用方法举例可以看出，无论工作选择开关在“连续”位置或“触动”位置，当端子Ⅰ、Ⅲ接通时，电秒表开始计时；当端子Ⅰ、Ⅱ接通时，计时即刻停止。

四、注意事项

（1）电秒表可连续工作 8h，但端子Ⅰ、Ⅱ或Ⅰ、Ⅲ连续接通时间不能超过 15min，以免损坏高灵敏继电器。

（2）应根据电源的电压等级，将电源线接到电秒表电源端子上，不允许将电源线接到端子Ⅰ、Ⅱ、Ⅲ上。

（3）电秒表指针在旋转过程中，不得按回零按钮。

（4）不能采用断开或接通电秒表的电源来测量延时。

第二节 万 用 表

万用表是一种多用途的测量仪表，它不仅可以测量交直流电压、较小的直流电流和直流电阻，还可以测量电容、电感及晶体管元件等，故称为万用表。在维护检修电气设备时应用十分普遍。万用表虽可以测量多种电量，但其各挡的内阻值相差很大（如电流、电阻挡的内阻接近于零，而电压挡内阻则有几十千欧以上）。所以，在测量前应熟悉万用表的使用方法，检查万用表各表挡及量程的选择位置是否和被测量相符，否则将会烧毁电表。万用表按结构可分为指针式和数字式，本节只讨论指针式万用表。

一、万用表结构

本书以 MF47 型指针式万用表为例，介绍指针式万用表的相关知识。指针式万用表的结构主要由表头、转换开关（又称选择开关）、测量线路三部分组成。其外形如图 3-8 所示。

二、万用表的使用方法

1. 插孔（接线柱）的正确选择

在进行测量以前，应首先检查测试棒接在什么位置。红色测试棒的短头应接在标有“+”号的插孔（或红色接线柱）上；黑色测试棒的短头应接在标有“－”号的插孔（或黑

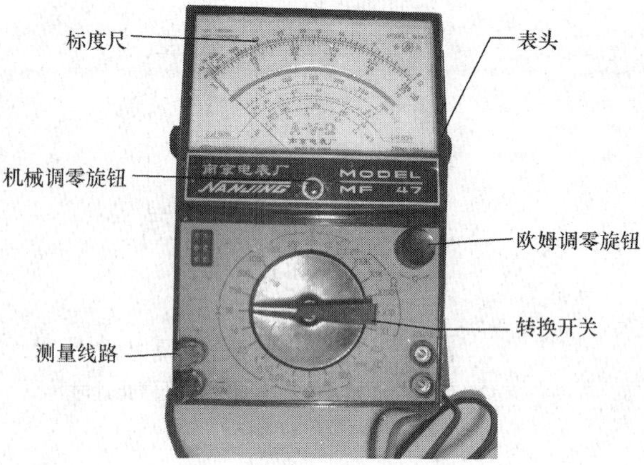

图3-8 指针式万用表外形

色接线柱）上。在测量电压时，仪表并联接入电路；测量电流时，仪表串联接入电路。在测量直流参数时，要使红色测试棒的长头接被测对象的正极，黑色测试棒的长头接被测对象的负极。

2. 测量类别和量限的选择

（1）根据被测量的种类，将选择开关旋转到相应的类别范围内。例如，测量直流电压时，把选择开关旋到“$\underline{V}$”范围内；测量直流电流时，把选择开关旋到“μA”或“mA”范围内；测量交流电压时，把选择开关旋到“$\underset{\sim}{V}$”范围内。测量电阻时，将选择开关旋转至“Ω”范围内。

（2）在测量电流和电压时应使指针指示在满刻度的1/2或2/3以上，这样测量的结果比较准确。如果测量一个大小不知道的电压或电流，应事先估计一下其最大数值可能在什么范围，或先选用仪表量程最大一挡，然后逐步减小量程。

（3）测量电阻时，先估计被测电阻值，决定选择开关指在哪一挡。例如，被测电阻是几kΩ，选择开关指在R“×1k”这一挡。

（4）万用表的表盘上有很多条标度尺，分别对应不同的测量类别。测量时要在相应的标度尺上读数。例如：标有“DC”或“_”的标度尺为测量直流时读数；标有“AC”或“～”的标度尺供测量交流时读数；标有“Ω”的标度尺为测量电阻时读数。

3. 万用表的欧姆挡

（1）欧姆挡的测量电路和工作原理。指针式万用表的测量电路原理图如图3-9所示。测量电阻时把转换开关SA拨到“Ω”挡，使用内部电池作电源，由外接的被测电阻、E、R_P、R_1和表头部分组成闭合电路，形成的电流使表头的指针偏转。设被测电阻值为R_X，表内的总电阻值为R，形成的电流为I，则

$$I=\frac{E}{R_X+R}$$

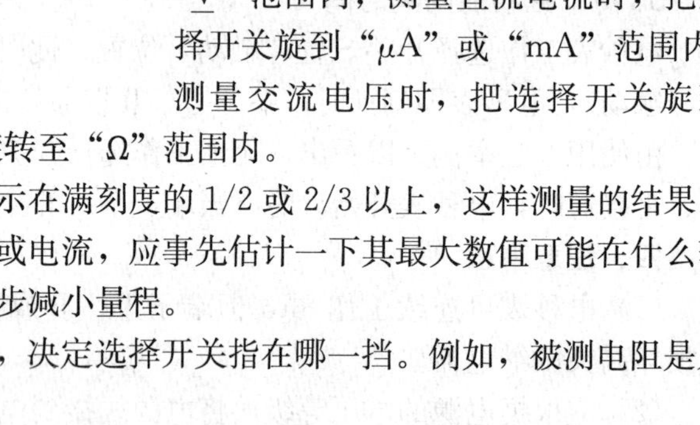

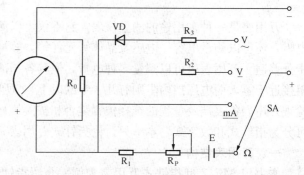

图3-9 指针式万用表基本测量电路原理图

可以看出，当R_X增大时I减小，因此电阻挡的标度尺刻度是反向刻度，当$R_X=0$时，指针指向最右侧（电流的满刻度处）；$R_X\to\infty$时，指针指向机械零点处（电流0刻度处）。此时红表笔接电池的负极，而黑表笔接电池的正极。因此在测量电阻时应注意。

（2）测量前调零。将转换开关拨到相应的欧姆挡，再把两测试棒短接，指针即向零欧姆位置偏转。要是指针不指零欧姆，可调节“Ω调零旋钮”，使指针指零。每次换挡之后都必

须重新进行欧姆调零。如果旋转欧姆调零旋钮不能使指针指到欧姆零位，则说明电池电压太低，应更换电池。

4. 使用欧姆挡测量电阻

（1）电阻器的基本知识。电阻器简称电阻，在电子电路中的作用有限流、降压、分压、向各种电子元器件提供必要的工作电压和电流等。电阻器按照结构可分为普通固定电阻器和特殊电阻器，特殊电阻器包括敏感电阻器、熔断电阻器（保险电阻）和可调电阻器。它们的图形符号见表 3-2。电阻器按材料可分为碳膜电阻器、金属膜电阻器等。对于色环电阻，底色为米色是碳膜电阻，底色为天蓝色是金属膜电阻。

（2）电阻器的标记。电阻器的标称值及允许误差有两种表示方法，一种是数标法，另一种是色环法。

表 3-2　　电阻器的图形符号

电阻类型	固定式电阻器	微调电阻器	电位器
文字符号	R	R	R_P
图形符号	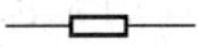	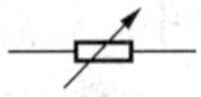	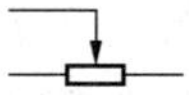

数标法是在体积较大的电阻器表面上直接用数字标出其阻值和允许误差等级。例如一只电阻器上标有“47kⅡ”的字样，“47k”表示它的标称阻值是 47kΩ，“Ⅱ”表示允许误差不超过 10%。

对于体积较小的电阻器采用色环法表示其阻值和允许误差。色环法是一种用颜色表示电阻器标称值和允许误差的方法，一般用四道色环或五道色环来表示。色环颜色代表的意义见表 3-3。目前常用的固定电阻器都采用色环法来表示它们的标称值和允许误差。

表 3-3　　色环颜色所代表的意义

颜色	黑	棕	红	橙	黄	绿	蓝	紫	灰	白	金	银
数值	0	1	2	3	4	5	6	7	8	9	—	—
乘数	10^0	10^1	10^2	10^3	10^4	10^5	10^6	10^7	10^8	10^9	10^{-1}	10^{-2}
误差（%）	—	±1	±2	—	—	±0.5	±0.25	±0.1	±0.05	+50，−20	±5	±10

四道色环固定电阻器的表示方法是第一、二道色环表示电阻标称值的有效数字，第三道色环表示倍乘数，第四道色环表示允许误差。如图 3-10（a）所示四色环电阻，其标称值就是 $10\times10^3\Omega$，允许误差是±10%，即 10kΩ±10%。

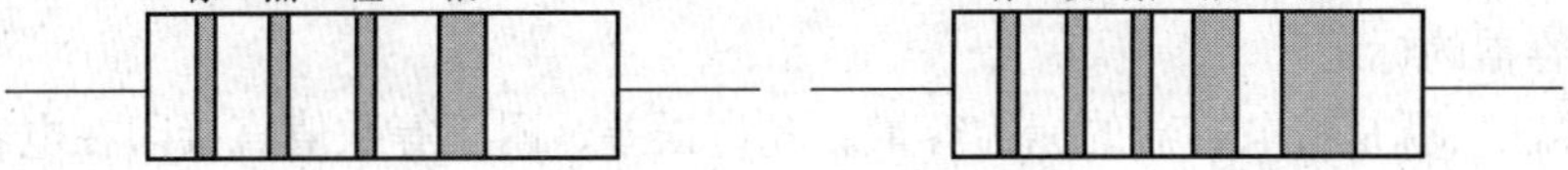

图 3-10　电阻色环表示法举例

（a）四色环；（b）五色环

五道色环固定电阻器的表示方法是，第一、二、三道色环表示电阻标称值的有效数字，第四道色环表示倍乘数，第五道色环表示允许误差。如图 3-10（b）所示五色环电阻（棕灰紫银红），其标称值就是 $187\times10^{-2}\Omega$，允许误差是±2%，即 $1.87\Omega\pm2\%$。

色环电阻的判别要点有：最靠近电阻引线一边的色环为第一色环；两条色环间距离最宽的边色环是最后一条色环；四色环电阻的偏差环一般是金或银色；有效数字环无金、银色（若从某端环数起第 1、2 环有金或银色，则另一端环是第一环）；偏差环无橙、黄色（如果某端环是橙、黄色，则一定是第一环）；试读，一般成品电阻器的阻值不大于 22MΩ，若试读大于 22MΩ 说明读反；五色环（精密电阻）一般以金或银色为倒数第二环。

（3）电阻器的检测。首先读出电阻器的标称值，然后选择合适的量程，进行机械调零和欧姆调零后对电阻进行测量。将表笔分别放在被测电阻两端，表盘读数乘以挡位数为实际测量电阻数值。

对新买的电阻器需要检测其质量的好坏，用万用表测量其电阻值，看结果与标称值是否一致，相差值是否在允许误差范围之内。

使用中的电阻有可能发生故障，包括断路、短路和阻值变化。当检测结果偏离电阻器的标称值允许偏差的范围时，说明电阻器的阻值变化了。当检测的结果为"∞"时，说明电阻器断路。当检测的结果为"0"时说明电阻器短路。

（4）测量电阻时的注意事项。禁止在被测电阻带电的情况下进行测量。这样做相当于用欧姆挡去测量电阻的端电压，不但测量结果无效，而且可能损坏万用表。

测量对象不能有并联支路，当被测电阻有并联支路时，测得的电阻不是该电阻的实际值，而是某一等效电阻值。

两手不应同时触及电阻两端，因为这样等于在被测电阻两端并上人体电阻，使测量值变小，在测高电阻时误差更大。

5. 使用欧姆挡测量电容

（1）电容器的基本知识。电容器是由两个金属电极，中间一层电介质构成的电子元件。它具有充、放电能力，能通交流、隔直流。在电子电路中，常用来起滤波、旁路、耦合、去耦、移相等电气作用。电容器按照结构可分为固定电容器和可调电容器（含可变电容器和微调电容器）；按介质可分为有机介质电容器（包括纸、薄膜、塑料等）、无机介质电容器（包括云母、瓷、玻璃釉等）和电解电容器（铝电解、钽电解、铌电解等）。电容器的电路符号见表 3-4。电容器的主要参数有标称电容量、允许误差、耐压、绝缘电阻等。

表 3-4　电容器的符号

类型	固定电容器	可变电容器	微调电容器	电解电容器
文字符号	C	C	C	C
图形符号	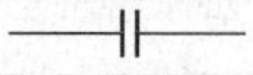	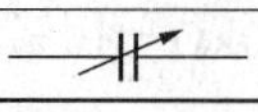	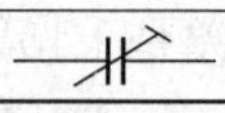	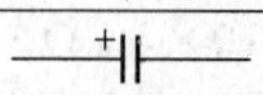

（2）电容器的标记。

1）直标法，就是将电容器的标称容量、允许误差、耐压等数值直接印在电容器表面上。

2）数字符号法，将电容器的主要参数用数字和单位符号按一定规则进行标注的方法。例如 5p6 表示电容量为 5.6pF。

3）数码标注法，用三位数字表示电容量大小的标注方法，单位是 pF。如 103 表示

10 000pF。10 是有效数字，3 是有效数字后的 0 的个数。

4）色码标注法，用三种色环表示电容量大小的标注方法。其颜色对应的数字及意义与色环电阻中的一样。

（3）电容器的检测。使用万用表的欧姆挡，利用电池对电容的充、放电作用，可以粗略地检测大于 0.001μF 的各种电容器的电容量大小。

1）无极性电容器的测量。对于电容量在 0.1μF 以上的无极性电容器，可以用万用表欧姆挡（R×1kΩ）来测量电容器的两极。对于电容量在 0.1μF 以下的无极性电容器可以用万用表欧姆挡（R×10kΩ）来测量电容器的两极。

a）表针应向右微微摆动，然后迅速回摆到"∞"，这样说明电容器是好的。

b）测量时，万用表表针一下摆到"0"之后，并不回摆，说明该电容器已经被击穿短路。

c）测量时，万用表表针向右微微摆动后，并不回摆到"∞"，说明电容器有漏电现象；其电阻值越小，漏电越大，该电容器的质量就越差。

d）测量时，万用表表针没有摆动，说明该电容器已经断路。

2）电解电容器的测量。电解电容器的容量较大，两极有正、负之分，长脚为正，短脚为负。在电子电路中，电容器正极接高电位，负极接低电位，极性接错了，电容器就会被击穿。测量时，一般使用欧姆挡（R×1kΩ），黑表笔接电容器的正极，红表笔接电容器的负极，迅速观察万用表指针的偏转情况。

a）如果表针首先向右偏转，然后慢慢地向左回返并稳定在某一数值上，表针稳定后得到的阻值是几百千欧以上，则说明被测电容器是好的。

b）若表针没有向右偏转，说明该电容器因电解液已干涸而不能使用了。

c）若表针向右偏转到很小的数值，甚至为零，且表针没有回返，则说明电容器已经被击穿而造成短路。

d）若表针向右偏转，然后指针慢慢地向左返回，但最后稳定的阻值在几百欧姆以下，说明该电容器有漏电现象发生，一般就不能使用了。

（4）测量电容器时的注意事项。测量电解电容时一定要分清表笔的正负极，黑表笔对应内部电池的正，接电解电容的长（正）引脚；红表笔接内部电池的负极，接电解电容器的短（负）引脚。如果接反就会把电解电容器击穿。

6. 使用欧姆挡测量半导体二极管

（1）半导体二极管的基本知识。半导体二极管是使用半导体材料如硅（Si）和锗（Ge）的单晶体，掺入微量杂质形成的，因此又称为晶体二极管。纯净半导体导电能力很弱，称为本征半导体。掺入杂质的半导体其导电能力明显增强，称为掺杂半导体。在纯净半导体中掺入三价元素硼、铟等，可得到 P 型半导体，其中的多数载流子是带正电的空穴。在纯净半导体中掺入五价元素磷、砷、锑等形成 N 型半导体，其中的多数载流子是带负电荷的自由电子。在硅或锗的单晶基片上，分别加工出 P 型区和 N 型区，在它们的交界面上会形成一个特殊的薄层，称为 PN 结，其示意图如图 3-11 所示。

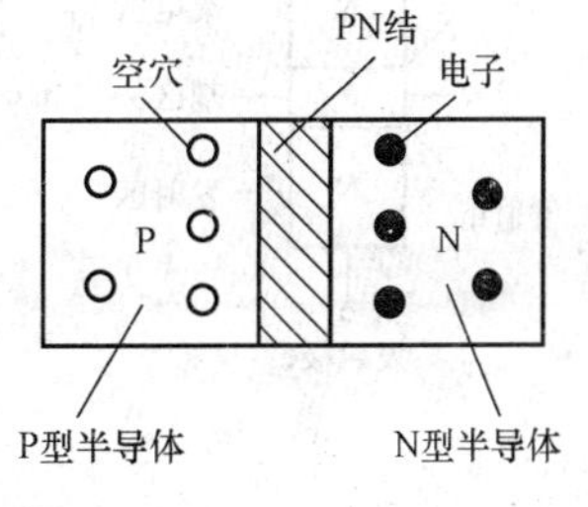

图 3-11　PN 结示意图

（2）半导体二极管的符号、类型和特性。半导体二极管的文字符号是“VD”，图形符号见表 3 - 5，其中箭头表示 PN 结正向电流的方向。二极管按照材料分为硅二极管和锗二极管两大类；按 PN 结特点分为点接触型和面接触型两类；按用途分为普通二极管、整流二极管、稳压二极管、热敏二极管、光敏二极管、开关二极管、发光二极管等。二极管具有正向导通性和反向截止性，即正向电压高于门槛电压时二极管导通且管子两端的正向压降很小而且比较稳定，正向电阻很小；反向击穿电压很高，呈现很大的反向电阻值。

表 3 - 5　　二 极 管 的 符 号

类型	普通二极管	稳压二极管	光电二极管	发光二极管	变容二极管
文字符号	VD	VD	VD	VD	VD
图形符号					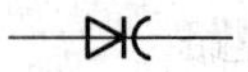

（3）二极管的测量。这里只讨论普通二极管的测量。

1）二极管极性判别。将万用表挡位选择在 R×1kΩ 或 R×100Ω 挡，分别测量二极管的正、反向电阻。当测得的电阻值为几百欧或几千欧时，说明二极管正向导通，红表笔所接引脚为负极，黑表笔所接引脚为正极；当测得的电阻值为几十千欧或几百千欧以上时，说明二极管反向截止，红表笔所接引脚为正极，黑表笔所接引脚为负极。

2）二极管好坏的鉴别。若测得的正、反向电阻的值如 1）中所述，则表明二极管是好的；若测得的正、反向电阻值都为∞，则表明二极管断路、损坏；若测得的二极管正、反向电阻值都为 0，则表明 PN 结被击穿或短路；若测得的正、反向电阻值一样大，且有一定数值，表明二极管损坏。

3）硅管和锗管的判别。将万用表选择在 R×100Ω 挡，测量二极管的正向电阻值。若测得阻值在几百欧左右，则此二极管是锗管；若测得阻值在几千欧左右，则此管是硅管。

（4）测量二极管时的注意事项。测量二极管时不要使用 R×10kΩ 挡，这一挡表内接电池电压较高，易损坏被测元件。

选用不同的量程，同一个二极管正向电阻值的示数是不同的，但表针的偏转角度相近。在同一量程下，锗管的正向电阻值比硅管的正向电阻值小。

7. 使用万用表测量三极管

（1）三极管的基本知识。三极管是在一块半导体上用掺入不同杂质的方法制成两个相邻的 PN 结，并引出三个电极，如图 3 - 12 所示。三极管有三个区，发射区——发射载流子的区域；基区——载流子传输的区域；集电区——收集载流子的区域。各区引出的电极依次为发射极（e 极）、基极（b 极）和集电极（c 极）。发射区和基区在交界处形成发射结；基区和集电区在交界处形成集电结。根据半导体各区的类型不同，

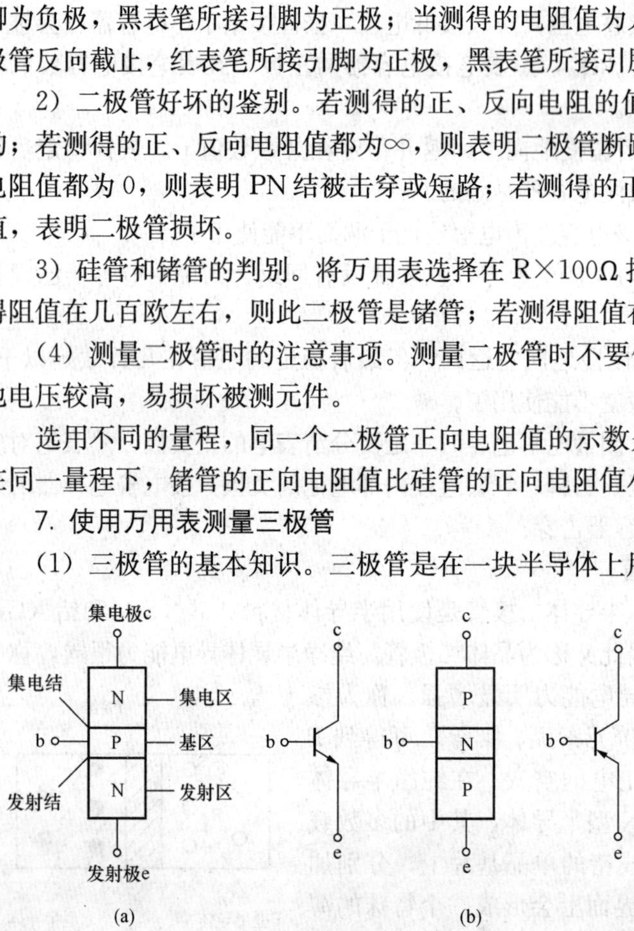

图 3 - 12　三极管的组成与符号

(a) NPN 型；(b) PNP 型

三极管可分为 NPN 型和 PNP 型两大类，如图 3-12（a）、（b）所示。常见的三极管按封装类型的不同有玻璃封装、陶瓷环氧封装、聚硅氧烷塑料封装和金属封装。

（2）三极管的特性。当三极管发射结加正向电压，集电结加反向电压，即发射结正偏，集电结反偏时可实现其放大作用。电路连接如图 3-13 所示。当发射结正向偏置电压改变时，从发射区扩散到基区的载流子数将随之改变，从而使集电极电流 I_C 产生相应变化。由于 I_B 很小的变化就能引起 I_C 较大的变化，因此就能形成三极管的电流放大作用。通常用集电极电流 I_C 与基极电流 I_B 之比值来反映三极管的放大能力，用 β 表示（$\beta \approx I_C/I_B$），称为三极管的直流放大系数。当三极管制成后，β 也就确定了，其值远大于 1。另外由于 $I_C \gg I_B$，因此 $I_E = I_B + I_C \approx I_C$。

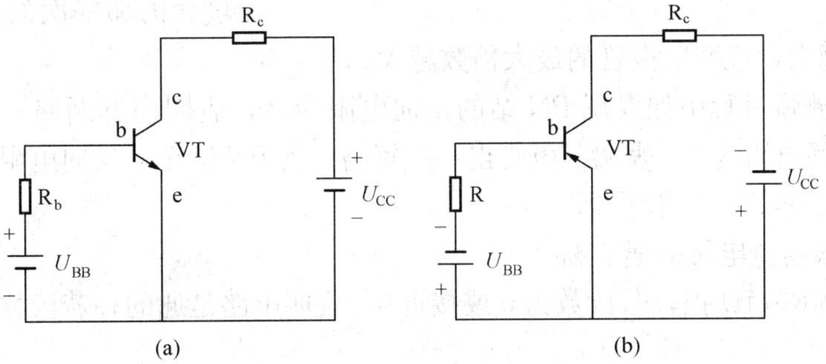

图 3-13　三极管的电路连接

（a）NPN 型；（b）PNP 型

（3）三极管的测量。小功率三极管有金属外壳和塑料外壳封装两种。金属封装的三极管外壳有定位销，将管底朝上，从定位销起，按顺时针方向，三根电极依次是 e、b、c；塑料封装的三极管，面对平面，从左向右，三根电极依次为 e、b、c，如图 3-14 所示。

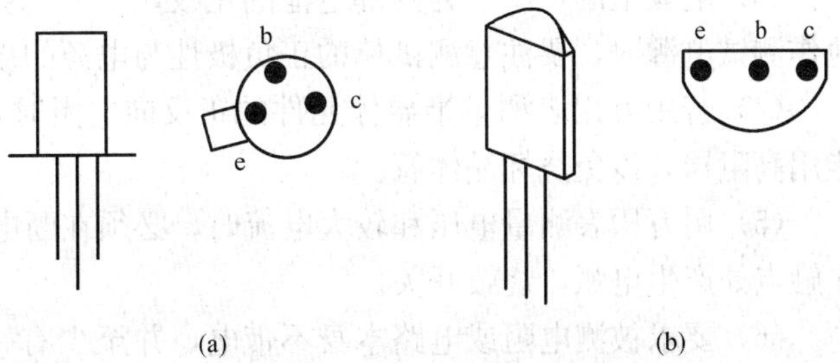

图 3-14　小功率三极管电极判别

（a）金属外壳；（b）塑料外壳

1）判断三极管的基极和类型。将万用表置于欧姆挡 R×1kΩ 挡，假设一个引脚为基极将红表笔放在这只引脚上。用黑表笔分别接其他两个电极。如果表针指示的两个阻值都很小，说明这个管是 PNP 型，这时红表笔所接的管脚便是 PNP 型管的基极；如果表针指示的是两个很大的阻值，说明这是一只 NPN 型管，红表笔所接的管脚正是它的基极。如果表针指示的阻值一个很大，另一个很小，说明假设的基极不是三极管真正的基极，要换一个电极作为假设的基极，进行上述测量。

2）判断三极管的集电极和发射极。

方法一，以基极为基准，分别测其余两极的正向电阻，其中阻值稍小的那个是集电极，另一极是发射极。但是两者的差值极小要仔细判断。

方法二，如图 3-15 所示，对于 NPN 型管，首先假定发射极和集电极，万用表置于

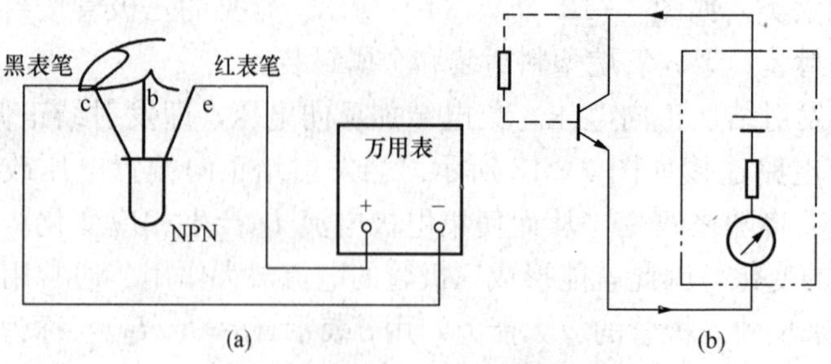

图 3-15　判断三极管的集电极和发射极的方法二
(a) 测试方法；(b) 等效电路

R×1kΩ挡上，用红表笔接假定的发射极，用黑表笔接假定的集电极，此时表针基本不动。然后用手指将基极与假定的集电极捏在一起（注意不要短路），这时表针应向右偏转一个角度。调换所假设的发射极和集电极，按照上述方法重新测量一次，把两次表针偏转角度进行比较，偏转角度大的那一次的电极假定是正确的。指针偏转越大，说明三极管的放大倍数越大。

3）在上述测量过程中如发现 PN 结的正向电阻为∞，表明内部断路；若 PN 结反向电阻为 0，或 c-e 间电阻为 0，表明三极管击穿或短路；若 PN 结正、反向电阻相差不大，或 c-e 间电阻很小，也表明三极管损坏。

8. 用万用表检查电路的通、断

选择欧姆挡 R×1Ω 挡，若读数为 0 或接近 0，说明电路是通的；若读数为∞，说明电路不通。

三、使用万用表注意事项

(1) 首先必须熟悉面板上各种符号所代表的意义以及各个旋钮的作用。

(2) 使用之前，应检查指针是否指在零位上。如不在零位，可以调整表盖上机械零位调整器，使指针恢复零位。

(3) 电表上的“－”为内部电池的正极，“＋”为内部电池的负极。用欧姆挡内部的电池作测试电源时，要注意测试棒的正负极性与电源的极性正好相反。

(4) 若用万用表测量半导体元件的正反向电阻时，应当用 R×100Ω 或 R×1kΩ 挡，不能用高阻挡，以免烧坏晶体管。

(5) 用万用表测量电压和较大电流时，必须在断电的状态下转动开关和量限旋钮，以免在触点处产生电弧，烧毁开关。

(6) 要求被测电阻或电路本身不带电，并至少有一端是悬空的，以免和其他导体并联，造成测量误差。

(7) 在测量大电阻时，手不能碰到测试杆的导体部分，以免被测电阻和人体并联造成测量误差。

(8) 万用表使用后，应把选择开关转到空挡或交流电压最高量程一挡，以免下次使用时因误操作而损坏。

第三节　绝 缘 电 阻 表

一、绝缘电阻表的用途

绝缘电阻表是专门用来测量绝缘电阻的仪表，又称摇表或高阻计，表面标有符号“MΩ”。绝缘电阻表的种类虽多，但都是利用双线圈测量机构的工作原理制成的。常用的绝缘电阻表额定电压规格有三种：500、1000V 和 2500V。对于额定电压在 1kV 以下的电气设备或电路，使用额定电压为 500V 或 1000V 的绝缘电阻表；对于额定电压在 1kV 以上的电气设备或电路，使用额定电压为 2500V 且有效量限为 10000MΩ 的绝缘电阻表。

二、绝缘电阻表的工作原理

图 3 - 16 所示为绝缘电阻表的电路图，绝缘电阻表主要由一台手摇发电机和一个磁电系流比计组成。磁电系流比计是一种特殊形式的磁电系仪表。被测电阻接在“线”（L）和“地”（E）两个端子上。图 3 - 16 中形成两个回路，一个是电流回路，另一个是电压回路。如果在测量中手摇发电机的电压 U 大小有波动，电流回路的电流 I_1 和电压回路的电流 I_2 将同时发生变化，只要 I_1 和 I_2 的比值保持不变，可动部分的偏转角也会保持不变，可以保证在操作时绝缘电阻表读数不因手摇速度的快慢而不同。

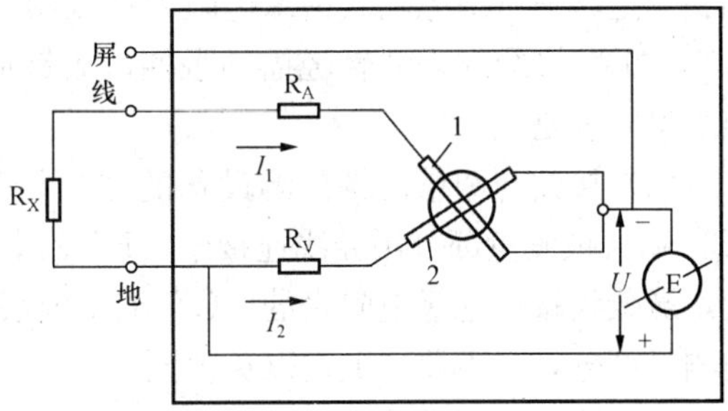

图 3 - 16　绝缘电阻表的电路图

绝缘电阻表手摇发电机的容量很小，而电压却很高。绝缘电阻表的分类一般是以发电机的最高电压（或用交流发电机倍压整流后的最高直流输出电压）来决定的。电压越高，能测量的绝缘电阻值也就越大。

三、绝缘电阻表的选择和使用

1. 绝缘电阻表的选择

选择绝缘电阻表时，其额定电压一定要与被测电气设备或线路的工作电压相适应。不同额定电压的绝缘电阻表，使用范围可参照表 3 - 6 选择。

例如：测量高压设备的绝缘电阻时，不能用额定电压在 500V 以下的绝缘电阻表。因为这时测量结果不能反映工作电压下的绝缘电阻；同样不能用电压太高的绝缘电阻表测量低压电气设备的绝缘电阻，以防损坏绝缘。此外，绝缘电阻表的测量范围也应与被测绝缘电阻的范围相适应。

表 3 - 6　绝缘电阻表的使用范围

测量对象	被测设备额定电压（V）	绝缘电阻表额定电压（V）
线圈绝缘电阻	500 以下	500
	500 以上	1000
电力变压器绝缘电阻	500 以下	1000～2500
电机绝缘电阻	500 以上	2500
电气设备绝缘电阻	500 以下	500～1000
绝缘子	—	2500～5000
发电机绝缘电阻	380 以下	1000

2. 绝缘电阻表的使用

（1）测量前的准备。测量绝缘电阻之前，应切断被测设备的电源，将其接地并充分放电。对于电容量较大的被测设备（如大变压器、电容器、电缆等）一般放电时间不少于

2min。放电的目的是为了保障人身和设备的安全，并使测量结果准确。此项操作应使用绝缘设备（如绝缘棒、绝缘钳等）将接地线挂到设备上，不得直接接触被放电设备或放电导线。待被测电气设备放电完毕后，拆除它的所有对外连线。对于瓷套管一类试品，还要用干燥清洁的柔软布擦净表面。

进行正式测量前应先判断绝缘电阻表的好坏。将绝缘电阻表放平稳，在未接线前摇动手柄到额定转速（或电动式绝缘电阻表加以额定电压），此时指针指向“∞”；然后用导线短接“L”，“E”接线柱，并轻轻摇动手柄，表针应指零（轻摇以免打坏表针），这样才能认为该绝缘电阻表是完好的。

（2）接线与测量。将被测设备的非测量部分均接地，然后把接地线接于绝缘电阻表的“E”端；被测量部分用导线连接于“L”端。如果被测设备表面泄漏较大时，可加等电位屏蔽，屏蔽线接于绝缘电阻表的“G”端，屏蔽环可用软裸线缠绕几圈后扎紧，其部位应靠近被测量部分，但不要碰上，以免误测。

（3）测量。测量时，以120r/min的速度转动发电机摇把，对于电容器、电缆、变压器和电动机等大容量设备，要有一定的时间充电。所以，绝缘电阻的数值应以绝缘电阻表转动1min后的读数为准［如果指针达到满量程时应记录为（量限）$^+$，例如10000$^+$，而不应记为∞］。设备的绝缘电阻值不能低于电气设备交接试验标准中所列的绝缘电阻值标准。若要检查设备绝缘介质的受潮程度，可做吸收比试验，即在开始摇动手柄时就应计录，15s时读取一次数值，60s时再读取一次数值。60s与15s绝缘电阻值的比值即为吸收比。当绝缘介质受潮时，吸收比趋近于1；绝缘介质干燥时，吸收比的数值较大。

（4）拆线。在绝缘电阻表没有停止转动和被测设备没有放电之前，不能拆除连接导线。在做完具有大电容设备测试时，必须先将被测物对地短路放电，然后再停止摇动发电机手柄，以防止电容放电而损坏绝缘电阻表。

在做吸收比试验读取数值后，应在手柄转动的情况下戴上绝缘手套拆除连线，然后再停止转动，以防止由于被试设备上积聚的电荷反馈放电而损坏仪表。

3. 绝缘电阻表的使用注意事项

（1）地线应符合安全规程的要求并接地良好。测量工作应由两人以上进行。

（2）必须用绝缘良好的导线做测量连线，两根导线之间和导线与地之间应保持一定距离。同时，还要注意绝缘电阻表本身绝缘不良的影响，必要时将绝缘电阻表放在绝缘垫上。有的绝缘电阻表本身有漏电时，试验者也应站在绝缘垫上，以保证安全。

（3）绝缘电阻表测量结果虽然与发电机的电压是否稳定关系不大，但是由于在绝缘电阻表的测量机构中，引入电流的“导丝”或多或少地存在一些残余力矩，以及受仪表本身灵敏度的限制，故手摇发电机必须尽量保持规定的转速。切忌忽快忽慢，而使指针摆动，加大测量误差（一般规定为120r/min，可以有20%的变化）。

（4）绝缘电阻随测量时间的长短而有差异，根据绝缘电阻表的测量原理，一般应采用1min以后的读数为准。遇有电容量较大的被测设备（如变压器、电容器、电缆线路等）时，要等仪表指针不变时读取读数。

（5）在绝缘电阻表没有停止转动或被测设备尚未进行放电之前不允许用手触及导体。

（6）测量绝缘电阻时要注意环境温度与湿度对测量结果的影响。

第四节　继电保护多功能测试仪

20 世纪 90 年代以来，微机保护装置逐步取代了传统的继电保护装置，在电力系统生产中迅速广泛使用。为了实现对微机型继电保护装置的测试，继电保护测试仪成为必不可少的专用设备。目前继电保护测试仪的生产厂家和产品型号较多，但是其基本原理和使用方法却都基本相似。本节以继保之星 1200 型继电保护测试仪为例，说明继电保护测试仪的基本原理和使用方法。

一、装置功能

继保之星 1200 型装置可输出交流电流、交流电压及直流电压、电流等，根据需要试验可输出 6 相电压、6 相电流，可任意组合实现常规 4 相电压、3 相电流型以及 12 相型输出模式。可用于多种继电器的检验，不同型号的微机保护装置及自动装置的特性试验及各种保护及自动装置回路的整组试验。

二、装置结构

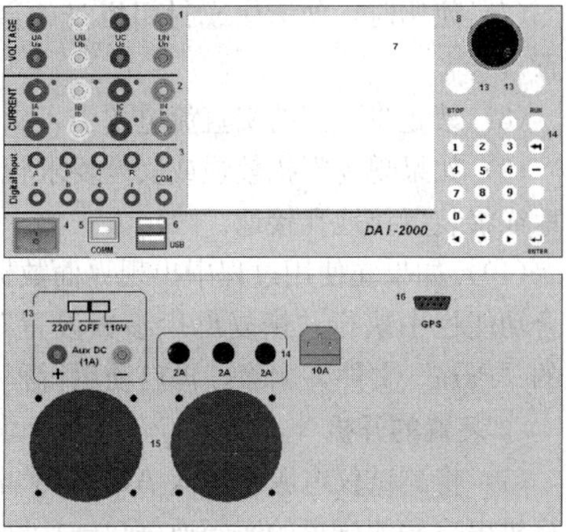

图 3-17　继电保护测试仪面板图

图 3-17 所示为继保之星测试仪 1200 型面板的正面、背面图。从图 3-17 可知，正面面板布置有 6 路交流电压输出端子、6 路交流电流输出端子、8 路开关量输入端子、液晶显示屏、轨迹球鼠标及其左右按键、面板优化键盘、USB 接口、电源开关、外接鼠标及键盘插口等；背面面板布置着交流 220V 工作电源插座、电压输出熔断器 [电源如过载或短路，将烧坏相应熔丝（2A/250V）]、独立直流电源输出端子（可分别切换为 110V 或 220V，用于现场试验电源，该电源额定工作电流 1.5A，可作为保护装置的直流工作电源，也可作为跳合闸回路电源）、GPS 装置连接端口、风扇出风孔等。

三、装置的使用

1. 试验注意事项

（1）测试仪装置内置了工控机和 Windows 操作系统，请勿过于频繁地开关主机电源。

（2）装置面板或背板装有 USB 插口，允许热插拔 USB 口设备，但插拔时一定要在数据传输结束后进行，且保证 U 盘干净无病毒。

（3）不要随意操作、更改、增加、删除、使用内置 Windows 系统，以免导致操作系统损坏。

（4）外接键盘或鼠标时，勿插错端口，否则 Windows 操作系统不能正常启动。

（5）勿在输出状态直接关闭电源，以免因关闭时输出错误导致保护误动作。

（6）开入量兼容空接点和电位（0～DC 250V），使用带电接点时，接点电位高端（正极）应接入公共端子＋KM。图 3-18 是两种常见的接线示意图。

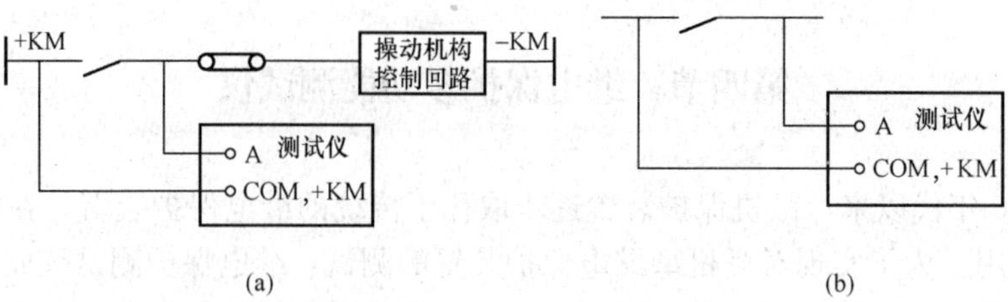

图 3-18 开入量兼容空接点和电位

(a) 电位接点时；(b) 空接点时

(7) 使用时，勿堵住或封闭机身的通风口，一般将仪器站立放置或打开支撑脚稍倾斜放置。

(8) 禁止将外部的交直流电源引入到测试仪的电压、电流输出插孔。

(9) 如果现场干扰较强或安全要求较高，试验之前，请将电源线（3 芯）的接地端可靠接地或将装置接地孔接地。

(10) 如果在使用过程中出现界面数据出错或无法正确输入等问题，可以这样解决：在综合功能栏中执行“恢复出厂参数设置”功能，将 Windows 系统中“E：\继保之星\”下的“Para”文件夹删除，再启动运行程序，则界面所有数据均恢复至默认值。

2. 装置的开机

(1) 将测试仪电源线插入 AC 220V 电源插座上，如使用外接计算机则将串行通信线与计算机串口和测试仪的底部通信口连接好。

(2) 检查接线，确认无误后分别打开测试仪电源（若要外接键盘或鼠标请在开电源前插上，当使用外接鼠标时面板的轨迹球将无效），以及外接计算机电源，稍等片刻后将进入“继保之星”软件主界面。在主界面上，使用轨迹球鼠标或外接鼠标的左键单击主界面上的各种功能试验模块图标，可进行各种试验工作。

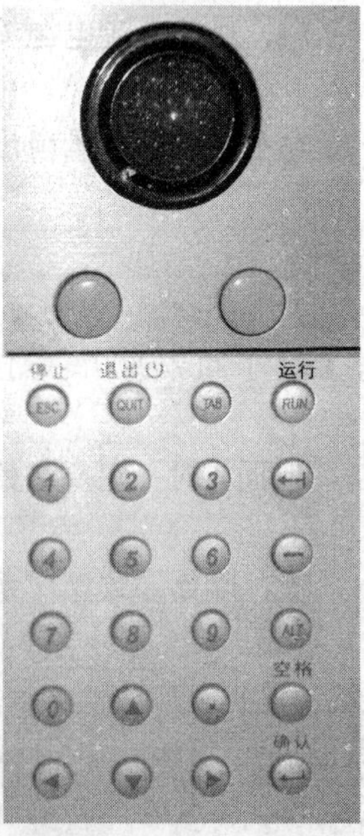

图 3-19 继保之星键盘

3. 装置的关机

关机时不要直接关闭面板电源开关，应先关闭计算机的 Windows 操作系统，等待屏幕上提示可以安全关机时，再关电源开关。

(1) 用鼠标移动主界面上的光标，或按装置面板上的“⏻ 退出”键来退出各个功能试验单元，回到主界面后，再按“⏻ 退出”键，屏幕上会弹出确认对话窗口。

(2) 需关机选择“确定”键，不关机则选择“取消”键。确认后，当屏幕出现“现在可以关闭电源了”的字样后，再关闭面板上电源开关，实现安全关机。

也可直接利用操作系统的“开始”菜单关机。

4. 面板键盘及功能

继保之星 1200 型装置的面板上键盘如图 3-19 所示，各按键的作用如下。

[ESC]：ESC 键为停止键用于中途停止试验或取消选择等。

QUIT：退出/关机，用于关闭窗口、退出试验、关闭 Windows 操作系统。

NUM：备用功能键，暂时未定义功能。

TAB：Tab 键，在“状态系列”模块中用于“按键触发”切换状态。

RUN：用于开始试验。

0、1、…、9及.、－：用于数字输入。

←：退格键，用于数字或文字输入时，退格删除前一个数字或字符。

空格：空格键。

▲▼▶◀：用于上、下、左、右移动光标或增、减参数数据。

↵：回车、确认键。

5. 轨迹球鼠标使用方法

轨迹球鼠标的使用方法完全等同于台式机的鼠标，直接用手拨动轨迹球，即可实现 Windows 界面内鼠标的上下左右移动。轨迹球两边下方各有一个按键，等同于鼠标的左、右键。

四、装置的基本操作

根据各测试模块功能的不同，继保之星 1200 型装置把测试模块划分为通用测试、常规保护、线路保护、元件保护和综合功能五个小组，各个组中包含若干个子菜单，如图3-20所示。例如，“通用测试”组中包含了“交流试验”、“直流试验”、“谐波叠加”、“状态系列Ⅰ”以及“状态系列Ⅱ”五个测试模块，并且可以任意扩展。

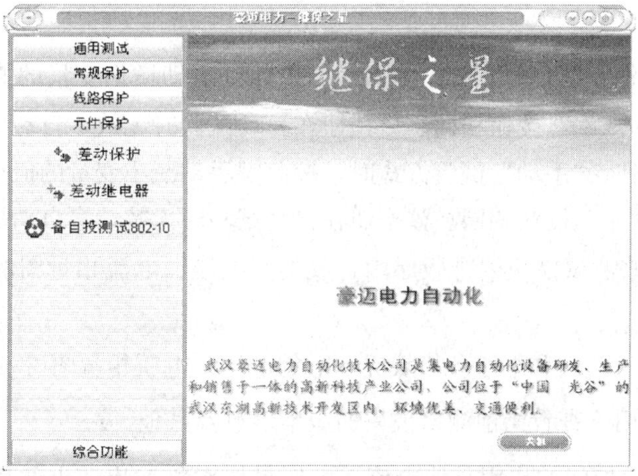

图 3-20 继保之星界面

菜单栏中常用的菜单项，在各个测试模块中其名称或符号相同，定义的意义和功能也基本相同。这里以“交流试验”模块为例进行介绍，可以适用于后面介绍的各个功能模块。界面如图 3-21 所示，工具栏中常用按钮简介如下。

打开试验参数按钮：用于从指定文件夹中调出已保存的试验参数，将参数放到软件界面上。

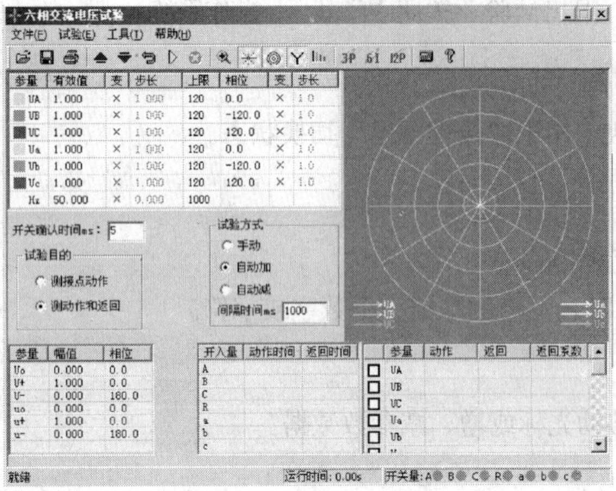

图 3-21　“交流试验”模块界面

保存试验参数按钮：用于将软件界面上用户所设定的试验参数保存进某一文件中，以便将来可以用“打开参数”再次调出使用。

数据复归按钮：用于将参数恢复到试验前的初始值，能极大地方便于多次重复性试验。

打印试验报告按钮：在打开的试验报告窗口中，将显示试验报告内容，并且可以在该窗口中修改和打印试验报告。

试验开始按钮：用于控制试验的开始。

试验停止按钮 ：点击该按钮试验停止。

短路计算按钮：点击后将打开一个“短路计算”对话框，该对话框用于故障时的短路计算，并将计算结果自动填入到界面上。

启动功率显示界面按钮：在“交流试验”模块中，可在试验期间打开功率显示界面，对比测试仪实际输出的功率与现场表计测量的功率。

同步指示器：在“同期试验”模块的试验期间，点击该按钮打开同步指示器，可直观观察试验的进行。

变量步增按钮：“手动”试验方式时，按此键手动增加变量的值一个步长量。其功能与测试仪键盘上的“↑”按钮相同。该按钮在自动试验时无效，自动呈灰色。

变量步减按钮：“手动”试验方式时，按此键手动减小变量的值一个步长量。其功能与测试仪键盘上的“↓”按钮相同。该按钮在自动试验时无效，会自动呈灰色。

相量图：有些测试模块因排版原因，放不下电压、电流相量图的显示，则可通过此按钮打开。

放大镜：用于放大和缩小各模块界面上的电流、电压相量图。

帮助按钮：用于查看当前测试模块的版本信息及其他。

对称输出：此按钮的作用是使电流、电压量按对称输出，也就是说只需要改变任一相的值，其他的几相会自动地根据对称的三相交流量输出幅值和相位，如果一相选择可变的话，那么其他相也会相对应变为可变量。

恢复出厂参数设置：点击该按钮，将删除“Para”文件夹中所有参数数据，再次进入各功能试验时，试验界面上数值将恢复为出厂的初始参数。

切换到序分量输出：点击此按钮将切换到专门的序分量测试功能界面。此时系统会提示“是否真的进入另一个测试程序”，选择“确定”进入序分量测试界面。

6U 6 相电压测试界面：点击此按钮进入 6 相电压测试界面。

6I 6 相电流测试界面：点击此按钮进入 6 相电流测试界面。

12P 12 相测试界面：点击此按钮进入 12 相（6 相电流、6 相电压）测试界面。

五、装置应用举例

以常用“交流试验”模块和“直流试验”模块为例进行介绍。

1. 交流试验

“交流试验”模块是一个通用型、综合性测试模块，它有独立的 4 相电压和 3 相电流的测试单元，也有独立的 6 相电压、独立的 6 相电流测试单元、12 相同时输出单元以及按序分量输出测试单元。通过界面上的 3P、6U、6I、12P 和序分量五个按钮进行相互的切换。在使用方法上与此基本相同，下面仅以图 3-21 所示的“四相电压和三相电流”的界面为例进行详细介绍。

（1）交流量设置。键入电压、电流的有效值后，按“确认”键或将鼠标点击其他位置，被写入的数据将自动保留小数点后三位有效数字。电压的单位默认为 V，电流的单位默认为 A。设置相位时，可键入－180°～360°范围内的任意角度。若写入的角度超出以上范围，系统会将其自动转换至该范围内。例如输入“－181°”，则自动转换成“179°”。在相量图窗口中能实时观察到所设置的各个交流量相量的大小和方向的效果图。

交流电压单相最大输出 120V，当需要输出更高电压时，可将任意两路电压串联使用，它们的幅值可不同，但相位应反向。例如，设 U_a 输出 120V、0°，U_b 输出 120V、180°，则 U_{ab}输出的有效值为 240V。

交流电流单相最大输出 30A，若要输出更大电流，可将多路电流并联使用，并联使用时各相的相位应相同。采用大电流输出时，应尽量用较粗、较短的导线，并且输出的时间尽可能短。

在图 3-21 中，交流量设置有效值旁边上的“变”一栏是用于选择该输出量是否可变的，如果在某相的有效值或相位后面的“变”栏上点击鼠标打“√”，则说明该输出相是可以变化的，同时“步长”一栏也由灰色变成高亮色，即“步长”允许设置。幅值的变化步长最小值为 0.001，角度的变化步长最小值为 0.1。

“上限”一栏是设置各相最大允许输出的有效值。试验时如果担心某相会不小心输出太大而损坏继电器，可为该相设一“上限值”，则在试验过程中该相将永远不会超限，可确保继电器安全。“上限值”在软件出厂的默认值是电压电流的最大输出幅值。

（2）U_x。U_x 是特殊相，可设置多种输出情况。

1）设定为$+3U_0$、$-3U_0$、$+\sqrt{3}\times 3U_0$、$-\sqrt{3}\times 3U_0$ 时，U_x 的输出值由当前输出的 U_A、U_B、U_C 组合出 $3U_0$ 成分，然后乘以各自系数得出，并始终跟随 U_A、U_B、U_C 的变化而变化。

2）若选择等于某相（如 U_A）的值，则 U_x 的输出与相对应相的输出相同。

3）若选“任意方式”，此时 U_x 的输出和其他三相电压一样，可以在输出范围内任意输出，也可以按照一定的步长变化其幅值和角度。

注意：在采用U_A、U_B、U_C 和 U_a、U_b、U_c 六相电压输出时，其中第四相 U_a 兼作 U_x 特

殊相。在程序设计时，程序指定 U_a 为 U_x 特殊相。

（3）序分量、线电压等参量显示。在界面的左下脚显示当前状态下的线电压以及电压、电流的零序、正序分量和负序分量。通过这个窗口，不仅可以实时监视“序分量”以及“线电压”的变化情况，这部分的数值是完全根据上面所给的各相分量的当前值计算出来的，不能设置。这个窗口有利于试验人员观察保护动作时各序分量和线电压的值，便于根据不同需要来记录保护的动作值。比如说，做低电压闭锁过电流试验的时候，如果保护定值给的是线电压，那么保护动作时不但可以从上面很直观地看到保护动作时的相电压的值，而且可以从这个窗口直接读出线电压的值，而不需要试验人员自行计算。

（4）“测触点动作”和“测动作和返回”。在试验目的栏中选择“测触点动作”时，试验过程中测试仪收到保护动作信号后就自动停止试验，此时测试仪记录下保护的动作情况。在试验目的栏中选择“测动作和返回”时，测试仪能测试保护的动作值和返回值，并自动计算出返回系数。

（5）手动、半自动、全自动方式。手动、半自动、全自动工作方式分述如下。

1）手动方式：各变量的变化完全由手动控制，手动按一下工具条上的▲或▼键或者面板键盘上的“↓”或“↑”键，各变量将加、减一个步长量。保护动作时，测试仪发出“嘀”声，并记录下所需记录的动作值。如果还需要测保护的返回值，这时反方向减小或增加变量至保护触点返回，装置“嘀”声消失，记录下所需记录的返回值，并自动计算出返回系数。

2）半自动方式：该方式下，当选择“递增”或“递减”时，开始试验后各变量将自动按步长递增或递减，增减的时间间隔可以设定。当保护动作，测试仪自动记录所需记录的量并维持输出但暂停变化，同时弹出一对话框，请求给定下一步的变化方向是“增加”、“减小”还是直接“停止”试验，按照试验的要求选定一个变化的方向。

3）全自动方式：该方式下，当选择“递增”或“递减”时，开始试验后各变量将自动按步长递增或递减，增减的时间间隔可以设定。当保护动作时，自动记录所需记录的量。如果已选“测触点动作”，装置测得动作值后将自动停止试验；如果选择“测动作值和返回值”，在测得动作值后，装置将自动转换方向，反向变化各变量，直到装置触点返回，从而测量出返回值，记录下返回值并计算返回系数。

（6）自动变化间隔时间。自动变化间隔时间是指在自动方式时每一个故障变化的间隔时间，因此在设置间隔时间的时候必须保证间隔时间比保护动作的时间长，以便保护能够可靠动作。在“手动”试验中，快到保护动作值时，增、减变量的速度不能太快，以保证变量在每个步长停留足够时间让动作出口，这样测得的结果才更准确。在自动试验中，每变化一步时，内部计时器将自动清零。在测量继电器的动作时间时，若时间较长，请用“手动”试验方式，并缓慢变化。

（7）输出状态直接置数改变输出值。试验过程中，软件允许在输出状态进行多种直接更改输出功能。

1）在输出状态可以进行手动、半自动、全自动方式的切换，可以进行“递增”或“递减”切换、“测触点动作”或“测动作和返回”切换。在手动方式下可以改变“自动变化时间间隔”。

2）在各种方式下均可随时更改，哪些量需要变化，点击对应的“变”框打“√”或取消即可。

3）在手动方式时，可以同时将各相输出改变为所需要的值。具体操作方法是：依次直接键入所需改变的各相的幅值和相位值（在未完成前不按“确认”键），在各值均输入完后按“确认”键，装置将立即同步地将各相输出改变为键入的各值。

（8）开入量。“继保之星”系列测试仪各开入量是共用一个公共端的。接入保护的动作触点的时候，一端接测试仪公共端，另外一端接开入 A、B、C、R、a、b、c 中任一个。需要注意的是，当触点是带电位的时候，一定要把正电位端接入公共端。

在本测试模块中，开入量 A、B、C、R、a、b、c 均默认有效，互为“或”的关系，不需要某个开入量时，可选择关闭。试验时，保护的跳、合闸触点可接至任一路开入量中（在线路保护中，软件默认开入 R 为重合闸信号接入端）。开入公共端（红色端子）在接有源触点时，一般接电源的正极端。只要测试仪接收到某路开入量的变位信号，即在该开入量栏中记录下一个时间。

如果有多路开入量变位，各路中将会记录各自的时间。

（9）开关变位确认时间。各种继电器和微机保护，其触点的断开与闭合常会有一定抖动。为防止抖动对试验结果造成的影响，常设置一定的“开关变位确认时间”。一般来说对于常规的继电器，开关变位时间设置为 20ms，而微机型保护开关变位时间设置为 5ms 就可。

（10）测试结果记录。界面的右下角为测试结果的“动作值”、“返回值”和“返回系数”的记录区。记录的内容非常丰富，可以记录三相电压、电流，各线电压，电压、电流的正序、负序及零序分量，各交流量的相位，以及频率等。需要记录哪个量只需在该量前打勾即可，如图 3-22 所示。

图 3-22　测试结果记录

（11）按序分量输出功能。序分量测试界面如图 3-23 所示，界面上直接设置需输出的

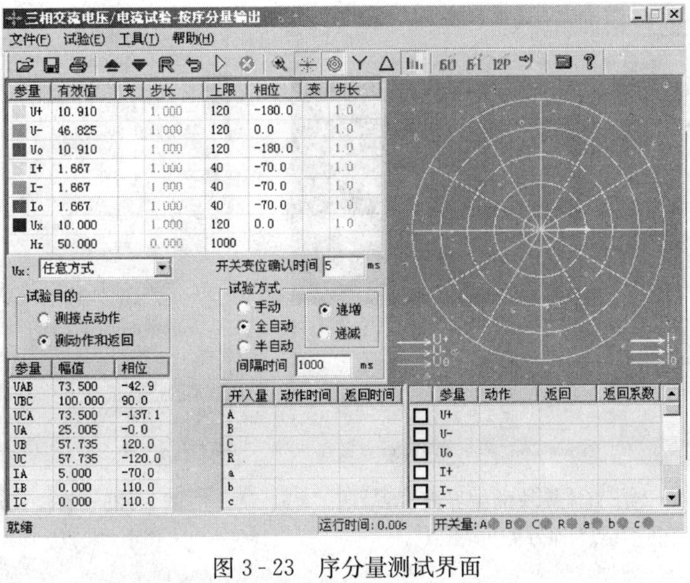

图 3-23　序分量测试界面

注：图中“接点”即为文中“触点”。

电压电流的各种序分量，不需要像传统的通过设置各相电压电流幅值和相位来得到各序分量，大大简化了操作，甩开了传统的复杂计算，为测试序分量继电器提供了方便。例如，要输出三相负序电压，若在三相交流输出页面，就必须分别设置三相电压的幅值和相位，而现在只需要将所需输出的负序电压值赋予给“U—”，软件就能自动计算出测试仪每相应输出的电压幅值和相位关系。

需要注意的是，这里设置的幅值、变化步长和相位都是序分量，是三相电压或三相电流组合出的各序分量，而不是测试仪单相的实际输出。任意改变界面上的序分量值（包括幅值和相位），软件都能实时计算出相应的三相电压、电流值，其数值在界面左下角的列表区中显示，测试仪电压电流输出端子实际输出的电压电流值即为该量，而非序分量。界面上的U0、I0、U—、I— 是各序量值，U0、I0 是零序电压、电流，U—、I— 是负序电压、电流，是在保护中常用的 3U0、3I0、3U—、3I— 的三分之一，这与三相交流试验界面中左下角结果列表显示的值是相一致的。试验时，首先要区分保护所给定的整定值给的是 U0、I0、U—、I— 还是 3U0、3I0、3U—、3I—，若是 U0、I0、U—、I—，试验时可直接按定值设置参数；若是 3U0、3I0、U—、I—，应将实际的整定值除以 3，再按新的定值进行参数设置。

2. 直流试验

“直流试验”模块提供专门的直流电压和电流输出，主要是为了满足做直流电压继电器、时间继电器以及中间继电器等试验的要求。直流模块的主界面如图 3-24 所示。

“直流试验”模块和“交流试验”模块的界面相似，使用方法也基本相同，使用时，请参照“交流试验”。要注意以下几点。

（1）参数设置时，每相电压最大输出为±160V，当需要输出更高的电压时，可采用两相电压输出，数值上一正一负，这样输出电压最高可达 320V。比如 $U_A=110V$，$U_B=-110V$，则 $U_{AB}=110-(-110)=220$（V），如图 3-25 所示。线电压的幅值显示在主界面的左下角。U_A 和 U_B 的值不一定要求相等，但需注意正、负极性。

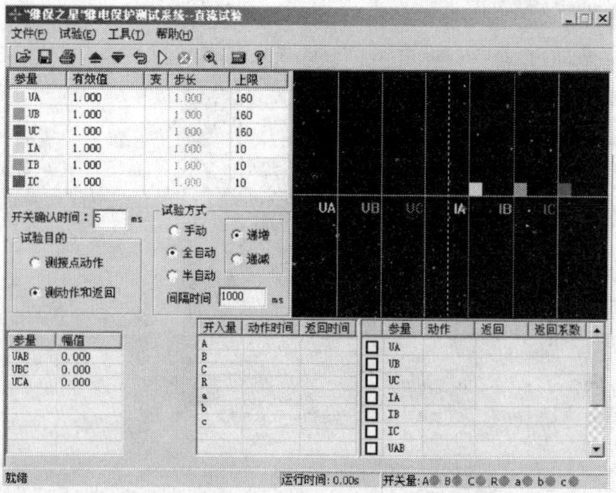

图 3-24　直流模块的主界面

注：图中“接点”即为文中“触点”。

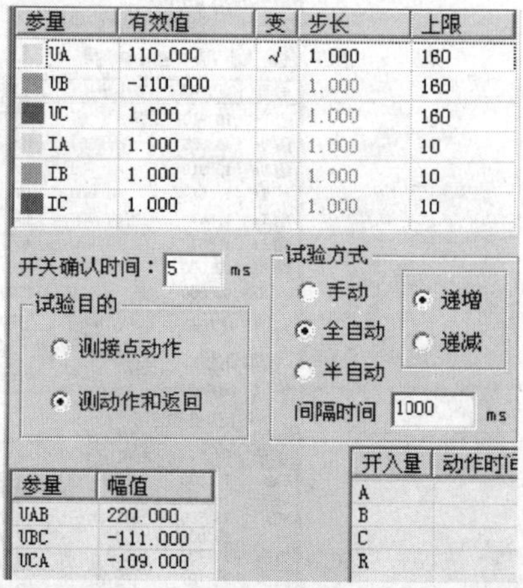

图 3-25　直流模块参数设置

注：图中“接点”即为文中“触点”。

（2）单相最大电流输出为 10A，如需要输出更高的电流，可采用两路或三路电流并联输出的方式，每相幅值应基本相等。

（3）在做时间继电器试验时，由于一般动作时间较长，应选用“手动”试验方式，给继电器加上额定电压后不需变化，一直等待其动作。接线时，应将继电器的延时触点接至测试仪的开入量。

复习思考题三

1. 电秒表在测量时，首先应该做什么？
2. 电秒表如何读数？
3. 电秒表使用之后，在做下一次测量时，应该如何操作？
4. 使用万用表欧姆挡前应如何检查其是否可以使用？
5. 当选择万用表欧姆挡时，表笔的正负极是怎样的？
6. 万用表使用完后，应注意什么？
7. 绝缘电阻表的作用是什么？
8. 使用绝缘电阻表前应如何检查？
9. 使用绝缘电阻表测量时，摇速和测量时间有什么要求？
10. 继电保护测试仪的主要作用是什么？
11. 继保之星测试仪具有哪些主要功能？

技能训练三

任务1：使用电秒表测量一个闭合时间。

（1）设备仪表：401电秒表1块，电源开关1个，开关板1块，连接导线若干。

（2）测试内容。

1）工作选择开关S在“连续”位置。

2）当电秒表端子Ⅰ、Ⅲ接通（S1闭合）时，电秒表开始计时；当延时触点断开后，电秒表停止计时。电秒表的示值就是端子Ⅰ、Ⅲ连续闭合的时间（即S1延时断开的时间）。

3）分别测量不同的延时动断时间。

4）测试完毕，断开电源；整理设备，清理测试场地。

任务2：使用指针式万用表测试以下电子元器件。

（1）测试电阻器的阻值是否满足使用要求。

（2）测试电解电容器的性能，并判断其是否能投入使用。

（3）测试二极管的极性，并判断其是否能投入使用。

（4）测试三极管的极性和管型，并判断其是否能投入使用。

任务3：利用绝缘电阻表现场摇测单个继电器的绝缘电阻，并说明所测继电器的绝缘电阻是否满足投运要求。

（1）摇测继电器全部端子对底座、全部端子对磁导体的绝缘电阻。

（2）摇测各线圈对触点以及各线圈间的绝缘电阻。

任务4：利用绝缘电阻表现场摇测某保护接线全回路的绝缘电阻。

利用绝缘电阻表测试继电保护测控屏上交流电压回路对地、交流电流回路对地、直流回路对地、全回路对地以及各回路间的绝缘电阻，并判断其是否满足投运要求。

任务 5：利用继保之星测试仪产生 3 路三相电压，并分别利用手动试验、全自动试验改变其输出。要求设计试验记录表格，并进行记录。

任务 6：(1) 设计利用继保之星分别测试电流继电器、中间继电器、时间继电器电气特性的接线图。

(2) 设计利用继保之星的手动试验、自动试验方式分别完成电流继电器、中间继电器、时间继电器动作值、返回值及动作时间测试的操作步骤及试验记录表格。

(3) 利用继保之星的手动试验、自动试验方式分别完成电流继电器、中间继电器、时间继电器动作值、返回值及动作时间的测试，并写出测试报告。

第二篇

电力系统微机保护装置检验

第四章　电力系统微机保护装置检验通则

教学目的

掌握微机保护装置硬件电路的基本组成、软件模块的基本结构；熟悉微机保护及自动装置的通用检验项目；初步掌握微机保护及自动装置的通用检验方法。

教学目标

能说明微机保护与自动装置硬件电路的基本组成、软件模块的基本结构；能说明微机保护及自动装置的通用检验项目；会结合实际讲述微机保护及自动装置的通用检验方法。

第一节　电力系统微机保护装置概述

一、电力系统微机保护装置的基本组成

微机型继电保护装置和机电型、静态型继电保护装置相比具有精度高、灵活性大、可靠性高、调试和维护方便、易获取附加功能、易于实现综合自动化等特点。微机型继电保护装置由硬件和软件两部分组成。

1. 微机保护装置硬件电路的基本组成

从功能上划分，一套微机保护装置硬件构成可以分为六部分，即数据采集系统（或称模拟量输入系统）、微型计算机系统、输入/输出回路、通信接口、人机对话系统和电源部分等。微机保护硬件电路基本组成框图，如图 4-1 所示。

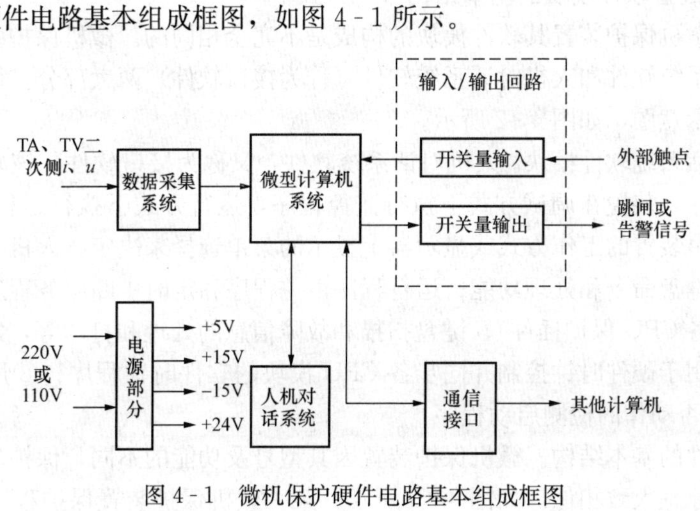

图 4-1　微机保护硬件电路基本组成框图

(1) 数据采集系统。微机保护装置的数据采集系统又称为模拟量输入系统。其作用是将

被保护设备TA二次侧的电流、TV二次侧的电压，分别经过适当的预处理后转换为所需的数字量，送至微型计算机系统。该系统的主要元件通常有变换器、模数转换（A/D）芯片、电阻、电容等。

（2）微型计算机系统。微型计算机系统的作用是完成算术及逻辑运算，实现继电保护功能。该系统的主要元件是微处理器CPU芯片、存储器芯片、定时器/计数器及接口芯片等。

（3）输入/输出回路。输入/输出回路是微机保护装置与外部设备的联系电路，因为输入信号、输出信号都是开关量信号（即触点的通、断），所以该回路又称为开关量输入/输出回路。开关量输入回路的作用是将各种开关量（如保护装置连接片的通断、屏上切换开关的位置等）通过光电耦合电路、接口电路输入到微型计算机系统；开关量输出回路的作用是将微型计算机系统的分析处理结果输出，以完成各种保护的出口跳闸或信号告警等任务。开关量输出回路的主要元器件通常是光电耦合芯片和小型中间继电器等。

（4）人机对话系统。人机对话系统的作用是建立起微机保护装置与使用者之间的信息联系，以便对装置进行人工操作，调试和得到反馈信息。人机对话系统又称人机接口部分。该部分主要包括显示器、键盘、各种面板开关、打印机等。

（5）通信接口。通信接口的作用是提供计算机局域通信网络以及远程通信网络的信息通道。微机保护装置的通信接口是实现变电站综合自动化的必要条件，特别是面向被保护设备的分散型变电站监控系统的发展，通信接口电路更是不可缺少的。每个微机保护装置的通信接口通常都采用带有相对标准的接口电路。

（6）电源回路。电源回路的主要作用是给整个微机保护装置提供所需的工作电源，保证整个装置的可靠供电。微机保护装置的电源回路通常采用输入直流220V或110V，输出直流+5V、±12V（或±15V）、+24V等。其中，+5V主要用于微型计算机系统；±12V（或±15V）主要用于数据采集系统；+24V主要用于开关量输出回路等。

2. 微机保护装置软件模块的基本结构

不同型号的微机保护装置其软件模块的构成是不完全相同的。微机保护装置的软件模块通常可分为保护系统软件和人机对话系统软件（称为接口软件）两大部分。微机保护装置软件模块基本结构示意图，如图4-2所示。

（1）人机对话系统软件模块。人机对话系统软件，又称为接口软件。该软件大致分为监控程序和运行程序，装置在调试方式下执行监控程序，运行方式下执行运行程序。CPU执行哪一部分程序由装置的工作方式或显示器上显示的菜单选择来决定。人机对话系统的监控程序主要是实现键盘命令和处理功能；运行程序由主程序和定时中断服务程序构成，主程序主要完成巡检（各CPU保护插件）、键盘扫描和故障信息的处理和打印等，定时中断服务程序主要包括：①用于硬件时钟控制并同步各CPU模块的软件时钟程序；②用于检测各保护CPU启动元件是否动作的检测启动程序。

（2）保护软件的基本结构。微机保护装置因其型号及功能的不同，保护软件的结构也不完全相同，但其原理大致相似。如图4-3所示，某一微机保护装置保护程序主要包含主程序、中断采样程序、正常运行程序及故障计算处理程序等模块。其结构示意框图如图4-3所示。

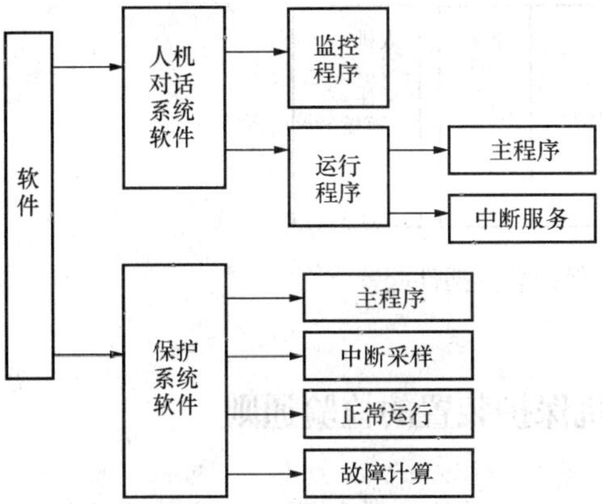

图 4-2　微机保护装置软件模块基本结构示意图

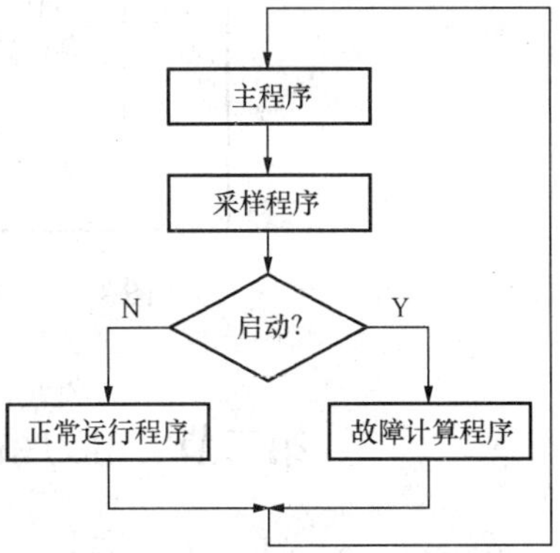

图 4-3　保护程序结构示意框图

1）主程序主要用于初始化和自检，并按固定的采样周期接受采样并中断进入采样程序。

2）采样程序中主要进行模拟量采集与滤波，开关量的采集、装置硬件自检、交流电流断线和启动判据的计算，根据是否满足启动条件而进入正常运行程序或故障计算程序。

3）正常运行程序中主要进行采样值自动零漂调整、运行状态检查等。当发现运行状态不正常时，将发出告警信号。告警信号通常分为两种，一种是运行异常告警，此时只发告警信号，而不闭锁保护装置；另一种为闭锁告警信号，告警的同时将保护装置闭锁，使保护退出工作。

4）故障计算程序主要进行各种保护的算法计算、跳闸逻辑判断、事件报告、故障报告及波形的整理等。

二、电力系统微机保护装置的硬件结构

目前，电力系统中应用的微机保护自动装置通常均采用标准机箱式结构，机箱内安装多个插件，机箱面板上通常安装 LED 显示器、键盘、信号灯、复归按钮及通信接口等元件。每套微机保护自动装置由一个或几个箱体组成。不同型号、不同生产厂家、应用于不同电压等级、具有不同功能用途的标准机箱及其插件的构成不完全相同，但其基本结构是大致相同的。对于每个微机保护自动装置机箱一般至少设置以下五个插件：交流插件、CPU 插件、继电器插件、电源插件、人机对话插件（常以面板的形式出现）等。图4-4所示为某线路微机保护装置的结构图。随着微机保护自动装置功能、用途的增多及应用于元件的电压等级升高，装置内的插件将增加到多于 5 个以上，某线路微机保护装置插件配置如图 4-5 所示。

图 4-4　线路微机保护装置的结构图

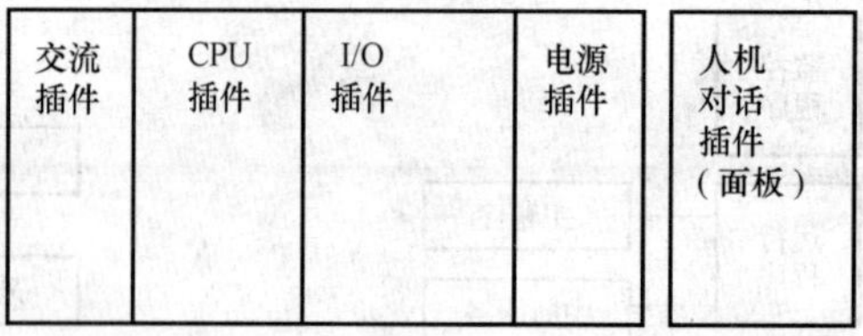

图 4-5　线路微机保护装置插件配置

第二节　电力系统微机保护装置的检验通则

由于微机保护自动装置标准机箱及其插件的基本结构大致相同，因此其检验的内容及方法具有一定的相同性，本节将学习其检验的通则。

一、电力系统微机保护检验的目的

继电保护及自动装置是电网安全的重要屏障。对继电保护及自动装置进行正确的检验，是保证继电保护装置安全运行和可靠动作的重要手段。运行中的继电保护自动装置及其二次回路，由于受到灰尘、潮气、腐蚀气体的侵入和机械作用力等，使装置零件腐蚀、磨损，紧固件松动以及定值和电气特性的变化，均将影响装置正确工作的可靠性；新安装的装置也可能由于产品的质量、安装质量、运输质量等问题，影响装置的正确工作。因此，对于投入运行前或运行一段时间的继电保护自动装置均必须进行检验，及时发现和处理设备缺陷，确保装置正常工作。

二、电力系统微机保护装置通用检验项目

微机保护及自动装置是由硬件和软件两部分组成。其硬件是一台计算机，各种复杂的功能由相应的程序来实现。所以，微机保护及自动装置的特性主要由程序决定，不同原理的保护可以采用通用的硬件，只要改变软件就可以改变保护的特性和功能。因此，微机保护及自动装置的检验也可理解为通用项检验和专用项检验。微机保护及自动装置通用检验项目通常有以下几点。

（1）外观检查。

（2）绝缘测试。

（3）逆变电源检验。

（4）固化的程序是否正确检验（核对程序版本、校验码）。

（5）数据采集系统的检验。

（6）开关量输入和输出回路检验。

（7）定值输入功能检验。

（8）定值单检验。

（9）用一次电流及工作电压检验。

三、电力系统微机保护装置通用检验方法

1. 外观及内部检查

（1）屏面标志检查。屏面上的标志应正确、完整、清晰，如在电器、辅助设备和切换设备（操作把手、隔离开关、按钮等）上以及所有指示信号位置、信号牌上都应有明确的标

志，且实际情况应与图纸和运行规程相符。

（2）装置构成检查。装置的实际构成情况是否与设计相符合，主要设备、辅助设备，导线与端子以及采用材料的质量完好。

（3）装置各插件内元器件的一般性检查。拔出装置的所有插件，逐个检查各插件上的元器件是否松动、脱落；集成电路芯片各管脚是否插紧到位；对照说明书检查芯片型号是否正确；存放程序的 EPROM 芯片的窗口是否用防紫外线的不干胶封死。

（4）装置各插件机械性检查。拔出装置的所有插件，检查各个插件有无机械损伤及连线有否被扯断等现象；再按照使用说明书中装置的正面布置图，对号分别将各个插件插入装置，检查各插件与插座之间的插入深度是否到位，杠杆是否能锁紧到位。检查完毕后，插件仍全部拔出。

（5）装置各部分配线的检查。检查装置背面配线有无断线或连接不牢及碰线；各插件的插座到本装置的端子连线有无脱落等情况。

（6）装置的接地检查。检查装置的接地端子应可靠接地。

2. 绝缘测试及耐压试验

在保护及自动装置屏的端子排处将所有外部引入的回路及电缆全部断开，分别将电流、电压、直流控制信号回路的所有端子各自连接在一起，用 1000V 绝缘电阻表测量下列绝缘电阻，其阻值均应大于 10MΩ。（拔出微机保护插件）

（1）各回路对地。

（2）各回路相互间。

在保护屏的端子排处将所有电流、电压及直流回路的端子连接在一起，并将电流回路的接地点拆开，用 1000V 绝缘电阻表测量回路对地（屏板）的绝缘电阻，其绝缘电阻应大于 1MΩ。此项检验只有在被保护设备的断路器、电流互感器全部停电及电压回路已在电压切换把手或分线箱处与其他单元设备的回路断开后，才允许进行。

当新装置投入时，按上述绝缘检验合格后，应对全部连接回路用交流 1000V 进行 1min 的耐压试验。对运行的设备及其回路每 5 年应进行一次耐压试验，当绝缘电阻高于 1MΩ 时，允许暂用 2500V 绝缘电阻表测试绝缘电阻的方法代替。

3. 逆变电源检验

拉合直流电源，直流电源缓慢上升、缓慢下降时逆变电源和微机继电保护装置应能正常工作。

4. 固化的程序是否正确检验

固化的程序是否正确检验主要是核对程序的版本及校验码。检查的目的主要是再次确认装置各个保护的软件版本，核对是否与所选的一致。检查的方法是利用装置在调试状态下的检查程序版本的命令菜单，显示或打印出各个保护软件的版本及校验码。

5. 数据采集系统的检验

（1）零点漂移。此时，微机保护装置各交流端子均开路，不加电压、电流。对于不同型号早期或近期的微机保护装置，可通过分离式键盘显示器或人机对话显示和键盘，观察各个模拟量采集值。

对二次额定电流为 5A 的微机保护装置，采样值应在－0.3～＋0.3 范围内；对于二次额定电流为 1A 的微机保护装置、采样值应在－0.1～＋0.1 范围内。若检查的结果不符合要求，则应进行调整。对于早期产品，可用转插板将VFC插件或CPU插件转接出来，调节有偏移回路的电位计。对新型的产品可直接通过人机对话显示和键盘调出相应的菜单进行调整。

（2）电流、电压通道。分别加入各相一定数量的电流、电压，观察显示值的误差是否在该产品规定的误差范围内。若超过范围，则按调整零点漂移误差的方法进行调整。若某路模拟量不能加入该装置，则检查微机保护装置内的线路是否松脱，对应的电流变换器或电压变换器、A/D转换器、V/F转换器是否损坏，以及电流、电压通道的其他元件是否损坏。

6. 硬件电路的检验

（1）开关量输出回路。此时应加入各相电流或电压值，使其达到微机保护的整定值，观察微机保护装置和微机监控后台输出的相应信号是否正确，断路器是否跳闸。

（2）告警信号。通过人机对话显示和键盘调出相应的菜单，检查启动继电器和告警信号继电器是否完好，也可通过加某相电流使其达到告警值看装置是否发出告警信号的方式进行检查。

（3）开关量输入回路。用微机保护装置的24V电源分别点接各个CPU插件上引入开关量的端子，如重瓦斯、轻瓦斯、手车位置、断路器位置等，检查保护装置和后台是否呼唤相应的信号。

（4）定值输入功能。通过人机对话显示和键盘，直接写入定值并固化，再通过查看功能检查写入定值的正确性。当定值被重新写入或修改后，最好加入电流或电压信号，重新进行检验，以保证万无一失。

7. 保护定值单检查

装置保护功能的调试一般根据装置的类型，依照定值通知单，采用专用的继电保护测试仪在保护装置或自动装置上加电流或电压，检查装置动作精度并传动断路器，在后台机上应正确显示保护动作信息、开关变位信息和动作时间数据等。要求误差不超过±5%。

8. 整组检验

整组检验又称为模拟短路试验。该项检验是在完成了装置本身的检验项目，并且所发现问题已全部处理后而进行的。此项检验主要是利用试验装置模拟电力系统的短路，在微机保护屏上检测微机保护装置有关保护动作的正确性。即主要目的是检查保护装置的动作逻辑、动作时间是否正常，用较短的时间再现故障，并判明问题的根源。

（1）整组检验的要求。新安装装置验收及回路经更改后的检验，在做完每一套单独的整定试验后，需要将同一被保护设备的所有保护装置连在一起进行整组的检查试验，以校验保护回路设计正确性及其调试质量。

1）对于同一被保护设备的各套保护装置均接于同一电流互感器二次回路，应按照回路的实际接线，自电流互感器引进的第一套保护屏的端子排上接入试验电流、电压，以检验各套保护相互间的动作关系是否正确；如果同一被保护设备的各套保护装置分别接于不同的电流回路时，则应临时将各套保护的电流回路串联后进行整组试验。试验时通到保护盘端子排处的电流、电压的相位关系应与实际情况完全一致。

2）对于线路纵差的整组试验，应与通道和线路对侧的保护配合一起进行模拟区内、区外故障时保护动作行为的检验。

3）对装设有综合重合闸装置的线路，应将保护装置及综合重合闸按相应的相别、相位极性关系串接在一起，通入各种模拟故障量，检查各保护及重合闸装置的相互动作情况是否与设计相符合。

4）保护装置及重合闸装置接到实际的断路器回路中，进行必要的跳、合闸试验，以检验各有关跳合闸回路、防止跳跃回路、重合闸停用回路及气（液）压闭锁回路动作的正确性，每一相的电流、电压及断路器跳合闸回路相别的一致性。

5）对母线差动保护的整组试验，可只在新建变电站投产时进行。一般情况下，母线差动保护回路设计及接线的正确性，要根据每一项检验结果（尤其是电流互感器的极性关系）及保护本身的相互动作检验结果来判断。

（2）整组试验重点检验的项目。整组试验重点检验以下项目。

1）各套保护间的电压、电流回路的相别及极性是否一致。

2）各套装置间有配合要求的各元件在灵敏度及动作时间上是否确实满足配合要求。所有动作的元件应与其工作原理及回路接线相符。

3）在同一类型的故障下，应该同时动作于发出跳闸脉冲的保护。在模拟短路故障中是否均能动作，其信号指示是否正确。

4）有两个线圈以上的直流继电器的极性连接是否正确，对于用电流启动（或保持）的回路，其动作（或保持）性能是否可靠。

5）所有相互间存在闭锁关系的回路，其性能是否与设计符合。

6）所有在运行中需要由运行值班员操作的把手及连片的连线、名称、位置标号是否正确，在运行过程中与这些设备有关的名称、使用条件是否一致。

7）中央信号装置、微机监控、故障录波、故障信息远传等的动作及有关灯光、音响信号指示是否正确。

8）各套保护在直流电源正常及异常状态下（自端子排处断开其中一套保护的负电源等）是否存在寄生回路。

9）断路器跳、合闸回路的可靠性，其中装设单相重合闸的线路，验证电压、电流、断路器回路相别的一致性及与断路器跳合闸回路相连的所有信号指示回路的正确性。重合闸应确实保证按规定的方式动作，并保证不发生多次重合情况。

10）断路器防止跳跃回路、气（液）压闭锁回路、三相不一致回路动作的正确性及信号指示回路的正确性。检验其转换接点动作的正确性。

11）实际传动刀闸检验各切换回路、信号回路动作正确性。

（3）整组试验的原则。因整组试验涉及面较广且具体回路有一定差异，工程负责人必须结合实际回路的具体情况拟订。交流回路的每一相（包括零相）及各套保护间有相互连接的每一直流回路，在整组试验中都应检验到；进行试验之前，应编制方案，事先列出预期的结果，以便在试验中核对并即时做出结论。方案应由班组长或本专业专工审核。

9. 用负荷电流及工作电压检验

用负荷电流及工作电压检验是最后一次检验新投入的变电站或改动接线后的微机保护装置二次回路接线是否正确，主要是核对电压、电流相位、相序、幅值，检验差动元件差流、方向元件角度是否正确，做出是否可投入运行的结论。

用负荷电流及工作电压检验的方法通常是：接入系统电压，通入负荷电流，使装置处于正常运行状态，但跳闸、合闸出口压板应断开。此时，调出相应菜单或者打印出采样报告，检查U_a、U_b、U_c和I_a、I_b，I_c是否符合以下要求：U_a超前U_b 120°，U_b超前U_c 120°，U_c超前U_a 120°；I_a超前I_b 120°，I_b超前I_c 120°，I_c超前I_a 120°；U_a和I_a、U_b和I_b、U_c和I_c之间的夹角应基本相等，并与系统功率因数一致。若符合以上要求，说明三相电压和电流对称且为正相序，负荷电流的相位角正确。否则，应检查装置交流电压、交流电流回路接线（包括屏内连线）是否正确。

四、电力系统微机保护装置检验注意事项

微机保护及自动装置检验时，应注意以下几点。

（1）不可在带电状态下拔出和插入插件。

（2）发现装置工作不正常时，应仔细分析。判断故障原因及部位，不可轻易更换芯片。如确需更换芯片，应注意芯片插入的方向，且应保证芯片的所有引脚与插座接触良好。

（3）如需对插件板上某些焊点进行焊接，应将电烙铁脱离交流电源后再进行焊接，或用带有接地线的内热式电烙铁焊接。

（4）应用黑色不干胶封住放置保护程序的EPROM芯片窗口，以防止日光照射芯片而使程序发生变化。

（5）在检验屏内配件及线路时，电压、电流应从屏上端子排加入。

（6）试验接线应保证在模拟短路时电压和电流变化的同时性。

（7）若在交流电压（或电流）回路对地之间接有抗干扰电容，且试验时所加电压、电流为不对称量时，则应将抗干扰电容的接地点断开，以防止由于抗干扰电容的干扰而在非故障相产生电压，从而造成保护装置的误动作。

（8）在运行状态下需断开电流、电压线时，应保证电流互感器二次回路不开路，电压互感器二次线不短路。

复习思考题四

1. 一套微机保护装置的硬件通常有哪些部分构成？各部分的主要作用是什么？
2. 画出微机保护的程序结构示意框图，各程序块的主要作用是什么？
3. 电力系统微机保护装置通用检验项目有哪些？
4. 电力系统微机保护装置检验注意事项主要有哪些？

技能训练四

任务1：结合某电力系统微机保护装置，完成以下工作任务。

（1）设计出通用检验记录表。

（2）简要写出通用检验方法及注意事项。

任务2：写出线路相间短路电流、电压保护整组检验的项目名称及质量要求。

第五章 低压输配电线路保护测控装置及检验

教学目的

熟知低压输配电线路保护测控装置的基本构成和检验方法；针对CSF206L型线路保护测控单元装置应做到以下几点：①初步掌握装置硬件构成；②熟悉装置保护功能；③了解系统菜单及操作方法；④掌握保护装置测试方法。

教学目标

能结合实际说明低压输配电线路保护测控装置的功能；针对CSF206L型线路保护测控单元，能说明以下几点：①装置的硬件构成；②装置保护功能；③系统菜单及操作方法；④保护装置测试方法。

第一节 低压输配电线路保护测控装置简介

一、低压输配电线路保护屏

本章以CSF206L型线路保护屏为例，学习低压输配电线路保护装置的构成及检验。CSF206L型线路保护屏共安装四套CSF206L型线路保护测控装置，CSF206L型线路保护测控装置主要用于110kV及以下线路或站用变的保护、测量与控制。装置保护功能包括低压闭锁三段式方向过电流保护、三段式零序电流保护、母联充电保护、三相一次重合闸、过负荷保护、低周减载、重合/手合后加速保护、故障录波以及小电流接地选线等功能。装置测控功能包括测量三相电流、三相电压、零序电流、零序电压、同期电压；计算功率、频率；实现遥测、遥信、遥控、遥脉功能。

每条低压输配电线路需配置一套CSF206L型线路保护测控装置，每套装置分别配置一个远方/就地选择开关用于对断路器进行控制操作时远方、就地两种工作方式切换选择；一个分/合闸控制开关用于对断路器进行手动分、合闸控制；两个红、绿指示灯分别用于显示断路器合闸、跳闸状态；两个分别用于设置跳、合闸出口的硬连接片（俗称硬压板）。

CSF206L型线路保护屏如图5-1所示。

二、CSF206L型线路保护测控装置硬件

CSF206L型线路保护测控装置由电源插件、逻辑插件、跳闸插件、通信插件、CPU插件、交流插件、人机对话插件等组成。装置插件配置如图5-2所示。

1. 交流插件

交流插件用来引入保护、测量回路所需的各路交流电压、交流电流量，并起到电量变换和隔离的作用。该插件包括电压和电流变送器两部分。交流插件的输入量是保护用I_a、I_b、I_c、$3I_0$及测量用I_a、I_b、I_c七路电流输入，U_a、U_b、U_c、$3U_0$及U_x五路电压输入。

2. CPU 插件

CPU 插件又称测控插件，是装置的核心插件，主要用来完成信息的采集与存储、信息处理及信息的传输等任务。装置的保护、测量、监控功能及其附加功能主要是靠 CPU 插件实现。

CPU 插件包括微处理器 CPU，用来保存系统配置信息、整定值、事件报文等重要数据的大容量存储器 NVRAM，通信线光电隔离电路，用来进行模数转换的模拟量输入电路、A/D 转换电路，以及开关量的输入输出电路。

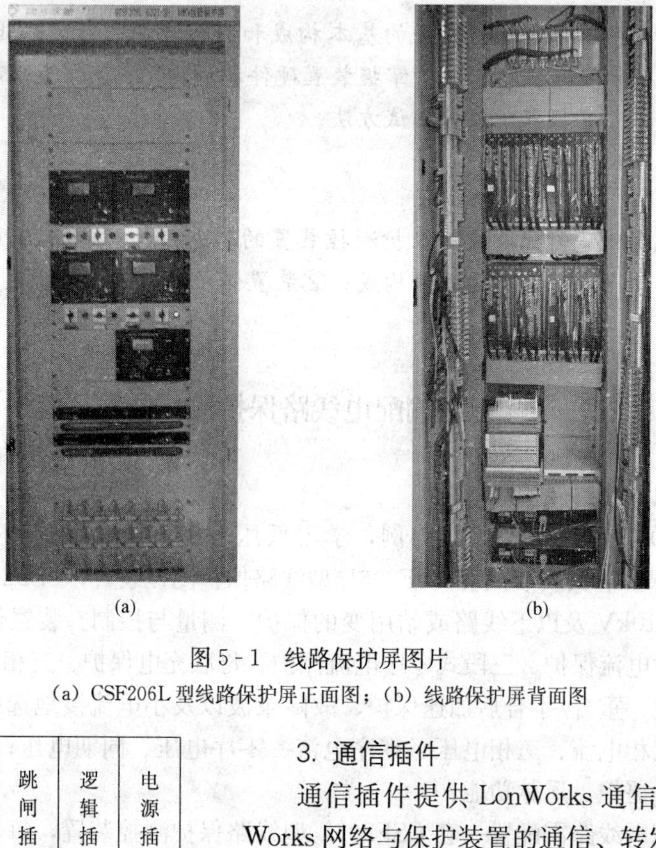

(a) (b)

图 5-1 线路保护屏图片

(a) CSF206L 型线路保护屏正面图；(b) 线路保护屏背面图

交流插件	CPU 插件	通信插件	跳闸插件	逻辑插件	电源插件

图 5-2 装置插件配置图

3. 通信插件

通信插件提供 LonWorks 通信接口，实现 LonWorks 网络与保护装置的通信、转发等功能。

4. 跳闸插件

跳闸插件设置了启动继电器、跳闸保持继电器、合闸保持继电器、跳闸位置继电器、合闸位置继电器、控制继电器等，用来构成跳合闸出口、自保持、防跳和中央信号等功能。

5. 逻辑插件

逻辑插件由微型继电器构成信号输出逻辑，保证遥控跳闸、遥控合闸、事故总信号、预告总信号等信号动作的可靠性。

6. 电源插件

输入直流 220V，输出两组＋5V 电压和一组＋24V 电压。一路＋5V 用于 CPU，一路＋5V用于通信部分，＋24V 用于驱动继电器输出。

7. 人机对话插件

人机对话插件是装置与外界信息交换的主要部件。通过键盘、显示器、指示灯可以方便地完成人机交换工作。串行通信接口（RS-232接口）用于外接计算机。

三、装置的保护测控功能

1. 装置的保护功能

（1）带方向和低压闭锁的三段式过电流保护。带方向和低压闭锁的三段式过电流保护用于反应线路的相间短路故障，该保护包括方向元件、低压元件和各段电流元件等。

方向元件采用90°接线方式，按相启动，其对应关系见表5-1。为消除死区，方向元件带有记忆功能。动作的最大灵敏角度为−45°，动作范围−135°～+45°，误差1°（动作范围指示图见图5-3）。方向元件可由控制字自由投退。低压元件在两个线电压 U_{ab} 和 U_{bc} 中的任意一个低于低压闭锁电压定值时动作，开放被闭锁的保护元件，即 min（U_{ab}，U_{bc}）＜UBS（U_{ab}、U_{bc}）（min为相间故障电压；UBS为低压闭锁电压定值）。低压元件可由控制字自由投退。

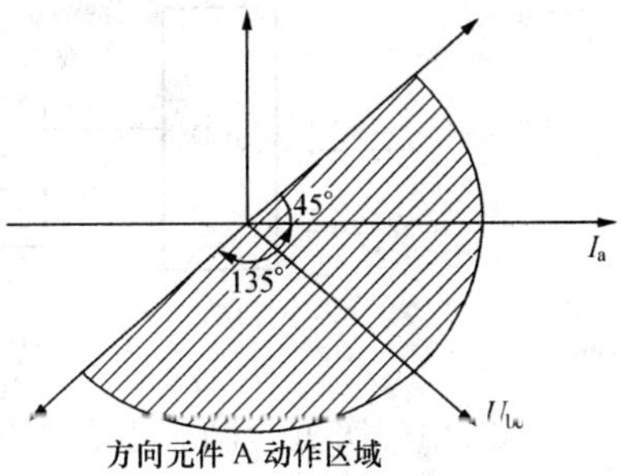

图5-3 方向元件动作区域指示图

表5-1 方向元件对应关系

方向元件	I	U
A	I_A	U_{BC}
B	I_B	U_{CA}
C	I_C	U_{AB}

带方向和低压闭锁的三段式过电流保护元件逻辑如图5-4所示，满足突变量启动条件：

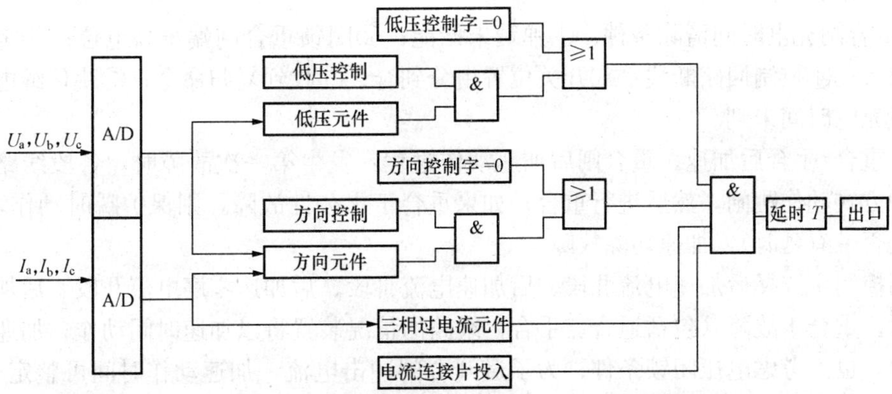

图5-4 带方向和低压闭锁的三段式过电流保护元件逻辑图

1）max（保护A相电流，保护B相电流，保护C相电流）＞相应段电流定值；

2）T＞相应段延时定值；

3）过电流相的方向条件及低电压条件满足；

4）电流软连接片（俗称软压板）投入。

(2) 三段式零序电流保护。零序电流保护各段判别逻辑是一致的，各段出口通过控制字投退，各段时间独立整定。动作条件如下。

1) 零序电流>相应段零序电流定值；

2) T >相应段延时定值；

3) 零序电流连接片投入。

三段式零序电流保护逻辑如图5-5所示。

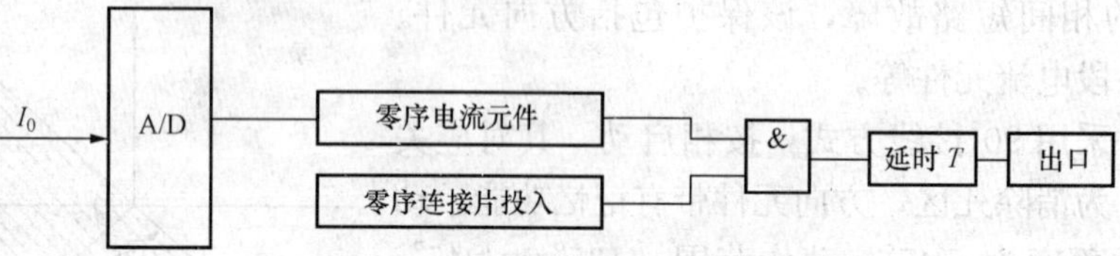

图5-5 三段式零序电流保护元件逻辑图

(3) 三相一次重合闸。重合闸用来将被切除的线路重新投入运行，以提高输电线路的供电可靠性。对于中低压线路保护，一般采用三相一次重合闸工作方式。

重合闸功能由软连接片投退，重合方式由控制字选择。重合闸同期抽取电压的相位由控制字选择。

1) 启动条件：①保护启动重合闸；②不对应启动重合闸；③手动重合闸。

2) 重合方式：① 检无压重合；② 检同期重合；③不检无压不检同期重合。

3) 保护启动重合出口条件：① 过电流三段保护或零序电流三段保护已出口，当前电流没有越限（即保护电流不超过三段电流定值且零序电流不超过三段零序电流定值）；② 开关在分位，且开关位置经过了由合到分的过程；③重合闸延时到；④充电时间到；⑤ 相应重合方式出口条件满足。

4) 不对应启动重合出口条件：①充电时间条件满足；②开关位置在分位（通过跳位继电器反映的位置状态）。

5) 重合闸充电时间清除条件：①弹簧未储能；②闭锁重合闸端子高电位；③重合软连接片未投入；④控制回路断线；⑤开关位置由分到合；⑥收到复归命令；⑦跳位继电器指示分位，且充电时间未到。

(4) 重合/手合后加速。重合闸后加速动作过程：发生第一次故障时，各段线路保护按选择性的方式动作跳闸，然后进行重合；如果重合于永久性故障，则保护瞬时动作，（不管第一次是否带有延时），加速切除故障。

可用控制字选择后加速电流Ⅱ段、后加速电流Ⅲ段、后加速零序电流Ⅱ段、后加速零序电流Ⅲ段。重合于故障（包括遥合、手合）线路的情况装置将以加速时间动作；加速动作不考虑方向，也不考虑电压闭锁条件；为了避开合闸冲击电流，加速动作时间可整定。重合/手合后加速保护元件逻辑如图5-6所示。

动作条件为：①手合、遥合故障或重合闸动作；②在后加速允许保持时间内（后加速时间定值）；③max（保护A相电流，保护B相电流，保护C相电流）>被加速段电流定值或零序电流>被加速段零序电流定值；④T >加速时间定值。

(5) 过负荷。过负荷元件由软连接片投退，过负荷出口跳闸/告警由控制字选择。

动作条件为：①max（保护A相电流，保护B相电流，保护C相电流）>过负荷电流

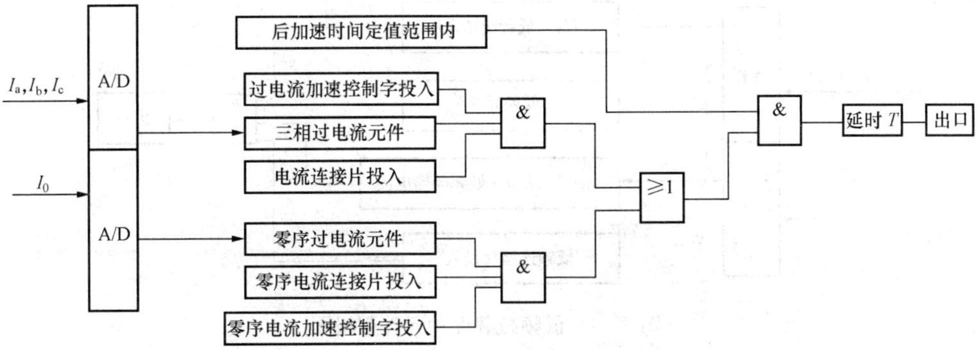

图 5-6　重合/手合后加速保护元件逻辑图

定值；②$T>$过负荷时间定值。过负荷保护元件逻辑如图 5-7 所示。

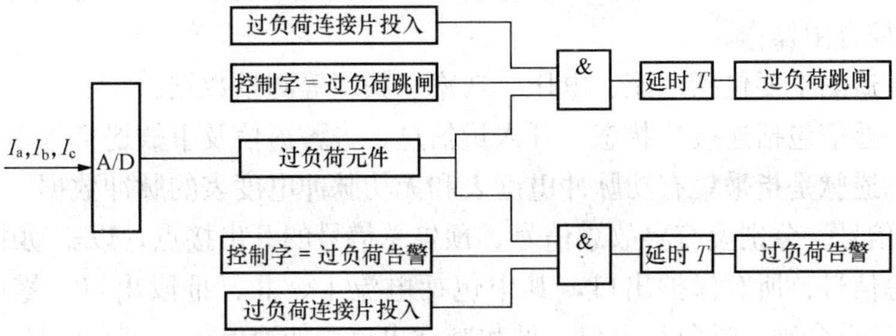

图 5-7　过负荷保护元件逻辑图

（6）低频减载。低频减载保护是电力系统中限制频率下降的措施之一。低频减载保护可以实现分散式的频率控制，当系统频率低于整定频率时，自动判定是否切除负荷。低频减载功能逻辑中设有一个滑差闭锁元件以区分故障情况、电机反充电和真正的有功缺额。考虑低频减载功能只在稳态中作用，所以取 AB 相间电压进行计算。当此电压低于闭锁频率计算电压时，低频减载元件将自动退出。

1）低频元件启动条件：①频率在 49.75～45.00Hz 范围内；②$U_{AB}>$低频减载电压闭锁定值；③min（保护 A 相电流，保护 C 相电流）＞低频减载电流闭锁定值；④开关合位。

2）低频元件动作条件：① $F_{set}<50\text{Hz}-DZF$（DZF 为低频减载频率偏差）；②$\mathrm{d}f/\mathrm{d}t<DFT$（$DFT$ 为低频减载滑差定值）。低频减载保护可由软连接片投退。

低频减载保护元件逻辑如图 5-8 所示。

（7）TV 断线检测。电流软连接片投入，且满足以下两个条件时，则判为单相的 TV 断线，面板显示“TV 断线”报文，并点亮告警指示灯。动作条件为：①三相电压矢量和大于 8V；②最大线电压与最小线电压模值差大于 16V。

2. 测控功能

（1）测量。电压 U_{ab}、U_{cb}、U_{ac}、$3U_0$、U_x，电流 I_a、I_b、I_c、$3I_0$。

（2）自检。装置在正常运行时定时自检，自检对象包括开入、开出、采样、压板信息等。自检异常时，发出告警信号，点亮告警指示灯。

（3）控制回路断线监测。根据继电器触点 HWJ 和 TWJ 的位置反映控制回路的完好性，当监测到控母断线时主动显示控母断线信息，点亮面板告警指示灯。

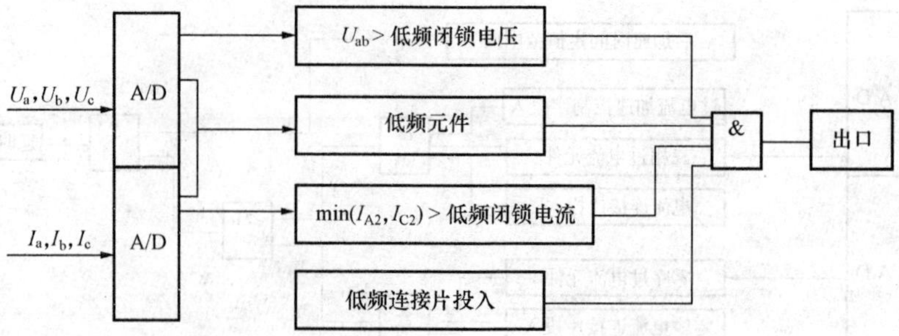

图 5-8　低频减载保护元件逻辑图

（4）事件记录。大容量 NVRAM 芯片保存相关操作记录和事故报告信息。

（5）四遥。

1）遥控。遥控功能主要有遥控切换定值区、遥控整定定值、遥控投切软连接片、遥控跳闸操作、遥控合闸操作。

2）遥测。遥测主要包括电流、电压、功率、频率等测量数据。

3）遥信。遥信包括连接片状态、开入量信息、告警遥信及事故遥信等。

4）遥脉。遥脉是指采集有功脉冲电度表和无功脉冲电度表的脉冲数据。

（6）中央信号。分别设有事故总信号、预告总信号的开出接点，以驱动中央信号装置。

1）事故总信号：所有保护出口，其中包括电流Ⅰ、Ⅱ、Ⅲ段出口，零序电流Ⅰ、Ⅱ、Ⅲ段出口，自动重合闸，过负荷出口，低频减载出口，加速保护出口等信号，产生后均联动事故总信号开出，脉冲宽度 500ms。

2）预告总信号：告警信号，其中包括 TV 断线、控制回路断线、储能失败、过负荷告警、装置自检告警，产生后均联动预告总信号开出，脉冲宽度为 500ms。

第二节　低压输配电线路保护测控装置检验

一、基本操作

1. 装置面板指示灯、按键功能

正常运行时装置前面板和人机对话插件面板如图 5-9，图 5-10 所示。

（1）液晶显示屏：正常运行时，循环显示当前时间、测量值，投入的软连接片，主动显示事故和告警，响应键盘命令，显示人机对话界面。

（2）“运行”指示灯：装置上电，电源工作正常。

（3）“跳闸”指示灯：保护跳闸。

（4）“重合”指示灯：重合闸出口。

（5）“告警”指示灯：装置自检异常，如连接片错、定值错，系统出现异常，如 TV 断线告警、保护事件告警、过负荷告警等。

（6）复归按钮：装置复归。若有告警事件发生，复归后清除相应遥信变位记号，并熄灭相应指示灯。

（7）远方/就地开关：就地位置，闭锁远方遥控指令，即装置不响应遥控指令；远方位置，装置可提供遥控功能。

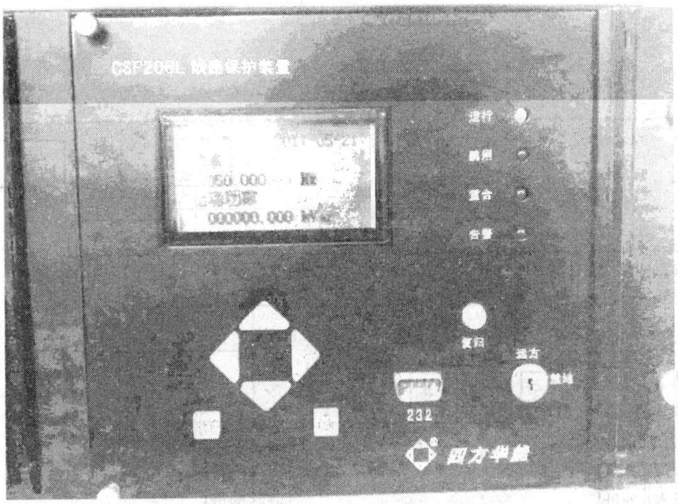

图 5-9　正常运行时装置前面板图

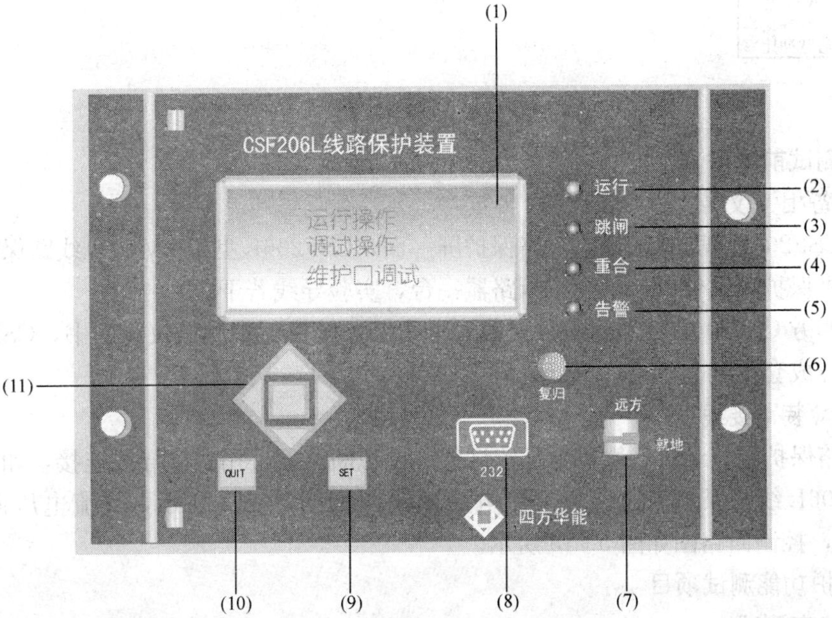

图 5-10　人机对话插件面板图

(8) RS-232 接口：提供装置与 PC 机通信的接口。

(9)“SET”键：在正常进行状态下，按下“SET”键激活主菜单，再次按下“SET”键进入下一级菜单及确认信息。在投切连接片，整定定值时，按“SET”确认执行。

(10)“QUIT”键：按一下“QUIT”键提示下定值和一些参数，按一下“QUIT”键退回上级菜单。

(11)“方向”键：按方向键可以移动光标及翻页操作；输入数字；循环显示时，左右方向键可控制暂停屏幕或滚屏。

2. 系统菜单

系统液晶操作菜单如图 5-11 所示。

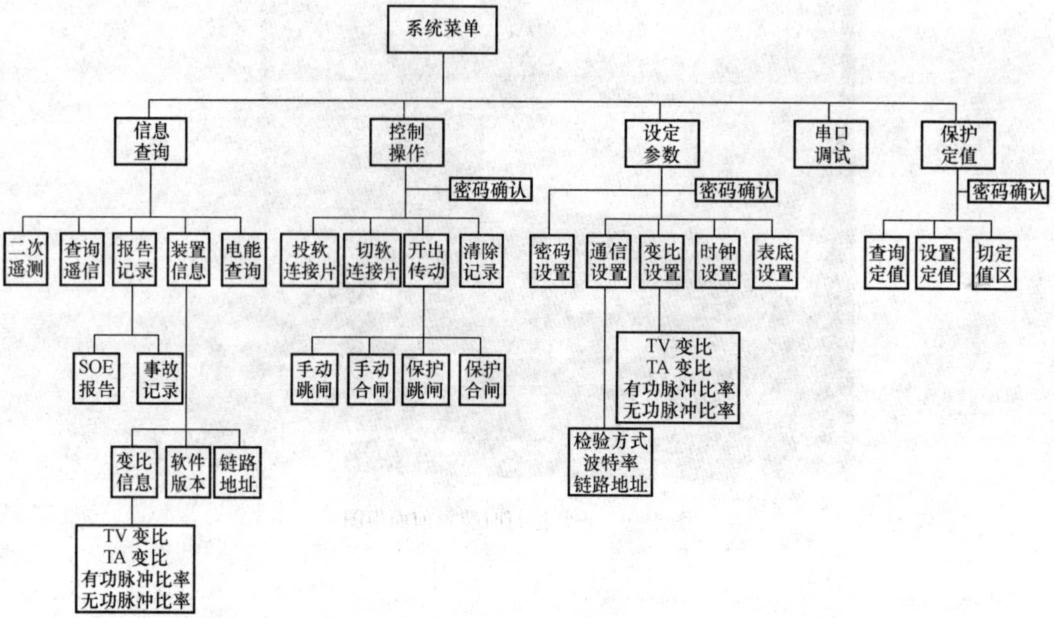

图 5-11 系统菜单示意图

二、测试前准备

1. 准备相关仪器、材料及图纸

(1) CSF206L 型 10kV 微机线路保护屏一面，CSF206L 型 10kV 微机线路保护测控装置一台，微机保护测试仪一台，模拟断路器一台，实验导线若干。

(2) 四方 CSF206L 线路保护测控装置说明书，微机保护测试仪说明书，CSF206L 微机线路保护屏成套图纸。

2. 试验装置接线

将线路保护测控装置、微机保护测试仪、模拟断路器，用实验导线连接，如图 5-12 所示。CSF206L 线路保护测控装置交流电流回路图如图 5-13 所示，交流电压回路图如图 5-14所示，控制回路图如图 5-15 所示。

3. 保护功能测试项目

(1) 静态测试。

(2) 三段式过电流保护试验。

(3) 三相一次重合闸及后加速试验。

(4) 低频减载试验。

(5) 过负荷保护试验。

(6) 方向保护试验。

三、静态测试

1. 采样值检测

进入微机保护测试仪“交流试验”模块，分别输入交流模拟量 $U_A=10V$、$U_B=10V$、$U_C=10V$，$I_A=1A$、$I_B=1A$、$I_C=1A$。实验界面如图 5-16 所示。键入电压、电流的有效值后，按“确认”键或将鼠标点击其他位置，被写入的数据将自动保留小数点后三位有效数字。电压的单位默认为 V，电流的单位默认为 A。设置相位时，可键入－180°～360°范围内的任意角度。在右边的矢量图窗口中能实时观察到所设置的各个交流量相量的大小和方向的效果图。

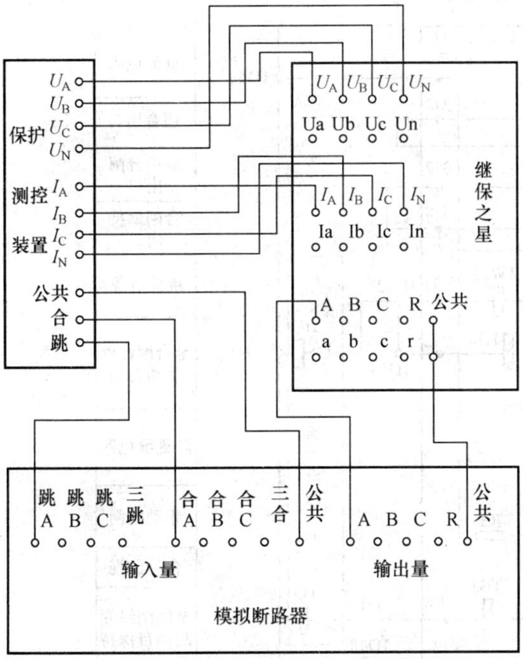

图 5 - 12　保护功能测试接线示意图

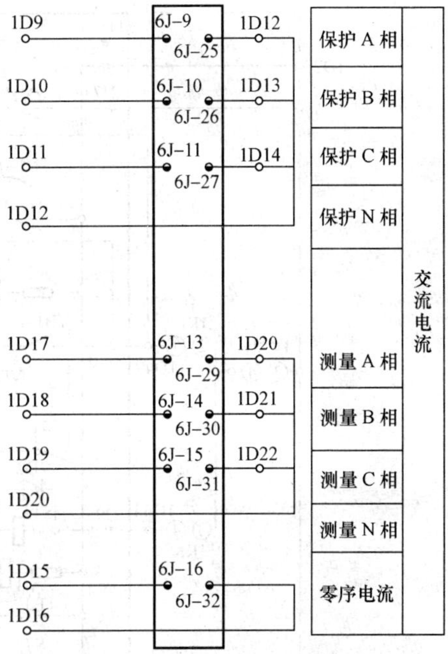

图 5 - 13　CSF206L 型线路保护测控装置交流电流回路图

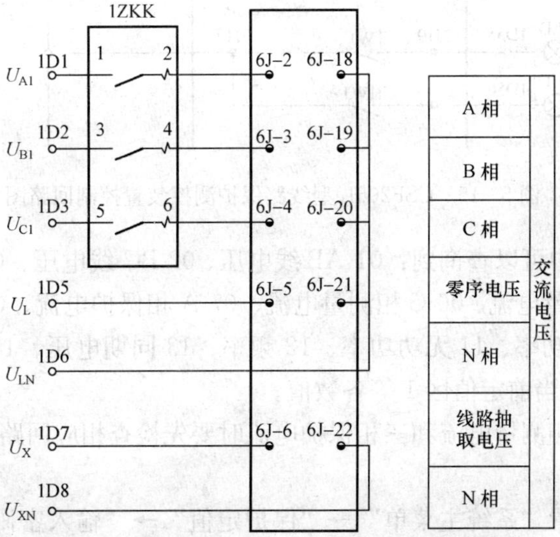

图 5 - 14　CSF206L 型线路保护测控装置交流电压回路图

操作保护测控装置的人机对话面板，按“SET”键进入“系统主菜单”→“信息查询”→“二次遥测”，检查装置显示的采样值是否与输入值一致。

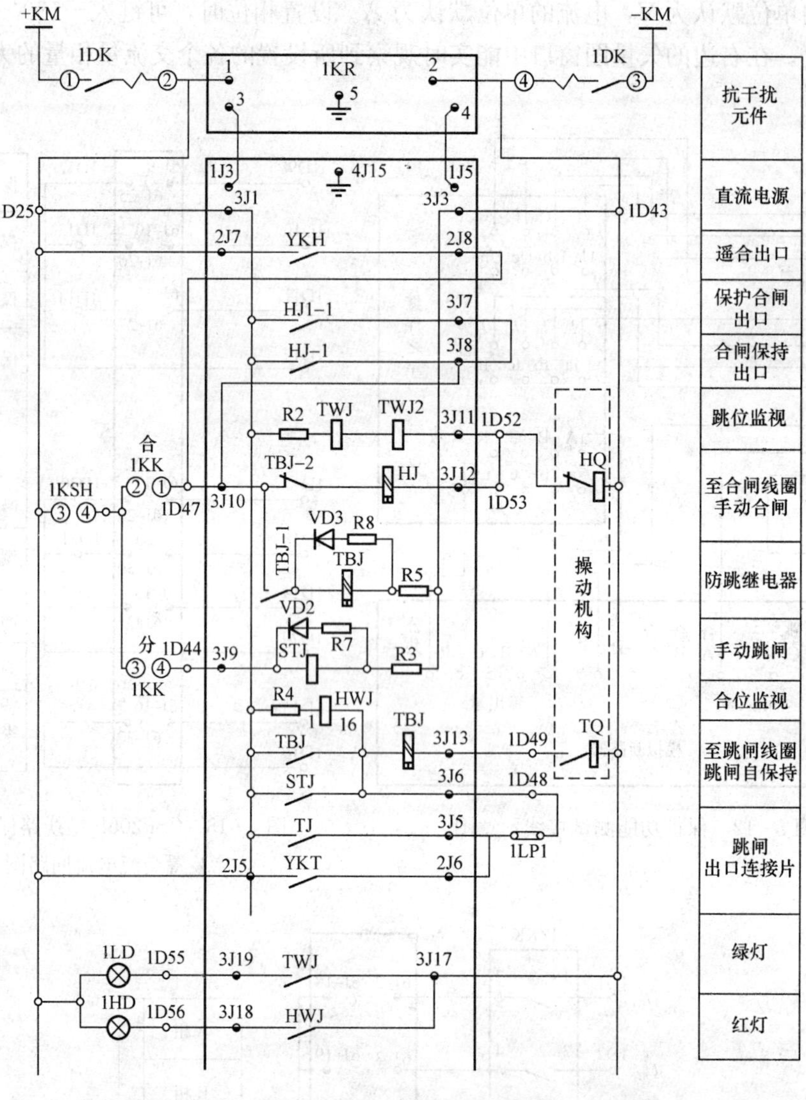

图 5-15　CSF206L 型线路保护测控装置控制回路图

在“二次遥测”中可以查询到：01 AB 线电压、02 BC 线电压、03 CA 线电压、04 A 相测量电流、05 B 相测量电流、06 C 相测量电流、07 A 相保护电流、08 B 相保护电流、09 C 相保护电流、10 有功功率、11 无功功率、12 频率、13 同期电压、14 功率因数、15 零序电压、16 零序电流、17 当前定值区 1 等各数值。

注意检测装置三相测量电流和三相保护电流时要先检查相应回路接线是否正确。

2. 保护定值检查

进入保护测控装置“系统主菜单”→“保护定值”→“输入密码”→“查询定值”。当前区：1，共 8 组定值；请选择区号/组号，区号—1/4；组号—1。

（1）当前区 1 查询 1 区第 1 组：控制字一 0000，控制字二 0000，过电流Ⅰ段电流定值，过电流Ⅱ段电流定值，过电流Ⅲ段电流定值。

（2）当前区 1 查询 1 区第 2 组：过电流Ⅰ段时间，过电流Ⅱ段时间，过电流Ⅲ段时间；

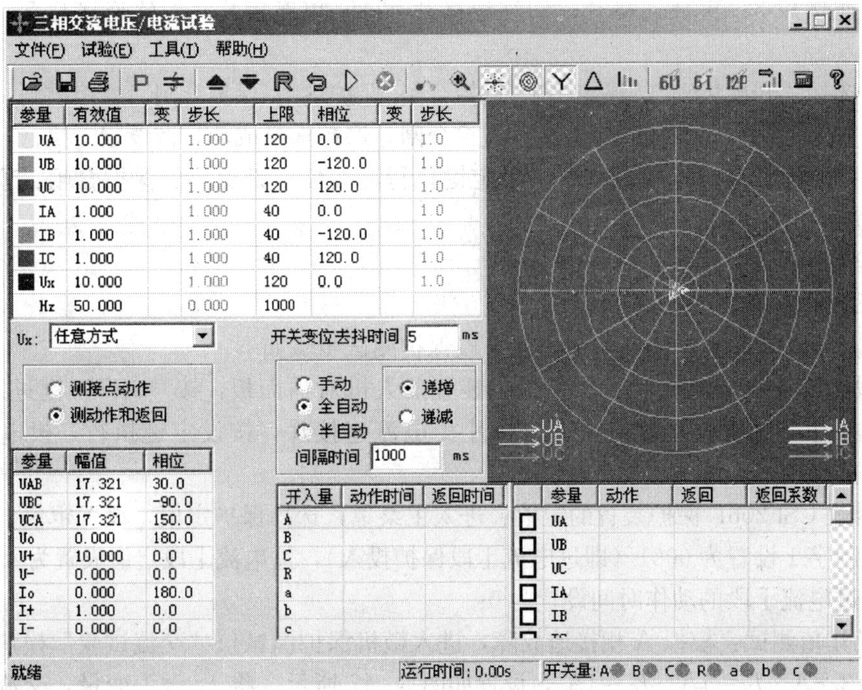

图 5-16　采样值检测界面

过电流保护低压闭锁定值，后加速跳闸延时。

（3）当前区 1 查询 1 区第 3 组：一次重合时间定值；重合闸充电时间定值；检同期重合闸角度；检同期电压低值；检同期电压高值。

（4）当前区 1 查询 1 区第 4 组：低频电压闭锁定值；低频电流闭锁定值；低频频率偏差定值；低频滑差定值。

（5）当前区 1 查询 1 区第 5 组：控制字三 0000；自动复归时间定值；控制回路断线确认时间；弹簧储能失败确认时间；过负荷电流电流。

（6）当前区 1 查询 1 区第 6 组：过负荷保护时间定值；零序电压突变量定值；录波启动电流。

（7）当前区 1 查询 1 区第 7 组：零序电流Ⅰ段定值；零序电流Ⅱ段定值；零序电流Ⅲ段定值；充电保护电流定值。

（8）当前区 1 查询 1 区第 8 组：零序电流Ⅰ段时间；零序电流Ⅱ段时间；零序电流Ⅲ段时间；充电保护延时时间；充电保护有效时间。

3. 开出量传动

进入装置“系统主菜单”→“控制操作”→“输入密码”→“清除记录/开出传动/投软连接片/切软连接片”。

（1）选择“投软连接片”。投软连接片 1：电流连接片；投软连接片 2：零序电流连接片；投软连接片 3：重合连接片；投软连接片 4：低频连接片；投软连接片 5：过负荷连接片。

（2）选择“切软连接片”。切软连接片 1：电流连接片；切软连接片 2：零序电流连接片；切软连接片 3：重合连接片；切软连接片 4：低频连接片；切软连接片 5：过负荷连接片。

（3）选择“开出传动”。遥控跳闸/遥控合闸/保护跳闸/保护合闸。遥控跳闸：遥控选择成功，按设定键执行，按任意键退出。遥控合闸：遥控选择成功，按设定键执行，按任意键退出。保护跳闸：遥控选择成功，按设定键执行，按任意键退出。保护合闸：遥控选择成功，按设定键执行，按任意键退出。

四、保护测试

1. 三段式电流保护

（1）过电流Ⅰ段保护测试。过电流Ⅰ段保护测试步骤如下。

1）投电流保护软连接片：操作保护装置的人机对话面板，按“SET”键进入主菜单，选择控制操作，投软连接片，投软连接片 1 电流连接片，按设定键执行，投电流连接片成功。

2）修改 CSF206L 保护装置的定值：进入主菜单，选择保护定值，设置定值。将第 1 区第 1 组控制字 1 设置为 0001（即过电流Ⅰ段保护投入），过电流Ⅰ段定值设置为 4A。将第 1 区第 2 组过电流Ⅰ段的动作时间设置为 0s。

3）动作值测试：模拟 A 相接地故障，进入微机保护测试仪“交流试验”模块，输入模拟量 $I_A=3.8A$、$I_B=1A$、$I_C=1A$，设置如图 5-17 所示。将 I_A 设为变量，交流量设置有效值旁边上的“变”一栏是用于选择该输出量是否可变的，如果“变”栏上点击鼠标打“√”，则说明该输出量是可以变化的，同时“步长”一栏也由灰色变成高亮色，即“步长”允许设置。将 I_A 步长设置为 0.01，变化量类型选择“全自动”、“递增”，测试类型选择“测接点动作”，设定好各相电压、电流、变化步长后，按“确认”、“开始”开始输出，直至

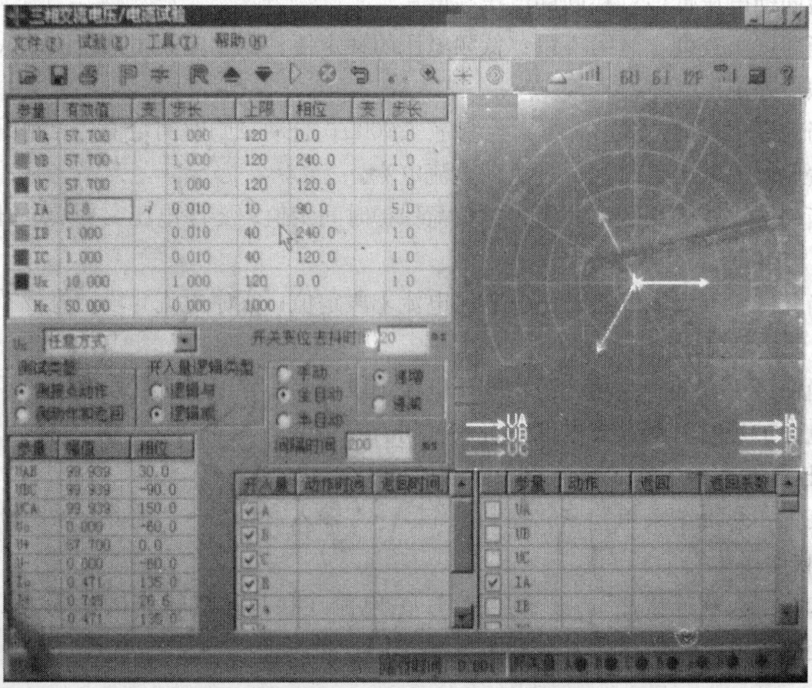

图 5-17 过电流Ⅰ段保护实验界面

继电器动作，此时记录区将记录动作值。

4）动作时间测试：将 A 相的电流设置为 5A，使过电流Ⅰ段保护能可靠动作，记录“开入量 A”动作时间。

（2）过电流Ⅱ段保护测试。过电流Ⅱ段保护测试步骤如下。

1）投电流连接片：操作保护装置的人机对话面板，按“SET”键进入主菜单，选择控制操作，投软连接片，投软连接片 1 电流连接片，按设定键执行，投电流连接片成功。

2）修改 CSF206L 保护装置的定值：进入主菜单，选择保护定值，设置定值。将第 1 区第 1 组控制字 1 设置为 0002（即过电流保护Ⅱ段投入），将过电流Ⅱ段定值设置为 3A。将第 1 区第 2 组过电流Ⅱ段保护延时设置为 0.5s。

3）动作值测试：模拟 A 相接地故障，进入微机保护测试仪“交流试验”模块，输入模拟量 I_A=2.8A、I_B=1A、I_C=1A，如图 5-18 所示。将 A 相步长设置为 0.01，变化量类型选择“全自动”、“递增”，测试类型选择“测接点动作”，设定好各相电压、电流、变化步长后，按“确认”、“开始”开始输出，直至继电器动作，此时记录区将记录动作值。

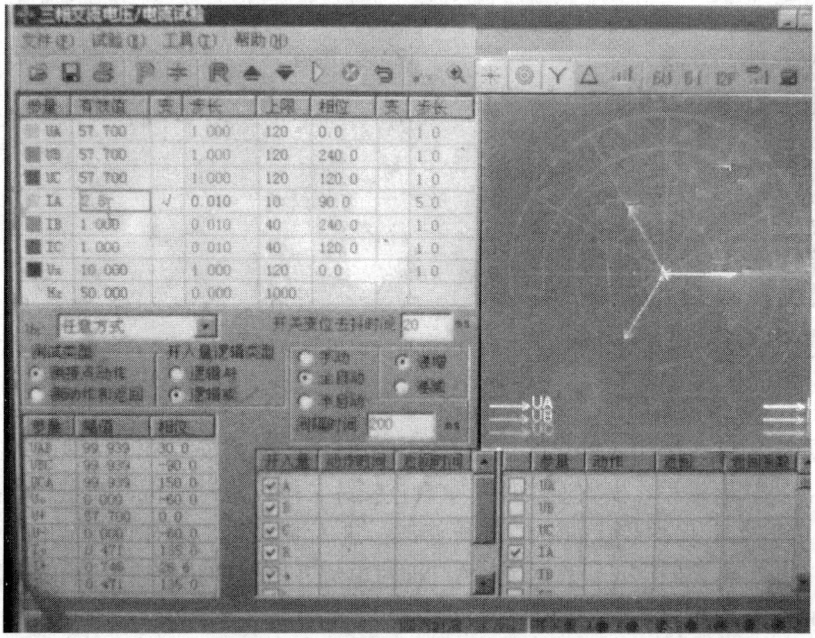

图 5-18　过电流Ⅱ段保护实验界面

4）动作时间测试：将 A 相的电流设置为 3.5A，使过电流Ⅱ段保护能可靠动作，记录“开入量 A”动作时间。

（3）过电流Ⅲ段保护测试。过电流Ⅲ段保护测试步骤如下：

1）投电流连接片：操作保护装置的人机对话面板，按“SET”键进入主菜单，选择控制操作，投软连接片，投软连接片 1 电流连接片，按设定键执行，投电流连接片成功。

2）修改 CSF206L 保护装置的定值：进入主菜单，选择保护定值，设置定值。将第 1 区第 1 组控制字 1 设置为 0004（即过电流保护Ⅲ段投入），过电流Ⅲ段定值设置为 2A。将第 1 区第 2 组过电流Ⅲ段保护延时设置为 2.5s。

3）动作值测试：模拟 A 相接地故障，进入微机保护测试仪“交流试验”模块，输入模

拟量 I_A＝1.8A、I_B＝1A、I_C＝1A，如图 5-19 所示。将 A 相步长设置为 0.01，变化量类型选择“全自动”、“递增”，测试类型选择“测接点动作”，设定好各相电压、电流、变化步长后，按“确认”、“开始”开始输出，直至继电器动作，此时记录区将记录动作值。

4）动作时间测试：将 A 相的电流设置为 2.5A，使过电流Ⅲ段保护能可靠动作，记录动作时间。

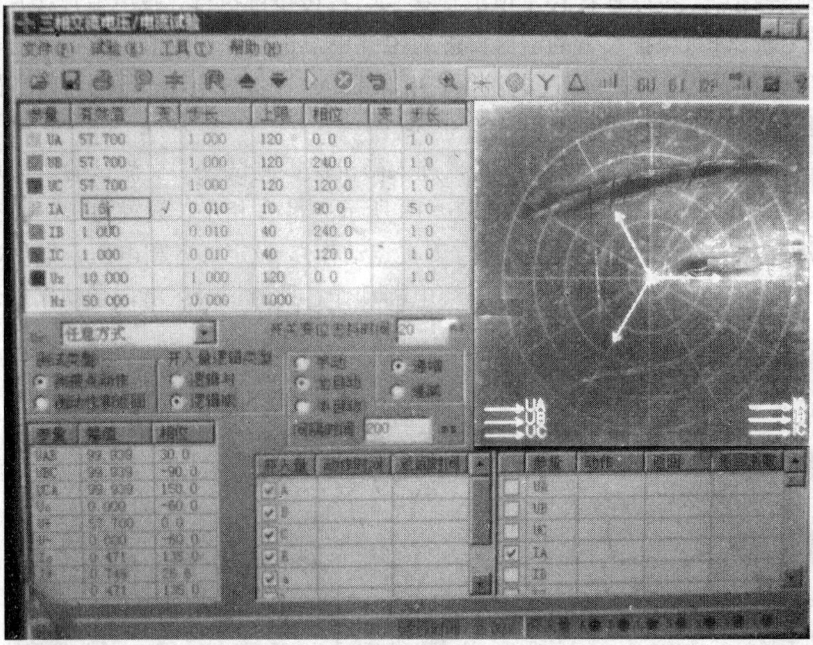

图 5-19　过电流Ⅲ段保护实验界面

2. 三相一次重合闸及后加速测试

（1）投重合闸软连接片。操作保护装置的人机对话面板，按“SET”键进入主菜单，选择控制操作，投软连接片，投软连接片 3 重合连接片，按设定键执行，投重合连接片成功。

（2）对 CSF206L 保护装置的定值进行修改。进入主菜单，选择保护定值，设置定值。在第 1 区第 1 组里将控制字 1 设置为 000A（即过电流Ⅱ段保护和加速电流Ⅱ段投入）。过电流Ⅱ段保护电流定值设为 5A，延时定值 8s。

（3）进入微机保护测试仪“状态系列Ⅱ”模块。状态系列试验中最多可以添加至 9 个状态，每个状态可根据实际情况自由定义电压电流数据，模拟复杂的电网状态变化。通过开入量的翻转来获取并测量保护的动作值与动作时间。状态序列Ⅱ的主界面如图 5-20 所示，点击工具栏“＋”按钮，添加五个状态：故障前、故障、跳闸后、重合、永跳，分别对五个状态添加变化量。

1）故障前：三相电压为 57.7V，电流为 1A，模拟正常运行状态。状态翻转条件选择时间触发，最长状态时间应设置为大于重合闸的充电时间定值，主界面如图 5-20 所示。

2）故障时：A 相电压设为 0V，A 相电流设为 6A，模拟 A 相接地故障。状态翻转条件选择开入量触发，观察动作时间 7971ms 为过电流Ⅱ段保护动作跳闸时间，主界面如图5-21 所示。

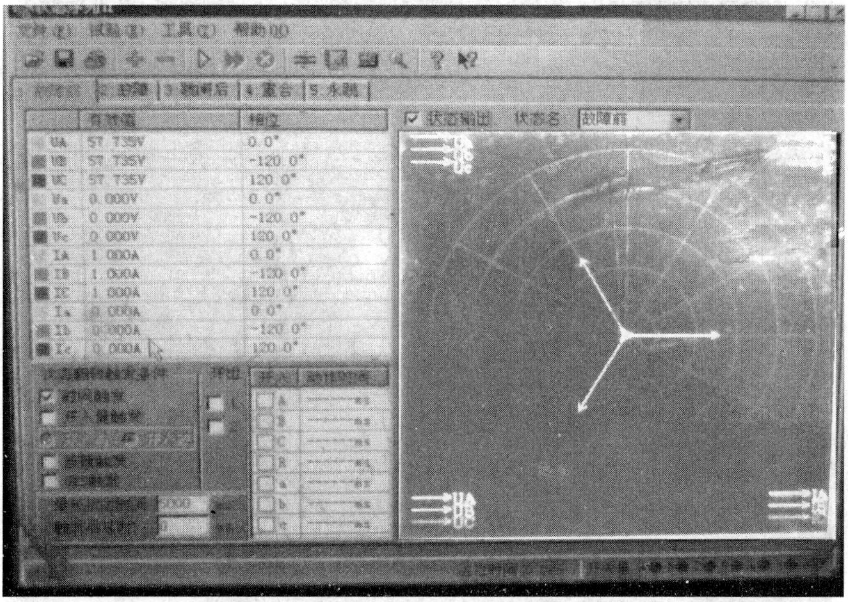

图 5-20　“故障前”状态界面

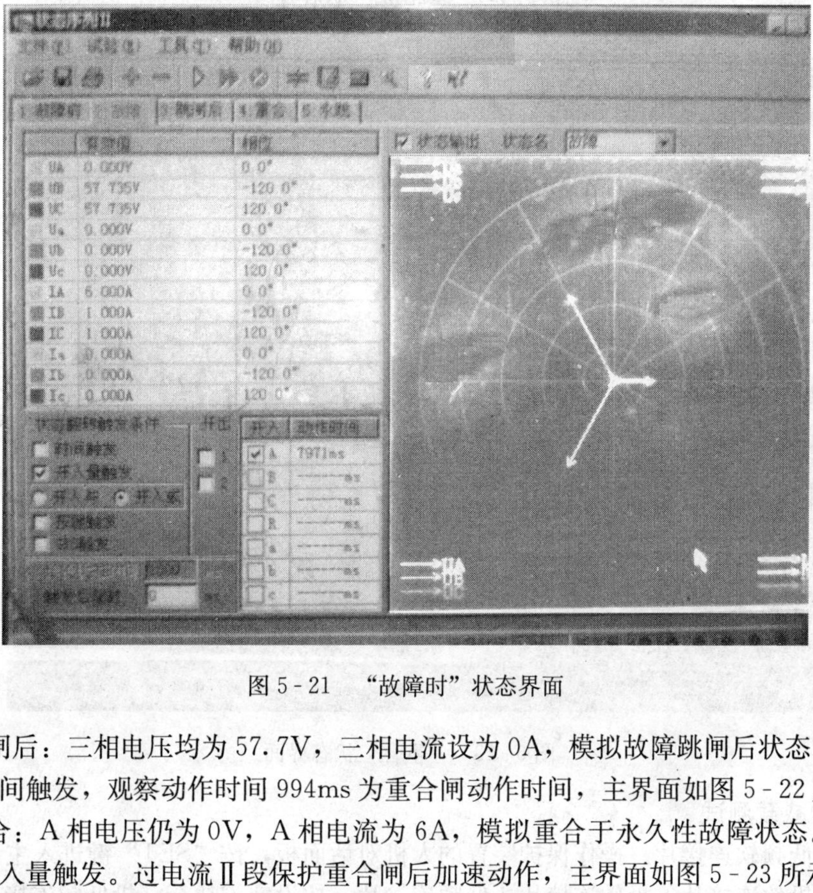

图 5-21　“故障时”状态界面

3）跳闸后：三相电压均为 57.7V，三相电流设为 0A，模拟故障跳闸后状态。状态翻转条件选择时间触发，观察动作时间 994ms 为重合闸动作时间，主界面如图 5-22 所示。

4）重合：A 相电压仍为 0V，A 相电流为 6A，模拟重合于永久性故障状态。状态翻转条件选择开入量触发。过电流Ⅱ段保护重合闸后加速动作，主界面如图 5-23 所示。

5）永跳：三相电压均为 57.7V，电流为 0A，主界面如图 5-24 所示。

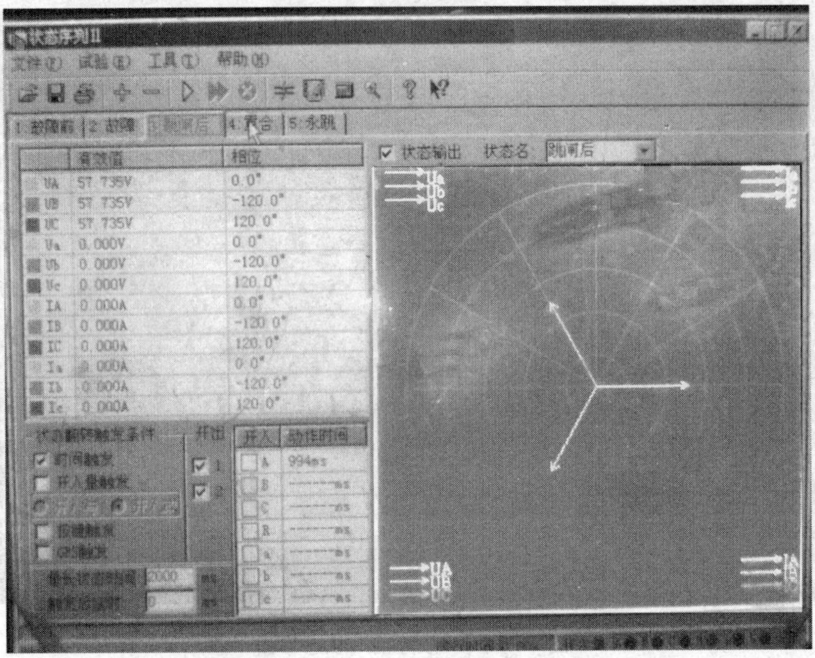

图 5 - 22 “跳闸后”状态界面

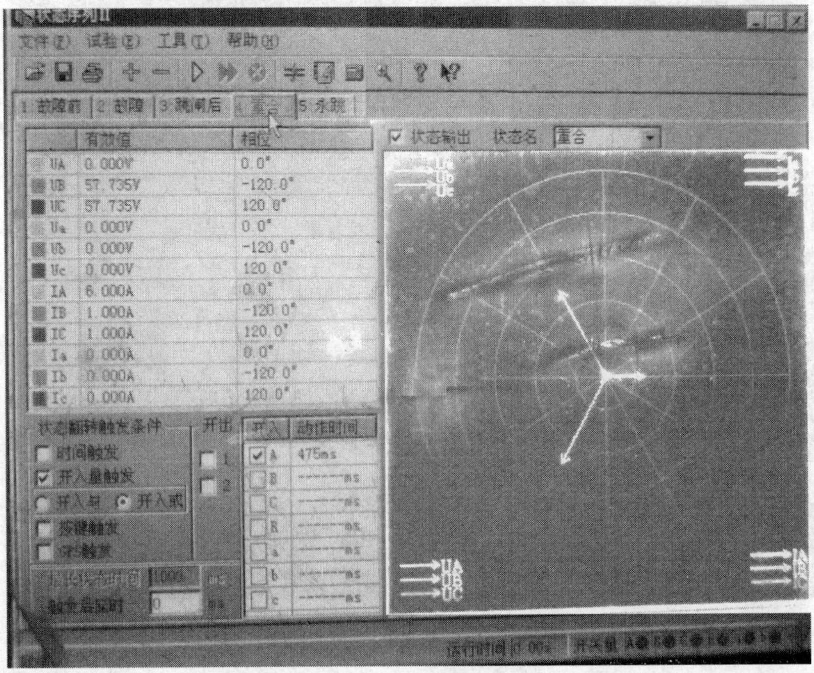

图 5 - 23 “重合”状态界面

3. 低频减载测试

(1) 投低频软连接片。操作保护装置的人机对话面板，按“SET”键进入主菜单，选择控制操作，投软连接片，投软连接片 4 低频连接片，按设定键执行，投低频连接片成功。

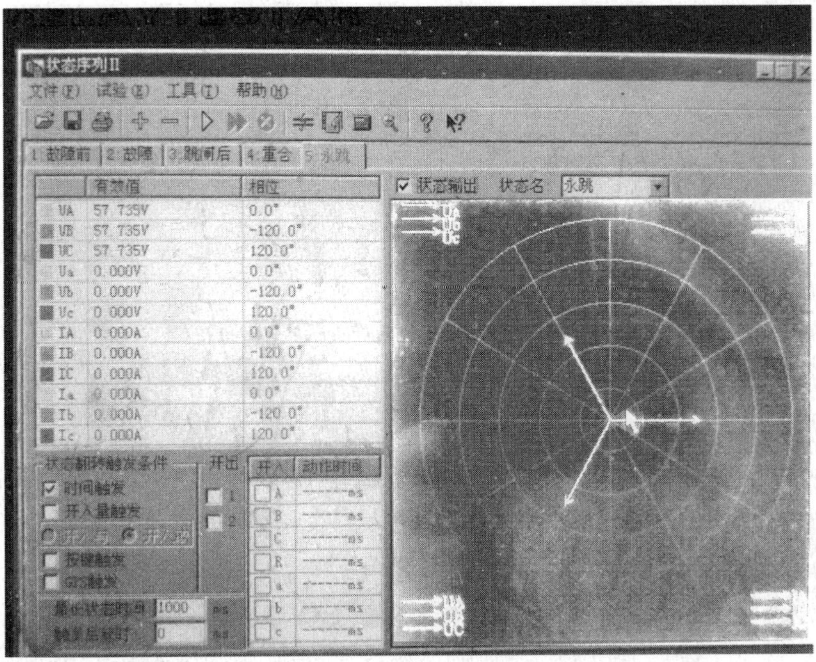

图 5-24　“永跳”状态界面

(2) 修改 CSF206L 保护装置的定值。进入主菜单，选择保护定值，设置定值。将第 1 区第 4 组低频电压闭锁定值设置为 40V（线电压），低频电流闭锁定值设置为 2.5A，频率偏差定值设置为 2Hz，低频滑差定值设置为 1Hz/s。

1）低频动作频率测试。进入微机保护测试仪“常规保护”模块，选择“频率及高低频”试验。微机保护测试仪“频率及高低频试验”测试模块主要是用来测试低频减载和高频切机等保护的各项功能。有“动作频率”、“动作时间”、“df/dt 闭锁”、“dv/dt 闭锁”、“低电压闭锁”以及“低电流闭锁”等六个测试项目。根据需要，可以选择其中的一个或者多个进行试验。

将测试对象名称选择为“低频保护”，测试项目选择为“动作频率”。进入动作频率试验界面，如图 5-25 所示，将相电压设置为 57.7V（大于低频闭锁线电压 40V），电流设置为 3A（大于低频闭锁电流 2.5A）。整定动作频率设为 48Hz，整定动作时间设为 0.7s。动作频率测试范围设置为：初始频率 50Hz，终止频率 47Hz，频率变化步长 0.1Hz。测试时 df/dt 值设置为 1Hz/s。设置完毕，开始试验，测出动作频率记录动作值。

2）df/dt 闭锁测试。进入微机保护测试仪“常规保护”模块，选择“频率及高低频”试验。测试对象名称选择为“低频保护”，测试项目选择“df/dt 闭锁”，如图 5-26 所示。进入 df/dt 闭锁试验界面，将相电压输入设置为 57.7V（大于低频闭锁线电压 40V），电流输入设置为 3A（大于低频闭锁电流 2.5A）。将整定动作频率设置为 48Hz，整定动作时间设为 0.7s，df/dt 闭锁值整定为 1Hz/s。df/dt 变化范围设置为：df/dt 始值为 1.2Hz，终值为 0.5Hz，变化步长为 0.01Hz/s。频率变化范围设置为：初始频率 50Hz，终止频率 47Hz。设置完毕，开始试验，测出此时低频保护动作的滑差，记录动作值。

3）低电压闭锁测试。进入微机保护测试仪“常规保护”模块，选择“频率及高低频”

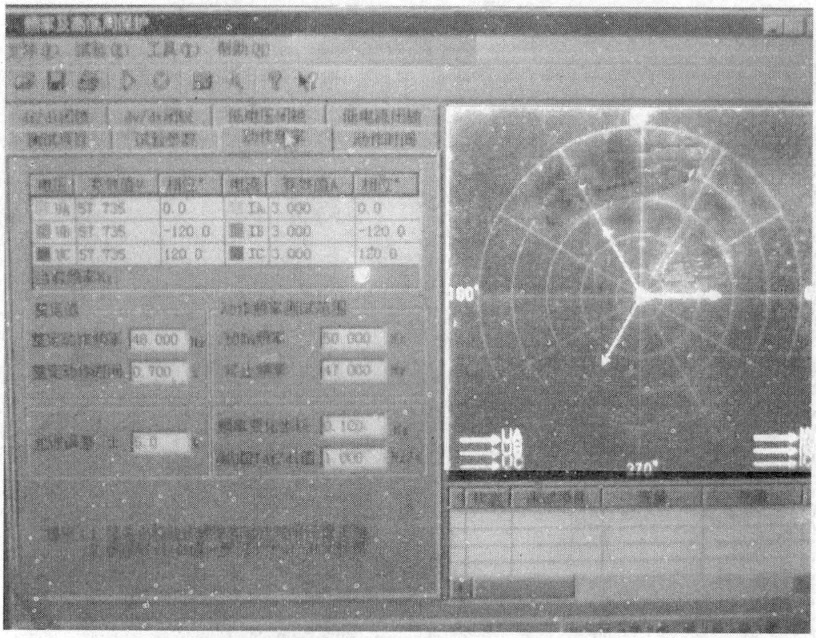

图 5-25　“频率及高低频”试验“动作频率”状态界面

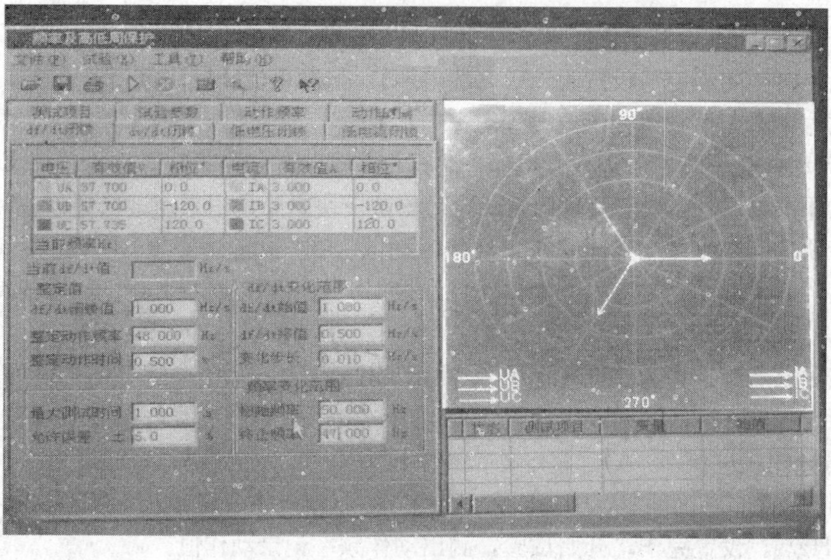

图 5-26　“df/dt 闭锁”状态界面

试验。测试对象名称选择为“低频保护”，测试项目选择“低电压闭锁”，如图 5-27 所示。进入“低电压闭锁”试验界面，将电流输入设置为 3A（大于低频闭锁电流 2.5A），整定动作时间设为 0.7s，整定动作频率设置为 48Hz，低电压闭锁定值整定为 20V。电压变化范围设置为：初始电压 19V，终止电压 21V，变化步长 0.1V。设置完毕，开始试验，测出低频保护动作时的电压值，记录动作值。

4）低电流闭锁测试。进入微机保护测试仪“常规保护”模块，选择“频率及高低频”试验。测试对象名称选择“低频保护”，测试项目选择“低电流闭锁”，如图 5-28 所示。进入“低电流闭锁”试验界面，将相电压输入设置为57V（大于低频闭锁线电压40V），整定动作时间设为0.7s，整定动作频率设置为48Hz，低电流闭锁定值整定为2.5A。电流变化范围设置为：初始电流2A，终止电流3A，变化步长0.01A。设置完毕，开始试验，测出低频保护动作时的电流值，记录动作值。

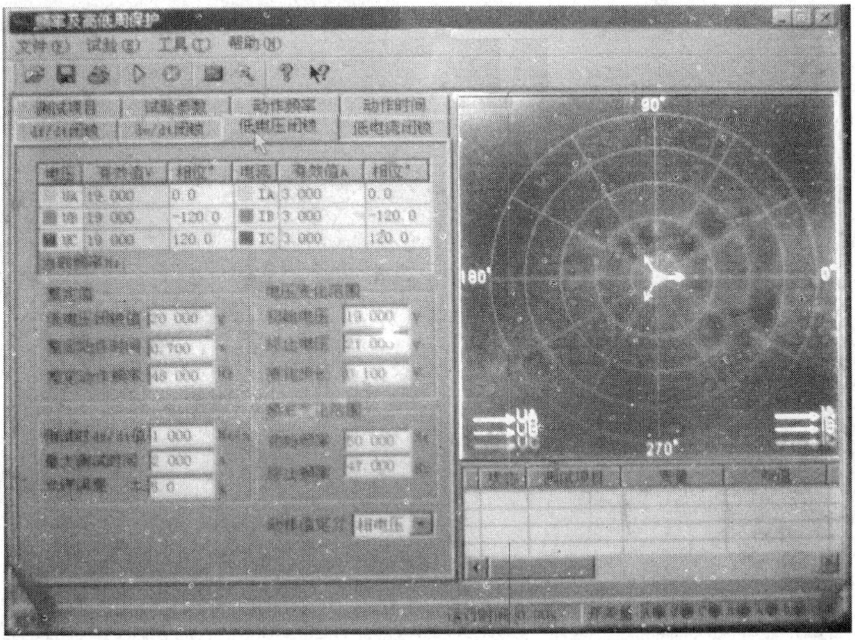

图5-27　“低电压闭锁”状态界面

4. 过负荷保护测试

(1) 投过负荷软连接片。操作保护装置的人机对话面板，按“SET”键进入主菜单，选择控制操作，投软连接片，投软连接片5过负荷连接片，按设定键执行，投过负荷软连接片成功。

(2) 对CSF206L保护装置的定值进行修改。进入主菜单，选择保护定值，设置定值。在第1区第6组里将过负荷电流定值设置为1.5A，将过负荷保护时间定值设置为5s。

(3) 进入微机保护测试仪“交流试验”模块，将A相电流设置为1.3A，步长设置为0.01，变化量类型选择“全自动”、“递增”，测试类型选择“测接点动作”，设定好各相电压、电流、变化步长后，按“确认”、“开始”开始输出，直至继电器动作，此时记录区将记录动作值。

(4) 动作时间测试。将A相的电流设置为2A，使过负荷保护能可靠动作，记录动作时间。

5. 方向保护测试

(1) 投电流软连接片。操作保护装置的人机对话面板，按“SET”键进入主菜单，选择控制操作，投软连接片，投软连接片1电流连接片，按设定键执行，投电流连接片成功。

(2) 修改CSF206L保护装置的定值。进入主菜单，选择保护定值，设置定值。在第1区第1组里将控制字1设置为0021，投入电流Ⅰ段和电流Ⅰ段带方向。将过电流Ⅰ段定值设置为4.8A，低电压定值设为50V。

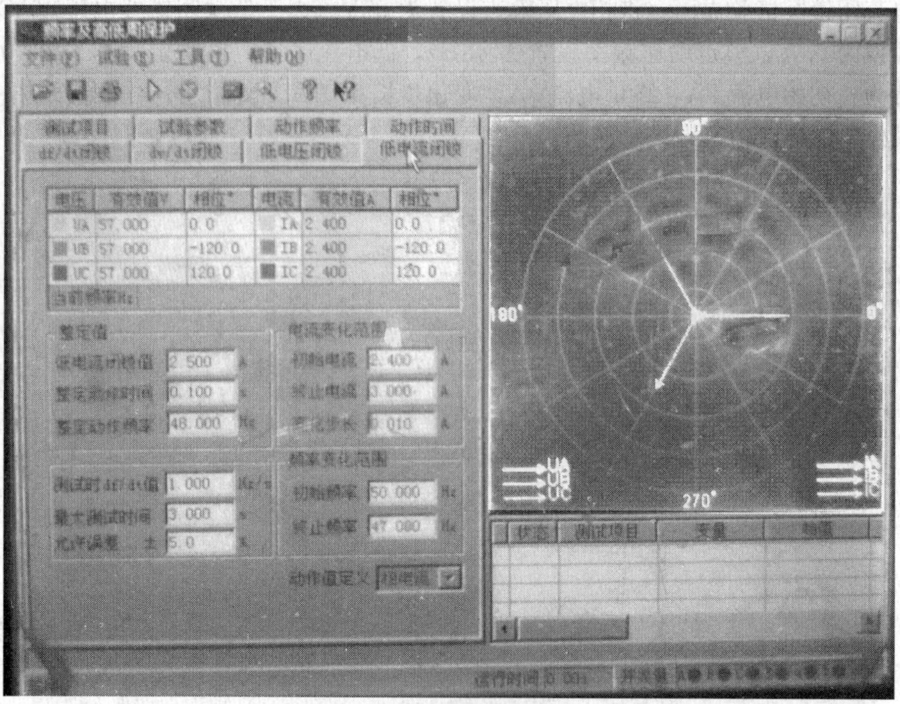

图 5-28 “低电流闭锁”状态界面

（3）方向保护测试方法一。模拟C相接地故障，进入微机保护测试仪“交流试验”模块，将 I_C 设置为5A，U_A 设置为57.7V，U_B 设置为57.7V，使过电流Ⅰ段保护正方向能可靠动作，以 U_{AB} 的相位为参考方向，改变 I_C 的相位，分别设置为0°、－45°、－90°、－135°、180°、135°、90°、45°，寻找动作边界，假设当 Φ (U, I) 为45°时保护不动作，在0°时动作，则说明保护的一条动作边界在0°～45°之间。用同样的方法找出保护动作的另一条边界的大致范围，假设为－90°～－135°。如图 5-29 所示，观察并记录断路器动作情况。

（4）方向保护测试方法二。进入微机保护测试仪“功率方向保护”模块，自动测试出方向性保护的两个动作边界，并且自动计算出最大灵敏角。在“显示动作角矢量图”的显示方式下，从主界面右侧的图中可以很直观地观察到两条边界线和最大灵敏线。选定一个电压和一个电流输出，其夹角 Φ (U, I) 在给定范围内变化，测试出左右动作边界，如图 5-30 所示。

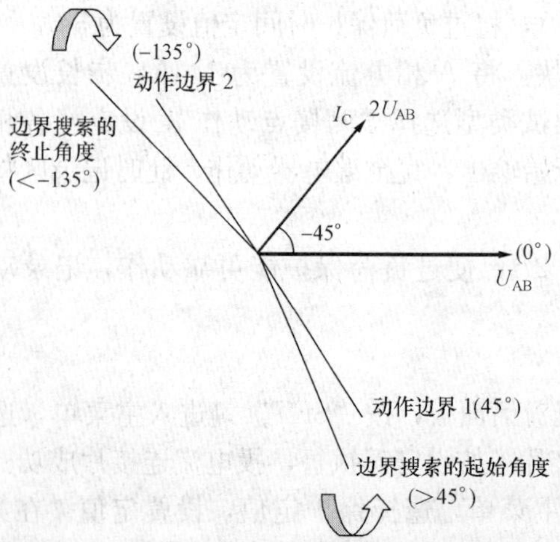

图 5-29 方向元件动作边界搜索示意图

保护采用90°接线方式，所以测试时也一般取线电压和第三相的相电流，如取电压 U_{AB}，电流 I_C。有时也可以选一相电压和一相电流进行试验，但一般不选线电流。

设置 Φ (U, I) 的搜索范围时，首先应了解保护装置的“最大灵敏角”的整定值，要保证设置的搜索范围能覆盖保护实际的两个动作边界，即搜索始值和搜索终值均应设置在动作区之外，测试仪从“非动作区”向“动作区”搜索。

搜索开始时保护不动作，当角度变化到某一值时保护动作，即认为找到一个动作边界，并在图中画条线，然后立即转换搜索方向搜索另一个边界角。当搜索出第二条动作边界时，软件再次画线。在计算出最大灵敏线后，软件自动在图中标出最大灵敏线。

测动作电流的方法是：电压和夹角固定，电流由小到大按步长递增，直到保护动作，测出动作电流值。试验中 Φ (U，I) 夹角一般应设置为保护的最大灵敏角，如图 5-31 所示。

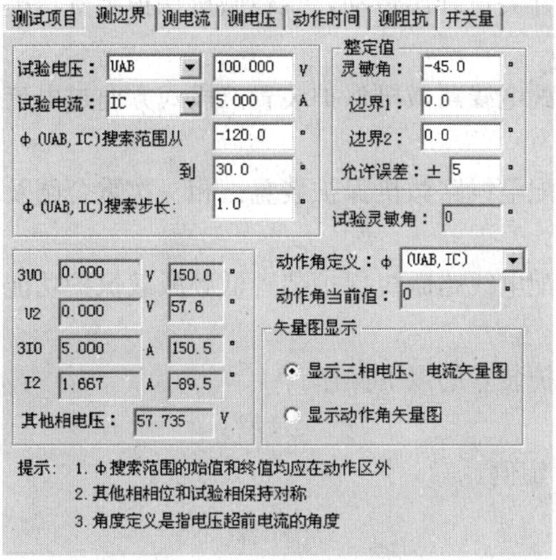

图 5-30 测边界状态界面

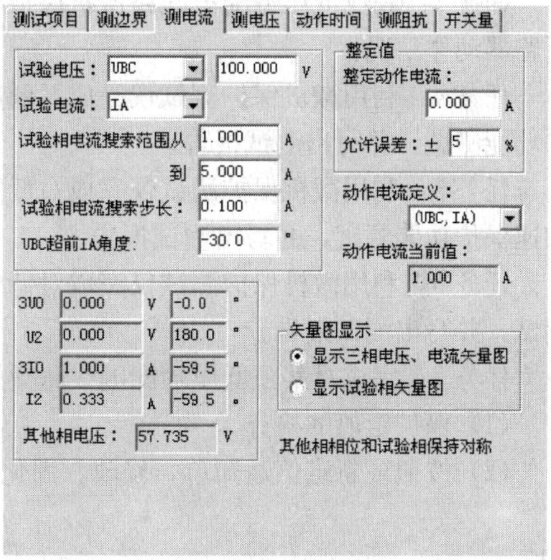

图 5-31 测电流状态界面

试验时，选取一个线电压，为非变量；选取第三相电流，为变量。电流的变化范围应包含保护的整定动作电流。软件对角度的定义是：电压超前电流的角度为正。所以设置角度时应注意正、负角。一般，当角度为最大灵敏角或接近最大灵敏角时，保护动作最灵敏，测出的动作电流也趋于一个定值。当设置的角度接近两个动作边界或稍微超出边界，测出的动作电流可能偏大或不动作。

测动作电压的方法是：电流和夹角固定，电压由小到大按步长递增，直到保护动作，测出动作电压值。试验中 Φ (U，I) 夹角一般应设置为保护的最大灵敏角。

测动作时间的方法是：直接给保护加一个动作电压和动作电流，并且电压与电流的夹角应设置在动作区内，最好是灵敏角。保护动作即记录下动作时间。

复习思考题五

1. 低压输配电线路保护测控装置的硬件通常由哪些环节构成？
2. 低压输配电线路保护测控装置有哪些保护功能？
3. 低压输配电线路保护测控装置定期检测的项目有哪些？检测正确与否的依据是什么？
4. 低压输配电线路保护测控装置保护的定值通常有哪几项？各项的含义是什么？
5. 带方向和低压闭锁的三段式过电流保护元件检测的项目有哪些？检测正确与否的依据是什么？

技能训练五

任务1：完成微机保护装置测试接线，并说明微机保护测试仪、微机保护装置、模拟断路器三者之间的关系。

任务2：利用微机保护测试仪交流检测功能完成低压输配电线路微机保护装置采样值检测，并填写测试报告。

任务3：完成低压输配电线路微机保护装置开关量开出传动，观察微机保护装置、模拟断路器动作情况。

任务4：利用微机保护测试仪完成对低压输配电线路微机保护装置三段式方向过电流保护功能测试，并写出测试报告。

任务5：利用微机保护测试仪完成对低压输配电线路微机保护装置三相一次重合闸及后加速保护功能测试，并写出测试报告。

任务6：利用微机保护测试仪完成对低压输配电线路微机保护装置低频减载保护功能的测试，并写出测试报告。

任务7：完成对某一低压输配电线路微机保护装置的以下操作。

（1）保护定值的检查。

（2）按照最新定值通知单，修改、固化保护定值。

第六章 高压输电线路微机保护装置及检验

教学目的

掌握高压输电线路保护装置的功能配置，熟悉高压输电线路保护装置的硬件构成、工作原理、测试项目；了解高压线路保护装置常用测试手段及方法。

教学目标

能说明高压输电线路保护装置的功能配置、硬件构成、工作原理；能简述高压线路保护装置测试项目；能对高压线路保护装置进行初步的测试。

第一节 高压输电线路微机保护装置简介

随着电力系统电压等级及供电容量的不断发展，电力系统对继电保护装置可靠性、智能性的要求越来越高。近年来应用新技术的继电保护装置不断出现，高压输电线路保护装置其功能不断完善，多数生产厂家生产出多种型号的高压输电线路保护装置，应用于不同结构的高压输电线路。本章针对 RCS—931A（B）型高压输电线路保护装置，从装置功能、装置硬件构成、装置工作原理及测试方法等方面进行介绍。为了与实际装置相对应，本章中采用的图形、文字符号、测试项目与方法等均与该装置产品说明书、调试大纲保持一致。

RCS—931A（B）型高压输电线路保护装置是微机实现的数字式超高压线路成套快速保护装置，可用作 220kV 及以上电压等级输电线路的主保护及后备保护。

RCS—931A（B）型保护装置以分相电流差动和零序电流差动为主体的快速主保护，由工频变化量距离元件构成快速Ⅰ段保护，由三段式相间和接地距离及多个零序方向过电流构成后备保护，且保护有分相出口及自动重合闸等功能，可对单或双母线接线的断路器实现单相重合、三相重合和综合重合闸。

RCS—931 系列保护装置根据功能，有一个或多个后缀，各后缀的含义见表 6 - 1，保护装置的具体配置见表 6 - 2。

表 6 - 1　　RCS—931 系列保护装置功能表

序号	后缀	功能含义
1	A	2 个延时段零序方向过电流
2	B	4 个延时段零序方向过电流
3	D	1 个延时段零序方向过电流和 1 个零序反时限方向过电流
4	L	过负荷告警、过电流跳闸
5	M	光纤通信为 2048kbit/s 数据接口（默认为 64kbit/s 数据接口）、两个 M 为两个 2048kbit/s 数据接口（如 RCS—931AMM）
6	R	通信数据接口为电口或光口
7	S	适用于串补线路

表 6-2　RCS—931 系列保护装置具体功能配置

型　号	配　置			通信速率（kbit/s）
RCS—931A	分相电流差动 零序电流差动 工频变化量距离 三段式接地距离 三段式相间距离 自动重合闸	2 个延时段零序方向过电流		64
RCS—931AS			适用于串补线路	64
RCS—931AL			过负荷告警过电流跳闸	64
RCS—931AM				2048
RCS—931AMM				2048
RCS—931AMS			适用于串补线路	2048
RCS—931ARM			数据接口为电口或光口	2048
RCS—931ARMM			数据接口为电口或光口	2048
RCS—931B		4 个延时段零序方向过电流		64
RCS—931BS			适用于串补线路	64
RCS—931BM				2048
RCS—931BMM				2048
RCS—931BMS			适用于串补线路	2048
RCS—931BML			过负荷告警过流跳闸	2048
RCS—931BRM			数据接口为电口或光口	2048
RCS—931BRMM			数据接口为电口或光口	2048
RCS—931D		1 个延时段零序方向过电流 1 个零序反时限方向过电流		64
RCS—931DS			适用于串补线路	64
RCS—931DM				2048
RCS—931DMM				2048
RCS—931DMS			适用于串补线路	2048
RCS—931DSMM			适用于串补线路	2048
RCS—931DRM			数据接口为电口或光口	2048
RCS—931DRMM			数据接口为电口或光口	2048

第二节　高压输电线路微机保护装置工作原理

一、装置总启动元件

RCS—931A（B）型高压输电线路保护装置的启动元件以反应相间工频变化量的过电流元件和反应全电流的零序过电流元件互相补充。反应工频变化量的启动元件采用浮动门槛，正常运行及系统振荡时变化量的不平衡输出均自动构成自适应式的门槛，浮动门槛始终略高于不平衡输出。在正常运行时由于不平衡分量很小，灵敏度较高；当系统振荡时，自动抬高浮动门槛而降低灵敏度。

1. 电流变化量启动

电流变化量启动的动作方程为

$$\Delta I_{\Phi\Phi\max} > 1.25\Delta I_{\mathrm{T}} + \Delta I_{\mathrm{set}} \qquad (6-1)$$
$$\Phi\Phi = \mathrm{AB,BC,CA}$$

式中：$\Delta I_{\Phi\Phi\max}$为相间电流的半波积分的最大值；ΔI_{set}为可整定的固定门槛；ΔI_{T}为浮动门槛，随着变化量的变化而自动调整，取1.25倍可保证门槛始终略高于不平衡输出。

当相间电流的变化量满足式（6-1）时，电流变化量启动元件动作并展宽7s，去开放出口元件的正电源。

2. 零序过电流启动

零序启动是当外接和自产零序电流均大于整定值时，该元件动作并展宽7s，开放出口元件的正电源。

3. 位置不对应启动

位置不对应启动是指当控制字“不对应启动重合”整定为“1”，重合闸充电完成的情况下，如有开关偷跳，总启动元件动作并展宽15s，去开放出口元件的正电源。

4. 低电压或远跳启动

高压输电线路发生区内三相故障，弱电源侧电流启动元件可能不动作，此时若收到对侧的差动保护允许信号，则判别差动元件动作；若相关相的相间电压小于65%额定电压时，低电压启动元件动作，去开放出口元件正电源7s。当本侧收到对侧的远跳信号且定值中“远跳受本侧控制”置“0”时，去开放出口元件正电源500ms。

二、装置的主保护

RCS—931A（B）型保护装置的主保护由纵差保护和快速距离Ⅰ段保护组成。其中，纵差保护由分相电流差动元件和零序电流差动元件组成。分相电流差动包含有变化量相差动元件和稳态相差动元件两部分。快速距离Ⅰ段保护由反应工频变化量的距离元件构成。

1. 变化量相差动元件

动作方程为

$$\begin{cases}\Delta I_{\mathrm{d}\Phi} > 0.75\times\Delta I_{\mathrm{res}\Phi}\\ \Delta I_{\mathrm{d}\Phi} > I_{\mathrm{H}}\end{cases} \qquad (6-2)$$
$$\Phi = \mathrm{A,B,C}$$

式中：$\Delta I_{\mathrm{d}\Phi}$为工频变化量差动电流，$\Delta I_{\mathrm{d}\Phi}=|\Delta\dot{I}_{\mathrm{M}\Phi}+\Delta\dot{I}_{\mathrm{N}\Phi}|$，即为两侧电流变化量矢量和的幅值；$\Delta I_{\mathrm{res}\Phi}$为工频变化量制动电流；$\Delta I_{\mathrm{res}\Phi}=\Delta I_{\mathrm{M}\Phi}+\Delta I_{\mathrm{N}\Phi}$，即为两侧电流变化量的标量和；$I_{\mathrm{H}}$为“1.5倍差动电流启动值”（整定值）和1.5倍实测电容电流的最大值；实测电容电流由正常运行时未经补偿的差流获得。

2. 稳态相差动元件

Ⅰ段动作方程为

$$\begin{cases}I_{\mathrm{d}\Phi} > 0.6I_{\mathrm{rest}\Phi}\\ I_{\mathrm{d}\Phi} > I_{\mathrm{H}}\end{cases} \qquad (6-3)$$
$$\Phi = \mathrm{A,B,C}$$

式中：$I_{\mathrm{d}\Phi}$为差动电流，$I_{\mathrm{d}\Phi}=|\dot{I}_{\mathrm{M}\Phi}+\dot{I}_{\mathrm{N}\Phi}|$，即为两侧电流矢量和的幅值；$I_{\mathrm{res}\Phi}$为制动电流，

$I_{res\Phi}=|\dot{I}_{M\Phi}-\dot{I}_{N\Phi}|$，即为两侧电流矢量差的幅值；$I_H$ 为“1.5 倍差动电流启动值”（整定值）和 1.5 倍实测电容电流的最大值；实测电容电流由正常运行时未经补偿的差流获得。

Ⅱ段动作方程为

$$\begin{cases} I_{d\Phi} > 0.6 \times I_{res\Phi} \\ I_{d\Phi} > I_M \end{cases} \quad (6-4)$$
$$\Phi = A,B,C$$

式中：I_M 为“差动电流启动值”（整定值）和实测电容电流的大值；$I_{d\Phi}$、$I_{res\Phi}$定义同上。

稳态Ⅱ段相差动继电器经 25ms 延时动作。

3. 零序电流差动元件

对于经高过渡电阻接地故障，采用零序电流差动元件具有较高的灵敏度，由零序差动元件，通过低比率制动系数的稳态差动元件选相而构成，经 45ms 延时动作。其动作方程为

$$\begin{cases} I_{d0} > 0.75 \times I_{res0} \\ I_{d0} > I_M \\ I_{d\Phi} > 0.15 \times I_{res\Phi} \\ I_{d\Phi} > I_M \end{cases} \quad (6-5)$$

式中：I_{d0}为零序差动电流，$I_{d0}=|\dot{I}_{M0}+\dot{I}_{N0}|$，即为两侧零序电流矢量和的幅值；$I_{res0}$ 为零序制动电流；$I_{res0}=|\dot{I}_{M0}-\dot{I}_{N0}|$，即为两侧零序电流矢量差的幅值；$I_M$ 的定义同上。

4. 工频变化量距离元件

工频变化量距离元件动作方程为

$$|\Delta U_{op}| > U_Z \quad (6-6)$$

对相间故障　　$U_{op\Phi\Phi}=U_{\Phi\Phi}-I_{\Phi\Phi}\times Z_{set}$　　$\Phi\Phi$=AB，BC，CA

对接地故障　　$U_{op\Phi}=U_{\Phi}-(I_{\Phi}+K\times 3I_0)\times Z_{set}$　　Φ=A，B，C

式中：Z_{set}为整定阻抗，一般取 0.8～0.85 倍线路阻抗；U_Z 为动作门槛，取故障前工作电压的记忆量。

正、反方向故障时，工频变化量距离继电器动作特性如图 6-1、图 6-2 所示。

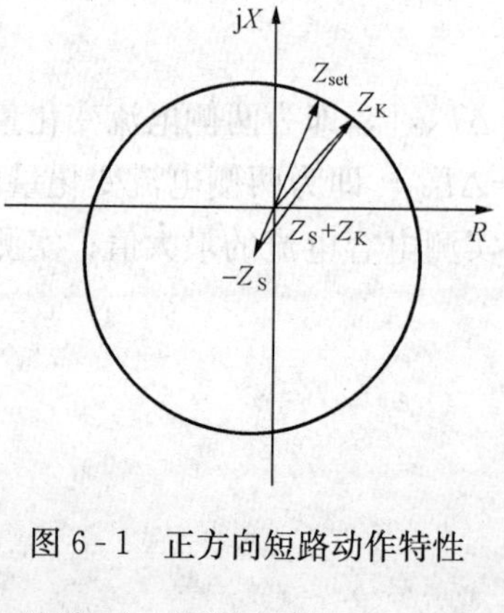

图 6-1　正方向短路动作特性

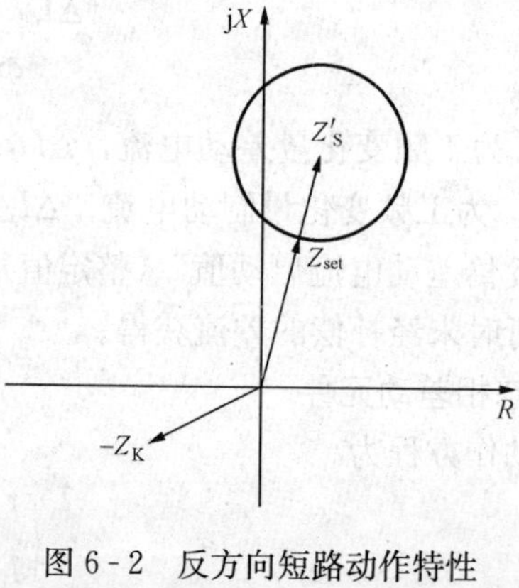

图 6-2　反方向短路动作特性

正方向故障时，测量阻抗$-Z_K$ 在阻抗复数平面上的动作特性是以矢量$-Z_S$ 为圆心，以$|Z_S+Z_{set}|$为半径的圆，如图 6-1 所示，当 Z_K 矢量末端落于圆内时动作。可见，这种阻抗

继电器有较大的允许过渡电阻能力。

对反方向短路，测量阻抗 $-Z_K$ 在阻抗复数平面上的动作特性是以矢量 Z'_S 为圆心，以 $|Z'_S-Z_{set}|$ 为半径的圆，动作圆在第一象限，而由于 $-Z_K$ 总是在第三象限，因此，阻抗元件有明确的方向性。工频变化量阻抗元件由距离保护连接片投退。

三、装置的后备保护

RCS—931A（B）型保护装置的后备保护由三段式相间和接地距离元件组成。其中的距离元件由正序电压极化，有较大的测量故障过渡电阻的能力；当用于短线路时，为了进一步扩大测量过渡电阻的能力，将Ⅰ、Ⅱ段阻抗特性向第一象限偏移。正序极化电压较高时，由正序电压极化的距离元件有很好的方向性；当正序电压下降至10%以下时，进入三相低压程序，由正序电压记忆量极化；Ⅰ、Ⅱ段距离元件在动作前设置正的门槛，保证母线三相故障时元件的方向性；距离元件动作后则改为反门槛，保证正方向三相故障阻抗元件动作后一直保持到故障切除。Ⅲ段距离元件始终采用反门槛，因而三相短路Ⅲ段稳态特性包含原点，不存在电压死区。

1. 低压距离元件

当正序电压小于 $10\%U_N$ 时，进入低压距离程序，此时只可能有三相短路和系统振荡两种情况。系统振荡由振荡闭锁回路区分。三相短路时，因三个相阻抗和三个相间阻抗性能一样，所以仅测量相阻抗。为了保证母线故障转换为线路构成三相故障时仍能快速切除故障，对三相阻抗均进行计算，任一相动作跳闸时选为三相故障。

低压距离元件比较工作电压和极化电压的相位。

工作电压
$$U_{op\Phi}=U_{\Phi}-I_{\Phi}\times Z_{set} \tag{6-7}$$

极化电压
$$U_{P\Phi}=-U_{1\Phi M} \tag{6-8}$$
$$\Phi=A, B, C$$

式中：$U_{op\Phi}$ 为工作电压；$U_{P\Phi}$ 为极化电压；Z_{set} 为整定阻抗；$U_{1\Phi M}$ 为记忆故障前正序电压。

阻抗元件的比相方程为

$$-90^\circ<\arg\frac{U_{op\Phi}}{U_{P\Phi}}<90^\circ \qquad \Phi=A,B,C \tag{6-9}$$

正方向故障暂态动作特性如图 6-3 所示，测量阻抗 Z_K 在阻抗复数平面上的动作特性是以 Z_{set} 至 $-Z_S$ 连线为直径的圆。动作特性包含原点，表明正向出口经或不经过渡电阻故障时都能正确动作，并不表示反方向故障时会误动作；反方向故障时的动作特性必须以反方向故障为前提导出。

反方向故障暂态动作特性如图 6-4 所示，测量阻抗 $-Z_K$ 在阻抗复数平面上的动作特性是以 Z_{set} 与 Z'_S 连线为直径的圆，当 $-Z_K$ 在圆内时动作，可见，低压距离元件有明确的方向性。

以上的结论是在记忆电压消失以前，即阻抗元件的暂态特性。当记忆电压消失后，测量阻抗 Z_K 在阻抗复数平面上的动作特性如图 6-5 所示，反方向故障时，$-Z_K$ 动作特性如图 6-4所示。由于动作特性经过原点，因此，母线和出口故障时，阻抗元件处于动作边界；为了保证母线故障，特别是经弧光电阻三相故障时不会误动作，对Ⅰ、Ⅱ段距离元件设置了门槛电压，其幅值取最大弧光压降。同时，当Ⅰ、Ⅱ距离元件暂态动作后，将距离元件的门槛倒置，相当于将特性圆包含原点，以保证其动作后能保持到故障切除。为了保证Ⅲ段距离元件的后备性能，Ⅲ段距离元件的门槛电压总是倒置的，其特性包含原点。

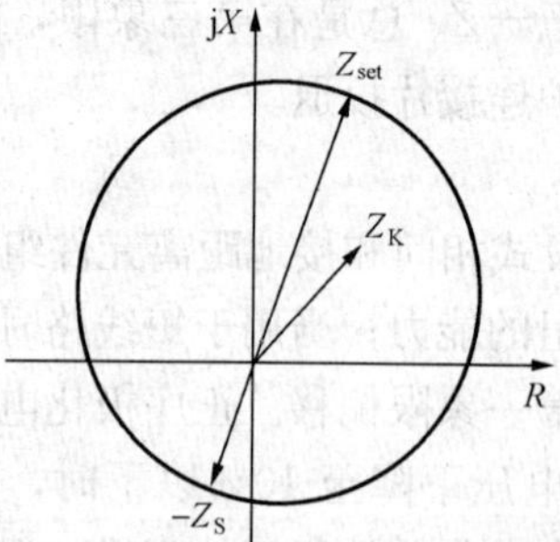

图 6-3 正方向故障动作特性

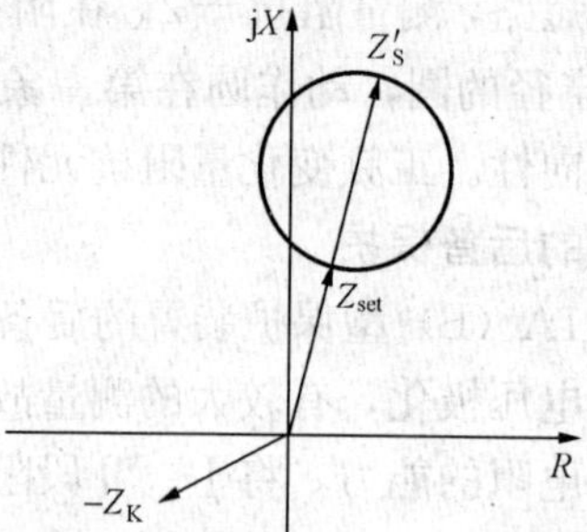

图 6-4 反方向故障动作特性

2. 接地距离元件

(1) Ⅰ、Ⅱ段接地距离元件。Ⅰ、Ⅱ段接地距离元件由正序电压极化的方向阻抗元件和零序电抗元件构成。

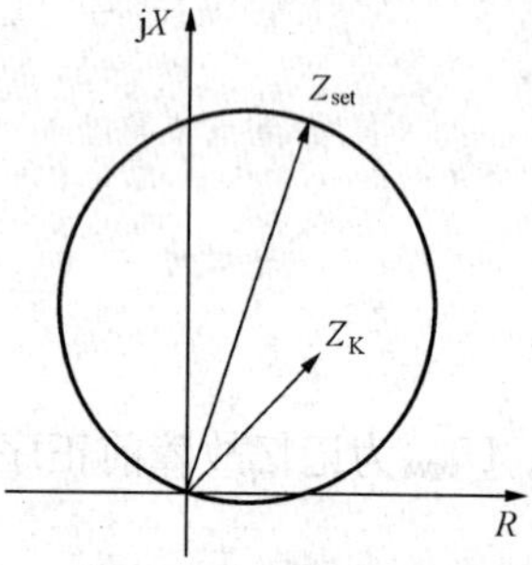

图 6-5 三相短路稳态特性

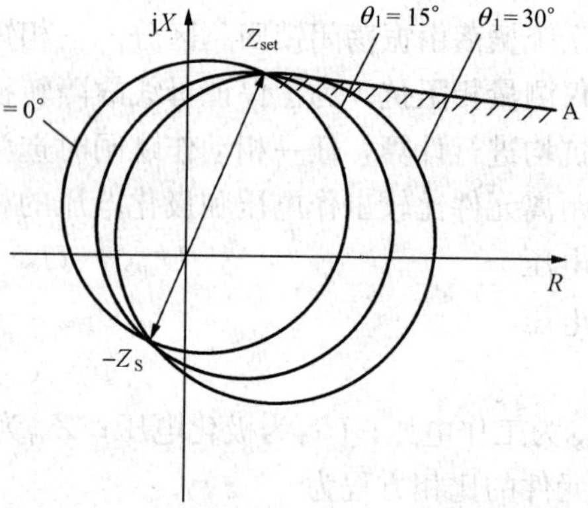

图 6-6 正方向故障方向阻抗元件的动作特性

方向阻抗元件的工作电压和极化电压分别为

工作电压 $U_{op\Phi}=U_\Phi-(I_\Phi+K\times 3I_0)\times Z_{set}\quad \Phi=A,B,C$ (6-10)

极化电压 $U_{P\Phi}=-U_{1\Phi}\times e^{j\theta_1}$ (6-11)

Ⅰ、Ⅱ段极化电压引入移相角 θ_1，其作用是在短线路应用时，将方向阻抗特性向第一象限偏移，以扩大允许故障过渡电阻的能力。其正方向故障时的特性如图 6-6 所示。θ_1 取值范围为 0°、15°、30°。

零序电抗元件的工作电压和极化电压分别为

工作电压 $U_{op\Phi}=U_\Phi-(I_\Phi+K\times 3I_0)\times Z_{set}$ (6-12)

极化电压 $U_{P\Phi}=-I_0\times Z_D$ (6-13)

式中：Z_D 为模拟阻抗。

比相方程为

$$-90°<\arg\frac{U_\Phi-(I_\Phi+K\times 3I_0)\times Z_{set}}{-I_0\times Z_D}<90° \quad (6-14)$$

正方向故障时

$$U_{\Phi}=(I_{\Phi}+K\times 3I_0)\times Z_K \tag{6-15}$$

则

$$-90^{\circ}<\arg\frac{(I_{\Phi}+K\times 3I_0)\times(Z_K-Z_{set})}{-I_0\times Z_D}<90^{\circ} \tag{6-16}$$

$$90^{\circ}+\arg Z_D+\arg\frac{I_0}{I_{\Phi}+K3I_0}<\arg(Z_K-Z_{set})$$

$$<270^{\circ}+\arg Z_D+\arg\frac{I_0}{I_{\Phi}+K3I_0} \tag{6-17}$$

式（6-16）表示的零序电抗特性如图 6-6 中直线 A 所示。式（6-11）～式（6-16）中 Φ=A，B，C。

当 I_0 与 I_{Φ} 同相位时，直线 A 平行于 R 轴；I_0 与 I_{Φ} 相位不同时，直线的倾角恰好等于 I_0 相对于 $I_{\Phi}+K\times 3I_0$ 的相角差。假定 I_0 与过渡电阻上压降同相位，则直线 A 与过渡电阻上压降所呈现的阻抗相平行，零序电抗特性对过渡电阻有自适应的特征。

实际的零序电抗特性由于 Z_D 为 78°而要下倾 12°，所以当实际系统中由于两侧零序阻抗角不一致而使 I_0 与过渡电阻上压降有相位差时，方向阻抗元件仍不会超越。由带偏移角 θ_1 的方向阻抗元件和零序电抗元件两部分结合，同时动作时，Ⅰ、Ⅱ段距离继电器动作，该距离元件有很好的方向性，能测量较大的故障过渡电阻且不会超越。

（2）Ⅲ段接地距离元件。Ⅲ段接地距离元件工作电压、极化电压分别为

工作电压 $$U_{op\Phi}=U_{\Phi}-(I_{\Phi}+K\times 3I_0)\times Z_{set}\quad \Phi=A,B,C \tag{6-18}$$

极化电压 $$U_{P\Phi}=-U_{1\Phi} \tag{6-19}$$

$U_{P\Phi}$采用当前正序电压，非记忆量，这是因为接地故障时，正序电压主要由非故障相形成，基本保留了故障前的正序电压相位，因此，Ⅲ段接地距离继电器的特性与低压时的暂态特性完全一致，如图 6-1、图 6-2 所示，继电器有很好的方向性。

3. 相间距离元件

（1）Ⅰ、Ⅱ段距离元件。Ⅰ、Ⅱ段距离元件由正序电压极化的方向阻抗元件和电抗元件两部分构成。两部分结合，增强了在短线路上使用时允许过渡电阻的能力。

方向阻抗元件的工作电压和极化电压分别为

工作电压 $$U_{op\Phi\Phi}=U_{\Phi\Phi}-I_{\Phi\Phi}\times Z_{set} \tag{6-20}$$

极化电压 $$U_{P\Phi\Phi}=-U_{1\Phi\Phi}\times e^{j\theta_2} \tag{6-21}$$

极化电压与接地距离Ⅰ、Ⅱ段一样，较Ⅲ段增加了一个偏移角 θ_2，其作用也同样是为了在短线路使用时增加允许过渡电阻的能力。θ_2 的整定可按 0°，15°，30°三挡选择。

电抗元件的工作电压和极化电压分别为

工作电压 $$U_{op\Phi\Phi}=U_{\Phi\Phi}-I_{\Phi\Phi}\times Z_{set} \tag{6-22}$$

极化电压 $$U_{P\Phi\Phi}=-I_{\Phi\Phi}\times Z_D \tag{6-23}$$

式中：Z_D 为模拟阻抗。

正方向故障时 $$U_{op\Phi\Phi}=I_{\Phi\Phi}\times Z_K-I_{\Phi\Phi}\times Z_{set} \tag{6-24}$$

比相方程为

$$-90^{\circ}<\arg\frac{Z_K-Z_{set}}{-Z_D}<90^{\circ} \tag{6-25}$$

$$90° + \arg Z_D < \arg(Z_K - Z_{set}) < 270° + \arg Z_D \qquad (6-26)$$

当 Z_D 阻抗角为 90°时，该距离元件为与 R 轴平行的电抗元件特性，实际的 Z_D 阻抗角为 78°，因此，该电抗特性下倾 12°，使送电端的保护受对侧助增而过渡电阻呈容性时不致超越。

(2) Ⅲ段相间距离继电器。Ⅲ段相间距离继电器的工作电压、极化电压分别为

工作电压 $$U_{op\Phi\Phi} = U_{\Phi\Phi} - I_{\Phi\Phi} \times Z_{set} \qquad (6-27)$$

极化电压 $$U_{P\Phi\Phi} = -U_{1\Phi\Phi} \qquad (6-28)$$

式 (6-19) ~式 (6-27) 中的 $\Phi\Phi$=AB，BC，CA。

继电器的极化电压采用正序电压，不带记忆。因相间故障其正序电压基本保留了故障前电压的相位；故障相的动作特性如图 6-1、图 6-2 所示，继电器有很好的方向性。

三相短路时，由于极化电压无记忆作用，其动作特性为一过原点的圆，如图 6-3 所示。

四、选相元件

本装置采用工作电压变化量选相元件、电流差动选相元件和 I_0 与 I_{2A} 比相的选相元件进行选相。

1. 电流差动选相元件

电流差动选相元件由工频变化量差动和稳态差动元件构成，当电流差动选相元件动作时，动作相选为故障相。

2. 工作电压变化量选相元件

工作电压变化量选相元件采用六个测量电压选相元件，即 ΔU_{opA}、ΔU_{opB}、ΔU_{opC}、ΔU_{opAB}、ΔU_{opBC}、ΔU_{opCA}。

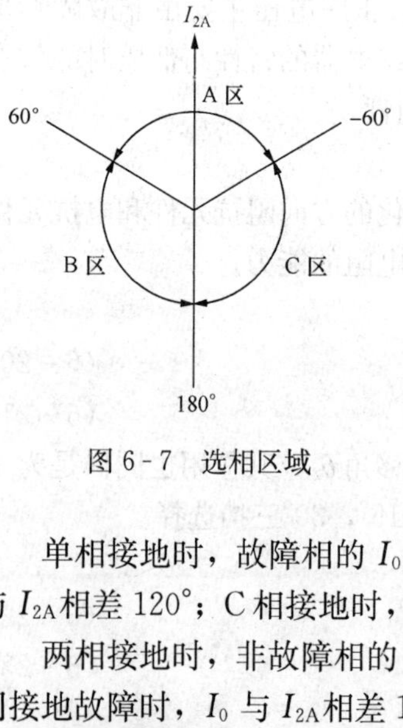

图 6-7 选相区域

先比较三个相工作电压变化量，取最大相 $\Delta U_{op\Phi max}$，与另两相的相间工作电压变化量 $\Delta U_{op\Phi\Phi}$ 比较，大于一定的倍数即判为最大相单相故障；若不满足则判为多相故障，取 $\Delta U_{op\Phi\Phi}$ 中最大的为多相故障的测量相。

3. I_0 与 I_{2A} 比相的选相元件

选相程序首先根据 I_0 与 I_{2A} 之间的相位关系，确定三个选相区之一，如图 6-7 所示。

当 $-60° < \arg \frac{I_0}{I_{2A}} < 60°$ 时选 A 区；当 $60° < \arg \frac{I_0}{I_{2A}} < 180°$ 时选 B 区；当 $180° < \arg \frac{I_0}{I_{2A}} < 300°$ 时选 C 区。

单相接地时，故障相的 I_0 与 I_2 同相位，A 相接地时，I_0 与 I_{2A} 同相；B 相接地时，I_0 与 I_{2A} 相差 120°；C 相接地时，I_0 与 I_{2A} 相差 240°。

两相接地时，非故障相的 I_0 与 I_2 同相位，BC 相间接地故障时，I_0 与 I_{2A} 同相；CA 相间接地故障时，I_0 与 I_{2A} 相差 120°；AB 相间接地故障时，I_0 与 I_{2A} 相差 240°。

五、重合闸

本装置重合闸为一次重合闸方式，可实现单相重合闸、三相重合闸或综合重合闸。重合闸的启动方式由保护动作启动或开关位置不对应启动方式两种。重合闸方式由外部切换开关或内部软连接片决定，其功能表见表 6-3。

表 6-3　　重合闸功能表

端子	单重	三重	综重	停用
投三重	0	1	0	1
投综重	0	0	1	1

六、装置各保护逻辑框图

1. 电流差动保护逻辑框图

电流差动保护逻辑框图如图 6-8 所示。

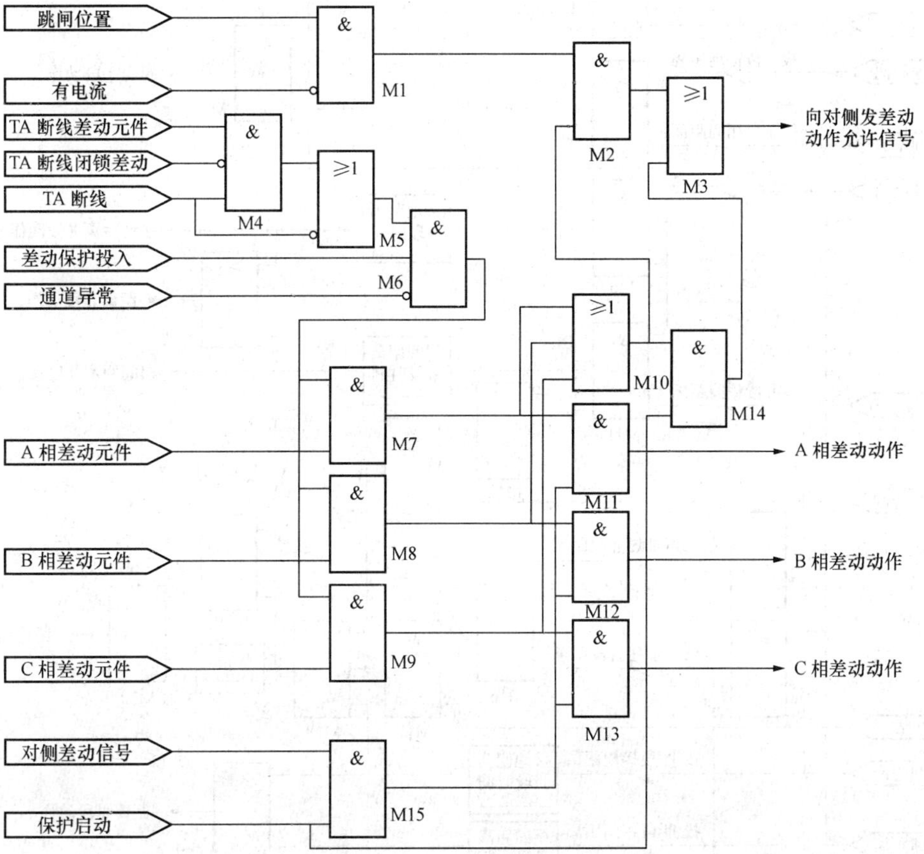

图 6-8　电流差动保护逻辑框图

(1) 差动保护投入指示屏上“投主保护”、软连接片定值“投主保护”和定值控制字“投纵联差动”同时投入。

(2)“A 相差动元件”、“B 相差动元件”、“C 相差动元件”包括变化量差动、稳态量差动Ⅰ段或Ⅱ段、零序差动，只是各自的定值有差异。

(3) 三相开关在跳开位置或经保护启动控制的差动元件动作，则向对侧发差动动作允许信号。

(4) TA 断线瞬间，断线侧的启动元件和差动元件可能动作，但对侧的启动元件不动作，不会向本侧发差动保护动作信号，从而保证纵联差动不会误动。TA 断线时发生故障或系统扰动导致启动元件动作，若“TA 断线闭锁差动”整定为“1”，则闭锁电流差动保护；若“TA 断线闭锁差动”整定为“0”，且该相差流大于“TA 断线差流定值”，仍开放电流差动保护。

2. 距离保护逻辑框图

距离保护逻辑框图如图 6-9 所示。

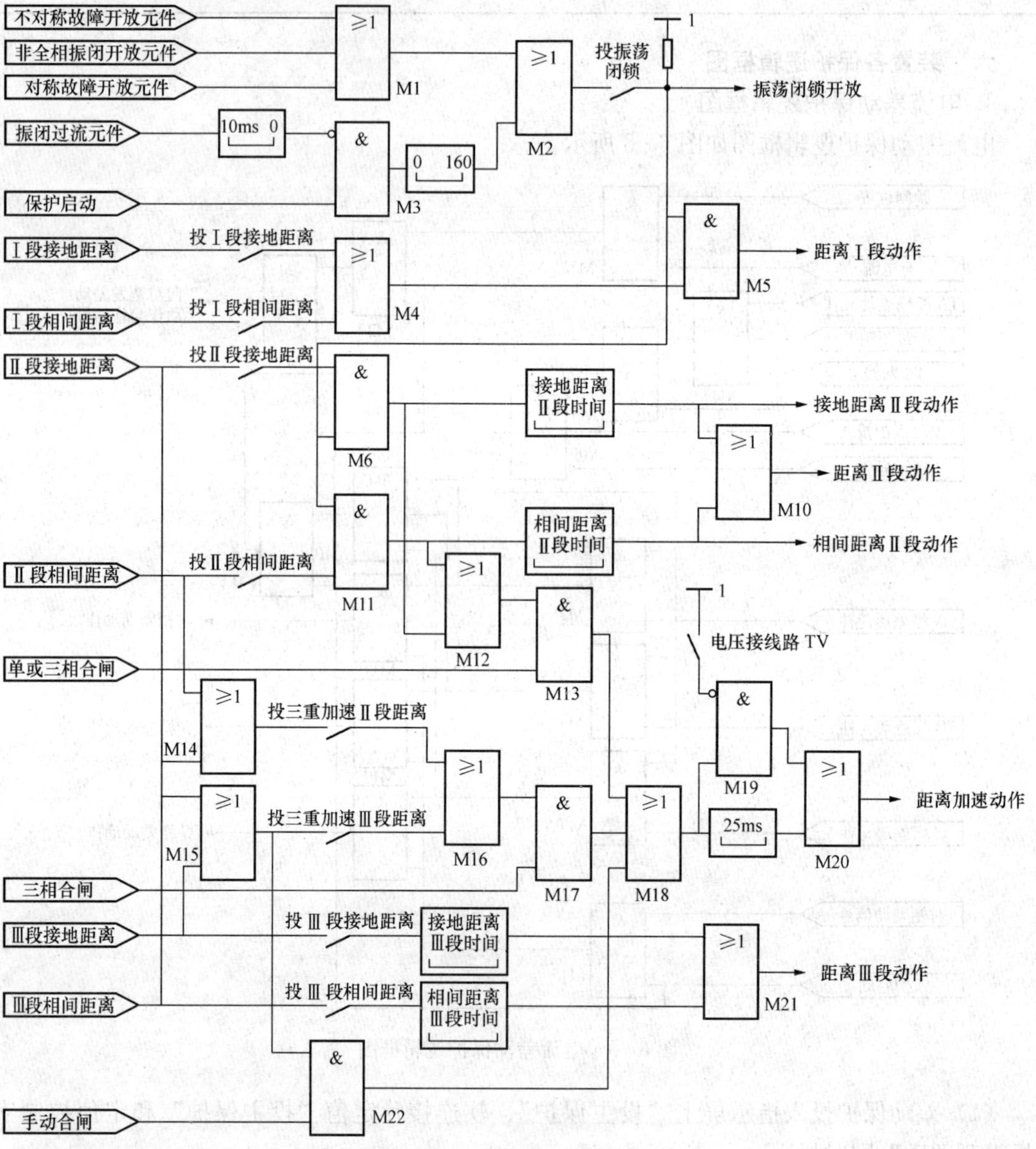

图 6-9　距离保护逻辑框图

(1) 若用户选择“投负荷限制距离”，则Ⅰ、Ⅱ、Ⅲ段的接地和相间距离元件需经负荷限制元件闭锁。

(2) 保护启动时，如果按躲过最大负荷电流整定的振荡闭锁过流元件尚未动作或动作不到 10ms，则开放振荡闭锁 160ms；另外不对称故障开放元件、对称故障开放元件和非全相运行振荡闭锁开放元件任一元件开放时，开放振荡闭锁；用户可选择“投振荡闭锁”去闭锁

Ⅰ、Ⅱ段距离保护，否则距离保护Ⅰ、Ⅱ段不经振荡闭锁而直接开放。

（3）合闸于故障线路时的三相跳闸可有两种方式：一是受振荡闭锁控制的Ⅱ段距离元件在合闸过程中三相跳闸；二是在三相合闸时，还可选择“投三重加速Ⅱ段距离”、“投三重加速Ⅲ段距离”、由不经振荡闭锁的Ⅱ段或Ⅲ段距离元件加速跳闸。手合时总是加速Ⅲ段距离。

3. 零序、过电流保护逻辑框图

RCS—931A 系列零序保护逻辑框图如图 6-10 所示。

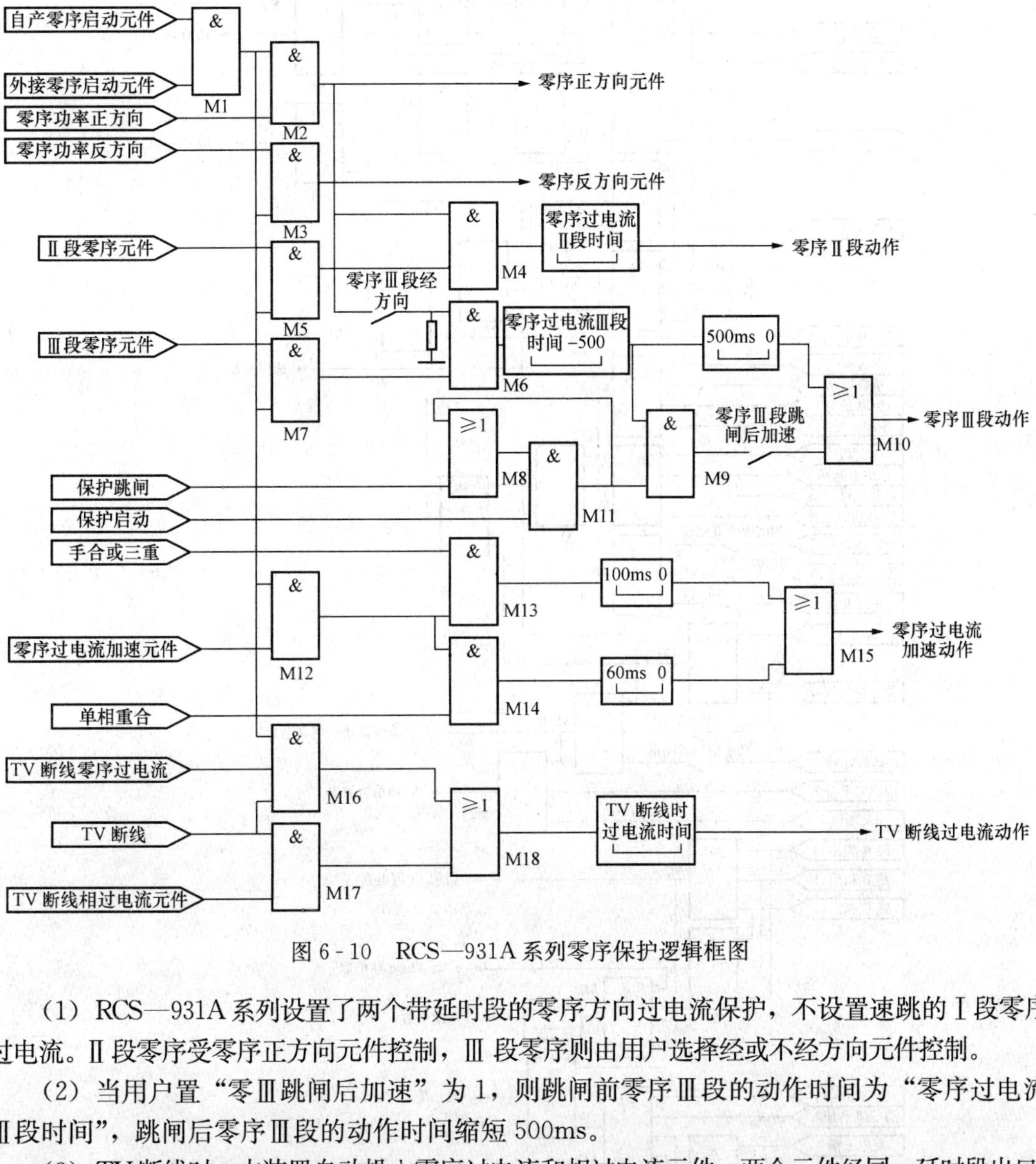

图 6-10　RCS—931A 系列零序保护逻辑框图

（1）RCS—931A 系列设置了两个带延时段的零序方向过电流保护，不设置速跳的Ⅰ段零序过电流。Ⅱ段零序受零序正方向元件控制，Ⅲ 段零序则由用户选择经或不经方向元件控制。

（2）当用户置“零Ⅲ跳闸后加速”为 1，则跳闸前零序Ⅲ段的动作时间为“零序过电流Ⅲ段时间”，跳闸后零序Ⅲ段的动作时间缩短 500ms。

（3）TV 断线时，本装置自动投入零序过电流和相过电流元件，两个元件经同一延时段出口。

（4）单相重合时零序加速时间延时为 60ms，手合和三重时加速时间延时为 100ms，其过电流定值用零序过电流加速段定值。

4. 跳闸逻辑框图

RCS—931A 跳闸逻辑框图如图 6-11 所示。

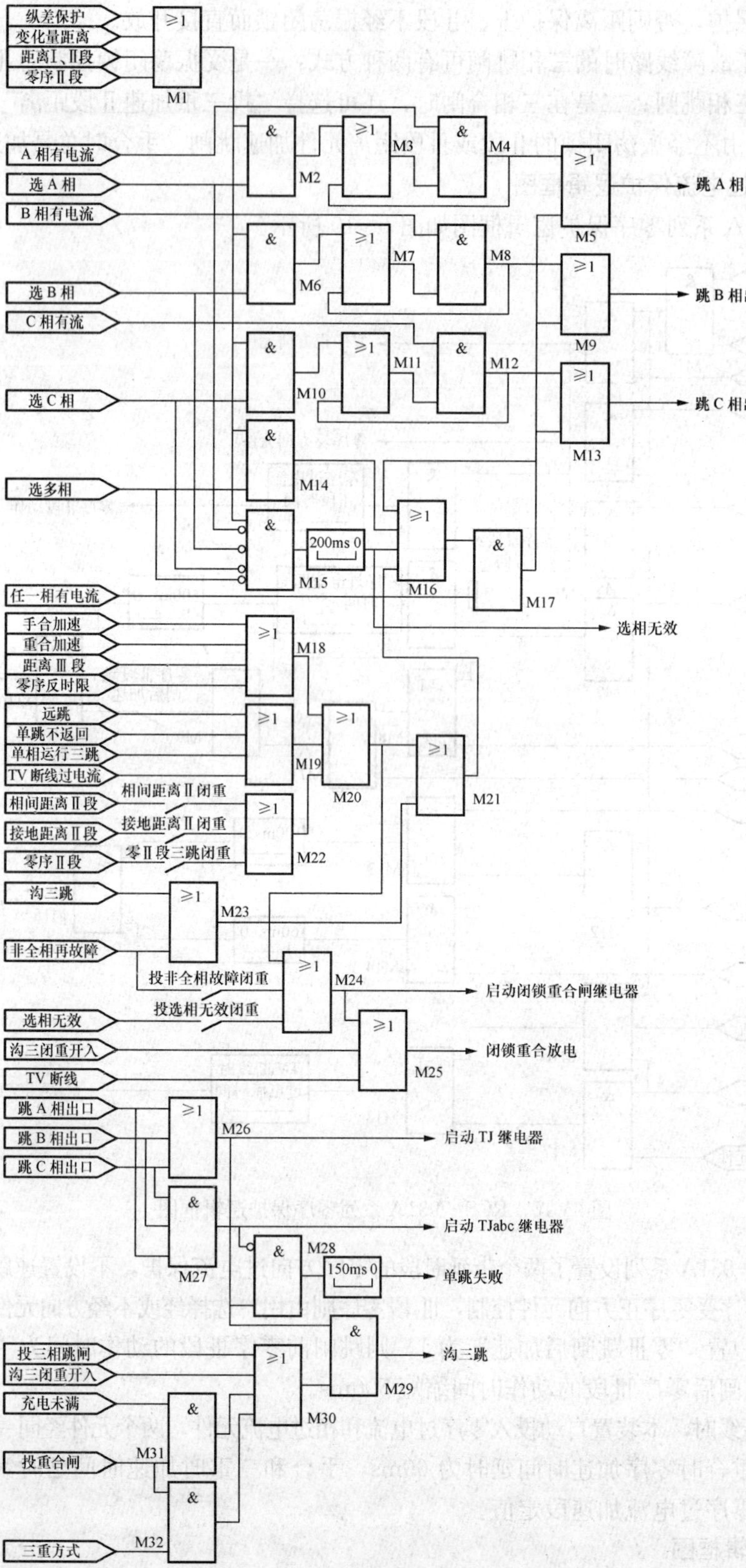

图6-11　RCS—931A跳闸逻辑框图

（1）分相差动元件动作，则该相的选相元件动作。

（2）工频变化量距离、纵联差动、距离Ⅰ段、距离Ⅱ段、零序Ⅱ段动作时经选相跳闸；若选相失败而动作元件不返回，则经 200ms 延时发选相无效三跳命令。

（3）零序Ⅲ段、相间距离Ⅲ段、接地距离Ⅲ段、合闸于故障线路、非全相运行再故障、TV 断线过电流、选相无效延时 200ms、单跳失败延时 150ms、单相运行延时 200ms 直接跳三相。

（4）发单跳命令后若该相持续有电流（$>0.06I_N$），经 150ms 延时发单跳失败三跳命令。

（5）选相达两相及以上时跳三相。

（6）采用三相跳闸方式、有沟三闭重开入、重合闸投入时充电未完成或处于三重方式时，任何故障三相跳闸。

（7）严重故障时，如零序Ⅲ段跳闸、Ⅲ段距离跳闸、手合或合闸于故障线路跳闸、单跳不返回三跳、单相运行三跳、TV 断线时跳闸等闭锁重合闸。

（8）Ⅱ段零序、Ⅱ段相间距离、Ⅱ段接地距离等，经用户选择三跳方式时，闭锁重合闸。

（9）经用户选择，选相无效三跳、非全相运行再故障三跳、两相以上故障闭锁重合闸。

（10）“远跳受本侧控制”，启动后收到远跳信号，三相跳闸并闭锁重合闸；“远跳不受本侧控制”，收到远跳信号后直接启动，三相跳闸并闭锁重合闸。

5. 重合闸逻辑框图

RCS—931A 重合闸逻辑框图如图 6-12 所示。

（1）TWJA、TWJB、TWJC 分别为 A、B、C 三相的跳闸位置元件的触点输入。

（2）保护单跳固定、保护三跳固定为本保护动作跳闸形成的跳闸固定，单相故障，故障相无电流时该相跳闸固定动作，三相跳闸，三相电流全部消失时三相跳闸固定动作。

（3）外部单跳固定、外部三跳固定分别为其他保护来的单跳启动重合、三跳启动重合输入由本保护经无电流判别形成的跳闸固定。

（4）重合闸退出指重合闸方式把手置于停用位置，或定值中重合闸投入控制字置“0”，则重合闸退出。本装置重合闸退出并不代表线路重合闸退出，保护仍是选相跳闸的。要实现线路重合闸停用，需将沟三闭重连接片投上。当重合闸方式把手置于运行位置（单重、三重或综重）且定值中重合闸投入控制字置“1”时，本装置重合闸投入。

（5）差动保护投入并且通道正常，当采用单重或三重不检方式，TV 断线时不放电；差动退出或通道异常时，不管哪一种重合方式，TV 断线都要放电。

（6）重合闸充电在正常运行时进行。即在重合闸投入、无 TWJ 动作信号、无压力低闭锁重合信号、无 TV 断线放电及其他闭锁重合闸信号输入的前提下，经 15s 后重合闸充电完成。

（7）本装置重合闸为一次重合闸方式，用于单开关的线路，一般不用于 3/2 开关方式，可实现单相重合闸、三相重合闸和综合重合闸。

（8）重合闸的启动方式有本保护跳闸起动、其他保护跳闸启动和经用户选择的不对应启动。

（9）若开关三跳如 TGabc 动作、其他保护三跳启动重合闸或三相 TWJ 动作，则不启动单重。

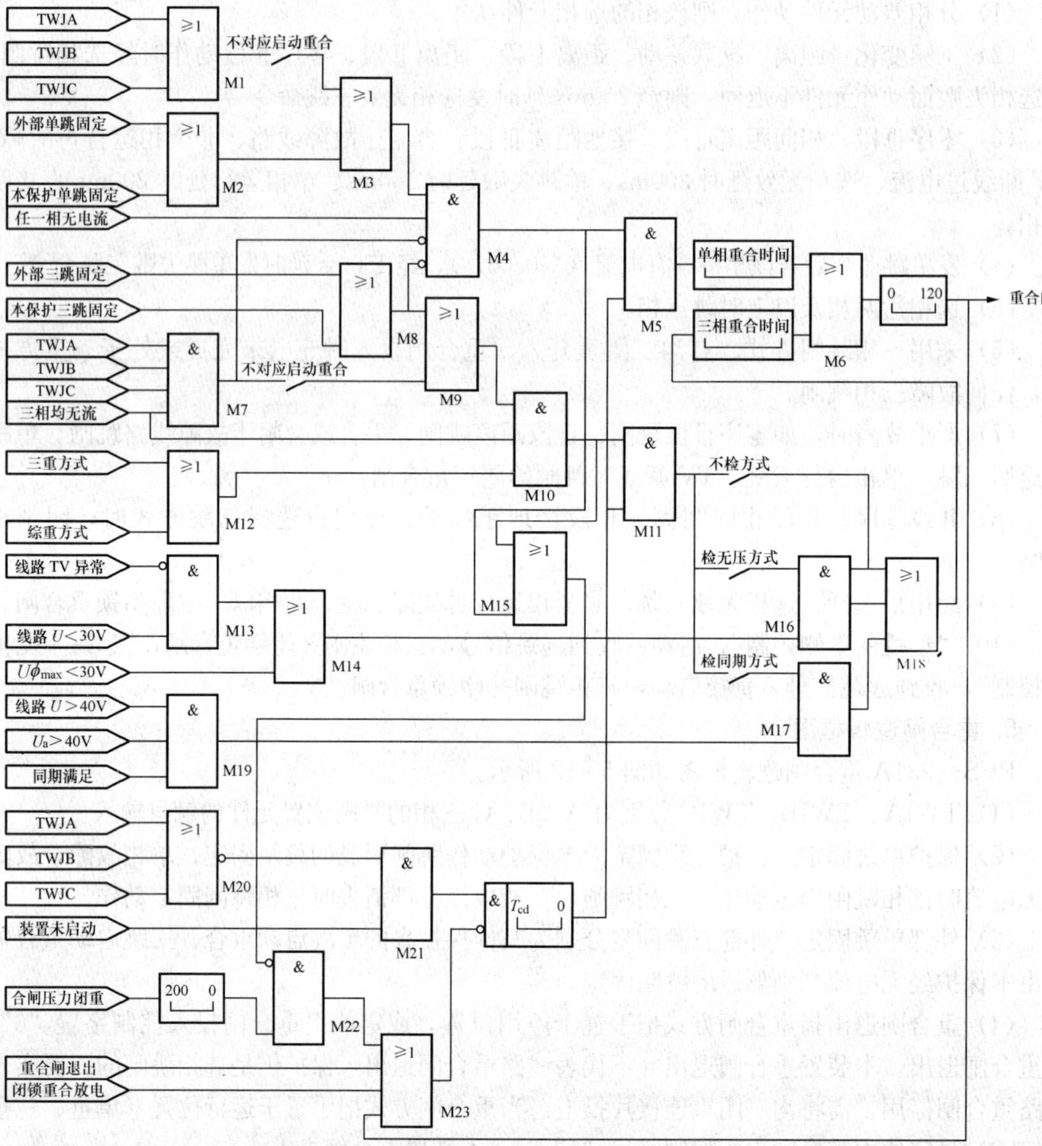

图 6-12 重合闸逻辑框图

七、远跳、远传

RCS—931 利用数字通道，不仅交换两侧电流数据，同时也交换开关量信息，实现一些辅助功能，其中包括远跳及远传。

1. 远跳

装置开入触点 626（弱电 24V 开入）或 719（强电 110V 或 220V 开入）为远跳开入。保护装置采样得到远跳开入为高电平时，作为开关量，连同电流采样数据及 CRC 校验码等，打包一帧信息，通过数字通道，传送给对侧保护装置。对侧装置每收到一帧信息，都要进行 CRC 校验，经过 CRC 校验再经过连续三次确认后，才认为收到的远跳信号是可靠的。收到经校验确认的远跳信号后，若整定控制字“远跳受本侧控制”整定为“0”，则无条件置三跳出口，启动 A、B、C 三相出口跳闸继电器，同时闭锁重合闸；若整定为“1”，则需本装置启动才出口。

2. 远传

装置远传功能示图如图 6-13 所示。触点 627、628（弱电 24V 开入）或 721、723（强电 110V 或 220V 开入）为远传 1、远传 2 的开入触点。同远跳一样，装置也借助数字通道分别传送远传 1、远传 2。区别只是在于接收侧收到远传信号后，并不作用于本装置的跳闸出口，而只是如实地将对侧装置的开入触点状态反映到对应的开出触点上。

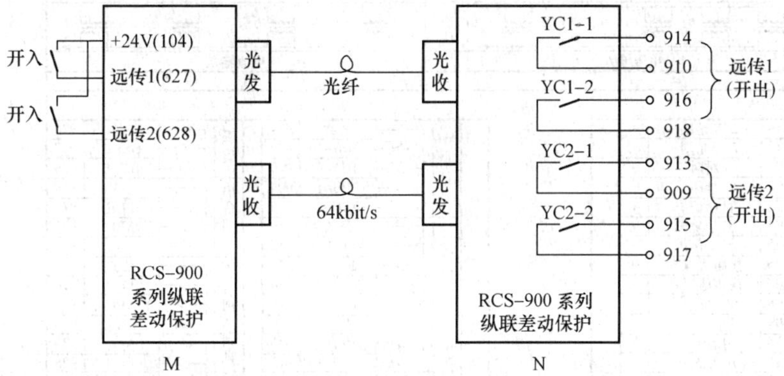

图 6-13　远传功能示图

第三节　高压输电线路微机保护装置硬件原理

一、装置整体结构

RCS—931A（B）型保护装置采用整面板背插件式结构。构成装置的主要插件通常有：①电源插件（DC）；②交流插件（AC）；③低通滤波插件（LPF）；④CPU 插件（CPU）；⑤通信插件（COM）；⑥24V 光耦插件（OPT1）；⑦高压光耦插件（OPT2，可选）；⑧信号插件（SIG）；⑨跳闸出口插件（OUT1、OUT2）；⑩扩展跳闸出口（OUT，可选）；⑪显示面板（LCD）。

装置整体结构如图 6-14 所示。装置的正面面板布置如图 6-15 所示。装置的背面面板布置（OPT2、OUT 为可选件）如图 6-16 所示。装置硬件模块如图 6-17 所示。

二、装置各插件构成

1. 电源插件（DC）

从装置的背面看，第一个插件为电源插件，电源插件背板如图 6-18（a）所示。

保护装置的电源从 101 端子（直流电源 220V/110V+端）、102 端子（直流电源 220V/110V−端）经抗干扰盒、背板电源开关至内部 DC/DC 转换器，输出+5V、±12V、+24V（继电器电源）给保护装置其他插件供电；另外经 104、105 端子输出一组 24V 光耦电源，其中 104 为光耦 24V+，105 为光耦 24V−。电源输入连接如图 6-18（b）所示。

光耦电源的连接如图 6-18（c）所示，电源插件输出光耦 24V−（105 端子），经外部连线直接接至 OPT1 插件的光耦 24V−（615 端子）；输出光耦 24V+（104 端子）接至屏上开入公共端子；为监视开入 24V 电源是否正常，需从开入公共端子或 104 端子经连线接至 OPT1 插件的光耦 24V+（614 端子），其他开入的连接详见 OPT1 插件。

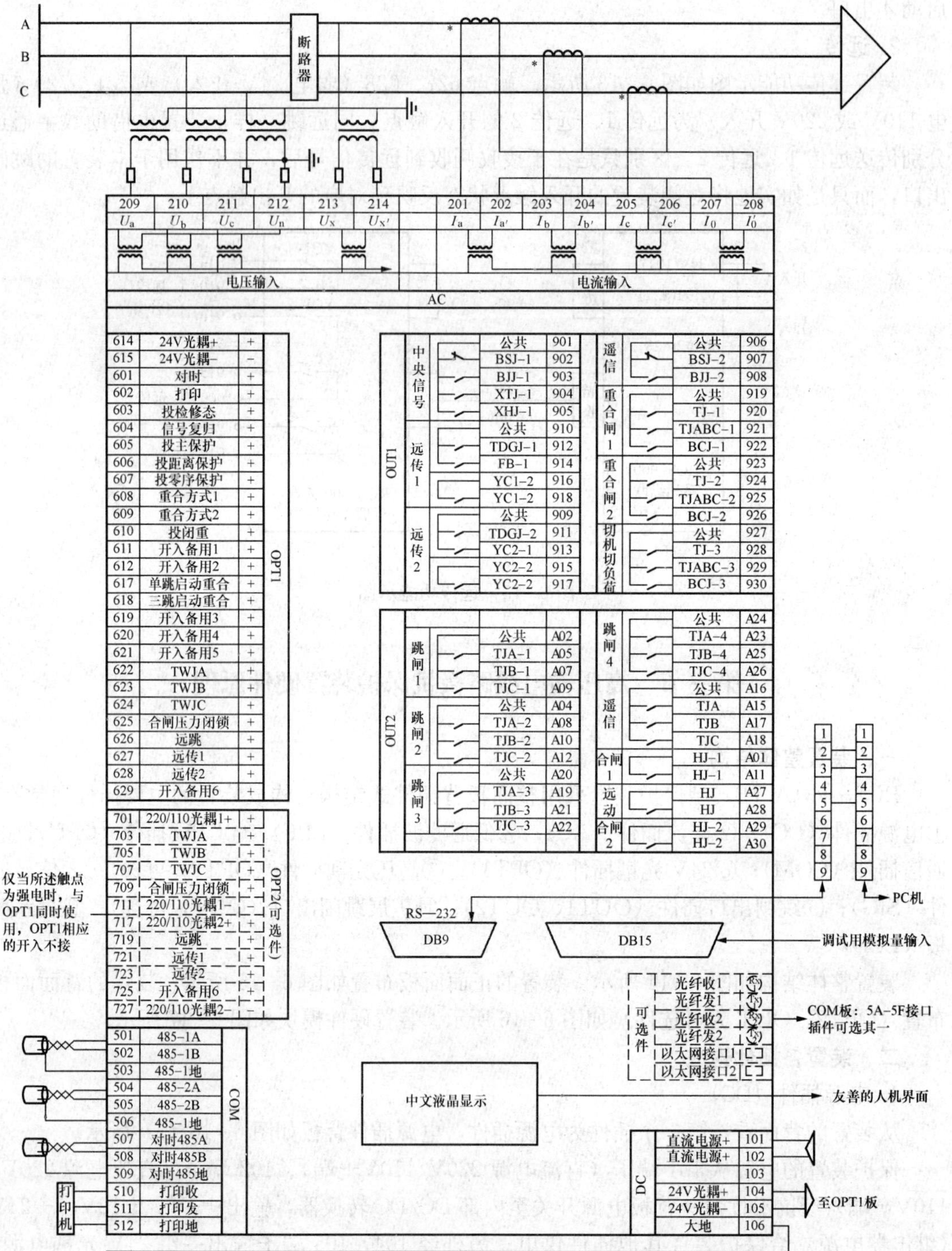

1	2	3	4	5	6	7	8	9	A	B	C	E
DC	AC	LPF	CPU	COM	OPT1	OPT2	SIG	OUT1	OUT2	OUT		
直流电源	交流输入	低通滤波	中央处理单元	通信模块	24V光耦输入	220/110V光耦输入	信号继电器	继电器出口1	继电器出口2	扩展跳闸出口		

图 6-14 装置整体结构

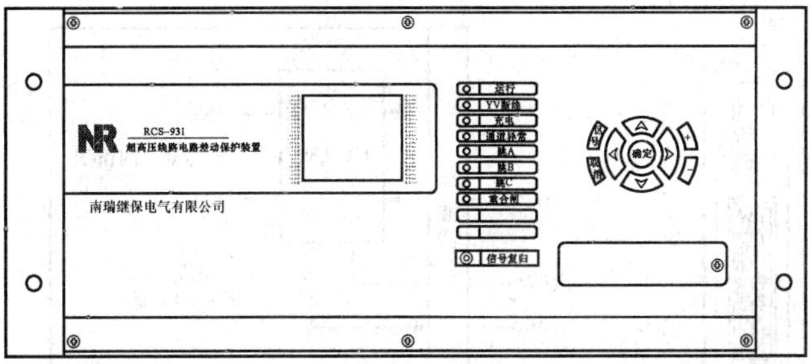

图 6-15　装置正面面板布置

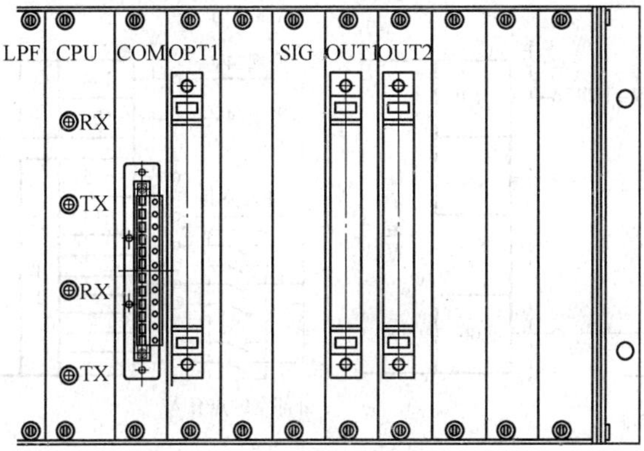

图 6-16　装置背面面板布置

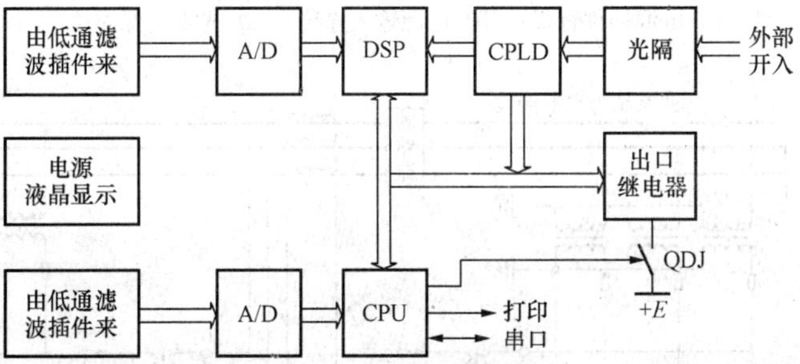

图 6-17　装置硬件模块

2. 交流输入变换插件（AC）

交流输入变换插件（AC）与系统接线图如图 6-19 所示。

图 6-19 中，I_A、I_B、I_C、I_0 分别为三相电流和零序电流输入；U_A、U_B、U_C 为三相电压输入，额定电压为 $100/\sqrt{3}$V；U_x 为重合闸中检无压、检同期元件用的电压输入，额定电压为 100V 或 $100/\sqrt{3}$V。在实际应用中，由于保护装置能够自动适应，所以 U_x 接入采用一相或相间均可，如果重合闸不投或不检同期重合，U_x 可以不接。交流输入变换插件上的 215 端子为装置的接地点，应将该端子接至接地铜排。

3. 低通滤波插件（LPF）

本插件无外部连线，其主要作用是：①滤除高频信号；②电平调整；③为专用试验仪测

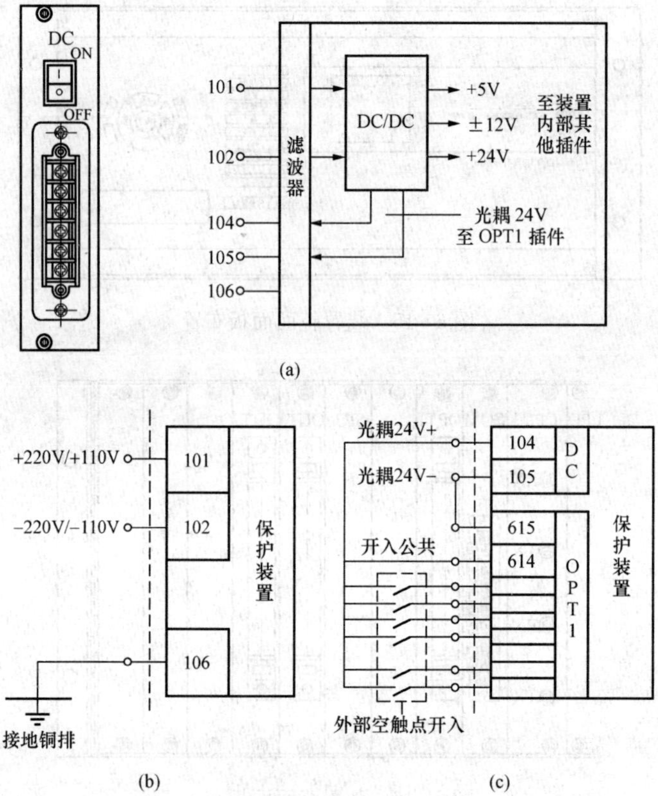

图 6-18　电源插件原理及输入接线图

（a）电源插件背板；（b）电源输入连接；（c）光耦电源连接

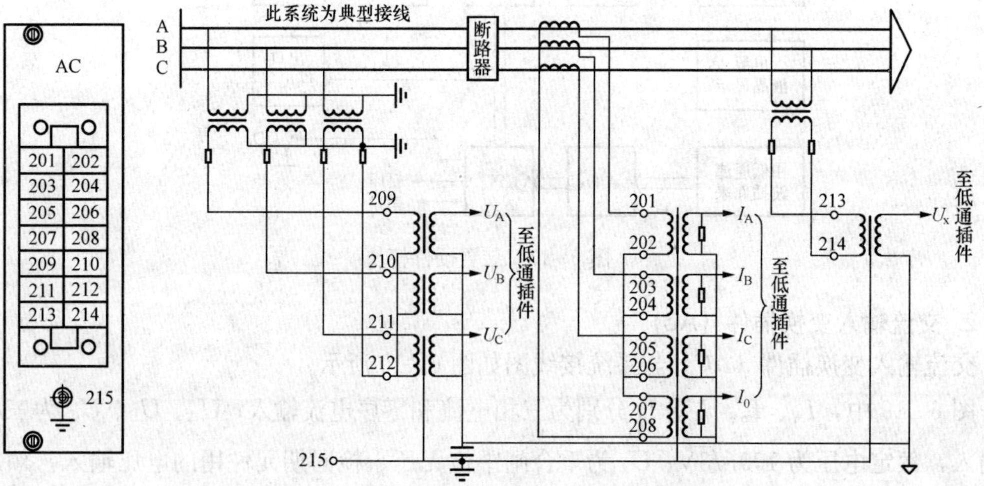

图 6-19　交流输入变换插件与系统接线

试创造条件。

该插件原理图如图 6-20 所示。

由图 6-20 可见，CPU 与 DSP 采样从有源元件开始就完全独立，因此保证了任一器件

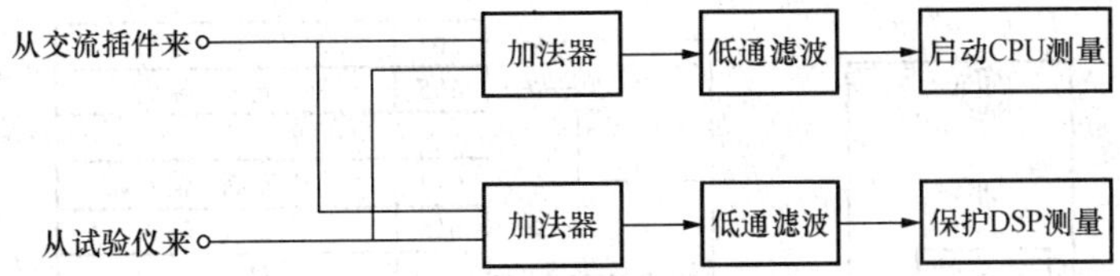

图 6-20　低通滤波原理图

损坏不至于引起保护误动。该插件的试验输入由装置前面板的 DB15 插座引入。

4. CPU 插件（CPU）

CPU 插件是装置核心部分，由单片机（CPU）和数字信号处理器（DSP）组成，CPU 完成装置的总启动和人机界面及后台通信功能，DSP 完成所有的保护算法和逻辑功能。装置采样频率为工频每周波 24 点，在每个采样点对所有保护算法和逻辑进行并行实时计算。

启动 CPU 插件内设置有总启动元件，该启动元件启动后开放出口元件的正电源，同时完成事件记录及打印、保护部分的后台通信及与面板通信；另外还具有故障录波功能，录波数据可单独串口输出或打印输出。

CPU 插件还带有光端机（如图 6-21 所示），它通过 64kbit/s 或 2048kbit/s 高速数据通道（专用光纤或复用通信设备），用同步通信方式与对侧交换电流采样值和信号。

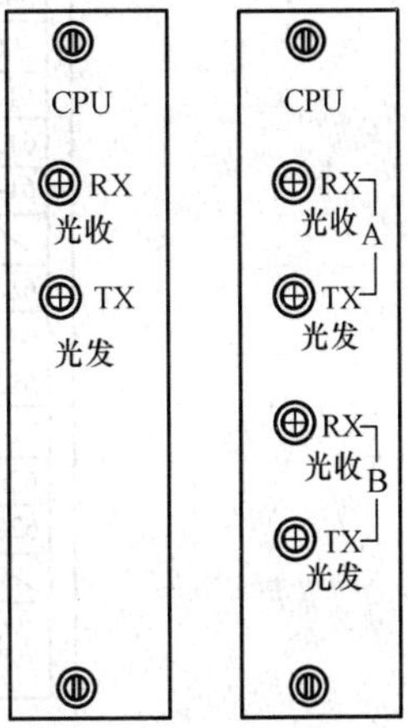

图 6-21　CPU 插件面板

5. 通信插件（COM）

通信插件的功能是完成与监控计算机或 RTU 的连接。不同型号的通信插件与其外部连接稍有不同。5A 型通信插件背板端子及外部接线图如图 6-22 所示。

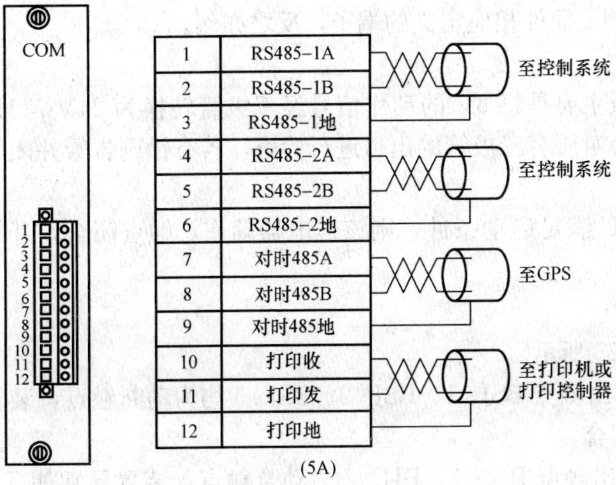

图 6-22　通信插件背板端子及外部接线图

6. 24V 光耦插件（OPT1）

24V 光耦插件背板端子及外部接线如图 6-23 所示。

电源插件输出的光耦 24V 电源，其正端（104 端子）应接至屏上开入公共端，其负端（105 端子）应与本板的 24V 光耦负（615 端子）直接相连；另外光耦 24V+应与本板的 24V 光耦正（614 端子）相连，以便让保护监视光耦开入电源是否正常。

7. 高压光耦插件（OPT2）

高压光耦插件主要用于不宜采用 24V 光耦输入的外部开入量。该插件为 220V/110V 光耦插件，其背板定义及接线图如图 6-24 所示。

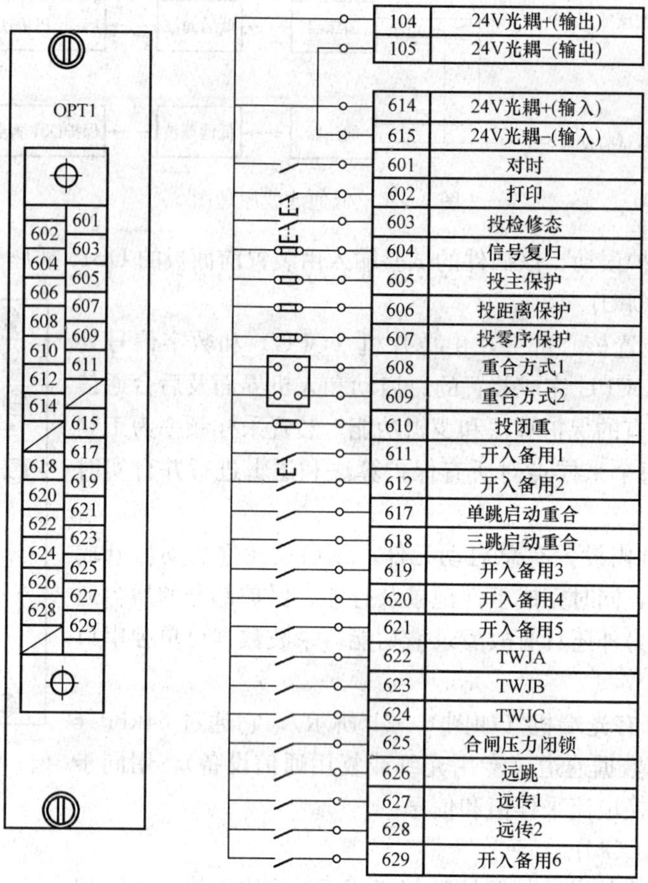

图 6-23 光耦插件背板端子及外部接线图

注意：OPT2 插件上 701 端子与 717 端子、711 端子与 727 端子在插件上不连，若采用其中一组光耦时，另一组光耦的正负电源必须同时接上，否则会报光耦失电而闭锁保护。接到 OPT2 插件的开入，就不应再接 OPT1 插件相应定义的端子，反之亦然。

8. 信号继电器插件（SIG）

信号继电器插件无外部连线，该板主要是将 5V 的动作信号经三极管转换为 24V 信号，从而驱动继电器。正常运行时，装置会对所有三极管的出口进行检查，若有错则告警并闭锁保护。

本板设置了总启动继电器，当 CPU 满足启动条件，则该继电器动作，触点闭合，开放出口继电器的正电源。

9. 继电器出口 1 插件（OUT1）

本插件提供输出空触点，如图 6-25 所示。

BSJ 为装置故障告警继电器，其输出触点 BSJ-1、BSJ-2、BSJ-3 均为动断触点，装置退出运行如装置失电、内部故障时均闭合。

BJJ 为装置异常告警继电器，其输出触点 BJJ-1、BJJ-2 为动合触点，装置异常如 TV 断线、TWJ 异常、CT 断线等，仍有保护在运行时，发告警信号，BJJ 继电器动作，触点闭合。

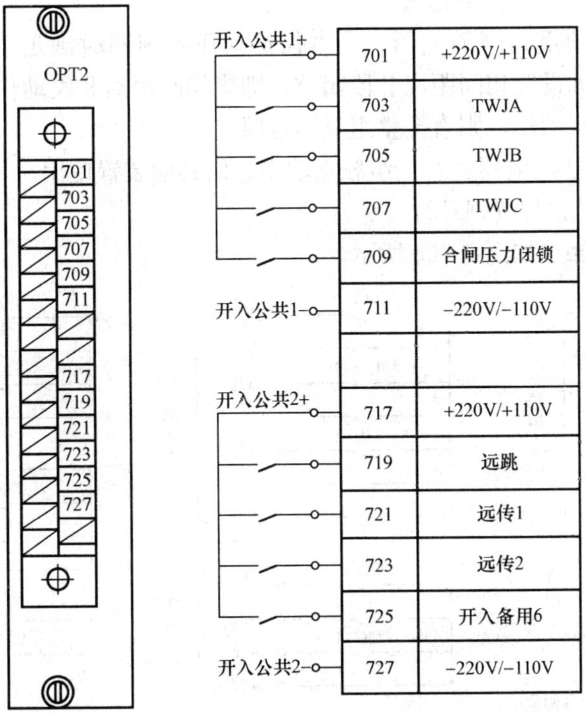

图 6-24　高压光耦插件背板定义及接线图

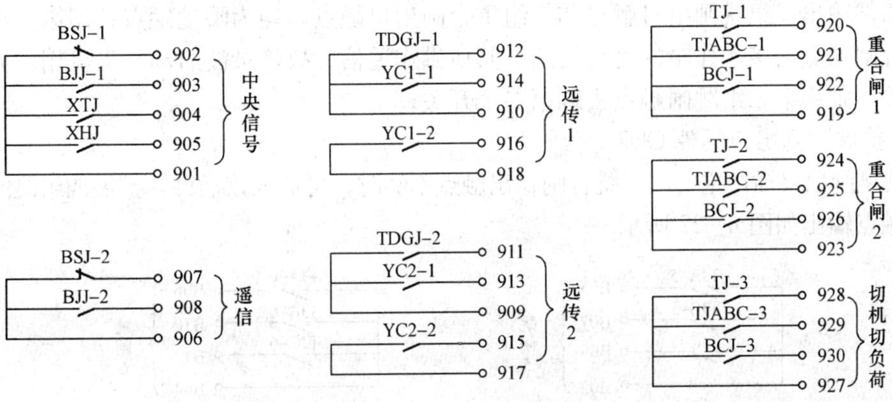

图 6-25　OUT1 插件触点输出图

XTJ、XHJ 分别为跳闸和重合闸信号磁保持继电器，保护跳闸时 XTJ 继电器动作并保持，重合闸时 XHJ 继电器动作并保持，需按信号复归按钮或由通信口发远方信号复归命令才返回。

TDGJ、YC1、YC2 为通道告警及远传继电器。TDGJ 定义为通道告警触点，YC1 定义为远传 1，YC2 定义为远传 2。装置给出两组触点，可分别给两套远方启动跳闸装置。

TJ 继电器为保护跳闸时动作（单跳和三跳该继电器均动作），保护动作返回时，该继电器也返回，其触点可接至另一套装置的单跳启动重合闸输入。

TJABC 继电器为保护发三跳命令时动作，保护动作返回该继电器也返回，其触点可接至另一套装置的三跳启动重合闸输入。

BCJ 继电器为闭锁重合闸继电器，当本保护动作跳闸同时满足了设定的闭重条件时，BCJ 继电器动作，例如设置相间距离Ⅱ段闭重，则当相间距离Ⅱ段动作跳闸时，BCJ 继电器动作。BCJ 继电器一旦动作，则直至整组复归返回。

TJ、TJABC、BCJ 继电器各有三组触点输出，供其他装置使用。

10. 继电器出口 2 插件（OUT2）

OUT2 插件输出触点如图 6-26 所示。

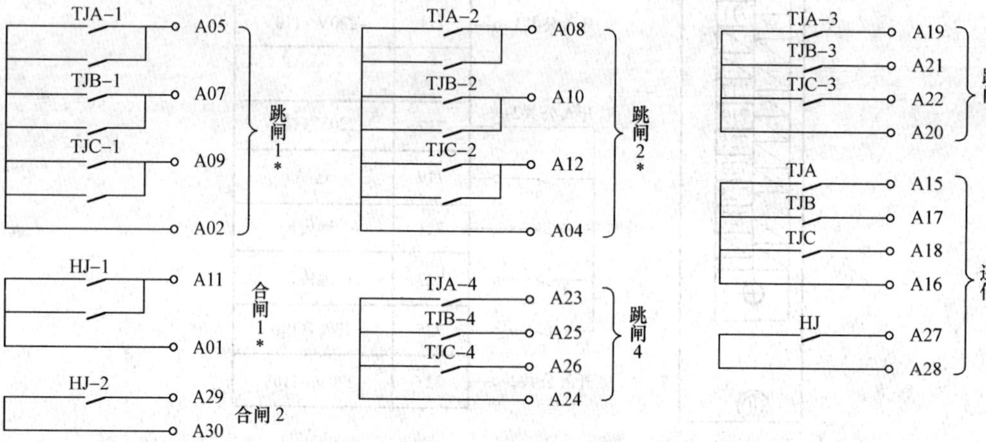

图 6-26 OUT2 插件触点输出图

该插件输出 5 组跳闸出口触点和 3 组重合闸出口触点，均为瞬动触点；用第一组跳闸和第一组合闸触点去接操作箱的跳合线圈，其他供作遥信、故障录波启动、失灵用。如果需跳两个开关，则用第二组跳闸触点去跳第二个开关。

11. 扩展跳闸出口插件 OUT

扩展跳闸出口插件主要用于跳合闸输出触点不够时，可插入该插件，扩展四组跳闸触点。其触点输出如图 6-27 所示。

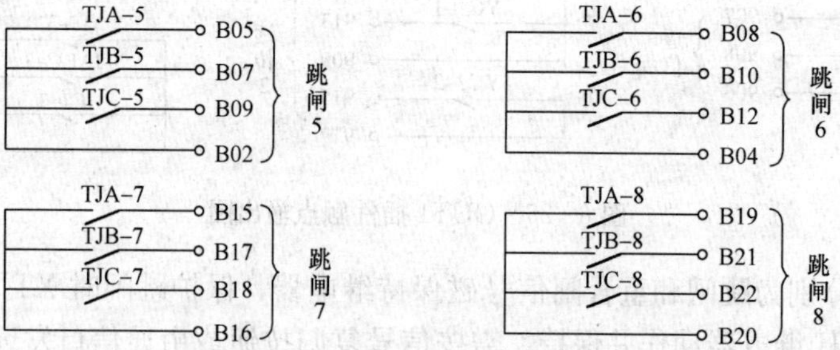

图 6-27 OUT 插件触点输出图

12. 显示面板（LCD）

显示面板单设一个单片机，负责汉字液晶显示、键盘处理，通过串口与 CPU 交换数据。同时提供一个与 PC 机或 HELP-90A 通信的接口（9 芯），一个调试用模拟量输入端子（15 芯）。

第四节　高压输电线路微机保护装置定值及整定

RCS—931A（B）型高压输电线路保护装置的定值包括装置参数、保护定值、连接片定值和IP地址。

一、装置参数及整定说明

装置参数定值见表6-4。

表6-4　装置参数定值

序号	定值名称	定值范围	整定值
1	保护定值区号	0～29	
2	保护装置地址	0～254	
3	串口1波特率（kbit/s）	4800，9600，19200，38400	
4	串口2波特率（kbit/s）	4800，9600，19200，38400	
5	打印波特率（kbit/s）	4800，9600，19200，38400	
6	调试波特率（kbit/s）	4800，9600	
7	系统频率（Hz）	50，60	
8	电压一次额定值	127～655kV	
9	电压二次额定值	57.73V	
10	电流一次额定值	100～65535A	
11	电流二次额定值	1，5A	
12	厂站名称		
13	网络打印方式	0，1	
14	自动打印	0，1	
15	规约类型	0，1	
16	分脉冲对时	0，1	
17	远方修改定值	0，1	
18	103规约有INF	0，1	
19	通信传动投入	0，1	

（1）定值区号：保护定值有30套可供切换，装置参数不分区，只有一套定值。

（2）通信地址：指后台通信管理机与本装置通信的地址。

（3）串口1波特率、串口2波特率、打印波特率、调试波特率：只可在所列波特率数值中选其一整定。

（4）系统频率：为一次系统频率，请整定为50Hz。

（5）电压一次额定值：为一次系统中电压互感器一次侧的额定相电压值。

（6）电压二次额定值：为一次系统中电压互感器二次侧的额定相电压值。

（7）电流一次额定值：为一次系统中电流互感器一次侧的额定电流值。

（8）电流二次额定值：为一次系统中电流互感器二次侧的额定电流值。

（9）厂站名称：可整定的12位汉字区位码，可整定为3个汉字或6个字母（或数字），汉字和字母（或数字）也可混合整定，此定值仅用于报文打印。

（10）自动打印：保护动作后需要自动打印动作报告时置为“1”，否则置为“0”。

（11）网络打印：需要使用共享打印机时置为“1”，否则置为“0”。使用共享打印机指的是多套保护装置共用一台打印机打印输出，这时打印口应设置为RS-485方式，经专用的打印控制器接入打印机；而使用本地打印机时，应设置为RS-232方式，直接接至打印机的串口。

（12）规约类型：当采用IEC60870-5-103规约时置为“0”，采用LFP规约时置为“1”。

（13）分脉冲对时：当采用分脉冲对时时置为“1”，秒脉冲对时时置为“0”，如采用IRIGB码对时方式，此定值不必整定。

（14）可远方修改定值：允许后台修改装置的定值时置为“1”，否则置为“0”。

（15）通信传动投入：当需要做通信传动试验时，将此控制字投入，此时装置闭锁，报“通信传动投入报警”告警。保护正常运行情况下此控制字不投入。

二、保护定值及整定说明

1. RCS—931AC保护定值

RCS—931AC保护定值见表6-5。

表6-5 RCS—931AC保护定值

序号	定值名称	单位	定值范围
1	电流变化量启动值	A	(0.1～0.5) I_n
2	零序启动电流	A	(0.1～0.5) I_n
3	工频变化量阻抗	Ω	0.5～37.5
4	TA变比系数		0.25～10.00
5	差动电流启动值	A	(0.1～2) I_n
6	TA断线差流定值	A	(0.1～2) I_n
7	本侧纵联码		0～65535
8	对侧纵联码		0～65535
9	零序补偿系数		0～2
10	振荡闭锁过电流	A	(0.2～2.2) I_n
11	接地距离Ⅰ段定值	Ω	0.05～125
12	接地距离Ⅱ段定值	Ω	0.05～125
13	接地距离Ⅱ段时间	s	0.01～10
14	接地距离Ⅲ段定值	Ω	0.05～125
15	接地距离Ⅲ段时间	s	0.01～10
16	相间距离Ⅰ段定值	Ω	0.05～125

续表

序号	定值名称	单位	定值范围
17	相间距离Ⅱ段定值	Ω	0.05～125
18	相间距离Ⅱ段时间	s	0.01～10
19	相间距离Ⅲ段定值	Ω	0.05～125
20	相间距离Ⅲ段时间	s	0.01～10
21	负荷限制电阻定值	Ω	0.05～125
22	正序灵敏角	°	55°～89°
23	零序灵敏角	°	55°～89°
24	接地距离偏移角	°	0°，15°，30°
25	相间距离偏移角	°	0°，15°，30°
26	零序过电流Ⅱ段定值	A	(0.1～20) I_n
27	零序过电流Ⅱ段时间	s	0.01～10
28	零序过电流Ⅲ段定值	A	(0.1～20) I_n
29	零序过电流Ⅲ段时间	s	0.01～10
30	零序过电流加速段	A	(0.1～20) I_n
31	TV断线相过电流定值	A	(0.1～20) I_n
32	TV断线时零序过电流	A	(0.1～20) I_n
33	TV断线时过电流时间	s	0.1～10
34	单相重合闸时间	s	0.1～10
35	三相重合闸时间	s	0.1～10
36	同期合闸角	°	0°～90°
37	线路正序电抗	Ω	0.01～655.35
38	线路正序电阻	Ω	0.01～655.35
39	线路零序电抗	Ω	0.01～655.35
40	线路零序电阻	Ω	0.01～655.35
41	线路正序容抗	Ω	40～6000
42	线路零序容抗	Ω	40～6000
43	本侧电抗器阻抗	Ω	40～60000
44	本侧小电抗阻抗	Ω	40～60000
45	对侧电抗器阻抗	Ω	40～60000
46	对侧小电抗阻抗	Ω	40～60000
47	线路总长度	km	0～655.35
48	线路编号		

续表

序号	定值名称	单位	定值范围
运行方式控制字 SW（n）整定“1”表示投入，“0”表示退出			
1	工频变化量阻抗		0，1
2	投纵联差动		0，1
3	投电容电流补偿		0，1
4	TA 断线闭锁差动		0，1
5	内部时钟		0，1
6	远跳受本侧控制		0，1
7	电压接线路 TV		0，1
8	投振荡闭锁		0，1
9	投Ⅰ段接地距离		0，1
10	投Ⅱ段接地距离		0，1
11	投Ⅲ段接地距离		0，1
12	投Ⅰ段相间距离		0，1
13	投Ⅱ段相间距离		0，1
14	投Ⅲ段相间距离		0，1
15	投负荷限制距离		0，1
16	三重加速Ⅱ段 Z		0，1
17	三重加速Ⅲ段 Z		0，1
18	零序Ⅲ段经方向		0，1
19	零Ⅲ跳闸后加速		0，1
20	投三相跳闸方式		0，1
21	投重合闸		0，1
22	投检同期方式		0，1
23	投检无压方式		0，1
24	投重合闸不检		0，1
25	不对应启动重合		0，1
26	相间距离Ⅱ闭重		0，1
27	接地距离Ⅱ闭重		0，1
28	零Ⅱ段三跳闭重		0，1
29	投选相无效闭重		0，1
30	非全相故障闭重		0，1
31	投多相故障闭重		0，1
32	投三相故障闭重		0，1
33	内重合把手有效		0，1
34	投单重方式		0，1
35	投三重方式		0，1
36	投综重方式		0，1

2. RCS—931BC 保护定值

RCS—931BC 保护定值见表 6-6。

表 6-6　RCS—931BC 保护定值

序号	定值名称	单位	定值范围
1	电流变化量启动值	A	(0.1～0.5) I_n
2	零序启动电流	A	(0.1～0.5) I_n
3	工频变化量阻抗	Ω	0.5～37.5
4	TA 变比系数		0.25～10.00
5	差动电流启动值	A	(0.1～2) I_n
6	TA 断线差流定值	A	(0.1～2) I_n
7	本侧纵联码		0～65535
8	对侧纵联码		0～65535
9	零序补偿系数		0～2
10	振荡闭锁过电流	A	(0.2～2.2) I_n
11	接地距离Ⅰ段定值	Ω	0.05～125
12	接地距离Ⅱ段定值	Ω	0.05～125
13	接地距离Ⅱ段时间	s	0.01～10
14	接地距离Ⅲ段定值	Ω	0.05～125
15	接地距离Ⅲ段时间	s	0.01～10
16	相间距离Ⅰ段定值	Ω	0.05～125
17	相间距离Ⅱ段定值	Ω	0.05～125
18	相间距离Ⅱ段时间	s	0.01～10
19	相间距离Ⅲ段定值	Ω	0.05～125
20	相间距离Ⅲ段时间	s	0.01～10
21	负荷限制电阻定值	Ω	0.05～125
22	正序灵敏角	°	55°～89°
23	零序灵敏角	°	55°～89°
24	接地距离偏移角	°	0°, 15°, 30°
25	相间距离偏移角	°	0°, 15°, 30°
26	零序过电流Ⅰ段定值	A	(0.1～20) I_n
27	零序过电流Ⅱ段定值	A	(0.1～20) I_n
28	零序过电流Ⅱ段时间	s	0.01～10
29	零序过电流Ⅲ段定值	A	(0.1～20) I_n
30	零序过电流Ⅲ段时间	s	0.01～10
31	零序过电流Ⅳ段定值	A	(0.1～20) I_n

续表

序号	定值名称	单位	定值范围
32	零序过电流Ⅳ段时间	s	0.5～10
33	零序过电流加速段	A	(0.1～20) I_n
34	TV断线相过电流定值	A	(0.1～20) I_n
35	TV断线时零序过电流	A	(0.1～20) I_n
36	TV断线时过电流时间	s	0.1～10
37	单相重合闸时间	s	0.1～10
38	三相重合闸时间	s	0.1～10
39	同期合闸角	°	0°～90°
40	线路正序电抗	Ω	0.01～655.35
41	线路正序电阻	Ω	0.01～655.35
42	线路零序电抗	Ω	0.01～655.35
43	线路零序电阻	Ω	0.01～655.35
44	线路正序容抗	Ω	40～6000
45	线路零序容抗	Ω	40～6000
46	本侧电抗器阻抗	Ω	40～60 000
47	本侧小电抗阻抗	Ω	40～60 000
48	对侧电抗器阻抗	Ω	40～60 000
49	对侧小电抗阻抗	Ω	40～60 000
50	线路总长度	km	0～655.35
51	线路编号		
运行方式控制字SW（n）整定“1”表示投入，“0”表示退出			
1	工频变化量阻抗		0，1
2	投纵联差动		0，1
3	投电容电流补偿		0，1
4	TA断线闭锁差动		0，1
5	内部时钟		0，1
6	远跳受本侧控制		0，1
7	电压接线路TV		0，1
8	投振荡闭锁		0，1
9	投Ⅰ段接地距离		0，1
10	投Ⅱ段接地距离		0，1
11	投Ⅲ段接地距离		0，1
12	投Ⅰ段相间距离		0，1
13	投Ⅱ段相间距离		0，1
14	投Ⅲ段相间距离		0，1

续表

序号	定值名称	单位	定值范围
运行方式控制字 SW（n）整定“1”表示投入，“0”表示退出			
15	投负荷限制距离		0，1
16	三重加速Ⅱ段 Z		0，1
17	三重加速Ⅲ段 Z		0，1
18	投Ⅰ段零序过电流		0，1
19	投Ⅱ段零序过电流		0，1
20	投Ⅲ段零序过电流		0，1
21	投Ⅳ段零序过电流		0，1
22	零序Ⅲ段经方向		0，1
23	零序Ⅳ段经方向		0，1
24	零Ⅳ跳闸后加速		0，1
25	投三相跳闸方式		0，1
26	投重合闸		0，1
27	投检同期方式		0，1
28	投检无压方式		0，1
29	投重合闸不检		0，1
30	不对应启动重合		0，1
31	相间距离Ⅱ闭重		0，1
32	接地距离Ⅱ闭重		0，1
33	零Ⅱ段三跳闭重		0，1
34	零Ⅲ段三跳闭重		0，1
35	投选相无效闭重		0，1
36	非全相故障闭重		0，1
37	投多相故障闭重		0，1
38	投三相故障闭重		0，1
39	内重合把手有效		0，1
40	投单重方式		0，1
41	投三重方式		0，1
42	投综重方式		0，1

3. RCS—931AC 保护定值整定说明

（1）电流变化量启动值：按躲过正常负荷电流波动的最大值整定，一般整定为 $0.2I_n$。对于负荷变化剧烈的线路（如电气化铁路、轧钢、炼铝等），可以适当提高定值以免装置频繁启动，定值范围为 $0.1I_n \sim 0.5I_n$；线路两侧建议按一次电流相同整定。

（2）零序启动电流：按躲过最大零序不平衡电流整定，定值范围为 $0.1I_n \sim 0.5I_n$；线路两侧建议按一次电流相同整定。

(3) 工频变化量阻抗：按全线路阻抗的0.8～0.85整定。

(4) TA变比系数：将电流一次额定值大的一侧整定为1，小的一侧整定为本侧电流一次额定值与对侧电流一次额定值的比值。与两侧的电流二次额定值无关。例如：本侧一次电流互感器变比为1250/5，对侧变比为2500/1，则本侧TA变比系数整定为0.5，对侧整定为1.00。

(5) 差动电流启动值：差动保护的最低启动值，按躲最大负荷情况下的最大不平衡电流整定，建议整定一次电流400～700A。若“投电容电流补偿”控制字置0（即不投入电容电流补偿），可将此定值适当放大一点，建议一次电流500～800A。

(6) TA断线差流定值：当TA不闭锁差动保护时，差动保护的动作值。

(7) 本侧纵联码、对侧纵联码：将本侧纵联码在0～65535之间任意整定，注意一条线路两侧保护装置的本侧纵联码不要相同，对侧纵联码整定为对侧保护装置的纵联码。自环试验时将本侧纵联码和对侧纵联码整定为一致。建议一个电网内任意两套保护的纵联码不要重复。

(8) 零序补偿系数：$K=\dfrac{Z_{0L}-Z_{1L}}{3Z_{1L}}$，其中$Z_{0L}$和$Z_{1L}$分别为线路的零序和正序阻抗；建议采用实测值，如无实测值，则将计算值减去0.05作为整定值。

(9) 振荡闭锁过电流元件：按躲过线路最大负荷电流整定。

(10) 接地距离Ⅰ段定值：按全线路阻抗的0.8～0.85倍整定，对于有互感的线路，应适当减小。

(11) 相间距离Ⅰ段定值：按全线路阻抗的0.8～0.9倍整定。

(12) 距离Ⅱ、Ⅲ段的阻抗和时间定值按段间配合的需要整定，对本线末端故障有灵敏度。

(13) 负荷限制电阻定值：按重负荷时的最小测量电阻整定。

(14) 正序灵敏角、零序灵敏角：分别按线路的正序、零序阻抗角整定。

(15) 接地距离偏移角：为扩大测量过渡电阻能力，接地距离Ⅰ、Ⅱ段的特性圆可向第一象限偏移，建议线路长度≥40km时取0°，≥10km时取15°，＜10km时取30°。

(16) 相间距离偏移角：为扩大测量过渡电阻能力，相间距离Ⅰ、Ⅱ段的特性圆可向第一象限偏移，建议线路长度≥10km时取0°，≥2km时取15°，＜2km时取30°。

(17) 零序过电流Ⅱ段定值：应保证线路末端接地故障有足够的灵敏度。

(18) 零序过电流加速段：应保证线路末端接地故障有足够的灵敏度。

(19) TV断线相过电流定值、TV断线时零序过电流：仅在TV断线时自动投入。

(20) 同期合闸角：检同期合闸方式时母线电压对线路电压的允许角度差。

(21) 线路正序电抗、线路正序电阻、线路零序电抗、线路零序电阻：线路全长的参数，用于测距计算。

(22) 线路正序容抗、线路零序容抗：若“投电容电流补偿”控制字投入，正序、零序容抗必须按线路全长的实际参数整定（二次值）。若没有实测值可以参考下面数值。

作为一个参考，每百千米各电压等级架空线路的容抗和电容电流见表6-7。

表 6-7　架空线路的容抗和电容电流

线路电压（V）	正序容抗（Ω）	零序容抗（Ω）	电容电流（A）
220	3700	5260	34
330	2860	4170	66
500	2590	3790	111
750	2242	3322	193

若“投电容电流补偿”控制字没有投入，正序零序容抗可在整定范围内随意整定（也可按正序容抗 $U_N/I_{dst.set}$ 整定，零序容抗 $1.5U_N/I_{dst.set}$ 整定，$I_{dst.set}$ 为差动电流启动值）。

整定时还需注意：零序容抗＞正序容抗。

（23）本侧电抗器阻抗：本变电站侧装设有并联电抗器的阻抗二次值。若本侧没有装设可整定为 60000Ω，若“投电容电流补偿”控制字不投入时可在整定范围内随意整定。

（24）本侧小电抗阻抗：本变电站侧装设有中性点小电抗器的阻抗二次值。若本侧没有装设可整定为 60000Ω，若“投电容电流补偿”控制字不投入时可在整定范围内随意整定。

（25）对侧电抗器阻抗：对侧变电站侧装设有并联电抗器的阻抗二次值。若本侧没有装设可整定为 60000Ω，若“投电容电流补偿”控制字不投入时可在整定范围内随意整定。

（26）对侧小电抗阻抗：对侧变电站侧装设有中性点小电抗器的阻抗二次值。若本侧没有装设可整定为 60000Ω，若“投电容电流补偿”控制字不投入时可在整定范围内随意整定。

（27）线路总长度：按实际线路长度整定，单位为 km，用于测距计算。

（28）线路编号：可整定范围为 0～65535，按实际线路编号整定。整定方式为汉字区位码，可整定为 3 个汉字或 6 个字母（或数字），汉字和字母（或数字）也可混合整定。此定值仅用于报文打印。

（29）对于阻抗定值，即使某一元件不投，仍应按整定原则和配合关系整定，如Ⅲ段阻抗大于Ⅱ段阻抗，Ⅱ段阻抗大于Ⅰ段阻抗，Ⅱ段阻抗对本线末端故障有灵敏度；对于各零序电流定值，均应大于零序启动电流定值，且Ⅱ段零序电流定值大于Ⅲ段零序电流定值；对于启动元件（电流变化量启动和零序电流启动），线路两侧宜按一次电流定值相同折算至二次整定。

4. RCS—931AC 运行方式控制字整定说明

（1）“工频变化量阻抗”：对于短线路如整定阻抗小于 $1/I_N$ Ω 时，可将该控制字置“0”，即将工频变化量阻抗保护退出。

（2）“投纵联差动保护”：运行时将这个控制字置“1”，要将纵联差动保护退出，可通过退出屏上的主保护连接片实现。

（3）“投电容电流补偿”：电容电流不大的线路如 220kV 线路及 500kV 的短线路（80km 以内）可以不投入电容电流补偿；220kV 特别长线路及 500kV 的长线，即使电抗器已经补偿大部分的电容电流，仍建议投入电容电流补偿。**注意：**若投入电容电流补偿功能，则相关的定值如“线路正序容抗”、“线路零序容抗”、“本侧电抗器定值”、“本侧小电抗定值”、“对侧电抗器定值”、“对侧小电抗定值”必须保证整定正确，最好采用实测参数整定。

（4）“TA 断线闭锁差动”：当 TA 发生断线时，若需闭锁差动保护，则将该控制字置为“1”，否则置为“0”。

(5)“内部时钟”：当采用保护装置的内部时钟时置 1，采用外部时钟时置 0。一般建议置 1。

(6)“远跳受本侧控制”：当收到对侧的远跳信号时，若需本侧启动才开放跳闸出口，则需将该控制字置“1”，否则该控制字置“0”。对侧装置远跳回路没有信号接入时，建议本侧装置将该控制字置“1”。

(7)“电压接线路 TV”：当保护测量用的三相电压取自线路侧时（如 3/2 开关情况），该控制字置“1”，取自母线时置“0”。

(8)“投振荡闭锁元件”：当所保护的线路不会发生振荡时，该控制字置“0”，否则置“1”。

(9)“投Ⅰ段接地距离”、“投Ⅱ段接地距离”、“投Ⅲ段接地距离”、“投Ⅰ段相间距离”、“投Ⅱ段相间距离”、“投Ⅲ段相间距离”：分别为三段接地距离和三段相间距离保护的投入控制字，置“1”时相应的距离保护投入，置“0”时退出。

(10)“投负荷限制距离”：当用于长距离重负荷线路时，测量负荷阻抗可能会进入Ⅰ、Ⅱ、Ⅲ段距离继电器时，该控制字置“1”。

(11)“三重加速Ⅱ段距离”、“三重加速Ⅲ段距离”：当三相重合闸不可能出现系统振荡时投入，则三重时分别加速不受振荡闭锁控制的Ⅱ段或Ⅲ段距离保护；若上述控制字均不投（置“0”）则加速受振荡闭锁控制的Ⅱ段距离。

(12)“零序Ⅲ段经方向”：为零序过电流Ⅲ段保护经零序功率方向闭锁投入控制字，置“1”时需经方向闭锁。

(13)“零Ⅲ跳闸后加速”：保护跳闸后是否要把零序过电流Ⅲ段保护时间缩短 500ms，置“1”要缩短 500ms，置“0”不缩短。

(14)“投三相跳闸方式”：为三相跳闸方式投入控制字，置“1”时任何故障三跳，但不闭锁重合闸。

(15)“投重合闸”：为本装置重合闸投入控制字，当重合闸长期不投（如 3/2 开关情况）时置“0”，一般应置“1”，参见重合闸逻辑部分。

(16)“投检同期方式”、“投检无压方式”、“投重合闸不检”：为重合闸方式控制字，重合闸不投时，这些控制字无效；投“检无压方式”时可同时“投检同期方式”。若这三个控制字均投入时，为重合闸不检方式。

(17)“不对应启动重合”：为位置不对应启动重合闸投入控制字，重合闸不投时，该控制字无效。

(18)“相间距离Ⅱ闭重”、“接地距离Ⅱ闭重”：分别为相间距离Ⅱ段、接地距离Ⅱ段保护动作三跳并闭锁重合闸投入控制字。

(19)“零Ⅱ段三跳闭重”：为选择零序方向过电流Ⅱ段动作时直接三跳并闭锁重合闸的控制字，置“0”时，零序方向过电流Ⅱ段动作经选相跳闸。

(20)“投选相无效闭重”：为选相无效三跳时是否闭锁重合闸的控制字，置“1”时选相无效三跳时闭锁重合闸。

(21)“非全相故障闭重”：为非全相运行再故障保护动作时是否闭锁重合闸的控制字。

(22)“投多相故障闭重”、“投三相故障闭重”：分别为多相故障和三相故障闭锁重合闸投入控制字。

（23）当重合闸方式在运行中不会改变时，用整定控制字比由重合闸切换把手经光耦输入更为可靠，另外用整定控制字可实现远方重合闸方式的改变。“内重合把手有效”、“投单重方式”、“投三重方式”、“投综重方式”这4个控制字可完成上述功能；当“内重合把手有效”置“1”时，通过整定相应的控制字确定重合闸方式，而不管外部重合闸切换把手处于什么位置。“内重合把手有效”置“1”，而“投单重方式”、“投三重方式”、“投综重方式”均置“0”时等同于“投重合闸”置“0”，即本装置重合闸退出。当“内重合把手有效”置“0”，则重合闸方式由切换把手确定，后面的3个控制字均无效。

5. RCS—931BC 保护定值和运行方式控制字整定说明

因 RCS—931BC 与 RCS—931AC 相比仅增加了两段零序方向过流保护，这里仅说明不同部分。

（1）“投Ⅰ段零序过电流”、“投Ⅱ段零序过电流”、“投Ⅲ段零序过电流”、“投Ⅳ段零序过电流”：分别为四段零序过电流保护的投入控制字，置“1”时相应的零序保护投入，置“0”时退出现。

（2）“零序Ⅲ段经方向”、“零序Ⅳ段经方向”：为零序过电流Ⅲ、Ⅳ段保护经零序功率方向闭锁投入控制字，置“1”时需经方向闭锁。

（3）“零Ⅳ跳闸后加速”：为保护跳闸后是否要把零序过电流Ⅳ段保护时间缩短500ms，置“1”要缩短500ms，置“0”不缩短。

（4）“零Ⅱ段三跳闭重”、“零Ⅲ段三跳闭重”：为选择零序方向过电流Ⅱ、Ⅲ段动作时直接三跳并闭锁重合闸的控制字，置“0”时，零序方向过电流Ⅱ、Ⅲ段动作经选相跳闸。

第五节　高压输电线路微机保护装置检验

一、装置检验前的检查

开始调试前应对保护屏及装置进行检查，保护装置外观应良好，插件齐全，端子排及连接片无松动。对直流回路、交流电压、交流电流回路进行绝缘检查时，必须断开保护装置直流电源，拔出所有逻辑插件。合上直流电源对装置进行上电检查，核对程序版本应与现场要求符合，定值能正确整定。

二、零漂、采样值及开关量检查

1. 零漂检查

在端子排内短接电压回路及断开电流回路，进入“保护状态”→“DSP 采样值”菜单查看电压、电流零漂值，要求$-0.01I_n<I<0.01I_n$，$-0.01U_n<U<0.01U_n$。

2. 采样精度试验

在装置端子排加入交流电压、电流，进入“保护状态”→“DSP 采样值”“CPU 采样值”“相间显示”菜单查看装置显示的采样值，显示值与实测的误差应不大于5%。

3. 开入量检查

进入“保护状态”→“开入显示”菜单查看各个开入量状态，投退各个功能连接片和开入量，装置能正确显示当前状态，同时有详细的变位报告。

4. 开出量检查

模拟各种情况使各个输出触点动作，在相应的端子排能测量到输出触点正确动作。

三、保护定值校验

将光端机（在CPU插件上）的接收“Rx”和发送“Tx”用尾纤短接，构成自发自收方式，将本侧纵联码和对侧纵联码整定成一致，将“投纵联差动”、“内部时钟”、“投重合闸”、“投重合闸不检”、“内重合把手有效”、“单重方式”控制字均置1，将“投电容电流补偿”控制字置0，通道异常灯不亮。校验保护定值时需投入相应保护的功能连接片。

1. 纵联差动保护定值校验

（1）差动电流启动值（差动保护Ⅱ段）校验。模拟对称或不对称故障（所加入的故障电流必须保证装置能启动），使故障电流为

$$I = m \times 0.5 \times I_{dst.set} \tag{6-29}$$

式中：$I_{dst.set}$为差动电流启动值；当$m=0.95$时差动保护应不动作，$m=1.05$时差动保护能动作，在$m=1.2$时测试差动保护的动作时间应为40ms左右。

（2）差动保护Ⅰ段试验。模拟对称或不对称故障（所加入的故障电流必须保证装置能启动），使故障电流为

$$I = m \times 0.5 \times 1.5 I_{dst.set} \tag{6-30}$$

当$m=0.95$时差动保护Ⅱ段动作，动作时间为40ms左右；$m=1.05$时差动保护Ⅰ段能动作，在$m=1.2$时测试差动保护Ⅰ段的动作时间应为20ms左右。

2. 距离保护定值校验

（1）投入距离保护连接片，重合把手切换至“综重方式”。将保护控制字中“投Ⅰ段距离”、“投Ⅰ段相间距离”置1，等待保护充电，直至充电灯亮。

（2）加故障电流$I=I_N$，故障电压$U=m \times I \times Z_{set1\Phi\Phi}$（$Z_{set1\Phi\Phi}$为相间距离Ⅰ段阻抗定值$\Phi\Phi$=AB，BC，CA），模拟三相正方向瞬时故障。

$m=0.95$时距离保护Ⅰ段应动作，装置面板上相应灯亮，液晶上显示“距离Ⅰ段动作”，动作时间为10～25ms，动作相为“ABC”。

$m=1.05$时距离保护Ⅰ段不能动作。

$m=1.2$时测试距离保护Ⅰ段的动作时间。

（3）加故障电流$I=I_N$，故障电压$U = m \times (1+k) \times I \times Z_{set1\Phi}$（$Z_{set1\Phi}$）为接地距离Ⅰ段阻抗定值，$k$为零序补偿系数，模拟正方向单相接地瞬时故障，$m=0.95$时距离保护Ⅰ段应动作，装置面板上相应灯亮，液晶上显示“距离Ⅰ段动作”，动作时间为10～25ms，动作相为故障相。$m=1.05$时距离保护Ⅰ段不能动作，在$m=1.2$时测试距离保护Ⅰ段的动作时间。

（4）校验距离Ⅱ、Ⅲ段同上类似，注意所加故障量的时间应大于保护定值整定的时间。

（5）加故障电流$4I_N$，故障电压0V，分别模拟单相接地、两相和三相反方向故障，距离保护不动作。

3. 零序保护定值校验

（1）仅投入零序保护连接片，重合把手切换至“综重方式”。将相应的保护控制字投入，等待保护充电，直至充电灯亮。

（2）加故障电压30V，故障电流$1.05 \times I_{01set}$（其中I_{01set}为零序过电流Ⅰ段定值），模拟单相正方向故障，装置面板上相应灯亮，液晶上显示“零序过电流Ⅰ段”。

（3）加故障电压30V，故障电流$0.95 \times I_{01set}$，模拟单相正方向故障，零序过电流Ⅰ段保护不动。

(4) 校验Ⅱ、Ⅲ、Ⅳ段零序过电流保护同上类似，注意加故障量的时间应大于保护定值整定的时间。

4. 工频变化量距离定值校验

投入距离保护连接片，分别模拟A相、B相、C相单相接地瞬时故障和AB、BC、CA相间瞬时故障。模拟故障电流固定（其数值应使模拟故障电压在$0\sim U_N$范围内），模拟故障前电压为额定电压，模拟故障时间为100～150ms，故障电压为

模拟单相接地故障时 $$U=(1+k)IDZ_{set}+(1-1.05m)U_N \tag{6-31}$$

模拟相间短路故障时 $$U=2IDZ_{set}+(1-1.05m)\times\sqrt{3}U_N \tag{6-32}$$

式中：m为系数，其值分别为0.9、1.1及1.2；DZ_{set}为工频变化量距离保护定值。

工频变化量距离保护在$m=1.1$时，应可靠动作；在$m=0.9$时，应可靠不动作；在$m=1.2$时，测量工频变化量距离保护动作时间。

5. TV断线相过电流，零序过电流定值校验

(1) 仅投入距离保护连接片，使装置报"TV断线"告警，加故障电流

$$I=m\times I_{TVdx1} \tag{6-33}$$

式中：I_{TVdx1}为TV断线相过电流定值。$m=1.05$时TV断线相过电流动作；$m=0.95$时TV断线相过电流不动作，$m=1.2$时测试TV断线相过电流的动作时间。

(2) 仅投入零序保护连接片，使装置报"TV断线"告警，加故障电流

$$I=m\times I_{TVdx2} \tag{6-34}$$

式中：I_{TVdx2}为TV断线零序过电流定值。$m=1.05$时TV断线零序过电流动作，$m=0.95$时TV断线零序过电流不动作，$m=1.2$时测试TV断线零序过电流的动作时间。

四、光纤通道联调

将保护使用的光纤通道连接可靠，通道调试好后装置面板上"通道异常灯"应不亮，没有"通道异常"告警，TDGJ触点不动作。

1. 对侧电流及差流检查

(1) 将两侧保护装置的"TA变比系数"定值整定为1，在对侧加入三相对称的电流，大小为I_N，在"本侧保护状态"→"DSP采样值"菜单中查看对侧的三相电流、三相补偿后差动电流及未经补偿的差动电流应该为I_N。

(2) 若两侧保护装置"TA变比系数"定值整定不全为1，对侧的三相电流和差动电流还要进行相应折算。假设M侧保护的"TA变比系数"定值整定为k_m，二次额定电流为I_{Nm}，N侧保护的"TA变比系数"定值整定为k_n，二次额定电流为I_{Nn}，在M侧加电流I_m，N侧显示的对侧电流为$I_m\times k_m\times I_{Nn}/(I_{Nm}\times k_n)$，若在N侧加电流$I_n$，则M侧显示的对侧电流为$I_n\times k_n\times I_{Nm}/(I_{nn}\times k_m)$。若两侧同时加电流，必须保证两侧电流相位的参考点一致。

2. 两侧装置纵联差动保护功能联调

(1) 模拟线路空冲时故障或空载时发生故障：N侧开关在分闸位置（注意保护开入量显示有跳闸位置开入，且将相关差动保护连接片投入），M侧开关在合闸位置，在M侧模拟各种故障，故障电流大于差动保护定值，M侧差动保护动作，N侧不动作。

(2) 模拟弱馈功能：N侧开关在合闸位置，主保护压板投入，加正常的三相电压34V（小于$65\%U_N$但是大于TV断线的告警电压33V），装置没有"TV断线"告警信号，M侧

开关在合闸位置，在M侧模拟各种故障，故障电流大于差动保护定值，M、N侧差动保护均动作跳闸。

（3）远方跳闸功能：使M侧开关在合闸位置，“远跳受本侧控制”控制字置0，在N侧使保护装置有远跳开入，M侧保护能远方跳闸。在M侧将“远跳受本侧控制”控制字置1，在N侧使保护装置有远跳开入的同时，在M侧使装置启动，M侧保护能远方跳闸。

五、通道测试

1. 通道良好的判断

（1）装置没有“通道异常”告警，装置面板上“通道异常灯”不亮，TDGJ接点不闭合。

（2）“保护状态”→“通道状态”中有关通道状态统计的计数应恒定不变化（长时间可能会有小的增加，以每天增加不超过10个为宜）。

必须满足以上两个条件才能判定保护装置所使用的通道通信良好，可以将差动保护投入运行。

2. 通道调试前的准备工作

（1）调试前首先要检查光纤头是否清洁；光纤连接时，一定要注意检查FC连接头上的凸台和珐琅盘上的缺口对齐，然后旋紧FC连接头。当连接不可靠或光纤头不清洁时，仍能收到对侧数据，但收信裕度大大降低，当系统扰动或操作时，会导致通道异常，故必须严格校验光纤连接的可靠性。

（2）保护使用的通道中有通道接口设备，应保证通道接口装置接地良好。通信机房的接地网应与保护设备的接地网物理上完全分开。

3. 专用光纤通道的调试

（1）用光功率计和尾纤，检查保护装置的发光功率是否和通道插件上的标称值一致，单模插件波长为1310nm的发信功率在－14dBm左右，多模插件波长为820nm的发信功率在－15dBm左右。

（2）用光功率计检查由对侧来的光纤收信功率，校验收信裕度，单模插件波长为1310nm的接收灵敏度为－38dBm；多模插件波长为820nm的接收灵敏度为－24dBm；应保证收信功率裕度（功率裕度＝收信功率－接收灵敏度）在6dB以上，最好要有10dB。

（3）分别用尾纤将两侧保护装置的光收、发自环，将“本侧纵联码”和“对侧纵联码”整定为一致，将相关通道的“内部时钟”控制字置1，经一段时间的观察，保护装置不能有“通道异常”告警信号，同时通道状态中的各个状态计数器均维持不变。

（4）恢复正常运行时的定值，将通道恢复到正常运行时的连接，投入差动连接片，保护装置通道异常灯应不亮，无通道异常信号，通道状态中的各个状态计数器维持不变。

4. 复用通道的调试

（1）检查两侧保护装置的发光功率和接收功率，校验收信裕度，方法同专用光纤。

（2）分别用尾纤将两侧保护装置的光收、发自环，将“专用光纤”、“通道自环试验”控制字置1，经一段时间的观察，保护装置不能有通道异常告警信号，同时通道状态中的各个状态计数器均维持不变。

（3）两侧正常连接保护装置和数字复用器之间的光缆，检查数字复用器装置的光发送功率、光接收功率是否能满足保护装置的要求。

复习思考题六

针对RCS—931A（B）型高压线路保护装置，完成以下问题。

1. 装置具有的继电保护功能分别是什么？
2. 装置总启动元件有哪些？
3. 装置的主保护有哪些元件？其动作方程是什么？
4. 装置的后备保护有哪些元件？其动作方程是什么？
5. 装置采用哪些选相元件进行选相？
6. 装置的重合闸有哪些工作方式？其工作方式由什么决定？
7. 装置通常包含有哪些插件？各插件的主要作用及其相互之间的联系是什么？
8. 装置调试前应做哪些检查？
9. 装置零漂及采样值精度检查的要求值是什么？
10. 保护定值校验时主要校验哪些定值？
11. 光纤通道联调主要包括什么？

技能训练六

针对RCS—931A（B）型高压线路保护装置，完成以下工作。

任务1：完成RCS—931A（B）型保护装置测试记录的初步设计。

任务2：完成RCS—931A（B）型保护装置调试前的检查。

任务3：完成RCS—931A（B）型保护装置零漂、采样值及开关量的检查。

任务4：完成RCS—931A（B）型保护装置保护定值的校验。

任务5：完成RCS—931A（B）型保护装置光纤通道的联调。

任务6：写出“模拟线路光纤纵差保护AB相间故障，校验差动保护Ⅰ段定值”的工作项目名称及质量要求。

第七章　电力变压器微机保护装置及检验

教学目的

掌握电力变压器微机保护装置的功能配置及其硬件构成，熟悉电力变压器微机保护装置的工作原理、检验项目，基本掌握电力变压器微机保护装置常用检验手段及方法。

教学目标

能够说明电力变压器微机保护装置的功能配置、硬件构成、工作原理、检验项目；能够初步完成电力变压器微机保护装置的检验。

第一节　电力变压器微机保护装置概述

电力变压器是电力系统中十分重要的供电元件，它的故障将对供电可靠性和系统的正常运行带来严重的影响。近年来，随着新技术、新原理在电力系统的应用，多数生产厂家生产出了多种型号的电力变压器微机保护装置，应用于不同结构、不同容量的电力变压器。本章针对 RCS—978 系列数字式电力变压器微机保护装置，从装置功能、硬件构成、工作原理及检验方法等方面进行介绍。

一、装置总体功能

RCS—978 系列数字式电力变压器微机保护装置具有双套主保护、双套后备保护，可用于 500kV 及以下电压等级多种接线方式的电力变压器保护。RCS—978 系列数字式电力变压器保护装置具有保护功能、异常告警功能、通信功能、事件记录及主变压器录波器等功能，其保护配置情况见表 7-1。各功能分述如下。

保护功能有主保护和后备保护两项。主保护主要有：稳态比率差动、差动速断、工频变化量比率差动、零序比率差动/分侧比率差动；后备保护通常有：过励磁保护（定、反时限）、相间阻抗与接地阻抗、复合电压闭锁方向过电流、零序方向过电流、零序过电压及间隙零序过电流等。

异常告警功能主要包括以下功能：过负荷报警、启动冷却器、过载闭锁有载调压、零序电压报警、公共绕组零序电流报警、过励磁报警、差流异常报警、零序差流异常报警、差动回路 TA 断线、TA 异常报警及 TV 异常报警等。

通信功能是指 RCS—978 系列电力变压器保护装置具有四个与内部其他部分电气隔离的 RS-485 通信口，一个同步时钟接口，一个调试通信接口和打印机接口。通信规约采用电力行业标准 DL/T 667—1999（idt IEC 60870-5-103）。

事件记录及主变压器录波器功能是指 RCS—978 系列电力变压器保护装置可记录 32 次故障及动作时序，8 次故障波形，32 次开关量变位及 32 次自检结果。故障录波与保护在硬件上完全独立，功能互不影响。

表 7-1　**RCS—978C 保护配置情况**

	保护类型	段数	每段时限数	备　注
主保护	差动速断	—	—	
	比例差动	—	—	
	工频变化量比例差动	—	—	
	零序比例差动	—	—	
高压侧（Ⅰ侧）	相间阻抗	2	3/Ⅰ，2/Ⅱ	正向、反向阻抗可整定，可经过振荡闭锁
	过电流	1	2	
	阻抗退出过电流	1	1	由 TV 断线引起的阻抗退出后投入（可选）
	零序过电流	3	3/Ⅰ，2/Ⅱ，2/Ⅲ	Ⅰ、Ⅱ段可经方向和二次谐波闭锁
	过励磁	2	1	具有反时限过励磁功能，表中为定时限段数
	过负荷	1	1	
	启动冷却器	1	1	
	过励磁报警	1	1	具有反时限过励磁报警功能，表中为定时限段数
中压侧（Ⅱ侧）	相间阻抗	2	3/Ⅰ，2/Ⅱ	正向、反向阻抗可整定，可经过振荡闭锁
	过电流	1	2	
	阻抗退出过电流	1	1	由 TV 断线引起的阻抗退出后投入（可选）
	零序过电流	3	3/Ⅰ，2/Ⅱ，2/Ⅲ	Ⅰ、Ⅱ段可经方向和二次谐波闭锁
	过励磁	2	1	具有反时限过励磁功能，表中为定时限段数
	过负荷	1	1	
	启动冷却器	1	1	
	过励磁报警	1	1	具有反时限过励磁报警功能，表中为定时限段数
低压侧（Ⅲ侧）	过电流	2	2/Ⅰ，1/Ⅱ	可经过复合电压闭锁
	零序过电压	1	1	
	零序过电压	1	1	
低压绕组	过电流	1	2	可经过复合电压闭锁
	过负荷	1	1	
公共绕组	零序过电流	1	1	可经过二次谐波闭锁
	过负荷	1	1	
	启动冷却器	1	1	

二、装置硬件原理

RCS—978 系列电力变压器微机保护装置硬件采用整面板背插件结构。装置面板上布置有液晶显示窗口、键盘、信号灯、复归按钮及通信接口等元器件。装置通常由多个插件组成，整个装置的硬件结构如图 7-1 所示。

RCS—978 系列电力变压器微机保护装置的工作过程是：电流、电压首先转换成小电压信号，分别进入 CPU 板和管理板，经过滤波、AD 转换后，进入 DSP1 和 DSP2。DSP1 进行后备保护的运算，DSP2 进行主保护的运算，两者将运算结果传给 32 位 CPU。CPU 进行保护的逻辑运算及出口跳闸，同时完成事件记录、录波、打印、保护部分的后台通信及与人机 CPU 通信。管理板工作过程类似，只是 32 位 CPU 判断保护启动后，只开放出口继电器正电源。另外，管理板还进行主变压器故障录波，录波数据可通过通信口输出或打印输出。

电源部分由一块电源插件构成，其功能是：①将 220V 或 110V 直流变换成装置内部需要的电压；②开关量输入功能，即开关量输入经 220/110V 光耦输入。

模拟量转换部分由 2～3 块 AC 插件构成，功能是将 TV 或 TA 二次侧电气量转换成小电压信号，交流插件中的电流变换器按额定电流可分为 1A 和 5A 两种，投运前注意检查。

CPU 板和管理板是完全相同的两块插件，完成滤波、采样、保护的运算或启动功能。

保护装置的出口和开入部分由 3 块开入开出插件构成，完成跳闸出口、信号出口、开关量输入功能，开关量输入经 24V 光耦输入。

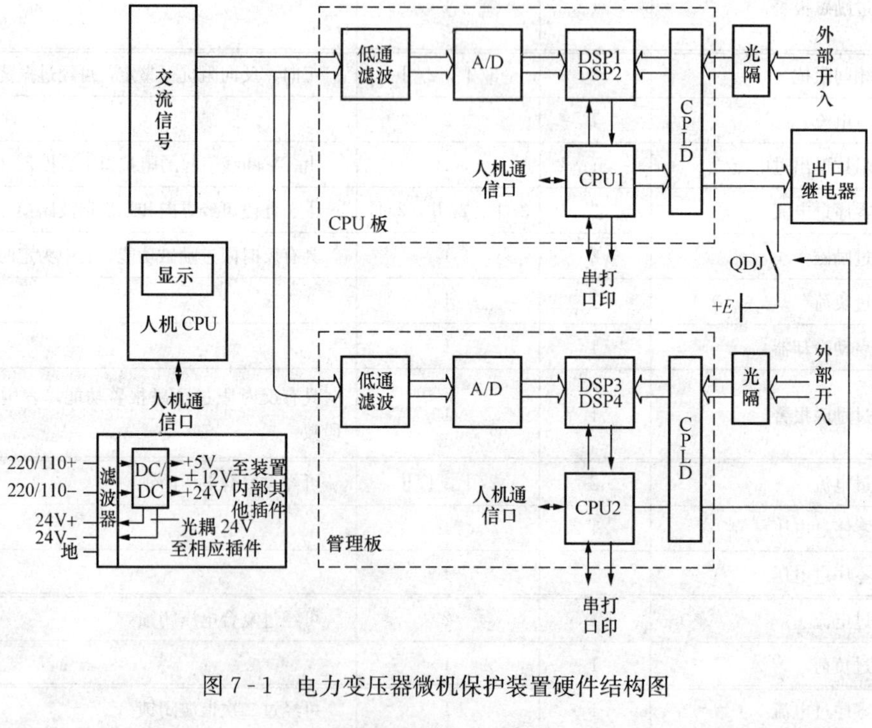

图 7-1　电力变压器微机保护装置硬件结构图

第二节　电力变压器微机保护装置工作原理

一、电力变压器微机保护装置的启动

RCS—978 系列电力变压器微机保护装置的启动元件包含管理板总启动元件及 CPU 板

启动元件两部分。其中，管理板启动元件启动后开放出口正电源；CPU 板的启动元件启动后进入故障计算程序。只有在管理板启动元件动作，同时 CPU 板对应的保护元件动作后装置才能跳闸出口。管理板的启动元件未动作，而 CPU 板对应的保护元件动作时，装置只能报警，不能出口跳闸。

管理板和 CPU 板的启动元件的启动方式通常有稳态差流启动、工频变化量差流启动、零序比率差动启动/分侧差动启动（自耦变）、相电流启动、零序电流启动、零序电压启动、间隙零序电流启动、工频变化量相间电流启动、负序电流启动等。

1. 稳态差流启动

稳态差流启动元件主要用来开放稳态比率差动保护和差动速断保护。其动作方程为

$$|I_{dmax}| > I_{dst.set} \tag{7-1}$$

即：三相差动电流最大值 $|I_{dmax}|$ 大于差动电流启动整定值 $I_{dst.set}$ 时，启动元件动作。

2. 工频变化量差流启动

工频变化量差流启动元件用来开放工频变化量比率差动保护。其动作判据为

$$\begin{aligned} \Delta I_d &> 1.25\Delta I_{dt} + I_{dth} \\ \Delta I_d &= |\Delta \dot{I}_1 + \Delta \dot{I}_2 + \cdots + \Delta \dot{I}_m| \end{aligned} \tag{7-2}$$

式中：ΔI_{dt} 为浮动门槛，随着变化量输出增大而逐步自动提高，取 1.25 倍可保证门槛电压始终略高于不平衡输出。$\Delta \dot{I}_1 \sim \Delta \dot{I}_m$ 分别为变压器各侧电流的工频变化量；ΔI_d 为差流的半周积分值；I_{dth} 为固定门槛。

3. 零序比率差动启动/分侧差动启动（自耦变）

零序比率差动启动/分侧差动启动元件主要应用于自耦变压器，用来开放零序或分侧比率差动保护。当零序差动电流大于零差电流启动整定值时或分侧差动三相差流的最大值大于分侧差动电流启动整定值时，该启动元件动作。

4. 相电流启动

相电流启动元件用来开放相应侧的过电流保护。当三相电流最大值大于整定值时，该元件动作。

5. 零序电流启动

零序电流启动元件用来开放相应侧的零序过电流保护，当零序电流大于整定值时动作。

6. 零序电压启动

零序电压启动元件用来开放相应侧的零序过电压保护，当开口三角零序电压大于整定值时该元件动作。

7. 间隙零序电流启动

间隙零序电流启动元件用来开放相应侧的间隙零序过电流保护，当间隙零序电流大于整定值时动作。

8. 工频变化量相间电流启动

工频变化量相间电流启动元件用来开放相应侧的阻抗保护。该元件的动作方程为

$$\Delta I > 1.25\Delta I_t + I_{th} \tag{7-3}$$

式中：ΔI_t 为浮动门槛，随着变化量输出增大而逐步自动提高，取 1.25 倍可保证门槛电压始终略高于不平衡输出；ΔI 为相间电流的半周积分值；I_{th} 为固定门槛。启动定值为 $0.2I_N$，

无需用户整定。

9. 负序电流启动

负序电流启动元件用来开放相应侧的阻抗保护；当负序电流大于 $0.2I_N$ 时动作。

二、励磁涌流判别原理

1. 利用谐波识别励磁涌流

RCS—978 系列变压器成套保护装置采用三相差动电流中二次谐波、三次谐波的含量来识别励磁涌流，当三相中某一相被判别为励磁涌流时，只闭锁该相比率差动元件。

判别方程为

$$\begin{cases}I_{2nd} > k_{2xb} I_{1st} \\ I_{3rd} > k_{3xb} I_{1st}\end{cases} \tag{7-4}$$

式中：I_{2nd}、I_{3rd}分别为每相差动电流中的二次谐波和三次谐波；I_{1st}为对应相的差流基波；k_{2xb}、k_{3xb}分别为二次谐波和三次谐波制动系数整定值，通常推荐 k_{2xb}整定为 0.15，k_{3xb}整定为 0.2。

2. 利用波形畸变识别励磁涌流

由于变压器励磁涌流含有大量的谐波分量，使各侧差流波形发生间断、不对称等畸变的特点，因此利用算法识别出这种畸变，即可识别出励磁涌流。动作方程为

$$\begin{cases}S > k_b S_+ \\ S > S_t\end{cases} \tag{7-5}$$

式中：S 是差动电流的全周积分值；S_+ 是“差动电流的瞬时值＋差动电流半周前的瞬时值”的全周积分值；k_b 是某一固定常数；S_t 是门槛定值。S_t 的表达式为

$$S_t = \alpha I_d + 0.1 I_N \tag{7-6}$$

式中：I_d 是差电流的全周积分值；α 是某一比例常数。

当三相中的某一相不满足以上方程时，被判别为励磁涌流，只闭锁该相比率差动元件。

三、TA 饱和识别

为防止在变压器区外故障等状态下 TA 的暂态与稳态饱和引起的稳态比率差动保护误动作，装置利用二次电流中的二次和三次谐波含量来判别 TA 是否饱和，所用的表达式为

$$\begin{cases}I_2 > k_{2xb} I_1 \\ I_3 > k_{3xb} I_1\end{cases} \tag{7-7}$$

式中：I_2为电流中的二次谐波；I_3为电流中的三次谐波；I_1为电流中的基波；k_{2xb}和 k_{3xb}为某一比例常数。

当与某相差动回路有关的电流满足以上表达式，即认为此相差流为 TA 饱和引起时，闭锁稳态比率差动保护。此判据在变压器处于运行状态时才投入。

四、差动速断保护

当任一相差动电流大于差动速断整定值时，瞬时动作跳开变压器各侧断路器。

五、过励磁保护

由于在变压器过励磁时，变压器励磁电流激增，可能引起差动保护误动作，因此应判断出过励磁状态，闭锁差动保护。变压器保护装置采用差电流中五次谐波的含量作为过励磁的判断。其判据为

$$I_{5th} > k_{5xb} \times I_{1st} \tag{7-8}$$

式中：I_{1st}、I_{5th}分别为每相差动电流中的基波和五次谐波；k_{5xb}为五次谐波制动系数。

六、稳态比率差动保护

1. 动作特性

稳态比例差动保护用来区分差流是由于内部故障还是不平衡输出（特别是外部故障时）引起。其动作方程为

$$\begin{cases} I_d > 0.2I_{res} + I_{CDst.set} & I_{res} \leqslant 0.5I_N \\ I_d > k_{bl}[I_{res} - 0.5I_N] + 0.1I_N + I_{CDst.set} & 0.5I_N \leqslant I_{res} \leqslant 6I_N \\ I_d > 0.75[I_{res} - 6I_N] + k_{bl}[5.5I_N] + 0.1I_N + I_{CDst.set} & I_{res} > 6I_N \\ I_{res} = \dfrac{1}{2}\sum_{i=1}^{m} |I_i| \\ I_d = \left|\sum_{i=1}^{m} I_i\right| \end{cases} \tag{7-9}$$

$$\begin{cases} I_d > 0.6[I_{res} - 1.6I_N] + 1.2I_N \\ I_{res} > 1.6I_N \end{cases} \tag{7-10}$$

式中：I_N 为变压器额定电流；$I_1 \sim I_m$ 分别为变压器各侧电流；$I_{CDst.set}$为稳态比率差动启动定值；I_d 为差动电流；I_{res}为制动电流；k_{bl}为比率制动系数整定值（$0.2 \leqslant k_{bl} \leqslant 0.75$），推荐整定为 $k_{bl}=0.5$。

稳态比率差动保护按相判别，满足以上条件时动作。其动作特性如图 7－2 所示。

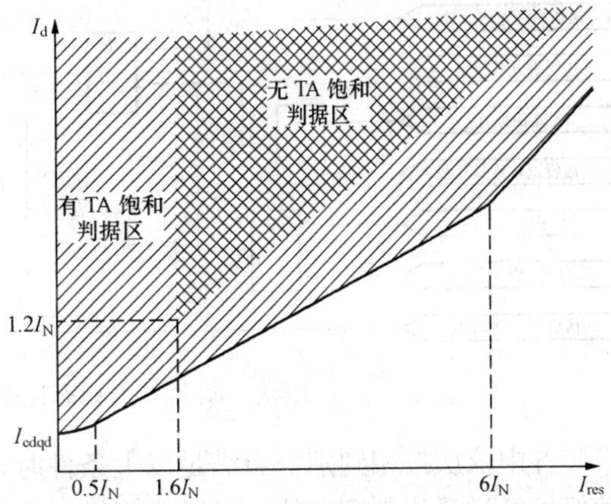

图 7－2　稳态比率差动保护的动作特性

2. 稳态比率差动的动作逻辑

稳态比率差动的动作逻辑框图如图 7－3所示。

七、工频变化量比率差动

RCS—978 系列变压器保护装置工频变化量比率差动保护的动作方程为

$$\begin{cases} \Delta I_d > 1.25 \times \Delta I_{dt} + I_{dth} \\ \Delta I_d > 0.6 \times \Delta I_{res} & \Delta I_{res} < 2I_N \\ \Delta I_d > 0.75 \times \Delta I_r - 0.3 \times I_e & \Delta I_r > 2I_N \end{cases} \tag{7-11}$$

$$\Delta I_{res} = \max\{|\Delta I_1| + |\Delta I_2| + \cdots + |\Delta I_m|\}$$

$$\Delta I_d = |\Delta \dot{I}_1 + \Delta \dot{I}_2 + \cdots + \Delta \dot{I}_m|$$

式中：ΔI_{dt}为浮动门槛，随着变化量输出增大而逐步自动提高，取 1.25 倍可保证门槛电压始终略高于不平衡输出，保证在系统振荡或频率偏移情况下，保护不误动；$\Delta \dot{I}_1 \sim \Delta \dot{I}_m$ 分别为变压器各侧电流的工频变化量；$\Delta \dot{I}_d$ 为差动电流的工频变化量；I_{dth}为固定门槛；ΔI_{res}为制动电流的工频变化量，取最大相制动。

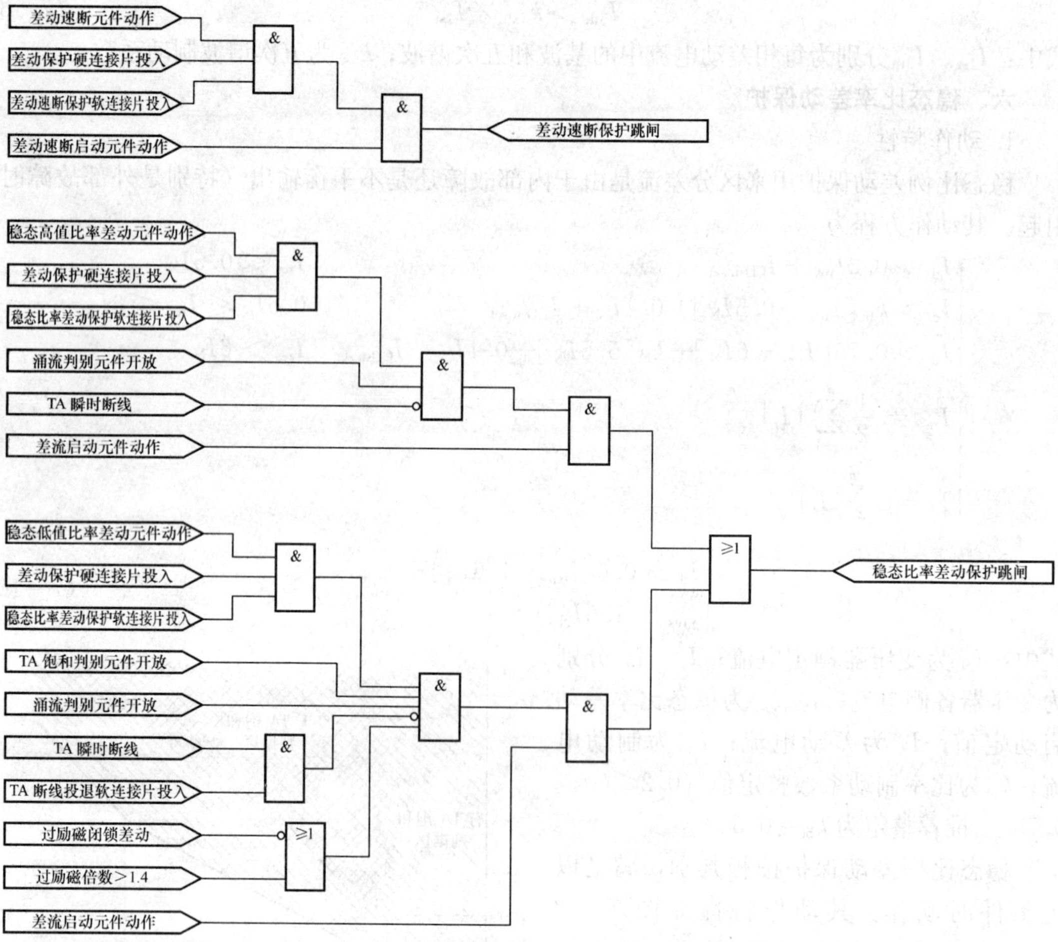

图 7 - 3 稳态比率差动的逻辑框图

装置中依次按相判别，当满足以上条件时，工频变化量比率差动动作。工频变化量比率差动保护经过涌流判别元件、过励磁闭锁元件闭锁后出口。

由于工频变化量比率差动的制动系数可取较高的数值，其本身的特性抗区外故障时 TA 的暂态和稳态饱和能力较强，因此，工频变化量比率差动元件提高了装置在变压器正常运行时，内部发生轻微匝间故障的灵敏度。工频变化量比率差动保护的动作特性如图 7 - 4所示，逻辑框图如图 7 - 5 所示。

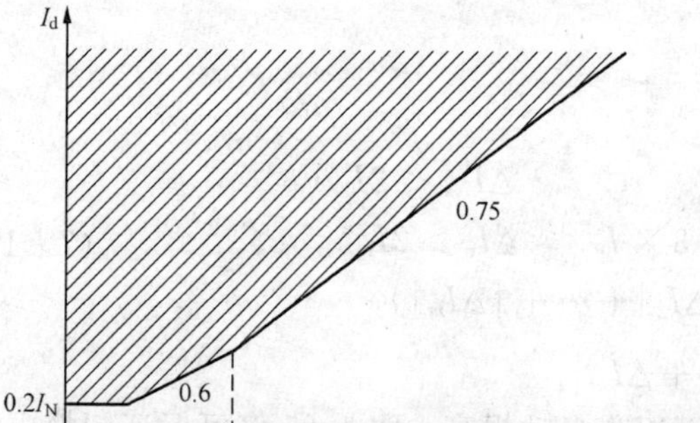

图 7 - 4 工频变化量比率差动保护的动作特性

八、零序比率差动保护与分侧比率差动保护

1. 零序比率差动原理

零序比率差动保护主要应用于自耦变压器，其动作特性如图7 - 6所示。

其动作方程为

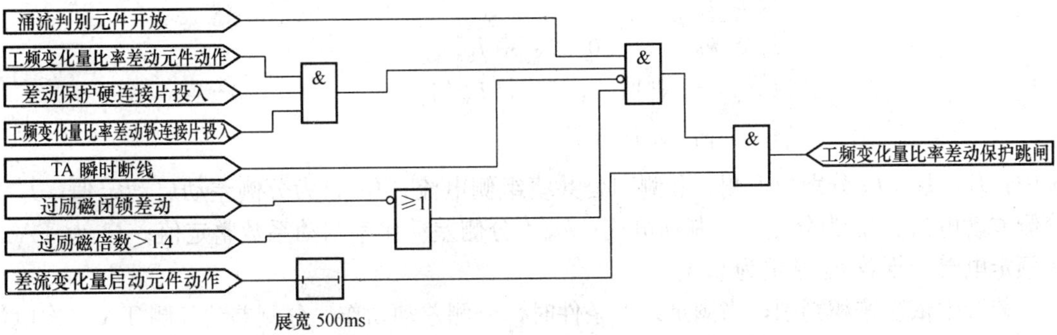

图 7 - 5 工频变化量比率差动的逻辑框图

$$\begin{cases} I_{0d} > I_{0dst.set} & I_{0res} \leqslant 0.5I_N \\ I_{0d} > k_{0bl}[I_{0res} - 0.5I_N] + I_{0dst.set} \\ I_{0res} = \max\{|I_{01}|, |I_{02}|, |I_{0cw}|\} \\ I_{0d} = |\dot{I}_{01} + \dot{I}_{02} + \dot{I}_{0cw}| \end{cases} \quad (7-12)$$

式中：I_{01}、I_{02}、I_{0cw}分别为Ⅰ侧、Ⅱ侧和公共绕组侧零序电流；$I_{0dst.set}$为零序比率差动启动定值；I_{0d}为零序差动电流；I_{0res}为零序差动制动电流；k_{0bl}为零序差动比率制动系数整定值；I_N 为 TA 二次额定电流。推荐 k_{0bl}整定为 0.5。

当满足以上条件时，零序比率差动动作。零差各侧零序电流通过装置自产得到，这样可避免各侧零序 TA 极性校验问题。

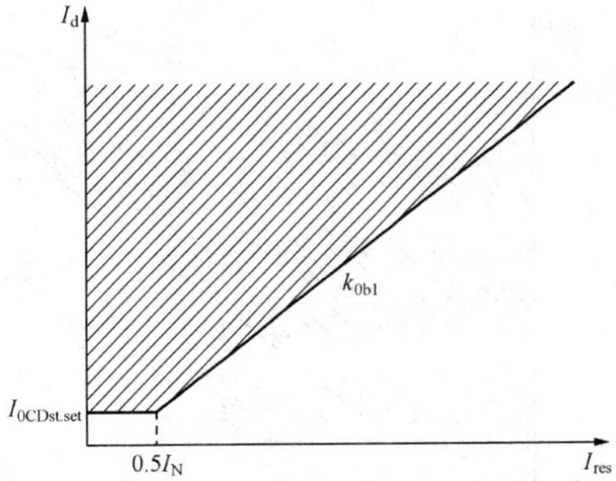

图 7 - 6 零序比率差动保护的动作特性

若零序比率差动启动定值 $I_{0dst.set} > 0.5I_N$，则其拐点电流自动设定为 I_N，即动作方程为

$$\begin{cases} I_{0d} > I_{0dst.set} & I_{0res} \leqslant I_N \\ I_{0d} > k_{0bl}[I_{0res} - I_N] + I_{0dst.set} \\ I_{0res} = \max\{|I_{01}|, |I_{02}|, |I_{0cw}|\} \\ I_{0d} = |\dot{I}_{01} + \dot{I}_{02} + \dot{I}_{0cw}| \end{cases} \quad (7-13)$$

2. 避免 TA 暂态特性不同导致的零序比率差动误动

为避免由于 TA 暂态特性差异和 TA 饱和造成的区外三相短路故障时的“错误的差动回路零序电流”对零序比率差动的影响，装置采用正序电流制动的闭锁判据和 TA 饱和判据来避免。正序电流制动的原理是，零差各侧的零序电流大于其正序电流的 β_0 倍时，认为零序电流由故障造成。其表达式为

$$I_0 > \beta_0 I_1 \quad (7-14)$$

式中：I_0 为某侧的零序电流；I_1 为对应侧的正序电流；β_0 是某一比例常数。

3. 分侧差动保护

分侧差动保护主要应用于自耦变压器，其动作特性如图 7 - 7 所示，动作方程为

$$\begin{cases} I_{d} > I_{fdst.set} & I_{res} \leqslant 0.5I_{N} \\ I_{d} > k_{fbl}[I_{res} - 0.5I_{N}] + I_{fdst.set} \\ I_{res} = \max\{|I_{1}|, |I_{2}|, |I_{cw}|\} \\ I_{d} = |\dot{I}_{1} + \dot{I}_{2} + \dot{I}_{cw}| \end{cases} \tag{7-15}$$

式中：I_1、I_2、I_{cw}分别为Ⅰ侧、Ⅱ侧和公共绕组侧电流；$I_{fdst.set}$为分侧差动启动定值；I_d 为分侧差动电流；I_{res}为分侧差动制动电流；k_{fbl}为分侧差动比率制动系数整定值；I_N 为 TA 二次额定电流。推荐 k_{fbl}整定为 0.5。

装置中依次按相判别，当满足以上条件时，分侧差动动作。分侧差动各侧 TA 二次电流由软件调整平衡。

若分侧差动启动定值 $I_{fdst.set} > 0.5I_N$，则其拐点电流自动设定为 I_N，即动作方程为

$$\begin{cases} I_{fd} > I_{fdst.set} & I_{res} \leqslant I_{N} \\ I_{d} > k_{fbl}[I_{res} - I_{N}] + I_{fdst.set} \\ I_{res} = \max\{|I_{1}|, |I_{2}|, |I_{cw}|\} \\ I_{d} = |\dot{I}_{1} + \dot{I}_{2} + \dot{I}_{cw}| \end{cases} \tag{7-16}$$

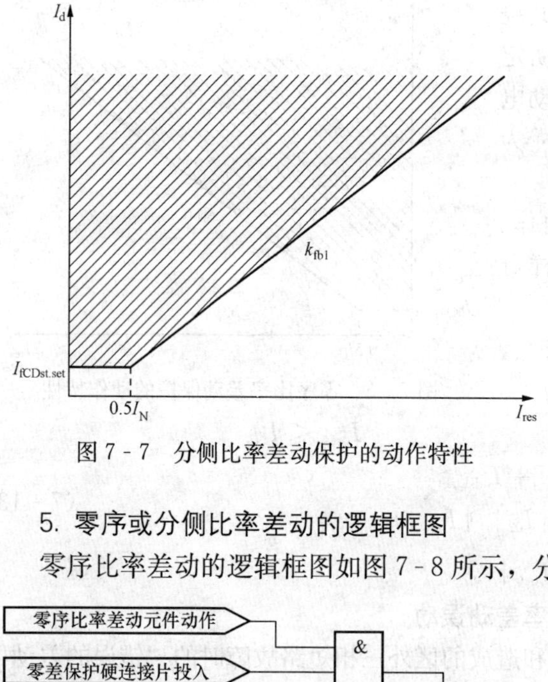

图 7-7　分侧比率差动保护的动作特性

4. 零序或分侧差流异常报警与 TA 断线闭锁

（1）未引起零序或分侧差动保护启动的差回路异常报警。当零序或分侧差流大于定值的时间超过 10s 时，发出零序或分侧差流异常报警信号，不闭锁零序差动或分侧差动保护。

（2）引起差动启动的差回路异常报警。判断方法同比率差动保护。

通过整定控制字选择，在 TA 二次回路断线和短路时不闭锁或闭锁零序或分侧差动保护。

5. 零序或分侧比率差动的逻辑框图

零序比率差动的逻辑框图如图 7-8 所示，分侧差动保护的逻辑框图如图 7-9 所示。

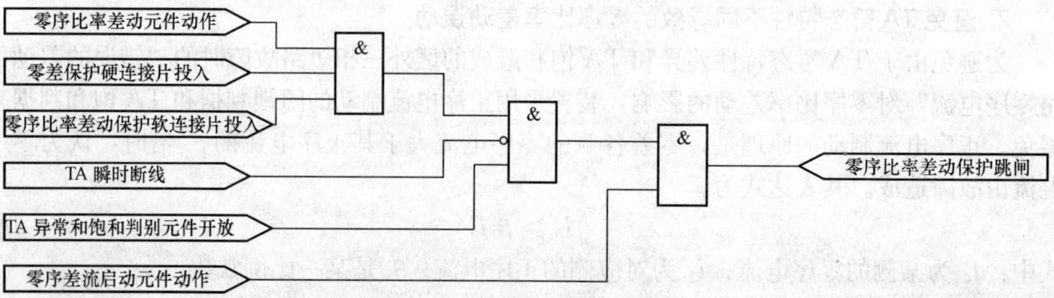

图 7-8　零序比率差动保护的逻辑框图

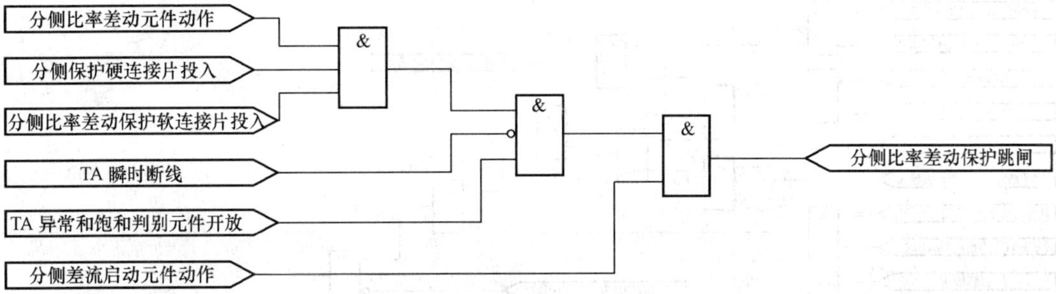

图 7-9　分侧比率差动保护的逻辑框图

九、复合电压闭锁方向过电流

过电流保护主要作为变压器相间故障的后备保护。通过整定控制字可选择各段过电流是否经过复合电压闭锁、是否经过方向闭锁、是否投入、跳哪几侧断路器等。

1. 方向元件

方向元件采用正序电压，并带有记忆，近处三相短路时方向元件无死区。接线方式为零度接线方式。接入装置 TA 极性的正极性端应在母线侧。

2. 复合电压元件

复合电压元件指相间正序低电压元件和负序过电压元件。对于变压器某侧复合电压元件可通过整定控制字选择是否引入其他侧的电压作为闭锁电压。

3. TV 异常对复合电压元件、方向元件的影响

装置设有整定控制字"TV 断线保护投退原则"，用来控制 TV 断线时方向元件及复合电压元件的动作行为，防止保护的误动。

4. 本侧电压退出对复合电压元件、方向元件的影响

当本侧 TV 检修或旁路代路未切换 TV 时，为保证本侧复合电压闭锁方向过电流的正确动作，需投入"本侧电压退出"连接片或整定控制字，此时对复合电压元件、方向元件有如下影响。

（1）本侧复合电压元件不启动，但可由其他侧复合电压元件启动（过电流保护经过其他侧复合电压闭锁投入情况）；

（2）本侧方向元件输出为正方向；

（3）不会使本侧复合电压元件启动其他侧过电流元件（其他侧过电流保护经过本侧复合电压闭锁投入情况）。

5. 复合电压闭锁方向过电流逻辑框图

复合电压闭锁方向过电流逻辑框图如图 7-10 所示。

十、零序方向过电流保护

零序过电流保护，主要作为变压器中性点接地运行时接地故障后备保护。通过整定控制字可控制各段零序过电流是否经方向闭锁、是否经零序电压闭锁、是否经谐波闭锁、是否投入及跳哪几侧断路器等。

零序方向元件所用零序电压固定为自产零序电压；零序方向元件的正方向均是指零序电流外接套管 TA，TA 的正极性端在母线侧（变压器中性点的零序电流 TA 的正极性端在变压器侧）。

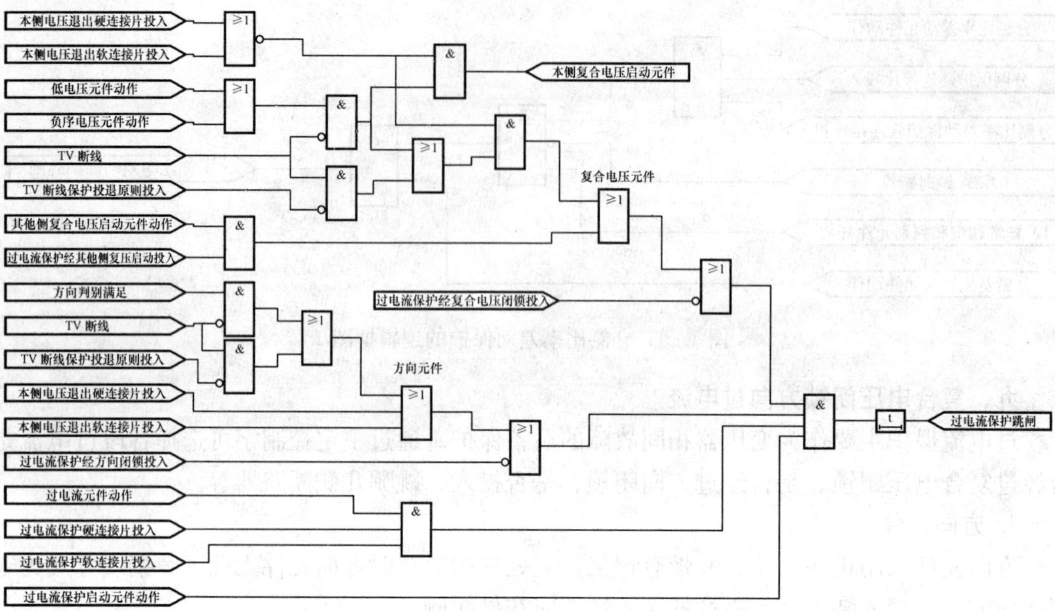

图 7-10　复合电压闭锁方向过电流逻辑框图

零序过电流Ⅰ段和Ⅱ段所采用的零序电流，可用控制字来选择，当“零序过电流用自产零序电流”控制字为“1”时，本段零序过电流所采用的零序电流为自产零序电流；若“零序过电流用自产零序电流”控制字为“0”时，本段零序过电流所采用的零序电流是外接零序电流。零序过电流Ⅲ段固定为外接零序电流。零序电压闭锁所用零序电压固定为自产零序电压。

当本侧 TV 检修或旁路代路未切换 TV 时，为保证本侧零序电压闭锁零序方向过电流的正确动作，需投入“本侧电压退出”连接片或整定控制字，此时它对零序电压闭锁零序方向过电流有如下影响。

（1）零序电压闭锁元件开放。

（2）方向元件输出为正方向。

零序过电流保护逻辑框图如图 7-11 所示。

十一、过励磁保护

过励磁保护主要防止过电压和低频率对变压器造成的损坏。过励磁程度可表示为

$$n = U_{*} / f_{*} \qquad (7-17)$$

通过计算 n 可以得知变压器所处的状态，额定运行时 $n=1$，其中 U_{*}、f_{*} 分别为电压与频率的标幺值。

装置设有两段定时限过励磁跳闸元件和一段报警元件；同时还具有反时限过励磁元件。反时限动作特性曲线由输入的 10 组定值确定，能够适应不同的变压器过励磁要求。

十二、相间阻抗保护

相间阻抗保护主要作为变压器相间故障的后备保护。通过整定控制字可选择其方向、保护是否投入及跳哪几侧断路器等。通过整定值可选择其定值特性为方向阻抗圆、偏移阻抗圆或全阻抗圆等。阻抗元件的振荡闭锁分三个部分。

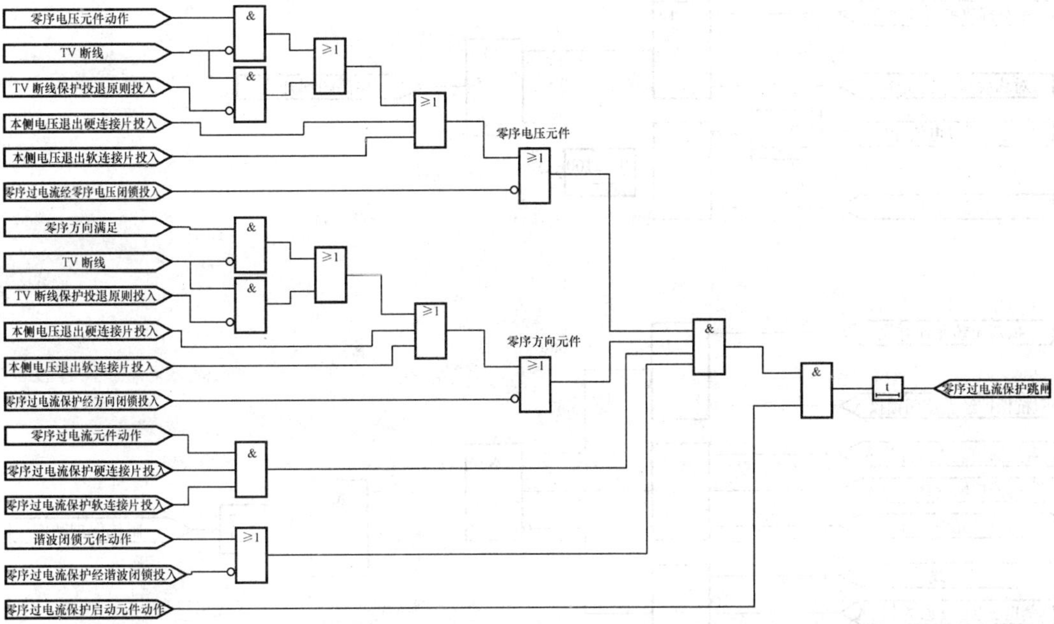

图 7-11 零序过电流保护逻辑框图

(1) 在启动元件动作起始 160ms 以内。其动作条件是，启动元件开放瞬间，若按躲过变压器最大负荷整定的正序过电流元件不动作或动作时间尚不到 10ms，则将振荡闭锁开放 160ms。

(2) 不对称故障开放元件。不对称故障时，振荡闭锁回路还可由式 (7-18) 元件开放，即

$$|I_0|+|I_2|>m|I_1| \tag{7-18}$$

式中：m 为某一固定比例常数，取值是根据最不利的系统条件下，振荡又区外故障时振荡闭锁不开放为条件验算，并留有相当裕度的；I_1、I_2、I_0 分别为正序、负序和零序电流。

采用不对称故障开放元件保证了在系统已经发生振荡的情况下，发生区内不对称故障时瞬时开放振荡闭锁以切除故障，振荡或振荡又区外故障时则可靠闭锁保护。

(3) 对称故障开放元件。在启动元件开放 160ms 以后或系统振荡过程中，如发生三相故障，则上述两项开放措施均不能开放保护，装置中另外设置了专门的振荡判别元件，其测量振荡中心电压

$$U_{OS}=U_1\cos\varphi_1 \tag{7-19}$$

式中：φ_1 是正序电流电压的夹角；U_1 为正序电压。

RCS—978 系列变压器保护装置采用的动作判据分两部分。

1) $-0.03U_N<U_{OS}<0.08U_N$，延时 150ms 开放。

2) $-0.1U_N<U_{OS}<0.25U_N$，延时 500ms 开放。

若阻抗保护的整定延时大于或等于 1.5s，则阻抗保护可不经过振荡闭锁。

RCS—978 系列变压器成套保护装置相间阻抗保护逻辑框图如图 7-12 所示。

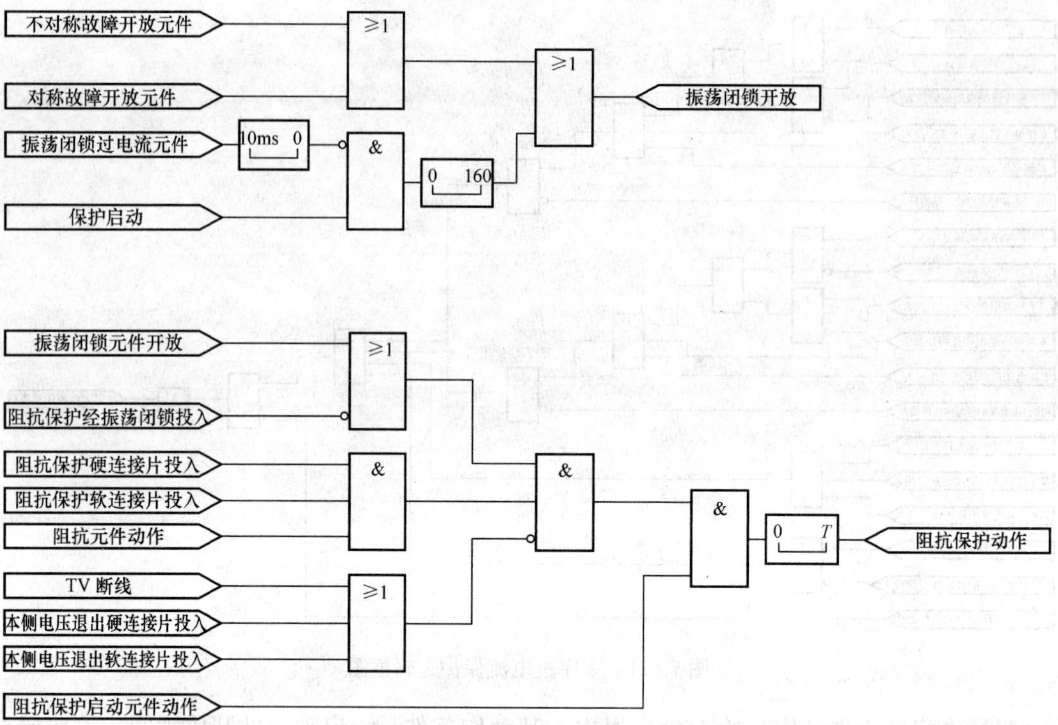

图 7-12 阻抗保护逻辑框图

第三节 电力变压器微机保护装置硬件回路检验

一、检验前的准备

(1) 试验前应检查屏柜及装置在运输过程中是否有明显的损伤或螺丝松动。

(2) 一般不要插拔装置插件，不触摸插件电路；需插拔时，必须关闭电源，释放手上静电或佩戴静电防护带。

(3) 使用的试验仪器必须与屏柜可靠接地。

(4) 直流电源上电检查。

(5) 核对装置或屏柜直流电压极性、等级，检查装置或屏柜的接地端子应可靠接地。

(6) 加上直流电压，合装置电源开关和非电量电源开关，装置直流电源消失时不应动作，并有输出接点以启动告警信号。直流电源恢复（包括缓慢恢复）时，装置应能自启动。

(7) 延时几秒钟，装置“运行”绿灯亮，“报警”黄灯灭，“跳闸”红灯保持出厂前状态（如亮可复归）。液晶显示屏显示主接线状态。

二、开入量检查

按屏上复归按钮，能复位“跳闸”灯，或切换液晶显示内容（时间需超过 1s），按屏上打印按钮，液晶显示“正在打印”，如无打印机显示延时自动返回。

依次投入和退出屏上相应连接片以及按照表 7-2 短接相应开入触点，查看液晶显示“保护状态”子菜单中“开入量状态”是否正确。注意：保护装置的液晶屏幕在任一保护投退连接片发生变位时将自动显示最新一次开入变位报告，液晶屏幕在显示大约 5s 左右自动恢复。

表 7-2 外部强电开入量

序号	开入量名称	装置端子号	屏柜连接片端子号	保护板状态	管理板状态
1	Ⅰ侧开关 TWJ 输入	4B25—4B21			
2	Ⅱ侧开关 TWJ 输入	4B25—4B22			
3	外部电量保护跳闸输入 1	4B25—4B19			
4	外部电量保护跳闸输入 2	4B25—4B20			

三、交流回路检验

对照图纸，从变压器保护屏上相应的电流、电压端子上依次加入电流、电压。按使用说明书进入装置菜单中的“保护状态”项，查看液晶显示对应表 7-3、表 7-4 中所列的项目，其值与输入值的误差应符合规程要求（通常要求为±3%）。此项检查不必在意装置的动作行为，如报警、跳闸等。

表 7-3 电压回路采样试验

序号	项目	输入值	装置显示值				
			A 相	B 相	C 相	相位 A—B	相位 A—C
1	变压器Ⅰ侧电压	60V					
		20V					
2	变压器Ⅱ侧电压	60V					
		20V					
3	变压器Ⅲ侧电压	60V					
		20V					
4	变压器Ⅲ侧零序电压	10V					
		50V					
		100V					

表 7-4 电流回路采样试验

序号	项目	输入值	装置显示值				
			A 相	B 相	C 相	相位 A—B	相位 A—C
1	变压器Ⅰ侧 1 支路电流	I_N					
		$4I_N$					
2	变压器Ⅰ侧 2 支路电流	I_N					
		$4I_N$					
3	变压器Ⅱ侧 1 支路电流	I_N					
		$4I_N$					

续表

序号	项目	输入值	装置显示值				
			A相	B相	C相	相位 A—B	相位 A—C
4	变压器Ⅱ侧1支路电流	I_N					
		$4I_N$					
5	变压器Ⅲ侧电流	I_N					
		$4I_N$					
6	公共绕组电流	I_N					
		$4I_N$					
7	低压绕组电流	I_N					
		$4I_N$					
8	变压器Ⅰ侧零序电流	I_N					
		$4I_N$					
9	变压器Ⅱ侧零序电流	I_N					
		$4I_N$					
10	公共绕组零序电流	I_N					
		$4I_N$					

四、开出触点检查

本项检查宜与功能试验一同进行。注意各触点的动作情况应与控制字一致。开出触点检验方法通常采用瞬时接通开出触点，观察液晶显示、相关信号是否正确。

1. 报警、信号触点检查

报警、信号主要是当装置自检发现硬件错误时或失电，闭锁装置出口，并灭掉“运行”灯和发出装置闭锁信号 BSJ 等。报警、信号触点检查的方法是关闭装置电源。

当装置检测到装置长期启动、不对应启动、装置内部通信出错、TA 断线或异常、TV 断线或异常等情况时，点亮“报警”灯，并启动信号继电器 BJJ。报警、信号触点均为瞬动触点，见表 7-5。

表 7-5　报警信号触点

序号	信号名称	中央信号触点	远方信号触点	事件记录触点
1	装置闭锁	3A2—3A4	3A1—3A3	3B4—3B26
2	装置报警信号	3A2—3A6	3A1—3A5	3B4—3B28
3	TA 异常及断线信号	3A2—3A8	3A1—3A7	3B4—3B6
4	TV 异常及断线信号	3A2—3A10	3A1—3A9	3B4—3B8
5	过负荷保护信号	3A2—3A12	3A1—3A11	3B4—3B10
6	过励磁保护报警	3A2—3A14	3A1—3A13	3B4—3B12
7	Ⅲ侧零序电压报警信号	3A2—3A16	3A1—3A15	3B4—3B14

续表

序号	信号名称	中央信号触点	远方信号触点	事件记录触点
8	公共绕组报警信号	3A2—3A18	3A1—3A17	3B4—3B16
9	Ⅰ侧报警信号	3A2—3A20	3A1—3A19	3B4—3B18
10	Ⅱ侧报警信号	3A2—3A22	3A1—3A21	3B4—3B20
11	Ⅲ侧报警信号	3A2—3A24	3A1—3A23	3B4—3B22

2. 跳闸信号触点检查

跳闸信号触点检查，所有动作于跳闸的保护动作后，点亮 CPU 板上“跳闸”灯，并启动相应的跳闸信号继电器。跳闸信号触点见表 7-6。

表 7-6　　跳 闸 信 号 触 点

序号	信号名称	中央信号触点	远方信号触点	事件记录触点
1	差动保护跳闸	2A1—2A3	2A2—2A6	2A4—2A8
2	过励磁保护跳闸	2A1—2A5	2A2—2A10	2A4—2A12
3	后备保护跳闸	2A1—2A7	2A2—2A14	2A4—2A16

注意：外部电量保护跳闸试验的步骤是，将主保护定值单中的“外部电量保护跳闸投入”控制字投入，“投差动保护”硬连接片投入，同时“外部电量保护跳闸输入 1”和“外部电量保护跳闸输入 2”有输入，则外部电量保护跳闸。外部电量保护跳闸出口采用“主保护跳闸控制字”的整定逻辑。若只有“外部电量保护跳闸输入 1”或“外部电量保护跳闸输入 2”中的一个有输入，则装置延时 10s 报“外部电量保护跳闸开入报警”，以便用户校验强电光耦输入是否有错。

3. 跳闸输出触点检查

(1) 跳闸控制字整定。装置各保护的投入和跳闸方式采用跳闸控制字整定方式，即保护投入和保护动作后跳何开关可以按需要自由整定。跳闸控制字各位所表示的功能定义见表7-7。

表 7-7　　跳 闸 矩 阵 控 制 功 能

	15	14	13	12	11	10	9	8	7	6	5	4	3	2	1	0
功能	未定义	未定义	未定义	未定义	未定义	未定义	未定义	跳闸备用2	跳闸备用1	连跳抵抗开关	跳Ⅱ侧母联	跳Ⅰ侧母联	跳Ⅲ侧开关	跳Ⅱ侧开关	跳Ⅰ侧开关	本保护投入

整定方法：在保护元件投入位和其所跳开关位填“1”，其他位填“0”，则可得到该元件的跳闸方式。

例如：若Ⅰ侧后备保护零序过电流Ⅰ段第一时限整定为跳Ⅰ侧母联开关，则在其控制字的第 0 位和第 4 位填“1”，其他位填“0”。这样得到该元件的一个十六进制跳闸控制字“零序Ⅰ段第一时限控制字”为：0011H。

跳闸控制字的整定将影响跳闸输出触点的动作行为。只有某元件的跳闸控制字整定为跳某开关，这个元件的动作才会使对应的跳闸触点动作。检查跳闸触点时要特别注意。

（2）跳闸输出触点及其他输出触点检查。跳闸输出触点见表 7-8，其他输出触点见表7-9。

表 7-8　　　　跳闸输出触点

序号	跳闸输出量名称	装置端子号	屏柜端子号	备注
1	跳Ⅰ侧开关	1A2—1A4、1A6—1A8 1A10 — 1A12、1A14 — 1A16、1A18 — 1A20、1A22—1A24、1A26—1A28、1B2—1B4 1B6—1B8、1B10—1B12		
2	跳Ⅱ侧开关	1A3—1A5、1A7—1A9 1A11 — 1A13、1A15 — 1A17、1A19 — 1A21、1A23—1A25、1A27—1A29、1B1—1B3		
3	跳Ⅲ侧开关	1B17—1B19、1B21—1B23		
4	跳Ⅰ侧母联	1B29—1B30		
5	跳Ⅱ侧母联	1B5—1B7、1B9—1B11 1B13—1B15		
6	跳低抗开关	1B14—1B16、1B18—1B20		
7	跳闸备用 1	1B22—1B24、1B26—1B28		
8	跳闸备用 2	1B25—1B27		

表 7-9　　　　其他输出触点

序号	其他输出量名称	装置端子号	屏柜端子号	备注
1	主变启动风冷Ⅰ段	3A28 — 3A30、3A27 — 3A29、3B1—3B3、3B5—3B7		
2	主变闭锁有载调压	3B25—3B27、3B29—3B30		
3	主变各侧复压动作输出触点	3B17—3B19、3B21—3B23		

第四节　电力变压器微机保护装置功能检验

一、装置功能试验前准备

连接好打印机，按打印按钮打印机应能够正确打印，否则应检验打印机设置以及连接、打印切换开关位置是否正确。

如果为未投运过的装置应按定值单要求输入定值，若允许也可使用出厂定值、或输入自拟检验定值进行检验。这些定值包括装置参数定值、系统参数定值、保护定值。

二、变压器差动保护试验

1. 定值整定

（1）系统参数中保护总控制字“主保护投入”置 1。

（2）投入变压器差动保护硬连接片。

（3）各侧 TA 一次侧：________，________，________，________，________；差动启

动电流定值：________；比率制动系数：________；二次谐波制动系数：________；三次谐波制动系数：________；差动速断电流：________；TA断线闭锁差动控制字：________；涌流闭锁方式控制字：________。

（4）按照试验要求整定“差动速断投入”、“比率差动投入”、“工频变化量比率差动投入”控制字。

2. 比率差动试验

检验方法：在任意一侧任意一相加入电流 I_1，查看装置中“保护状态→保护板状态→计算差电流”项中的“制动X相电流”，通过记录“制动X相电流”，即可描绘出比例差动制动曲线，检验与整定是否相符即可。检验记录见表7-10。

表7-10　　比率差动试验记录

序号	电流 I_1 标幺值	制动X相电流标幺值	序号	电流 I_1 标幺值	制动X相电流标幺值
1			4		
2			5		
3			6		

3. 二次谐波制动系数试验

从电流回路加入基波电流分量，使差动保护可靠动作（此电流不可过小，因小值时基波电流本身误差会偏大）。再叠加二次谐波电流分量，从大于定值减小到使差动保护动作。最好单侧单相叠加，因多相叠加时不同相中的二次谐波会相互影响，不易确定差流中的二次谐波含量。

定值：________%；试验值：________%。

4. 三次谐波制动系数试验

从电流回路加入基波电流分量，使差动保护可靠动作（此电流不可过小，因小值时基波电流本身误差会偏大）。再叠加三次谐波电流分量，从大于定值减小到使差动保护动作。最好单侧单相叠加，因多相叠加时不同相中的三次谐波会相互影响，不易确定差流中的三次谐波含量。

定值：________%；试验值：________%。

试验注意事项：

（1）在做谐波制动系数试验时，请通过DBG2000的调试软件将装置参数定值单的隐含控制字“涌流闭锁是否用浮动门槛”整定为不投入状态。在实验完成后请将“涌流闭锁是否用浮动门槛”整定为投入状态。

（2）工频变化量比率差动保护和高值稳态比率差动保护只固定经过二次谐波涌流闭锁的判据闭锁。

（3）做三次谐波制动系数试验时，可通过DBG2000的调试软件将装置系统参数定值单的隐含控制字“三次谐波闭锁投入”整定为三次谐波闭锁功能是否投入。在实验完成后请将“三次谐波闭锁投入”整定为投入状态。

5. 五次谐波制动系数试验

从一侧一相电流回路加入基波电流分量，使差动保护可靠动作（此电流不可过小，因小值时基波电流本身误差会偏大）。再叠加五次谐波电流分量，从大于定值减小到使差动保护动作。最好单相叠加，因多相叠加时不同相中的三次谐波会相互影响，不易确定差流中的三次谐波含量。

定值：________%；试验值：________%。

试验注意事项：当过励磁倍数大于 1.4 倍时，可不再闭锁差动保护。过励磁闭锁功能可通过 DBG2000 调试软件，将装置系统参数定值中隐含控制字“差动经过励磁倍数闭锁投入”整定为投入选择。高值稳态比率差动保护固定不经过五次谐波过励磁闭锁判据闭锁。

6. 变压器差动速断试验

定值：________I_N；试验值：________I_N。

7. TA 断线闭锁试验

TA 断线闭锁与“TA 断线闭锁比率差动”所选状态有关，分三种情况讨论。

(1)“TA 断线闭锁比率差动”置 1。两侧三相均加上额定电流和电压，断开任意一相电流，装置发“变压器差动 TA 断线”信号并闭锁变压器比率差动，但不闭锁差动速断和高值比率差动。

(2)“TA 断线闭锁比率差动”置 2。两侧三相均加上额定电流和电压，断开任意一相电流，装置发“变压器差动 TA 断线”信号并闭锁变压器比率差动，但不闭锁差动速断。

(3)“TA 断线闭锁比率差动”置 0。两侧三相均加上额定电流和电压，断开任意一相电流，变压器比率差动动作并发“变压器差动 TA 断线”信号。

退掉电流，复位装置才能清除“变压器差动 TA 断线”信号。

试验注意事项：工频变化量比率差动保护始终经过 TA 断线闭锁。

三、变压器零序差动保护试验

1. 定值整定

(1) 系统参数中保护总控制字“主保护投入”置 1。

(2) 投入变压器零序差动保护硬连接片。

(3) 各侧 TA 一次侧：________，________，________，零差启动电流定值：________，零差比率制动系数：________，TA 断线闭锁零差控制字：________。

(4) 按照试验要求整定“零差保护投入”控制字。

2. 零序比率差动试验

试验方法 1：Ⅰ、Ⅱ侧电流从 A 相极性端进入，相角为 180°，大小相同，装置应无零序差流。Ⅰ侧加电流 I_1，Ⅱ侧加电流 I_2，检验过程中要始终保证 $I_1>I_2$，这样制动电流始终为 I_1。试验记录见表 7-11。

表 7-11　　变压器零序比率差动试验记录

序号	Ⅰ侧电流（A）	Ⅱ侧电流（A）		制动电流（A）	制动门槛（A）	差电流（A）
		计算值	实测值			

试验方法 2：在Ⅰ侧 A 相加入电流 I_1，查看装置中“保护状态→保护板状态→计算差电流”项中的“零差制动”，试验记录见表 7-12。

表 7-12　变压器零序比率差动试验记录

序号	电流 I_1	零差制动门槛	序号	电流 I_1	零差制动门槛
1			4		
2			5		
3			6		

四、变压器相间后备保护试验

1. 复合电压闭锁过电流保护定值整定

（1）系统参数中保护总控制字“X 侧后备保护投入”置 1。

（2）投入对应侧相间后备保护硬连接片。

（3）相电流启动定值为________A，负序相电压定值为________V，相间低电压定值为________V，过电流Ⅰ段定值为________A。

（4）整定过电流Ⅰ段各时限跳闸控制字。

（5）整定“阻抗投入过电流保护”及跳闸控制字。

2. 复合电压闭锁过电流保护试验内容

过电流Ⅰ段定值：________A；试验值：________；

阻抗退出过电流段定值：________A；试验值：________；

过电流Ⅰ段第一时限：________s；试验值：________；

过电流Ⅰ段第二时限：________s；试验值：________；

阻抗退出过电流段时限：________s；试验值：________。

试验注意事项：“阻抗退出投入过电流保护”的含义为，若其整定为 1，则是指阻抗保护在 TV 异常时自动退出，且装置自动投入阻抗退出过电流，其跳闸出口逻辑与“主保护跳闸控制字”一致。

3. 相间阻抗保护定值整定

（1）系统参数中保护总控制字“X 侧后备保护投入”置 1。

（2）投入对应侧相间后备保护硬连接片。

（3）阻抗Ⅰ段正向定值________Ω，阻抗Ⅰ段反向定值________Ω，阻抗Ⅰ段一时限延时________s，阻抗Ⅰ段二时限延时________s，阻抗Ⅰ段三时限延时________s，阻抗Ⅱ段正向定值________Ω，阻抗Ⅱ段反向定值________Ω，阻抗Ⅱ段一时限延时________s，阻抗Ⅱ段二时限延时________s。

4. 相间阻抗保护试验内容

变压器相间阻抗保护取变压器对应侧相间电压、相间电流，电流方向流入变压器为正方向，阻抗方向指向变压器，灵敏角固定为 75°。

阻抗Ⅰ段定值：正向________Ω，反向________Ω；试验值：正向________Ω，反向________Ω。

阻抗Ⅱ段定值：正向________Ω，反向________Ω；试验值：正向________Ω，反向________Ω。

阻抗Ⅰ段第一时限：________ s；试验值：________ s。

阻抗Ⅰ段第二时限：________ s；试验值：________ s。

阻抗Ⅰ段第三时限：________ s；试验值：________ s。

阻抗Ⅱ段第一时限：________ s；试验值：________ s。

阻抗Ⅱ段第二时限：________ s；试验值：________ s。

五、变压器接地后备保护试验

1. 零序方向过电流保护定值整定

（1）系统参数中保护总控制字“X 侧后备保护投入”置 1。

（2）投入对应侧接地后备保护硬连接片。

（3）自产零序电流启动定值________ A，外接零序电流启动定值________ A，零序过电流Ⅰ段定值________ A，零序过电流Ⅱ段定值________ A，零序过电流Ⅲ段定值________ A。

（4）整定零序过电流Ⅰ段各时限跳闸控制字，零序过电流Ⅱ段各时限跳闸控制字和零序过电流Ⅲ段各时限跳闸控制字。

（5）根据需要整定“零序Ⅰ段经谐波闭锁”、“零序Ⅱ段经谐波闭锁”、“零序过电流Ⅰ段经方向闭锁”、“零序过电流Ⅱ段经方向闭锁”、“零序Ⅰ段用自产零序电流”、“零序Ⅱ段用自产零序电流”、“零序方向指向”、“零序方向判别用自产零序电流”控制字。

（6）参考说明书，注意“本侧电压退出”、“TV 断线保护投退原则”控制字对逻辑的影响。

2. 零序过电流保护试验内容

零序过电流Ⅰ段定值：________ A；试验值：________。

零序过电流Ⅱ段定值：________ A；试验值：________。

零序过电流Ⅲ段定值：________ A；试验值：________。

零序过电流Ⅰ段第一时限：________ s；试验值：________。

零序过电流Ⅰ段第二时限：________ s；试验值：________。

零序过电流Ⅰ段第三时限：________ s；试验值：________。

零序过电流Ⅱ段第一时限：________ s；试验值：________。

零序过电流Ⅱ段第二时限：________ s；试验值：________。

零序过电流Ⅲ段第一时限：________ s；试验值：________。

零序过电流Ⅲ段第二时限：________ s；试验值：________。

方向灵敏角：________度；试验值：________。

“本侧电压退出”逻辑功能：________。

“TV 断线保护投退原则”逻辑功能：________。

“方向闭锁”逻辑功能：________。

“零序 X 段经谐波闭锁”逻辑功能：________。

试验注意事项：“零序 X 段经谐波闭锁”逻辑功能的零序谐波电流固定用各侧本身的外接零序电流。

3. 接地阻抗保护定值整定

（1）系统参数中保护总控制字“X 侧后备保护投入”置 1。

（2）投入对应侧接地后备保护硬连接片。

（3）零序补偿系数________，接地阻抗Ⅰ段正向定值________Ω，接地阻抗Ⅰ段反向定值________Ω，接地阻抗Ⅰ段一时限延时________s，接地阻抗Ⅰ段二时限延时________s，接地阻抗Ⅱ段正向定值________Ω，接地阻抗Ⅱ段反向定值________Ω，接地阻抗Ⅱ段一时限延时________s，接地阻抗Ⅱ段二时限延时________s。

4. 接地阻抗保护试验内容

变压器接地阻抗保护取变压器对应侧相电压、相电流，电流方向流入变压器为正方向，接地阻抗方向指向变压器，灵敏角固定为75°。

接地阻抗Ⅰ段定值：正向________Ω，反向________Ω；试验值：正向________Ω，反向________Ω。

接地阻抗Ⅱ段定值：正向________Ω，反向________Ω；试验值：正向________Ω，反向________Ω。

接地阻抗Ⅰ段第一时限：________s；试验值：________s。

接地阻抗Ⅰ段第二时限：________s；试验值：________s。

接地阻抗Ⅱ段第一时限：________s；试验值：________s。

接地阻抗Ⅱ段第二时限：________s；试验值：________s。

TV断线时闭锁接地阻抗保护。

六、过励磁保护试验

1. 定时限过励磁定值

（1）保护总控制字“过励磁保护投入”置1。

（2）投入过励磁保护连接片。

（3）按需要投入软连接片“过励磁保护安装侧”，整定“定时限过励磁跳闸投入”、“定时限过励磁报警投入”为1。

（4）过励磁Ⅰ段定值：________；过励磁Ⅰ段延时：________s。

（5）过励磁Ⅱ段定值：________；过励磁Ⅱ段延时：________s。

（6）过励磁报警定值：________；过励磁报警延时：________s。

2. 定时限过励磁试验内容

与“过励磁保护安装侧”一致加电压。

过励磁Ⅰ段定值：________；试验值：________。

过励磁Ⅱ段定值：________；试验值：________。

过励磁报警定值：________；试验值：________。

过励磁Ⅰ段时间定值：________；试验值：________。

过励磁Ⅱ段时间定值：________；试验值：________。

过励磁报警时间定值：________；试验值：________。

试验注意事项：由于过励磁保护的动作整定时间一般较长，因此保护装置在显示过励磁保护动作报告时，只显示过励磁保护动作时的绝对时间，无相对时间；但是用户可以通过开入量变位报文中查询“过励磁跳闸计时启动”、“0→1”的绝对时间，通过上述两个绝对时间的计算可以得出过励磁保护动作时的相对时间。

3. 反时限过励磁定值

（1）保护总控制字“过励磁保护投入”置1。

（2）投入过励磁保护连接片。

（3）按需要投入软连接片“过励磁保护安装侧”，整定“反时限过励磁跳闸投入”、“反时限过励磁报警投入”为1。

（4）按表7-13整定反时限过励磁保护定值。

表7-13 反时限过励磁保护定值

序号	名称	V/F定值	延时（s）
1	反时限上限		
2	反时限定值Ⅰ		
3	反时限定值Ⅱ		
4	反时限定值Ⅲ		
5	反时限定值Ⅳ		
6	反时限定值Ⅴ		
7	反时限定值Ⅵ		
8	反时限定值Ⅶ		
9	反时限定值Ⅷ		
10	反时限下限		
11	反时限报警		

试验注意事项：

（1）“过励磁保护安装侧”整定控制字为“0”时，判断过励磁使用的电压选择在Ⅰ侧；“过励磁保护安装侧”整定控制字为“1”时，判断过励磁使用的电压选择在Ⅱ侧。

（2）反时限动作特性曲线的10组输入定值有一定的限制：反时限过励磁上限倍数整定值要大于反时限过励磁倍数Ⅰ整定值，而反时限过励磁上限倍数时限整定值小于反时限过励磁倍数1时限整定值，依次类推到反时限过励磁倍数下限整定值。反时限过励磁倍数下限整定值要大于反时限过励磁报警倍数整定值。时间延时考虑最大到6000s（即100min），过励磁倍数整定值一般在1.0～1.7之间。

（3）由于一般500kV变压器的出厂标称铭牌的额定电压为525kV，且变压器的过励磁倍数曲线一般以此电压为基准；而保护装置是以500kV即TV的一次额定电压作为电压基准，故在实际整定定值时最好将过励磁倍数放大1.05的倍数即（525/500）。

4. 反时限过励磁试验项目

（1）精度试验。精度试验按表7-14完成。

（2）延时试验。延时试验时要求以V/F显示值为准测量时间，以避免V/F误差造成的时间误差。

试验注意事项：

（1）过励磁保护的跳闸出口采用“主保护跳闸控制字”的整定逻辑。

表 7-14　精度试验表

序号	输入电压	频率	V/F 显示	误差
1				
2				
3				
4				
5				

（2）为了使得电压的测量值受频率变化的影响小，保护的过励磁倍数中的电压测量值可以采用三相电压瞬时值的均方根。若采用相电压计算过励磁倍数中的电压测量值，可通过 DBG2000 调试软件，将装置系统参数定值中隐含控制字“过励磁保护固定用相电压”整定为投入选择。通常推荐采用过励磁倍数中的电压测量值采用三相电压瞬时值的均方根，即将装置系统参数定值中隐含控制字“过励磁保护固定用相电压”整定为不投入选择。

七、其他异常保护试验

1. 各侧 TV 异常及断线报警

（1）加正序电压小于 30V，且任一相通入电流大于 $0.04I_N$（TA 二次额定电流）或开关在合位状态。

（2）加负序电压大于 8V。

满足上述任一条件，同时保护启动元件未启动，延时 1.25s 报该 TV 异常，并发出报警信号。在电压恢复正常后延时 10s 返回。注意当某侧电压退出或某侧后备保护退出时，该侧 TV 异常及断线判别功能自动解除。

2. 各侧 TA 异常报警

当负序电流（零序电流）大于 $0.06I_N$（TA 二次额定电流）后延时 10s 报该侧 TA 异常，并发出报警信号。在电流恢复正常后延时 10s 返回。

3. 差动保护差流异常报警

当变压器差动回路差流大于 TA 报警差流定值，延时 10s 报差动保护差流异常报警（不闭锁差动保护），差流消失，延时 10s 返回。

4. 零差保护差流异常报警

当变压器零序差动回路差流大于 0.7 倍零差启动电流定值，延时 10s 报零差保护差流异常报警（不闭锁零序差动保护），零序差流消失，延时 10s 返回。

5. 零序电压报警试验内容

针对变压器低压侧为不接地系统，装置的 III 侧设有零序电压报警。

零序电压报警定值：________V；试验值：________。

零序电压报警延时：________s；试验值：________。

6. 过负荷及启动风冷试验内容

过负荷电流定值：________A；试验值：________。

启动风冷电流定值：________A；试验值：________。

过负荷延时：________s；试验值：________。

启动风冷延时：________ s；试验值：________。

复习思考题七

针对 RCS—978C 数字式电力变压器保护装置完成以下问题。

1. 装置具有哪些功能？其中，主保护、后备保护分别包含有哪些？
2. 装置硬件通常由哪些插件构成？各插件的主要作用是什么？
3. 画出装置硬件结构图，说明装置硬件的工作过程。
4. 装置启动元件的主要作用是什么？通常采用哪些启动元件？
5. 稳态比率差动保护的作用、动作特性是什么？
6. 工频变化量比率差动与稳态比率差动保护的主要不同点有哪些？
7. 零序比率差动保护与分侧比率差动保护的主要作用及特点有哪些？
8. 复合电压闭锁方向过电流保护与零序方向过电流保护的构成、动作行为分别是什么？
9. 相间阻抗保护的动作特性选择怎样控制？通常可采用的动作特性有哪些？
10. 相间阻抗保护对于振荡问题是如何处理的？

技能训练七

针对 RCS—978C 数字式电力变压器保护装置完成以下工作。

任务 1：（1）完成检验前的准备工作，写出检查报告。

（2）利用保护屏上的按钮、连接片完成开入量回路的检查，写出检查报告。

（3）利用短时短接相应触点的方法，完成相应开入量回路的检查，写出检查报告。

任务 2：完成交流回路采样电流及采样电压的检验，写出检验报告。

任务 3：初步完成开出触点回路的检查，写出检查报告。

任务 4：完成变压器差动保护的试验，写出试验报告。

任务 5：完成变压器零序差动保护的试验，写出试验报告。

任务 6：完成变压器相间后备保护的试验，写出试验报告。

任务 7：完成变压器接地后备保护的试验，写出试验报告。

任务 8：完成变压器过励磁保护的试验，写出试验报告。

任务 9：完成变压器常见异常保护的检验，写出检验报告。

任务 10：写出差动保护电流门槛值检查的项目名称及质量要求。

任务 11：写出微机变压器保护二次谐波制动系数检查的项目名称及质量要求。

任务 12：写出微机变压器保护装置整组检验的项目名称及质量要求。

任务 13：按照说明书完成变压器保护装置定值的检查、修改及整定。

第八章　发电机微机保护装置及检验

教学目的

熟悉发电机—变压器组保护的组屏方案；了解 RCS—985A 型保护功能配置、硬件配置及定值清单；掌握 RCS—985A 型保护装置的使用方法；掌握发电机—变压器组微机保护装置的调试方法。

教学目标

能根据发电机—变压器组保护的组屏方案对给定系统配置保护屏；能说明 RCS—985A 型各保护功能的基本原理及定值清单中各定值的含义；能对 RCS—985A 型装置进行基本的操作；会结合继电保护测试仪对 RCS—985A 型装置进行调试。

第一节　发电机—变压器组微机保护配置与实现

本章首先介绍了发电机—变压器组（以下简称“发变组”）保护的组屏方案，针对 RCS—985 型发电机—变压器组微机保护装置，介绍其功能、配置、使用方法及调试方法等。

一、发变组保护组屏方案

根据发变组保护配置方案，确定保护装置及其出口回路的机箱配置，并将这些保护机箱安装在标准的继电保护屏上。发变组保护可采用双套主保护、双套后备保护的配置方案，简称“双主双后”；也可以采用双套主保护、一套后备保护的配置方案，简称“双主单后”。对于大型发变组，按继电保护规程规定，应考虑“双主双后”设计原则。

如 RCS—985A 型发变组微机保护装置适用于标准的发变组单元主接线方式：双绕组主变压器（220kV 或 500kV 出线）、发电机容量 100MW 及以上、一台高压厂用变压器（三绕组变压器或分裂变压器）、励磁变压器或励磁机，可采用“双主双后”组屏方案。

1. RCS—985A 型适应的主接线方式 1

如图 8-1 所示发变组单元，发变组按三块屏配置，A、B 屏配置两套 RCS—985A 型，分别取自不同的 TA，每套 RCS—985A 型包括一个发变组单元全部电量保护，C 屏配置非电量保护装置。

图中标出了接入 A 屏的 TA 极性端，其他接入 B 屏的 TA 极性端与 A 屏定义相同。本配置方案也适用于 100MW 及以上相同主接线的发变组单元。图中为励磁机的主接线方式，配置方案也适用于励磁变压器的主接线方式。

2. RCS—985A 型适应的主接线方式 2

如图 8-2 所示发变组单元，发变组按三块屏配置，A、B 屏配置两套 RCS—985A 型，分别取自不同的 TA，每套 RCS—985A 型包括一个发变组单元全部电量保护，C 屏配置非电量保护装置、失灵启动、非全相保护以及 220kV 断路器操作箱。图中标出了接入 A 屏的 TA 极性端，其他接入 B 屏的 TA 极性端与 A 屏定义相同。本配置方案也适用于 100MW 及以上相同主接线的发变组单元。图中为励磁变压器的主接线方式，配置方案也适用于励磁机的主接线方式。

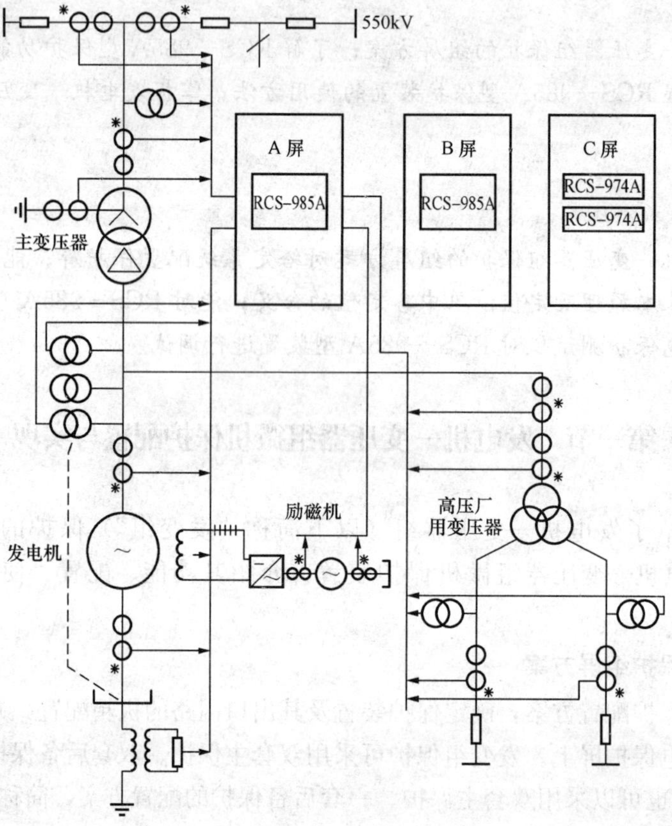

图 8-1 RCS—985A 型机组保护方案 1 配置示意图

3. 发变组保护组屏实例

图 8-3 所示为实际的发变组保护屏。其中，A 屏主要由微机保护装置、通信装置、打印机及保护连接片构成，微机保护装置实现发变组单元全部电量保护，通信装置用于完成微机保护装置与监控系统及调度之间的通信，保护连接片用于投退保护。B 屏与 A 屏配置相同。C 屏主要由操作继电器箱及变压器非电量及辅助保护装置构成，操作继电器箱由构成控制操作电路的继电器组成，变压器非电量及辅助保护装置用来实现变压器的所有非电量保护及辅助保护功能。

二、RCS—985A 型保护功能配置

RCS—985A 型具体的保护功能见表 8-1～表 8-6。

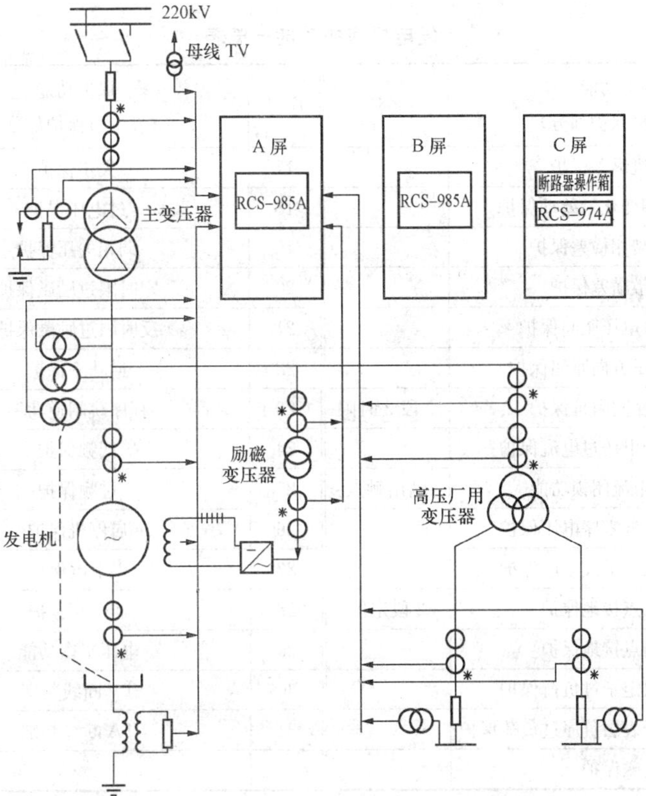

图 8-2　RCS—985A 型机组保护方案 2 配置示意图

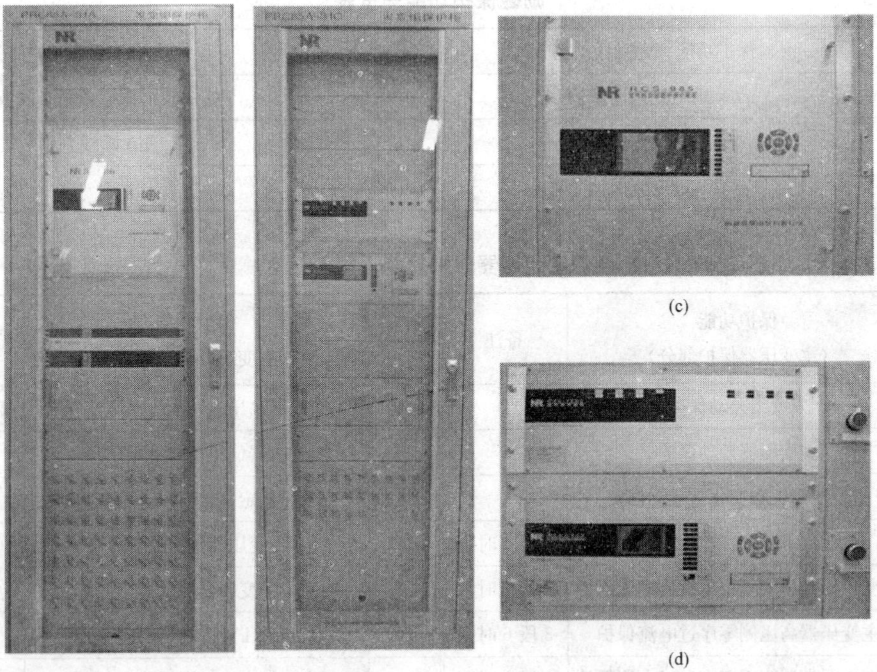

(a)　(b)　(c)　(d)

图 8-3　发变组保护屏

(a) 发变组保护 A 屏；(b) 发变组保护 C 屏；(c) A 屏上配置的 RCS—985A 型发变组微机保护装置；(d) C 屏上配置的操作继电器箱及非电量保护装置

表 8-1 发电机保护功能一览表

序号	保护功能（发电机保护部分）	备注	序号	保护功能（发电机保护部分）	备注
1	发电机纵差保护		17	失步保护	
2	发电机工频变化量差动保护		18	过电压保护	
3	发电机裂相横差保护		19	调相失压保护	
4	高灵敏横差保护		20	定时限过励磁保护	2段
5	纵向零序电压匝间保护		21	反时限过励磁保护	
6	工频变化量方向匝间保护		22	逆功率保护	
7	发电机相间阻抗保护	2段2时限	23	程序跳闸逆功率	
8	发电机复合电压过电流保护		24	低频保护	4段
9	机端大电流闭锁功能	输出触点	25	过频保护	2段
10	定子接地基波零序电压保护		26	启停机保护	
11	定子接地三次谐波电压保护		27	误上电保护	
12	转子一点接地保护	2段定值	28	非全相保护	
13	转子两点接地保护		29	电压平衡功能	
14	定、反时限定子过负荷保护		30	TV断线判别	
15	定、反时限转子表层负序过负荷保护		31	TA断线判别	
16	失磁保护				

表 8-2 励磁保护功能一览表

序号	保护功能（励磁保护部分）	序号	保护功能（励磁保护部分）
1	励磁变差动保护	4	定、反时限励磁过负荷保护
2	励磁机差动保护	5	TA断线判别
3	过电流保护		

表 8-3 主变压器保护功能一览表

序号	保护功能（主变压器保护部分）	备注	序号	保护功能（主变压器保护部分）	备注
1	发变组差动保护		9	主变压器高压侧间隙零序电流保护	1段2时限
2	主变压器差动保护		10	主变压器低压侧接地零序报警	
3	主变压器工频变化量差动保护		11	主变压器定、反时限过励磁保护	
4	主变压器高压侧阻抗保护	2段4时限	12	主变压器过负荷信号	
5	主变压器高压侧复合电压过电流保护	2段4时限	13	主变压器启动风冷	
6	主变压器高压侧零序过电流保护	3段6时限	14	TV断线判别	
7	主变压器高压侧零序方向过电流保护	2段4时限	15	TA断线判别	
8	主变压器高压侧间隙零序电压保护	1段2时限			

表 8-4　高压厂用变压器保护功能一览表

序号	高压厂用变压器部分保护功能	备注	序号	高压厂用变压器部分保护功能	备注
1	高压厂用变压器差动保护		8	B分支零序电压报警	
2	高压厂用变压器复压过电流保护	2段2时限	9	厂用变压器过负荷信号	
3	A分支复压过电流保护	2段2时限	10	启动风冷	
4	B分支复压过电流保护	2段2时限	11	过电流输出	
5	A分支零序过电流保护	2段2时限	12	TV断线判别	
6	B分支零序过电流保护	2段2时限	13	TA断线判别	
7	A分支零序电压报警				

表 8-5　非电量接口功能一览表

序号	保护功能（非电量接口部分）	序号	保护功能（非电量接口部分）
1	外部重动跳闸1	3	外部重动跳闸3
2	外部重动跳闸2	4	外部重动跳闸4

表 8-6　通信和辅助功能一览表

序号	保护功能（通信及辅助功能部分）	序号	保护功能（通信及辅助功能部分）
1	4个RS—485通信接口	6	MODBUS通信规约
2	两个复用光纤接口	7	CPU板：保护录波功能
3	1个调试通信口	8	MON板：4s（或8s）连续录波功能
4	IEC870—5—103通信规约	9	汉化打印：定值、报文、波形
5	LFP通信规约	10	汉化显示：定值、报文

三、装置配置

（一）硬件配置

RCS—985A型装置硬件设置两个完全独立的相同的CPU板，每个CPU板由两个数字信号处理芯片（DSP）和一个32位单片机组成，并具有独立的采样、出口电路。每块CPU板上的三个微处理器并行工作另有一块人机对话板，由一片INTEL80296的CPU专门处理人机对话任务。人机对话担负键盘操作和液晶显示功能。

装置核心部分采用AD公司高性能数字信号处理器DSP和Motorola公司的32位单片微处理器MC68332，DSP完成保护运算功能，32位CPU完成保护的出口逻辑及后台功能，具体硬件模块图如图8-4所示。

输入电流、电压首先经隔离互感器、隔离放大器等传变至二次侧，成为小电压信号分别进入CPU板和管理板（MON板）。CPU板主要完成保护的逻辑及跳闸出口功能，同时完成事件记录及打印、录波、保护部分的后台通信及与面板CPU的通信；管理板内设总启动元件，启动后开放出口继电器的正电源；另外，管理板还具有完整的故障录波功能，录波格式与COMTRADE格式兼容，录波数据可单独串口输出或打印输出。

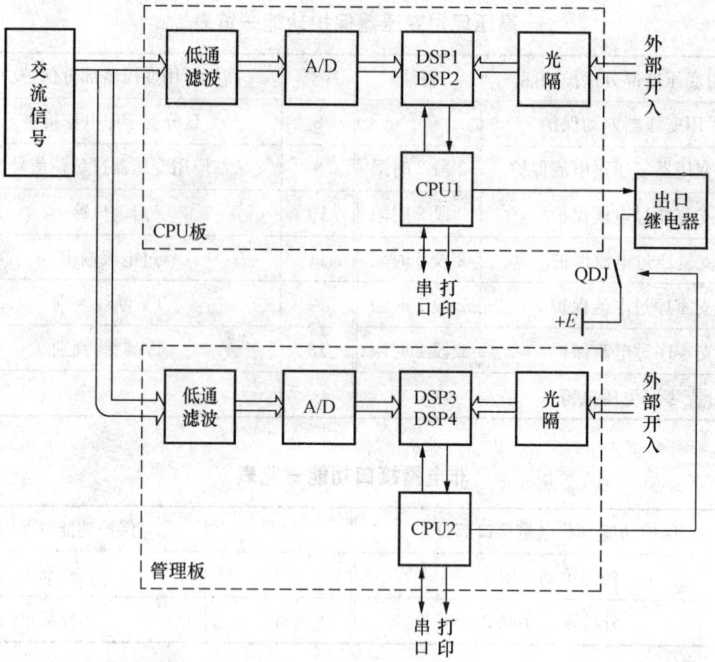

图 8-4　硬件模块图

（二）装置启动元件

RCS—985 型管理板针对不同的保护用不同的启动元件来启动，并且只有该种保护投入时，相应的启动元件才能启动。当各启动元件动作后展宽 500ms，开放出口正电源。CPU 板各保护动作元件只有在其相应的启动元件动作后，同时管理板对应的启动元件动作后才能跳闸出口；否则会有不对应启动报警。

（三）保护录波功能和事件报文

1. 保护故障录波和故障事件报告

保护 CPU 启动后将记录下启动前 2 个周期、启动后 6 个周期的电流、电压波形，跳闸前 2 个周期、跳闸后 6 个周期的电流、电压波形。保护装置可循环记录 32 组故障事件报告、8 组录波的波形数据。故障事件报告包括动作元件、动作相别和动作时间。录波内容包括差流、差动各侧调整后电流、各侧三相电流和零序电流、各侧三相电压和零序电压以及负序电压、零差电流和跳闸脉冲等。

保护 MON 启动后将记录下长达 4s（每周波 24 点）或 8s（每周波 12 点）的连续录波，记录装置 174 路模拟量（采样量、差流量等）、装置所有开入量、开出量、启动标志、信号标志、动作标志、跳闸标志，方便事故分析。

2. 异常报警和装置自检报告

保护 CPU 还记录异常报警和装置自检报告，可循环记录 32 组异常事件报告。异常事件报告包括各种装置自检出错报警、装置长期启动和不对应启动报警、差动电流异常报警、零差电流异常报警、各侧 TA 异常报警、各侧 TV 异常报警、各侧 TA 断线报警、各侧过负荷报警、零序电压报警、启动风冷和过励磁报警等。

3. 开关量变位报告

保护 CPU 也记录开关量变位报文，可循环记录 32 组开关量变位报告。开关量变位报告包括各种连接片变位和管理板各启动元件变位等。

4. 正常波形

保护 CPU 可记录包括三相差流、差动各侧调整后电流、各侧三相电流和零序电流、各侧三相电压和零序电压等在内的 8 个周波的正常波形。

四、装置使用

（一）装置液晶显示

1. 保护运行时液晶显示内容

上电后，装置正常运行，根据主接线整定，显示不同主接线。液晶显示中断路器合位时断路器为实心方块，当断路器分位时为空心方块。例如，当主接线整定为 220kV 出线，双绕组主变压器的发变组单元时，液晶屏幕将显示如图 8-5 所示的信息。

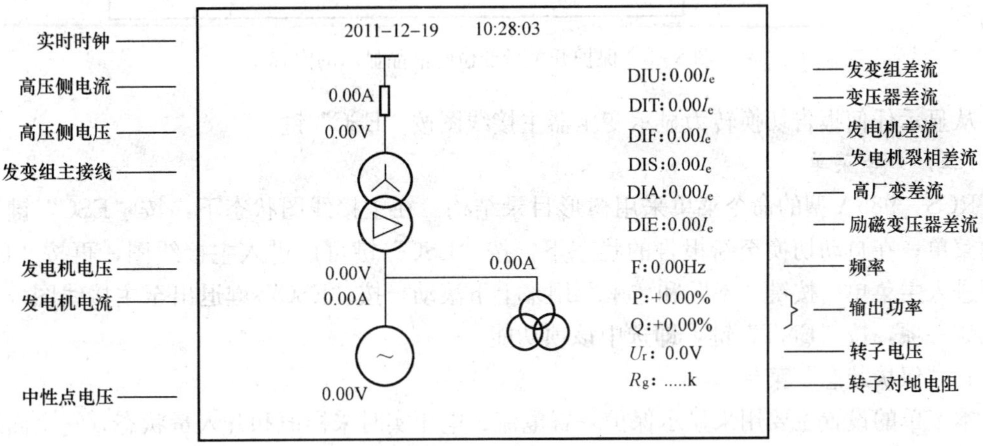

图 8-5　保护运行时液晶显示内容

2. 保护动作时液晶显示内容

当保护动作时，液晶屏幕自动显示最新一次的保护动作报告，格式如图 8-6 所示。

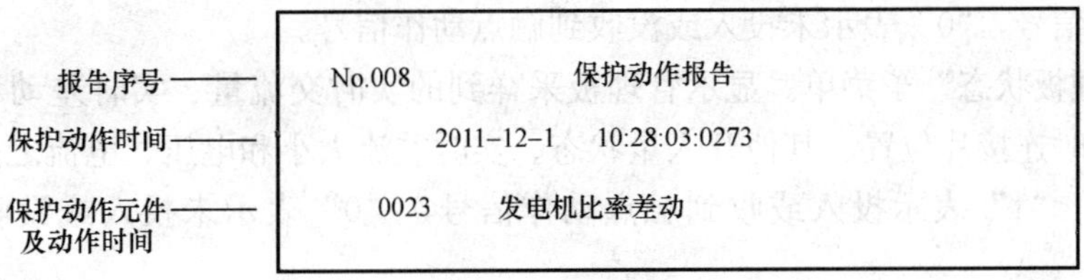

图 8-6　保护动作时液晶显示的内容

3. 保护异常时液晶显示的内容

保护装置运行中，液晶屏幕在硬件自检出错或系统运行异常时将自动显示最新一次的异常报告，格式如图 8-7 所示。

4. 保护开关量变位时液晶显示的内容

保护装置运行中，液晶屏幕在任一开关量发生变位时将自动显示最新一次的开关量变位报告，格式如图 8-8 所示。

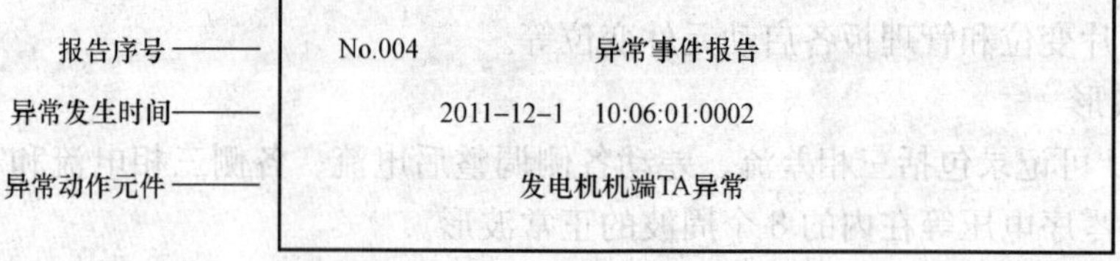

图 8-7 保护异常时液晶显示的内容

图 8-8 保护开关量变位时液晶显示的内容

从显示任何报告切换转为显示变压器主接线图按“ESC”键。

（二）命令菜单

RCS—985A 型的命令菜单采用树形目录结构。在主接线图状态下，按“ESC”键可进入主菜单；在自动切换至新报告的状态下，按“ESC”键可以进入主接线图，再按“ESC”键可进入主菜单。按键“↑”和“↓”用来上下滚动，按“ESC”键退出至主接线图。光标落在哪一项，按“ENT”键，即选中该项功能。

1.“保护状态”菜单

本菜单的设置主要用来显示保护装置电流、电压实时采样值和开入量状态，它全面地反映了该保护运行的环境，只要这些量的显示值与实际运行情况一致，则基本上保护能正常运行了。“保护状态”分为“保护板状态”和“管理板状态”两个子菜单。

（1）“保护板状态”子菜单。显示保护板采样到的实时交流量、实时差动调整后各侧电流、实时连接片位置、其他开入量状态和实时差流大小。对于开入量状态，“1”表示投入或收到触点动作信号，“0”表示未投入或没收到触点动作信号。

（2）“管理板状态”子菜单。显示管理板采样到的实时交流量、实时差动和零差调整后各侧电流、实时连接片位置、其他开入量状态、实时差流大小和电压、电流之间的相角。对于开入量状态，“1”表示投入或收到触点动作信号，“0”表示未投入或没收到触点动作信号。

2.“显示报告”菜单

本菜单显示“保护动作报告”，“异常事件报告”及“开入变位报告”。由于本保护自带掉电保持，不管断电与否，都能记忆保护动作报告、异常记录报告及开入变位报告各 32 次。主接线显示方式下：

（1）保护跳闸后，屏幕显示跳闸时间、保护动作元件，如图 8-6 所示。

（2）装置发报警信号时，屏幕显示报警发出时间、报警内容，报警返回，显示自动回到主接线方式。如图 8-5 所示。

(3) 发报警信号后，装置再跳闸，保护优先显示跳闸报文。此时如报警未消失，可以按屏上复归按钮循环显示跳闸报文、异常报文、主接线方式。

按键“↑”和“↓”用来上下滚动，选择要显示的报告，按键“ENT”显示选择的报告。首先显示最新的一条报告；按“－”键，显示前一个报告；按“＋”键，显示后一个报告。若一条报告一屏显示不下，则通过键“↑”和“↓”上下滚动。按“ESC”键退出至上一级菜单。

3. “打印报告”菜单

本菜单下有“打印定值”、“正常波形”、“故障波形”、“保护动作报告”、“异常事件报告”及“开入变位报告”子菜单。

“正常波形”记录保护当前8个周波的各侧电流、电压波形、差流及差动调整前后波形。包括：发变组差流波形，主变压器差流波形，各侧电流波形，主变压器电流波形，高压厂用变压器差流波形，高压厂用变压器分支波形，发电机差流波形，发电机横差电流波形，发电机电压波形，发电机综合量波形，励磁交流电流波形。用于校核装置接入的电流电压极性和相位。装置能记忆8次波形报告，其中差流波形报告中包括三相差流、差动调整后各侧电流以及各开关跳闸时序图，各侧电流、电压打印功能中可以选择打印各侧故障前后的电流电压波形，可用于故障后的事故分析。

“打印定值”包括一套当前整定定值、差动计算定值以及各侧后备保护跳闸矩阵，以方便校核存档。

按键“↑”和“↓”用来上下滚动，选择要打印的报告，按“ENT”键确认打印选择的报告。

4. “整定定值”菜单

此菜单分为四个子菜单：“装置参数定值”、“系统参数定值”、“发变组保护定值”和“计算定值”。其中“系统参数定值”单包括五个子菜单：“保护投入总控制字”、“主变压器系统参数定值”、“发电机系统参数定值”、“厂用变压器系统参数定值”、“励磁变或励磁机系统参数定值”。“发变组保护定值”菜单包括29个子菜单。进入某一个子菜单可整定相应的定值。

按键“↑”、“↓”用来滚动选择要修改的定值，按键“←”、“→”用来将光标移到要修改的那一位，按键“＋”和“－”用来修改数据，按键“ESC”为不修改返回，按键“ENT”为修改整定后返回。

需要注意的是，若整定定值出错，液晶会显示错误信息，按任意键后重新整定；保护投入总控制字中某保护退出后，该保护的定值项隐藏将不会显示出来；如果修改了系统定值而未修改保护定值，装置将会报警显示错误信息，整定保护定值后错误消失；程序升级后装置会报定值区出错信息，重新整定该版本默认定值后报警消失。

5. “修改时钟”菜单

液晶显示当前的日期和时间。按键“↑”、“↓”、“←”、“→”用来选择要修改的那一位，按键“＋”和“－”用来修改。按键“ESC”为不修改返回，按键“ENT”为修改后返回。

注：若日期和时间修改出错，会显示“日期时间值越界”，并要求重新修改。

6.“程序版本”菜单

液晶显示保护板、管理板和液晶板的程序版本以及程序生成时间。

7.“显示控制”菜单

“显示控制”菜单包括液晶对比度菜单。液晶对比度菜单用来修改液晶显示对比度，按“+”和“—”键可调整对比度，按“ESC”键退出。

8. 退出

主菜单的此项命令将退出菜单，显示发变组主接线图或新报告。

（三）装置运行说明

1. 装置正常运行状态

信号灯说明如下。

“运行”灯为绿色，装置正常运行时点亮，熄灭表明装置不处于工作状态。

“TV 断线”灯为黄色，TV 异常或断线时点亮。

“TA 断线”灯为黄色，TA 异常或断线、差流异常时点亮。

“报警”灯为黄色，保护发报警信号时点亮。

“跳闸”灯为红色，当保护动作并出口时点亮，并磁保持；在保护返回后，只有按下“信号复归”或远方信号复归后才熄灭。

2. 运行工况

（1）保护出口的投、退可以通过跳闸出口连接片实现。

（2）保护功能可以通过屏上连接片或内部连接片、控制字单独投退。

（3）装置始终对硬件回路和运行状态进行自检，当出现严重故障时，装置闭锁所有保护功能，并灭“运行”灯，否则只退出部分保护功能，发告警信号。

（4）启动风冷、闭锁调压等工况，装置只发报文，不发报警信号。

3. 装置闭锁与报警

（1）当 CPU 检测到装置本身硬件故障时，发装置闭锁信号，闭锁整套保护。硬件故障包括：RAM 异常、程序存储器出错、EEPROM 出错、定值无效、光电隔离失电报警、DSP 出错和跳闸出口异常等。此时装置不能够继续工作。

（2）当 CPU 检测到装置长期启动、不对应启动、装置内部通信出错、TA 断线、TV 断线、保护报警信号时发出装置报警信号。此时装置还可以继续工作。

第二节　发电机—变压器组纵差保护检验

本章中各保护功能的测试都是在 RCS—985A 型发电机—变压器组成套保护装置中进行，并结合南瑞公司研发的“DBG2000 专用调试软件”、“变斜率比率差动计算软件”、“反时限过负荷计算软件”，这将大大方便测试。当一次参数作为定值正确输入后，测试中需用到的数据，如各套差动计算用的二次额定电流、一些保护不同工况下的动作门槛等，均能通过数据线传输到计算机，在 DBG2000 的调试界面中显示。图 8 - 9 所示为二次额定电流值。

一、发变组差动试验

1. 差动保护的介绍

RCS—985A 型发变组保护配置了发电机差动、发变组差动、变压器差动、高压厂用变

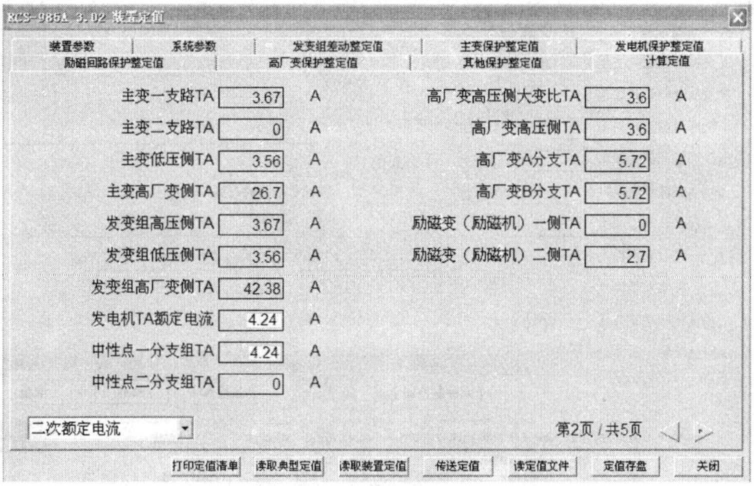

图 8-9　二次额定电流数值示意图

压器差动和励磁变压器差动保护，均以差动各侧的电流有名值计算。其中发变组差动、主变差动、高厂变差动和励磁变压器差动的差动电流 I_d 和制动电流 I_{res} 计算公式为

$$\begin{cases} I_d = |\dot{I}_1 + \dot{I}_2 + \dot{I}_3 + \dot{I}_4 + \dot{I}_5| \\ I_{res} = \dfrac{|I_1| + |I_2| + |I_3| + |I_4| + |I_5|}{2} \end{cases} \tag{8-1}$$

而发电机差动保护、励磁机差动保护的机端和中性点电流，发电机裂相横差保护的中性点侧两分支组电流均为同极性接入装置，则

$$\begin{cases} I_d = |\dot{I}_1 - \dot{I}_2| \\ I_{res} = \dfrac{|\dot{I}_1 + \dot{I}_2|}{2} \end{cases} \tag{8-2}$$

2. 差动保护定值整定

（1）整定保护总控制字“发变组差动保护投入”置 1。

（2）投入屏上“投发变组差动保护”硬连接片。

（3）比率差动启动定值 I_{dst}：0.5 I_N，起始斜率：0.1，最大斜率：0.7。二次谐波制动系数：0.15；速断定值 I_{dsd}：6 I_N。（注：下划线上所给定值为本测试使用定值，测试者可根据定值清单或实验室具体情况进行修改）

（4）整定发变组差动跳闸矩阵定值，如图 8-10 所示，矩阵的最后一位“本保护跳闸投入”若未被选中，则该保护跳闸功能退出，TJ1～TJ14 对应不同的出口，可根据工程需要进行选择、定义。

（5）按照试验要求整定“发变组差动速断投入”、“发变组比率差动投入”、“涌流闭锁功能选择”控制字。

（6）定值修改完成后，“传送定值”给保护装置。

3. 试验接线

以发变组差动保护为例，取主变压器高压侧电流和发电机中性点侧电流做比率差动试验。如图 8-11 所示，I_A、I_B、I_C、I_N 分别接至端子排 1ID1、1ID2、1ID3、1ID4 模拟主变

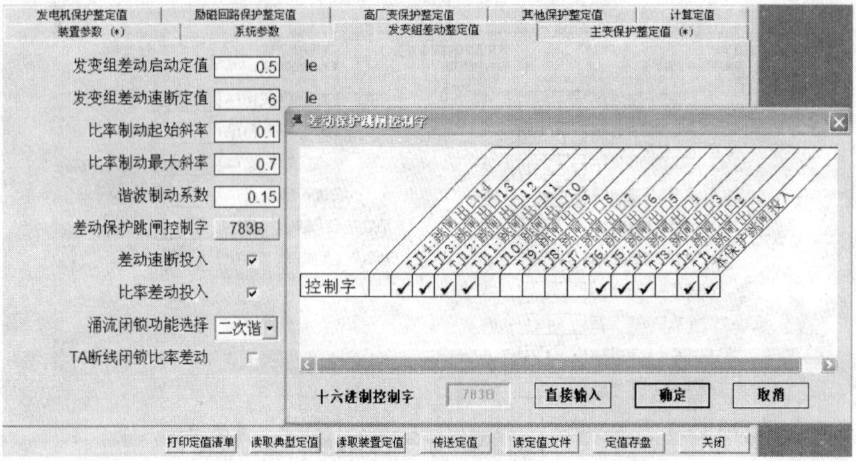

图 8-10　差动保护跳闸控制字

压器高压侧三相电流，I_a、I_b、I_c、I_n 分别接至端子排 1ID15、1ID16、1ID17、1ID18 模拟发电机中性点侧三相电流。

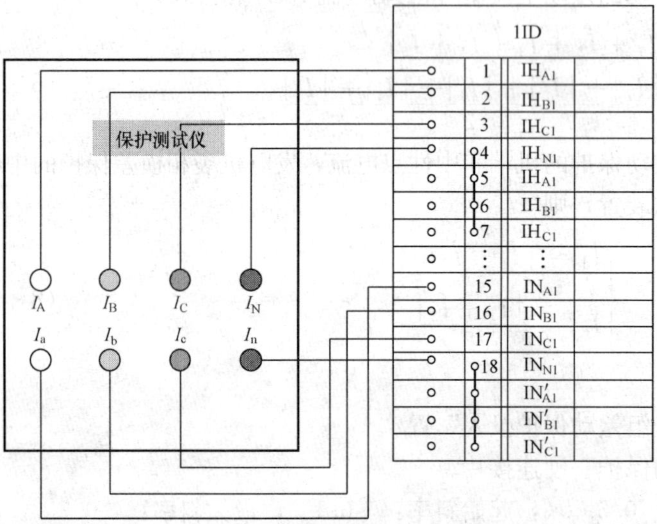

图 8-11　发电机差动保护接线示意图

另外，从发电机差动保护的跳闸矩阵中任取一出口反馈给继保测试仪，以便在保护跳闸出口后自动停止测试仪。如取 TJ1，即将端子排中 1PD1、1ND1 端子接至保护测试仪的某一开关量输入端子。

其他差动保护试验，只需将测试仪中输出的模拟电流改接至被保护元件两侧的电流对应的输入端子即可。

4. 试验方法

图 8-12 所示为“变斜率差动计算软件”的主界面，“一侧额定电流”和“二侧额定电流”对应所测试的差动保护的两侧额定电流，如对于发变组差动保护，“一侧额定电流”为主变压器高压侧额定电流，“二侧额定电流”为发电机中性点侧额定电流；在“差动启动定值”、“起始斜率”、“最大斜率”中输入所调试差动保护的保护定值；在“差动类型”中选择“变压器差动”或“发电机差动”，前者指的是差动范围包含变压器（主变压器、厂用变压器或励磁变压器）的差动保护；对于“变压器差动”还需在“变压器的接线方式”中选择 Yd、Dy、Yy 或 Dd（一侧接线方式/二侧接线方式）；“输入一侧电流”中输入实际在一侧加的电流，即测试仪上其中一组（如 I_A、I_B、I_C）模拟电流输出值；最后“回车”或单击“计算”即显示出计算所得“二侧电流值”和对应的“制动电流”、“动作电流”。该软件计算出的即是变斜率差动曲线上的点。即测试仪上另一组（如 I_a、I_b、I_c）模拟电流输出从某较小数值

开始递增，当达到“二侧电流值时”保护动作。

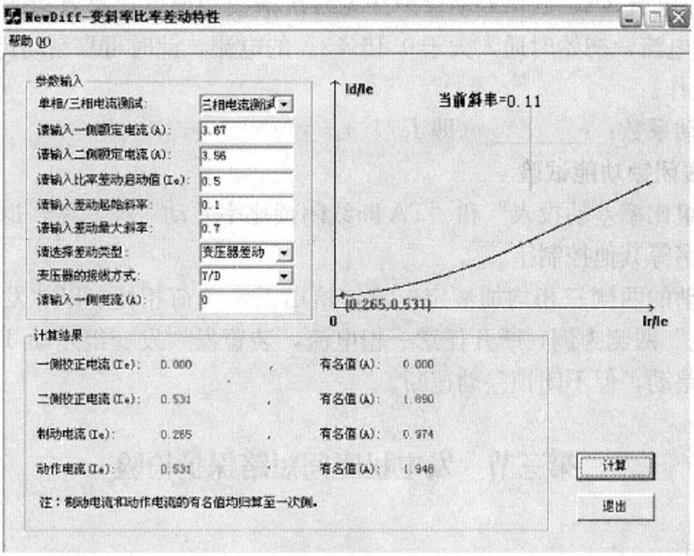

图 8-12 变斜率差动计算软件主界面

测试时，在“输入一侧电流”中顺次输入 0、1、3、5、8A，求出制动电流、动作电流、中性点电流的计算值填入表 8-7，按照表中参数为保护装置加量，测出中性点电流的动作值，该实测值与计算值之间的误差应满足规程要求。或按照实测值画出比率差动特性曲线，该曲线应与整定的特性曲线基本吻合，偏差不能超过规程要求。

表 8-7 **发变组差动保护试验表格**

序号	输入值	计算值			实测值	误差（%）
	主变高压侧电流（A）	制动电流（A）	动作电流（A）	中性点电流（A）	中性点电流（A）	
1	0					
2	1					
3	3					
4	5					
5	8					

二、差动速断试验

为使此试验更为直观，仅投入“发变组差动速断投入”控制字，退出“发变组比率差动投入”等其他控制字。

以主变压器高压侧为试验侧，通入单相电流，依定值 $I_{dsd}=6I_N$，则其计算值为$\sqrt{3}\times 6\times 3.67=38.14$（A），实测动作值为________A。

三、涌流闭锁功能试验

“涌流闭锁功能选择”整定为“二次谐波”，投入“发变组比率差动投入”控制字，退出“发变组差动速断投入”控制字等其他控制字。

以测试仪的A、B相电流并接通入差动保护的任意侧的任意一相电流输入端子。如将I_A设置为50Hz基波电流3A，确保差动保护在无二次谐波情况下比率差动能动作；I_B设置为100 Hz二次谐波电流，初始时通入大于0.15×3A的电流，此时可靠制动比率差动，而后递减I_B直至保护动作。

实测谐波制动系数：________（即I_B/I_A）。

四、TA断线闭锁功能试验

投入“发变组比率差动投入”和“TA断线闭锁比率差动”控制字，退出“发变组差动速断投入”控制字等其他控制字。

在参与该差动的两侧三相均加额定电流，给出正常负荷相位，以“发电机机端侧”和“发电机中性点侧”两侧为例，断开任意一相电流，装置发“发变组差动TA断线”信号并闭锁发变组比率差动，但不闭锁差动速断。

第三节　发电机匝间短路保护检验

一、横差保护

1. 保护动作判据

RCS—985A型发变组成套保护装置中横差保护所用的动作判据为

$$\begin{cases} I_d > I_{hcset} & I_{max} \leqslant I_{Nf} \\ I_d > I_{hcset} \times [1 + K \times (I_{max} - I_{Nf})/I_{Nf}] & I_{max} > I_{Nf} \end{cases} \tag{8-3}$$

式中：I_d为横差电流动作值；I_{hcset}为横差保护灵敏段整定值；I_{max}为相电流制动量，取发电机机端最大相电流；I_{Nf}为发电机机端额定电流；K为横差相电流制动系数。

2. 定值整定

（1）整定保护总控制字“发电机匝间保护投入”置1。

（2）投入屏上“投发电机匝间保护”硬连接片。

（3）灵敏段定值I_{hcset}__1.5A__，高定值段__2A__，横差相电流制动系数K为__1__，横差延时（躲转子一点接地）__0.5__s。

（4）整定跳闸矩阵定值。

（5）按照试验要求整定“横差保护投入”、“横差保护灵敏段保护投入”。

（6）传送定值。

3. 试验接线

继保测试仪的一相电流（如A相）接入横差电流输入端子1ID64，作为横差电流I_{hc}，另一相电流（如B相）接入发电机机端某相电流端子（如1ID8），作为机端最大相电流I_{max}，1ID65和1ID11需接回测试仪I_N端子。取跳闸矩阵中任一出口（如TJ1，端子1PD1、1ND1）反馈给继保测试仪。

4. 试验方法

如图8-9所示，发电机机端额定电流I_{Nf}=4.24A，则

$$\begin{cases} I_d > 1.5A & I_{max} \leqslant 4.24A \\ I_d > 1.5 \times [1 + 1 \times (I_{max} - 4.24)/4.24] = 1.5I_{max}/4.24 & I_{max} > 4.24A \end{cases} \tag{8-4}$$

试验时，先通入机端最大相电流I_{max}，根据保护动作判据计算出横差保护动作电流（该

计算值可在 DBG2000 调试软件的“横差保护”界面中直接显示），再通入横差电流 I_{hc}，记录横差动作电流实测值填入表 8-8。实测值与计算值之间的误差应满足规程要求。注意当 I_{max}较大，横差动作电流计算值大于高定值段定值 2A 时，保护应按高定值段动作。

表 8-8 横差保护试验表格

序号	输入电流	横差动作电流计算值（A）	横差动作电流实测值（A）	误差（%）
	机端最大相电流 I_{max}（A）			
1	1			
2	2			
3	4.5			
4	4.8			
5	5.8			
6	6			

二、纵向零序电压保护

1. 保护动作判据

RCS—985A 型发变组成套保护装置中纵向零序电压保护所用的动作判据为

$$\begin{cases} U_{0op} > U_{0set} \times [1 + K \times I_m / I_{Nf}] \\ I_m = 3I_2 \qquad I_{max} < I_{ef} \text{时} \\ I_m = (I_{max} - I_{ef}) + 3I_2 \qquad I_{max} \geqslant I_{ef} \text{时} \end{cases} \tag{8-5}$$

式中：U_{0op}为零序电压动作值；U_{0set}为纵向零序电压保护灵敏段整定值；K 为电流制动系数，该值不可整定，固定为 2；I_m 为与负序电流有关的制动电流；I_{max}为发电机机端最大相电流；I_{Nf}为发电机机端额定电流。

该保护判据中负序功率方向闭锁判据固定投入，对于灵敏段，如果负序功率方向满足条件（正方向，灵敏角 78°），则灵敏段不经电流制动，纵向零序电压大于灵敏段定值匝间保护即动作；如果负序功率方向不满足条件（反方向，灵敏角 258°），则灵敏段经电流制动。对于高定值段，如果负序功率方向满足正方向条件，则纵向零序电压大于高定值段定值，高定值段动作，如果负序功率方向满足反方向条件，则高定值段永远不动作。如果无电流（并网之前），则纵向零序电压大于灵敏段定值时，灵敏段就可以动作。

2. 定值整定

（1）保护总控制字“发电机匝间保护投入”置 1。

（2）投入屏上“投发电机匝间保护”硬连接片。

（3）灵敏段定值__1__V，高定值段__6__V，纵向零序电流制动系数 K 等于__2__，延时__0.2__s。

（4）整定跳闸矩阵定值。

（5）按照试验要求整定“零序电压投入”、“零序电压经相电流制动投入”、“零序电压高定值段投入”控制字，传送定值。

3. 试验接线

如图 8-13 所示，保护测试仪的电流 I_A 模拟发电机机端 A 相电流，电压 U_A 模拟发电机机端电压并接入机端电压互感器 A 相端子及匝间专用电压互感器的 A 相端子，U_B 模拟匝间专用 TV2 的开口零序电压。取跳闸矩阵中任一出口（如 TJ1，端子 1PD1、1ND1）反馈给保护测试仪。

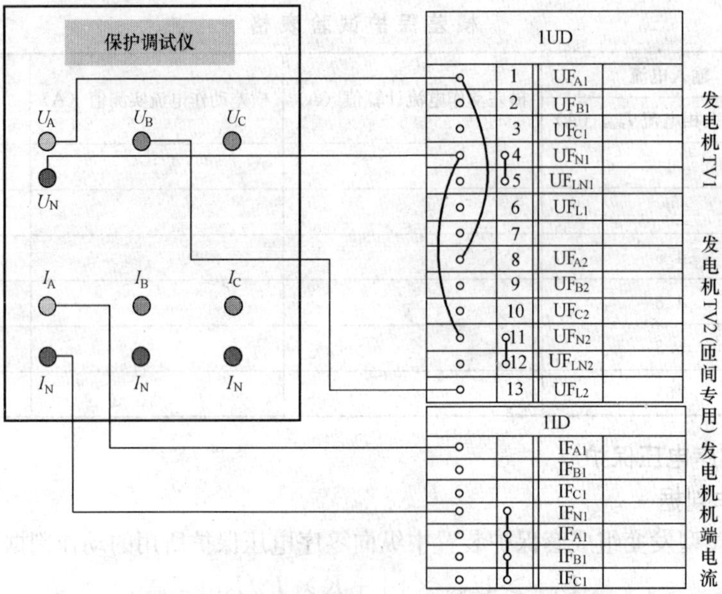

图 8 - 13　纵向零序电压保护试验接线示意图

4. 试验方法

当发电机专用电压互感器 TV2 一次断线时，需闭锁定子匝间纵向零序电压保护。其 TV 断线判据包括：

判据 1：TV1 负序电压 $3U_2 < U_{2\_set1}$ 或 TV2 负序电压 $3U_2' < U_{2\_set2}$

且 TV2 开口三角零序电压 $3U_0' > U_{0set}$（动作定值）

判据 2：$U_{AB} - U_{ab} > 5V$ 或 $U_{BC} - U_{bc} > 5V$ 或 $U_{CA} - U_{ca} > 5V$

且 TV2 开口三角零序电压 $3U_0' > U_{0set}$（动作定值）

U_{AB}、U_{BC}、U_{CA} 为 TV1 相间电压，U_{ab}、U_{bc}、U_{ca} 为 TV2 相间电压。

满足判据 1 或判据 2 延时 40ms 发 TV2 一次断线报警信号，并闭锁纵向零序电压匝间保护。TV 回路恢复正常，必须在屏上按“复归”按钮才能清除闭锁信号并解除匝间保护的闭锁，否则闭锁一直有效。

由于 TV1 与 TV2 接入同一电压，其压差为 0，因此判据 2 恒不满足。但要注意加量时需使 $U_A > 3V$，以满足机端 TV1、TV2 有大于 U_{2set} 的负序电压，否则将判为 TV 断线而闭锁纵向零序电压保护。

根据保护判据，试验时需判断负序功率方向，即负序电压与负序电流之间的相位，由于试验接线时只加入 A 相电压和 A 相电流，$3U_2 = U_A$，$3I_2 = I_A$，则 A 相电压超前 A 相电流的角度就是负序电压超前负序电流的角度。

如图 8 - 9 所示，发电机机端额定电流 $I_{Nf} = 4.24A$，则

当 $I_{max} = I_A < 4.24A$ 时，$I_m = 3I_2 = I_A$，有

$$U_{0op} > U_{0set} \times (1 + K \times I_A / I_{Nf}) = 1 \times (1 + 2I_A / I_{Nf}) = 1 + 2I_A / I_{Nf} \quad (8-6)$$

当 $I_A \geqslant 4.24A$ 时，$I_m=(I_{max}-I_{Nf})+3I_2=(I_A-I_{Nf})+I_A=2I_A-I_{Nf}$

$$有\ U_{0op}>U_{0set}\times(1+K\times I_m/I_{Nf})=1\times[1+2(2I_A-I_{Nf})/I_{Nf}]=4I_A/I_{Nf}-1 \quad (8-7)$$

试验时，可将 U_A 固定设置为 15V，先通入机端最大相电流 I_{max}，即 I_A，根据保护动作判据计算出纵向零序电压保护动作值，再通入纵向零序电压 U_B，记录纵向零序动作电压实测值填入表 8-9。

表 8-9　纵向零序电压保护试验表格

序号	机端最大相电流 I_{max}		负序电压超前负序电流相位	纵向零序电压计算值	纵向零序电压实测值（V）
	I_{max}	I_A/I_{Nf}			
1	0	0	无关		
2	3		78°		
3	3		258°		
4	5		78°		
5	5		258°		

做高定值段试验时，将负序电压超前负序电流相位设置为 78°，退出灵敏段，可以测得高定值段动作电压为________V。试验将负序电压超前负序电流相位设置为 258°时，高定值段应可靠不动作。

第四节　发电机接地短路保护检验

一、发电机定子接地保护测试

（一）基波零序电压保护

1. 定值整定

（1）整定保护总控制字“定子接地保护投入”置 1。

（2）投入屏上“投定子接地零序电压保护”硬连接片。

（3）基波零序电压 U_{0set} 定值__2__V，零序电压高定值 U_{0seth} 为__10__V，零序电压保护延时__2__s。

（4）整定跳闸矩阵定值。

（5）按照试验要求整定“零序电压报警段投入”、“零序电压保护跳闸投入”、“零序电压高定值跳闸投入”控制字，传送定值。

2. 试验接线

继保调试仪的电压按图 8-14 接入电压端子，U_A 接发电机机端零序电压输入端子，U_B 接主变压器高压侧零序电压输入端子，U_C 接中性点零序电压输入端子。取相应的跳闸出口触点引入继保测试仪。

3. 试验方法

（1）基波零序电压报警试验。报警段动作判据为

$$中性点零序电压\ U_{N0}>U_{0set}$$

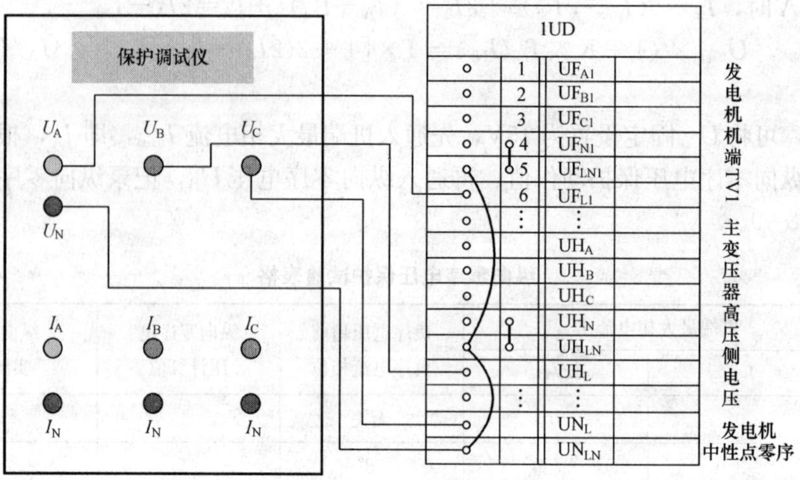

图 8-14 基波零序电压保护测试接线示意图

基波零序电压定子接地保护，动作于报警时，报警定值为“基波零序电压”定值，延时为“零序电压保护延时”，不需通过连接片控制，也不需经机端零序电压和主变压器高压侧零序电压闭锁。

1）在发电机中性点零序电压输入端子上加入单相电压，记录实测报警动作值________V。

2）直接加入大于 2V 的电压，使保护动作于报警，记录报警延时时间________s。

测试者可以在装置液晶显示屏上查看报警记录，也可在 DBG2000 调试软件的“自检报告”中查看。

（2）基波零序电压跳闸试验。

1）基波零序电压灵敏跳闸段动作判据为

$$中性点零序电压\ U_{N0} > U_{0set}$$

主变压器高压侧零序电压 $U_{h0} < 40V$，防止区外故障时定子接地基波零序电压灵敏段误动。

机端零序电压 $U_{T0} > U'_{0set}$，U_{N0} 和 U_{T0} 都作为发电机零序电压其值应相同，但因机端、中性点 TV 变比不同，导致两个定值间存在差异，然而闭锁定值 U'_{0set} 不需整定，保护装置根据“系统参数”中机端、中性点 TV 的变比自动计算出“中性点机端零序电压相关系数”，自动转换出实时工况下的闭锁定值 U'_{0set}。

如图 8-15 所示，装置自动计算出来的相关系数 K 为 0.577，其计算方法为

机端 TV 变比
$$K_1 = \frac{20000}{\sqrt{3}} / \frac{100}{3} \tag{8-8}$$

中性点 TV 变比
$$K_2 = \frac{20000}{\sqrt{3}} / \frac{100}{\sqrt{3}} \tag{8-9}$$

相关系数
$$K = K_1 / K_2 = 0.577 \tag{8-10}$$

则机端零序电压对于 $U_{0set} = 2V$ 时的 $U'_{0set} = U_{0set} / K = 3.47V$。

按照表 8-10 要求加入各电压量进行试验。

2）基波零序电压高定值段动作判据：发电机中性点零序电压 U_{N0} 大于零序电压高定值

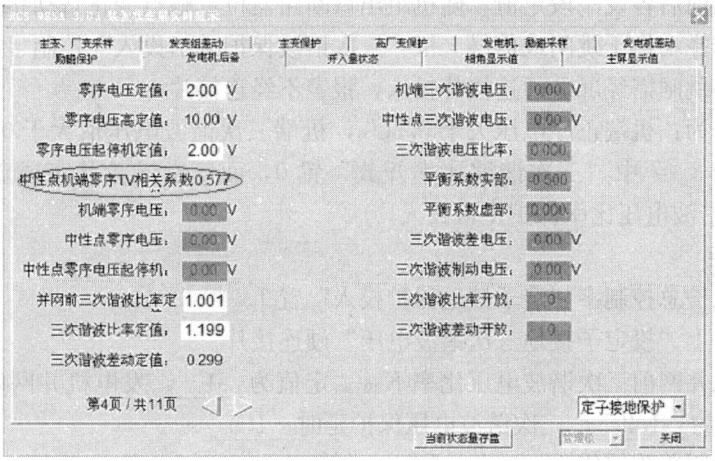

图 8-15　DBG2000 定子接地保护采样显示界面

U_{0seth}，不经机端零序电压和主变压器高压侧零序电压闭锁。因此，只需加单相电压接入发电机中性点零序电压输入端子即可。

表 8-10　　定子接地基波零序电压保护试验表格

序号	基波零序电压灵敏段			
1	发电机机端零序电压 U_A（V）	主变压器高压侧零序电压 U_B（V）	中性点零序电压动作定值 U_C（V）	基波零序电压实测值（V）
	3.5	0	2	
2	发电机机端零序电压 U_A（V）	发电机中性点零序电压 U_C（V）	主变压器高压侧零序电压闭锁值 U_B（V）	闭锁电压 U_{h0} 实测值（V）
	3.5	3	40	
3	主变压器高压侧零序电压 U_B（V）	发电机中性点零序电压 U_C（V）	发电机机端零序电压闭锁值 U_A（V）	闭锁电压 U_{T0} 实测值（V）
	0	3	3.47	
基波零序电压高定值段				
零序电压高定值（V）		实测值		
10				

（二）三次谐波电压保护

1. 保护说明

三次谐波电压保护判据只保护发电机中性点 25%左右的定子接地，机端三次谐波电压取自机端开口三角零序电压，中性点侧三次谐波电压取自发电机中性点 TV。

三次谐波保护动作方程为

$$U_{3T}/U_{3N} > K_{3Wset} \tag{8-11}$$

式中：U_{3T}、U_{3N} 分别为机端和中性点三次谐波电压值；K_{3Wset} 为三次谐波电压比值整定值。

机组并网前后，机端等值容抗有较大的变化，因此三次谐波电压比率关系也随之变化，装置在机组并网前后各设一段定值，随机组出口断路器位置触点变化自动切换。三次谐波电压比率判据可选择动作于跳闸或信号。依“三次谐波保护跳闸投入”控制字投退，选择动作于跳闸或报警，跳闸需经屏上硬连接片投入，报警不经连接片。

其辅助判据为：机端正序电压大于 $0.5U_N$，机端三次谐波电压值大于 0.3V。若不满足该判据，则在图 8-7 中“三次谐波比率开放”置 0，而正常试验状态或正常运行时均为“1”，表示三次谐波电压比率保护正常投入。

2. 定值整定

(1) 整定保护总控制字“定子接地保护投入”置 1。

(2) 投入屏上“投定子接地三次谐波电压”硬连接片。

(3) 发电机并网前三次谐波电压比率 K_{3Wpset} 定值为__1__，发电机并网后三次谐波电压比率 K_{3Wlset} 定值为__1.2__，三次谐波电压保护延时__1.5__s。

(4) 整定跳闸矩阵定值。

(5) 按照试验要求整定“三次谐波比率判据投入”、“三次谐波保护报警投入”、“三次谐波保护跳闸投入”控制字，传送定值。

3. 试验接线

如图 8-16 所示，保护调试仪输出电压 U_A、U_B 接至发电机机端 TV1 的 A、B 两相端子，为了保证机端正序电压大于 $0.5U_N$，建议每相电压输出为 70V。在 U_A 上叠加三次谐波电压，并接于机端零序电压端子，U_C 输出三次谐波电压至发电机中性点零序电压端子。取相应的跳闸出口触点引入继保测试仪。

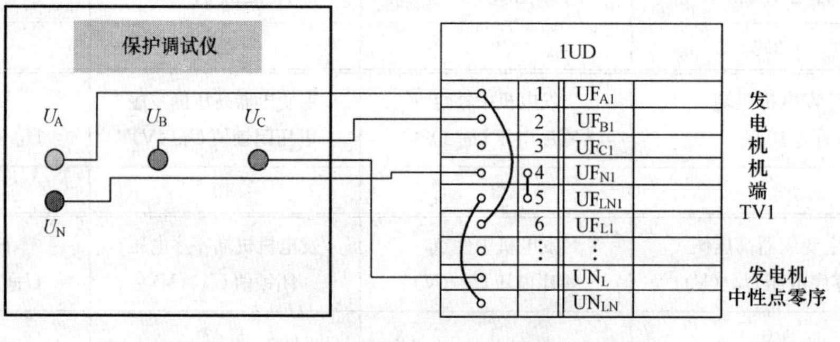

图 8-16　三次谐波电压保护试验接线示意图

4. 试验方法

按试验接线要求在机端三相上加入固定的基波电压，设定 U_A 输出不同的三次谐波电压值，减小 U_C 三次谐波电压至保护动作，测得相应的动作值，填入表 8-11。

装置利用跳位继电器的触点状态来判断发电机出口断路器的状态，并网前，出口断路器在断开位置，跳位继电器触点应闭合，可以用短接的方式来模拟这种情况，即将端子 1ZD13 与 1ZD4 短接，此时，可在“状态量实时显示”菜单下“外部开入部分”界面中监测到断路器 A 跳位触点由 0 变为 1。并网后，出口断路器闭合，应将短接线拆除。

二、发电机转子接地保护测试

（一）转子一点接地保护

1. 定值整定

(1) 整定保护总控制字“转子接地保护投入”置 1。

表 8-11　　　　**三次谐波电压保护试验表格**

并网前	机端三次谐波 U_{A3}（V）	中性点三次谐波计算值 U_{C3}（V）	动作值 U_{C3}（V）	比率定值 K_{3Wpset}	实测比率 K_{3W}
	2.5	2.5		1	
	4	4		1	
并网后	机端三次谐波 U_{A3}（V）	中性点三次谐波计算值 U_{C3}（V）	动作值 U_{C3}（V）	比率定值 K_{3Wlset}	实测比率 K_{3W}
	2.4	2		1.2	
	4	3.33		1.2	

（2）转子一点接地保护可动作于信号也可动作于跳闸。若动作于跳闸，需整定"一点接地投跳闸"控制字投入，并投入屏上"投转子一点接地"硬连接片，若动作于信号则不经硬连接片。一般转子接地只投信号，不投跳闸。

（3）一点接地设有两段动作值，灵敏段和普通段。两者的主要区别在于普通段发信后15s，装置转子两点接地保护自动转为投入状态，而灵敏段与此无关，仅作为发信报警用。一点接地灵敏段电阻定值为__40__kΩ，一点接地电阻定值为__25__kΩ，一点接地延时为__0.5__s。

（4）整定转子接地保护跳闸矩阵定值。

（5）"一点接地灵敏段信号投入"置1，动作于报警。

（6）"一点接地信号投入"置1，动作于报警。

2. 试验方法

转子一点接地试验可以利用保护屏背面所设的试验端子及屏内装设的20 kΩ标准试验电阻进行，各端子说明及内部联系如图8-17所示。

端子1VD1与1VD9短接，表示转子电压正端（即转子绕组首端）经20kΩ电阻接地，或表示转子首端对大轴绝缘电阻只有20kΩ；1VD4与1VD9短接，表示转子电压负端（即转子绕组末端）经20kΩ电阻接地；1VD1与1VD7短接，表示电压正端直接接地；1VD4与1VD7短接，表示电压负端直接接地。

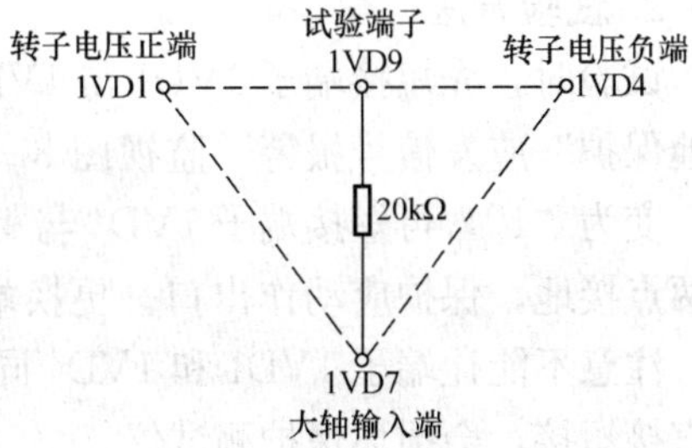

图8-17　转子一点接地试验端子示意图

试验时，首先从保护测试仪中输出直流80V的试验电压加在转子电压正负两端，即端子1VD1与1VD4。然后依次短接各试验端子，从图8-18所示的DBG2000界面中可显示出保护测量到的接地电阻及接地点位置，记录数据填入表8-12。

表 8-12　　　　**转子一点接地保护试验表格**

试验接线	转子对大轴绝缘电阻	转子接地位置	试验接线	转子对大轴绝缘电阻	转子接地位置
1VD1与1VD9短接			1VD1与1VD7短接		
1VD4与1VD9短接			1VD4与1VD7短接		

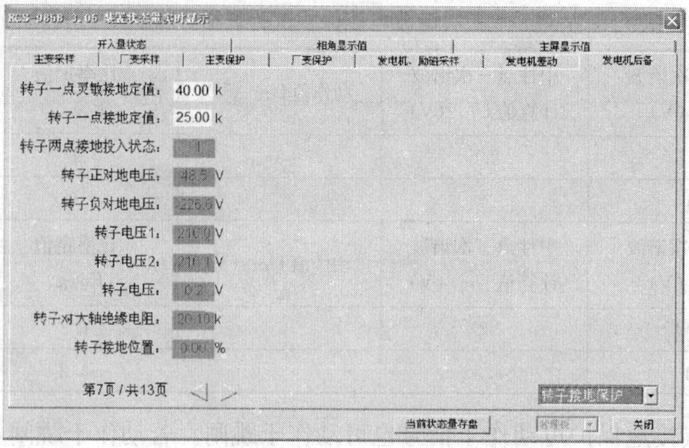

图 8-18 转子接地保护测量数据显示界面

若需要测试准确定值，可在正端（或者负端）与大轴之间串接一变阻箱，改变变阻箱的电阻值来测试保护的动作值，需注意所接电阻箱的耐压能力。

（二）转子两点接地定值整定

1. 定值整定

（1）整定保护总控制字“转子接地保护投入”置1。

（2）投入屏上“投转子两点接地”硬连接片，试验时，“转子两点接地”需在“转子一点接地”发生之后才能投入，故不能退出“一点接地”进行“转子两点接地”试验。

（3）两点接地保护延时<u> 0.5 </u>s。

（4）整定转子接地保护跳闸矩阵定值。

（5）“转子两点接地投入”置1，按跳闸矩阵动作于出口。

2. 试验方法

试验时，先短接端子1VD1与1VD9，即转子绕组首端经20kΩ电阻接地，此时，“一点接地保护”应发信号报警。监视图8-10界面中“转子两点接地投入状态”经15s时间由“0”变为“1”，再短接端子1VD4与1VD7，即转子末端直接接地，这样，相当于转子发生了两点接地，保护应动作出口。更换端子短接顺序，重复上述试验多次，记录保护动作情况。注意不能让端子1VD1和1VD4同时与端子1VD7或1VD9短接，这样相当于电源正负极直接短接，会损坏保护测试仪。

第五节 发电机失磁失步保护检验

一、失磁保护测试

1. 定值整定

（1）整定保护总控制字“发电机失磁保护投入”置1。

（2）投入屏上“投失磁保护”硬连接片。

（3）定子阻抗判据：失磁保护阻抗1（上端）定值 Z_1 为<u> 5 </u>Ω，失磁保护阻抗2（下端）定值 Z_2 为<u> 20 </u>Ω，无功功率反向定值 Q_{set} 为<u> 10 </u>%，整定“阻抗圆选择”控制字选择静稳阻抗圆或异步阻抗圆，整定"无功反向判据投入"控制字。

（4）转子电压判据：转子低电压定值U_{r1set}为__30__V，转子空载电压定值U_{f0}为__150__V，转子低电压判据系数定值K_u为__2__。

（5）母线电压判据：可以选择高压侧母线电压或者机端电压，低电压定值U_{set}为__85__V。

（6）减出力判据：减出力功率定值P_{set}为__30%__。

（7）失磁保护Ⅰ段延时__0.01__s，动作于减出力，整定控制字"Ⅰ段阻抗判据投入"、"Ⅰ段转子电压判据投入"、"Ⅰ段减出力判据投入"；整定失磁保护Ⅰ段跳闸控制字。

（8）失磁保护Ⅱ段延时__0.5__s，判母线电压动作于出口，整定控制字"Ⅱ段母线低电压判据投入"、"Ⅱ段阻抗判据投入"、"Ⅱ段转子电压判据投入"。整定失磁保护Ⅱ段跳闸控制字。

（9）失磁保护Ⅲ段延时__1.5__s，动作于出口或信号，整定控制字"Ⅲ段阻抗判据投入"、"Ⅲ段转子电压判据投入"。整定失磁保护Ⅲ段跳闸控制字。

2. 失磁保护阻抗判据测试

失磁保护阻抗采用发电机机端TV1正序电压、发电机机端正序电流来计算，所以需从保护测试仪输出三相电压和三相电流接至保护屏背面发电机机端电压、电流对应的端子排。

辅助判据：机端正序电压$U_1>6V$，负序电压$U_2<6V$，机端电流大于$0.1I_N$。

装置设有三段失磁保护功能，失磁保护Ⅰ段可动作于减出力或跳闸，也可动作于信号；Ⅱ段经母线低电压闭锁动作于跳闸；Ⅲ段经较长延时动作于跳闸。三段的阻抗特性相同，以"失磁保护Ⅰ段"为例试验，仅将"Ⅰ段阻抗判据投入"控制字投入，整定Ⅰ段跳闸控制字，Ⅰ段延时整定为0.01s，其他保护控制字均退出。以"异步圆"为例进行试验，如图8-19所示。

（1）校验异步阻抗圆上端的Z_1点。异步阻抗圆上端阻抗定值Z_1为5Ω，阻抗轨迹位于纵轴负端，即$Z_1=5\angle-90°\Omega$。通入机端TV1三相对称电压和机端三相对称电流，以A相为例，使$\dot{I}_A=5\angle 90°A$，$\dot{U}_A=20\angle 0°V$，其他两相与A相对称，此时$Z=4\angle-90°\Omega$。三相电压联动增加，使阻抗轨迹自异步阻抗圆上端往下落入动作圆内，当电压增加到________V时保护动作，实测动作值Z_1为________Ω。

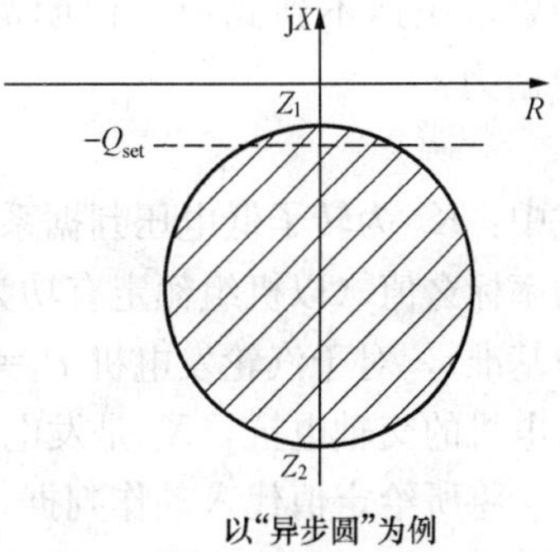

图8-19　失磁保护试验用阻抗特性圆

（2）校验异步阻抗圆下端的Z_2点。异步阻抗圆下端阻抗定值Z_2为20Ω，阻抗轨迹位于纵轴负端，即$Z_2=20\angle-90°\Omega$。同样通入机端TV1三相对称电压和机端三相对称电流，使$\dot{I}_A=1\angle 90°A$，$\dot{U}_A=22\angle 0°V$，其他两相与A相对称，此时$Z=22\angle-90°\Omega$。三相电压联动减小，使阻抗轨迹自异步阻抗圆下端往上落入动作圆内，当电压减小到________V时保护动作，实测动作值Z_2为________Ω。

（3）搜索阻抗动作边界。通入机端TV1三相电压和机端三相电流，取相应的跳闸出口触点引入继保测试仪，并投入相应的出口硬连接片。计算异步阻抗圆半径 $R=(Z_2-Z_1)/2=(20-5)/2=7.5$，则异步阻抗圆圆心坐标为 $[0,-(Z_1+R)]$，即（0，-12.5）。在继保测试仪“阻抗特性试验”界面中相应的位置输入“原点”、“初始角度”、“终止角度”、“角度步长”、“搜索线长度”等，点击“运行”后，测试仪开始自动搜索阻抗动作边界，绘制出实测阻抗特性圆，如图 8-20 所示。该阻抗圆应与试验所整定的“异步圆”（图 8-19）基本相同。注意搜索线长度应大于半径。

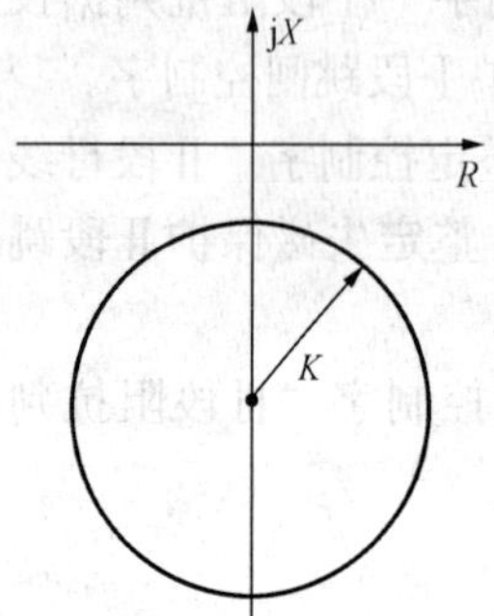

图 8-20　实测阻抗特性圆

3. 转子电压判据测试

以“失磁保护Ⅰ段”为例试验，将“Ⅰ段阻抗判据投入”和“Ⅰ段转子电压判据投入”控制字投入，整定Ⅰ段跳闸控制字，其他保护控制字均退出。

（1）励磁低电压判据。通过保护测试仪加入合适的机端三相电压和三相电流，保证阻抗轨迹落入动作圆内。在“失磁保护用转子电压”输入端子（1VD2 和 1VD5）加直流电压，其动作判据为转子电压 $U_r<U_{r1set}=30V$，失磁保护动作时，记录实测转子电压动作值 $U_r=$______V。

试验中可能遇到的问题：①U_r 加入大于 30V 的直流电压时保护误动作。因为失磁保护Ⅰ段延时设为 0.01s 太短，无法躲过保护测试仪内部加量时的延时误差，即直流电压还未加上去的时候保护已动作出口。此时可将失磁保护Ⅰ段延时增加为 1s，测试便可以通过；②试验过程中“TA 断线”报警。因为试验时，只加了机端电流，没有中性点电流，满足了“TA 断线”报警条件。因不影响本测试结果，测试者可不予考虑。

（2）变励磁电压判据。与系统并网运行的发电机，对应某一有功功率 P，将有为维持静态稳定极限所必需的励磁电压 U_r，若励磁电压高于此值，失磁保护不必动作，若励磁电压达不到此值，说明静态稳定已无法维持，失磁保护需动作出口，所以其动作判据为

$$U_r<K_u\times(P-P_t)\times U_{f0} \tag{8-12}$$

式中：K_u 为转子低电压判据系数；U_{f0} 为发电机励磁空载额定电压有名值；P 为发电机输出功率标幺值（以机组额定有功为基准）；P_t 为发电机凸极功率幅值标幺值（以机组额定有功为基准），对于汽轮发电机 $P_t=0$，对于水轮发电机 $P_t=0.5\times(1/X_{qz}-1/X_{dz})$，其中 X_{qz} 是发电机的交轴电抗，X_{dz} 是发电机的直轴电抗。

将所给定值代入动作判据，可将其简化为

$$U_r<K_u\times(P-P_t)\times U_{f0}=2\times P\times 150=300P \tag{8-13}$$

在 DBG2000 调试软件中一定量的有功功率 P 对应一个“当前功率对应励磁电压”U_r，其值可实时显示出来，不必手工计算，方便调试，如图 8-21 所示。

“励磁低电压判据”与“变励磁电压判据”是“或”的关系，为使“励磁低电压判据”不满足，将“转子低电压”定值 U_{r1set} 改为 2V，专门试验“变励磁电压判据”动作特性。

调整机端三相电压、电流的幅值或阻抗角，使发电机输出不同的有功功率 P。失磁保护动作时，记录实测动作值。注意在调整阻抗角后，应同时调整阻抗值，确保阻抗轨迹始终位

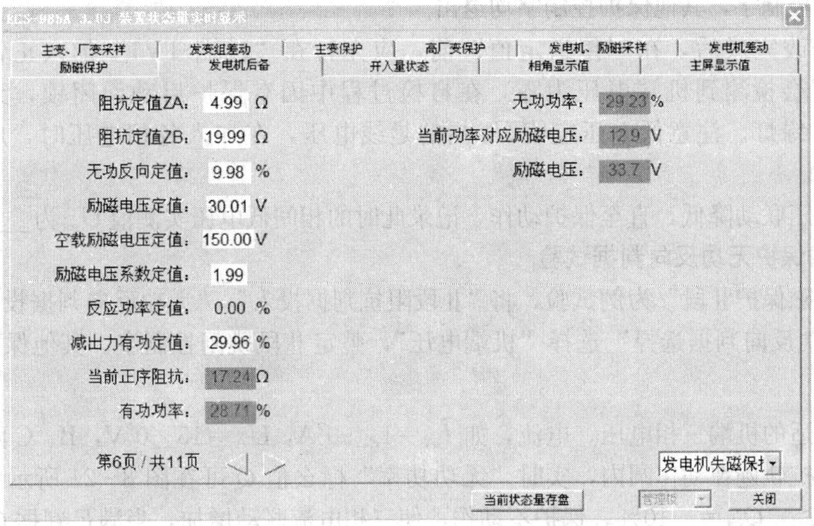

图 8-21　失磁保护实时数据显示界面

于动作圆内，阻抗角一定，若增大正序负荷电流，则 P 增加，Z 减小，若增大正序电压，则 P 增加，Z 也增加，调试时应灵活选择。表 8-13 给出一些参考测试值。

表 8-13　　失磁保护变励磁电压判据试验表

序号	机端电压 $\dot{U}_A$（V）	机端电流 $\dot{I}_A$（A）	有功功率标幺值	对应的励磁电压（V）（计算值）	对应的励磁电压（V）（实测值）
1	$15\angle 0°$	$1\angle 80°$			
2	$15\angle 0°$	$1\angle 70°$			
3	$45\angle 0°$	$3\angle 70°$			

B、C 相电压、电流与 A 相对称。

4. 失磁保护减出力判据试验

失磁保护减出力采用有功功率判据：$P > P_{set}$。

整定“Ⅰ段阻抗判据投入”和“Ⅰ段减出力判据投入”控制字投入，该段保护其他判据均退出。

调整保护测试仪输出合适的机端三相电压、电流及阻抗角，使得阻抗轨迹在动作圆内，有功功率标幺值 $P > P_{set} = 30\%$，此值同样在图 8-21 所示界面中显示。然后使三相电流联动增加，有功功率 P 相应增加，当达到 $P_{set} = 30\%$ 以上时保护动作。

实测动作值 P 为________%。

5. 失磁保护母线低电压判据试验

失磁保护“母线低电压判据”可选择“机端电压”或“母线电压”，保护测试仪的三相电压相应地加在“机端 TV1 电压”或“主变压器高压侧电压”输入端子。

以“失磁保护Ⅱ段”为例试验，将“Ⅱ段阻抗判据投入”、“Ⅱ段母线低电压判据投入”控制字投入，“低电压判据选择”选择“机端电压”，这样可以继续使用之前的试验接线，整定Ⅱ段跳闸控制字，其他保护控制字均退出。

定值修改完成后，在“传送定值”前，应先行在“机端 TV1”加入正常电压，否则保护装置会检测到机端电压为零，在自检过程中因有保护启动而闭锁，无法正常点亮“运行”绿灯。注意低电压定值U_{set}指的是线电压，在加入各相电压时，应进行数值换算。

三相电压联动降低，直至保护动作，记录此时的相间低电压实测值U_{set}为________V。

6. 失磁保护无功反向判据试验

以“失磁保护Ⅱ段”为例试验，将“Ⅱ段阻抗判据投入”、“无功反向判据投入”控制字投入，“无功反向判据选择”选择“机端电压”，整定Ⅱ段跳闸控制字，其他保护控制字均退出。

输入合适的机端三相电压、电流，如$\dot{I}_A=1\angle 90°A$，$\dot{U}_A=15\angle 0°V$，B、C两相与A相对称，使阻抗轨迹在动作圆内，实时“无功功率”标幺值Q可在图8-21所示的界面中显示，此时$Q>-Q_{set}=-10\%$，保护不动作，使三相电流联动增加，当满足判据$Q<-Q_{set}$时保护动作。

实测动作值Q为________%。

二、失步保护测试

1. 保护说明

失步保护反应发电机失步振荡引起的异步运行，阻抗元件计算采用发电机正序电压、正序电流，阻抗轨迹在各种故障下均能正确反映。保护采用三元件失步继电器动作特性。

图8-22所示为三元件失步保护继电器特性，把阻抗平面分成四个区OL、IL、IR、OR，阻抗轨迹顺序穿过四个区（OL→IL→IR→OR或OR→IR→IL→OL），并在每个区停留时间大于某一时限，则保护判为发电机失步振荡。每顺序穿过一次，保护的滑极计数加1，到达整定次数，保护动作。Z_C阻抗线用于区分振荡中心是否位于发变组内，阻抗轨迹顺序穿过四个区时位于电抗线以下，则认为振荡中心位于发变组内；位于阻抗线以上，则认为振荡中心位于发变组外。两种情况下滑极次数可分别整定。

2. 定值整定

（1）整定保护总控制字“发电机失步保护投入”置1。

（2）投入屏上“投失步保护”硬连接片。

（3）定子阻抗判据：失步保护阻抗定值Z_A为__10__Ω，失步保护阻抗定值Z_B为__5__Ω，主变压器阻抗定值Z_C为__7__Ω，灵敏角定值为__80°__，透镜内角定值为__120°__。

（4）振荡中心在发变组区外时滑极次数为__5__次，振荡中心在发变组区内时滑极次数为__2__次，跳闸允许过电流定值为__0.8__A。

（5）整定失步保护跳闸矩阵定值。

（6）按试验要求整定“区外失步动作于信号”、“区外失步动作于跳闸”、“区内失步动作于信号”、“区内失步动作于跳闸”、“失步报警功能投入”控制字。

3. 失步保护上端阻抗Z_A的校验

失步保护阻抗采用发电机机端TV1正序电压、发电机机端正序电流来计算，交流量的通入方法与失磁保护测试相同，即从保护测试仪输出三相电压和三相电流接至保护屏背面发电机机端电压、电流对应的端子排。

Z_A 为阻抗透镜的上端阻抗，是区外失步的上端边界，校验时阻抗值按照 95%Z_A 设定，例如，取 $\dot{I}_A=1\angle 0°A$，$\dot{U}_A=9.5\angle 0°V$，B、C 两相与 A 相对称，则 $Z=U/I=9.5/1=9.5$，保持阻抗值不变，变化三相电压的相位来调整阻抗角，使阻抗角从 0°平缓增加，阻抗轨迹按图 8-22 所示的轨迹 Ⅰ 穿越阻抗透镜。

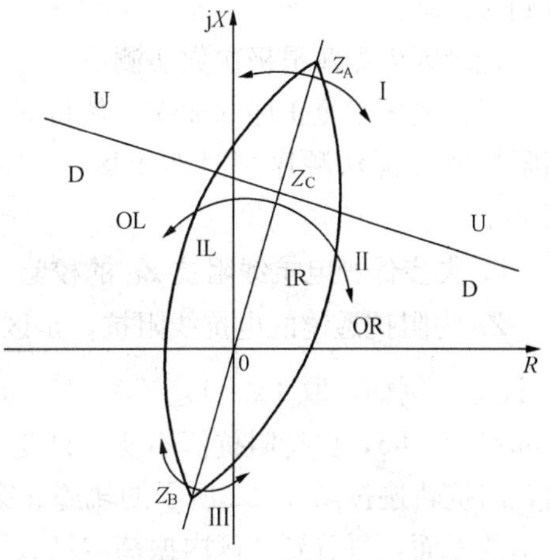

图 8-22　三元件失步保护继电器特性

试验时，注意监视 DBG2000 调试软件中如图 8-23 所示的界面，每看到“区外振荡滑极数”增加一次计数，随即反方向变化阻抗角，使得阻抗轨迹沿轨迹 Ⅰ 往复穿越阻抗透镜，直到保护动作。

记录区外振荡滑极次数实测值______次。

三相电压增至正序 10.5V，使得 Z 达到 $1.05Z_A$，即阻抗值超出阻抗透镜范围，此时阻抗角在 0°～180°范围变化时，因阻抗轨迹无法顺序穿过四个区，“区外振荡滑极数”无累积，保护不会动作，由此验证 Z_A。

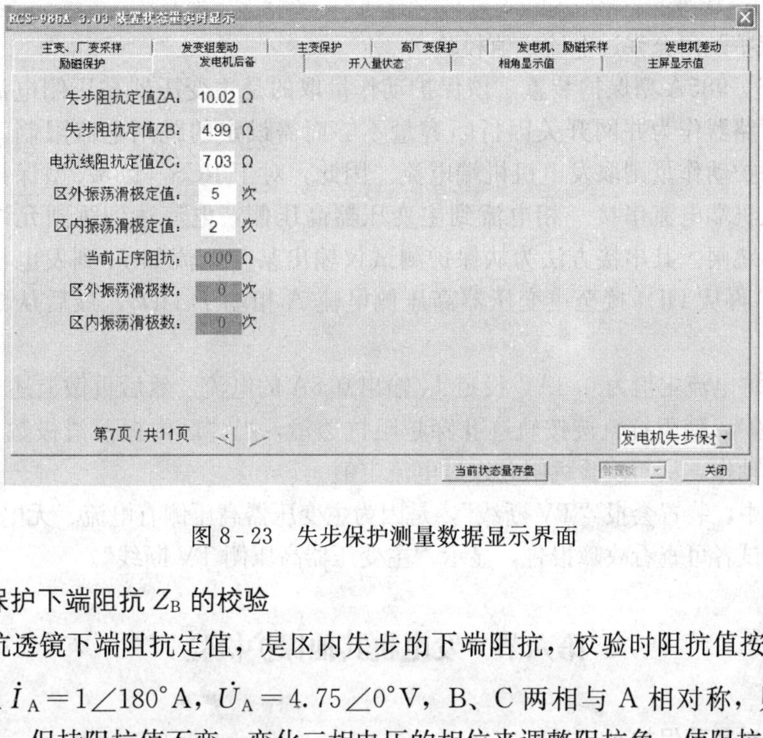

图 8-23　失步保护测量数据显示界面

4. 失步保护下端阻抗 Z_B 的校验

Z_B 为阻抗透镜下端阻抗定值，是区内失步的下端阻抗，校验时阻抗值按照 95%Z_B 设定，例如，取 $\dot{I}_A=1\angle 180°A$，$\dot{U}_A=4.75\angle 0°V$，B、C 两相与 A 相对称，则 $Z=U/I=4.75/1=4.75$，保持阻抗值不变，变化三相电压的相位来调整阻抗角，使阻抗角从 −180°平缓递增，阻抗轨迹按图 8-22 所示的轨迹 Ⅲ 穿越阻抗透镜。

试验时，注意监视 DBG2000 调试软件中如图 8-23 所示的界面，每看到“区内振荡滑极数”增加一次计数，随即反方向变化阻抗角，使得阻抗轨迹沿轨迹 Ⅲ 往复穿越阻抗透镜，直到保护动作。

记录区内振荡滑极次数实测值________次。

三相电压增至正序 5.25V，使得 Z 达到 $1.05Z_B$，此时阻抗角在 $-180°\sim0°$ 范围变化时，因阻抗轨迹无法顺序穿过四个区，“区内振荡滑极数”无累积，保护不会动作，从而验证 Z_B。

5. 失步保护电抗线阻抗 Z_C 的校验

Z_C 为阻抗透镜的电抗线阻抗，是区内失步和区外失步的边界，校验时阻抗值按照 95% Z_C 设定，例如，取 $\dot{I}_A=1\angle0°A$，$\dot{U}_A=6.65\angle0°V$，B、C 两相与 A 相对称，则 $Z=U/I=6.65/1=6.65$，保持阻抗值不变，只变化三相电压的相位调整阻抗角，使阻抗角从 0°平缓递增，阻抗轨迹按图 8-22 所示的轨迹Ⅱ穿越阻抗透镜。监视 DBG2000 调试软件中如图 8-23 所示的界面，每看到“区内振荡滑极数”增加一次计数，随即反方向变化阻抗角，“区内振荡滑极数”达到定值 2 时，“区内失步”保护动作。

若将三相电压增至正序 7.35V，使 Z 达到 $1.05Z_C$，保持阻抗值不变，只变化三相电压的相位调整阻抗角，使阻抗角从 0°平缓递增，同样在“区内振荡滑极数”达到定值 2 时，“区内失步”保护动作。因为阻抗轨迹为弧线，而 Z_C 电抗线为直线，当 Z 为 $1.05Z_C$ 时，阻抗轨迹应与 Z_C 电抗线相交，即从 Z_C 电抗线以下变化到 Z_C 线以上，再回落到 Z_C 线以下，如此往复。故失步保护首先认定为区内振荡，当达到“区内振荡滑极数”定值时，保护动作。

6. 失步保护跳闸允许过电流定值校验

对于 RCS—985A 型保护装置，该保护动作量取的是主变压器高压侧电流，反应主变压器高压侧断路器作为并网开关因折断容量不够而需设定的跳闸电流限制。对于单发电机保护，该保护动作量则取发电机机端电流。因此，对于 RCS—985A 型保护装置试验此功能时，需从机端电流串接一相电流到主变压器高压侧，电流达到跳闸允许过电流定值则失步保护不跳闸。其串接方法为从保护测试仪输出某相电流如 I_A 到发电机机端电流 A 相端子 1ID1，再从 1ID4 接至主变压器高压侧电流 A 相端子 1ID8，最后从 1ID11 接回保护测试仪 I_N。

因跳闸允许电流定值为 0.8A，设定 I_A 输出 0.8A 的电流，然后重做上述“失步保护电抗线 Z_C 的校验”，使阻抗轨迹按轨迹Ⅱ穿越阻抗透镜，当“区内振荡滑极数”大于定值 2 时，保护仍不动作，从而校验跳闸允许过电流定值。

试验过程中，装置会报“TV 断线”，是因为主变压器高压侧有电流、无电压，满足 TV 断线判据。测试者可查看故障报告，显示“主变压器高压侧 TV 断线”。

第六节 发电机其他保护检验

一、定子过负荷保护

1. 保护投入

(1) 整定保护总控制字“发电机定子过负荷保护投入”置 1。

(2) 投入屏上“投定子过负荷”硬连接片。

2. 定时限过负荷保护定值

(1) 定时限定子过负荷电流定值为__4.5__A，定时限定子过负荷延时__4.5__s，整定定时限定子过负荷跳闸控制字。

(2) 定子过负荷报警电流定值为__4.2__A，定子过负荷报警延时__3__s。

3. 定时限过负荷试验

定子过负荷保护取发电机机端、中性点最大相电流，故试验时只需在机端或中性点加单相电流，分别测试保护动作电流值及保护动作延时。

过负荷保护动作电流试验值为______A，跳闸延时试验值为______s；

过负荷报警电流试验值为______A，报警延时试验值为______s。

4. 反时限过负荷保护定值

(1) 反时限启动电流定值 $I_{st.set}$ 为__4.4__A，反时限上限时间定值 t 为__0.6__s。

(2) 定子绕组热容量 K_{Sset} 为__37.5__。

(3) 散热效应系数 K_{srset} 为__1.05__（一般大于1.02）。

(4) 整定反时限过负荷跳闸控制字，退出定时限跳闸控制字中"本保护跳闸投入"。

5. 反时限过负荷试验

试验接线同定时限过负荷保护。如图8-24所示，当机端、中性点最大相电流大于反时限启动电流定值 $I_{st.set}=4.4A$ 时，图中"定子过负荷热积累"开始缓慢增加，电流越大热积累越快，动作时间越短，当百分数增至100%时，反时限保护动作。

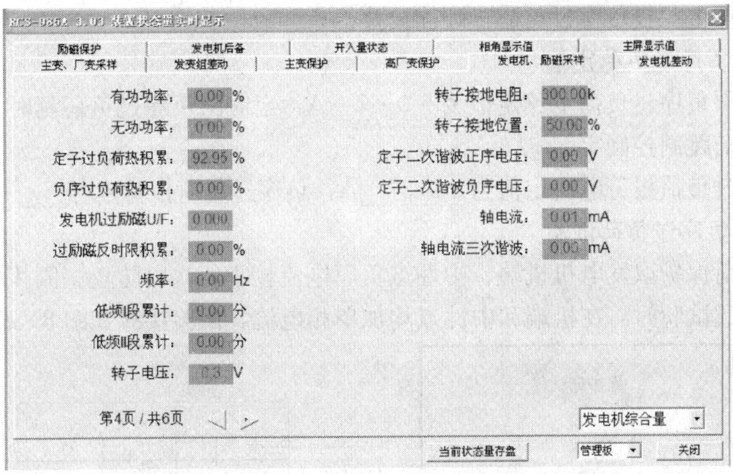

图8-24　发电机综合量实时数据显示界面

反时限保护动作方程为

$$[(I/I_{Nf})^2-(K_{srset})^2]\times t\geqslant K_{Sset} \tag{8-14}$$

式中：K_{Sset} 为发电机定子绕组热容量；K_{srset} 为发电机散热效应系数；I_{Nf} 为发电机额定电流二次值。

由此可推导出通入某一大于启动值的电流 I 时，反时限保护的动作时间计算公式为 $t\geqslant K_{Sset}/[(I/I_{Nf})^2-(K_{srset})^2]$，通过试验实测保护动作时间，记录数据至表8-14。

当计算出的动作时间 t 小于反时限上限时间定值0.6s时，实际动作时间应为0.6s。由

0.6s也可反推出保护的上限电流值为35A（取 $I_{Nf}=4.24A$），即通入大于或等于35A电流时，保护的动作时间都应该是0.6s。由于此电流值较大，试验时需考虑保护测试仪的承受能力。

表 8-14 反时限定子过负荷保护试验表格

序号	输入电流（A）	计算时间（s）	实测动作时间（s）
1	<4.4	∞	
2	6		
3	7		
4	9		
5	35		

每项反时限试验做完后，需等热积累归零后，再做下一项，否则动作时间测量偏差会很大，快速将热积累清零只需短时退出屏上“投定子过负荷”硬连接片即可。为防止区外故障后热累积不能散掉，发电机散热效应系数一般建议整定在1.02～1.05，使得定子过负荷热累计后，能依此系数模拟定子的散热过程，若整定为1，则无法散热。

二、负序过负荷保护

1. 保护投入

（1）整定保护总控制字“发电机负序过负荷保护投入”置1。

（2）投入屏上“投负序过负荷”硬连接片。

2. 定时限负序过负荷定值

（1）定时限负序过负荷电流定值为 0.37 A，定时限负序过负荷延时 3 s，整定定时限负序过负荷跳闸控制字。

（2）负序过负荷报警电流定值为 0.37 A，负序过负荷报警延时 3 s。

3. 定时限负序过负荷试验

负序过负荷保护取发电机机端、中性点负序电流较小值，以防止一侧TA断线负序过负荷保护误动，故试验时需在机端和中性点均加单相电流，试验接线如图8-25所示。

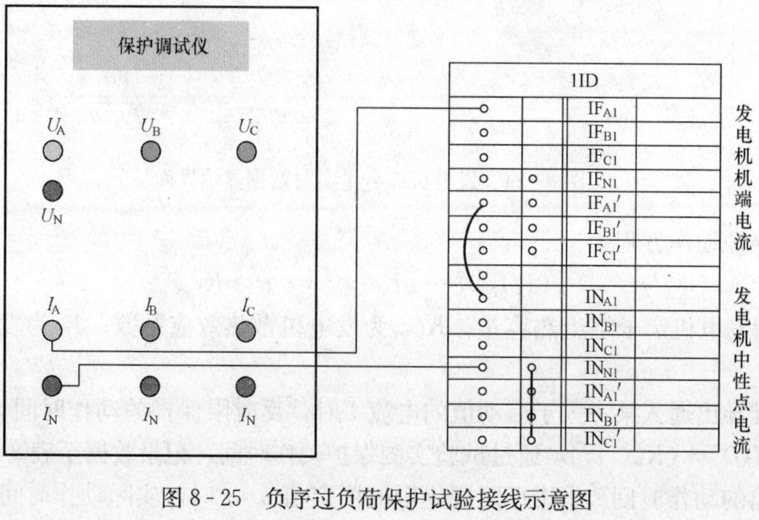

图 8-25 负序过负荷保护试验接线示意图

因只加入一相电流 I_A，另两相电流为零，可得到负序电流 $I_2=\frac{1}{3}I_A$。根据要求分别测试保护动作电流值及保护动作延时。

负序过负荷保护试验值为________ A，跳闸延时试验值为________ s；

负序过负荷报警试验值为________ A，报警延时试验值为________ s。

4. 反时限负序过负荷定值

（1）反时限启动负序电流定值 I_{sset2} 为 <u>0.48</u> A，反时限上限时间定值 t 为 <u>3</u> s。

（2）长期允许负序电流 I_{21} 为 <u>0.34</u> A。

（3）转子发热常数 A 为 <u>10</u> 。

（4）整定反时限负序过负荷跳闸控制字，退出定时限负序过负荷保护。

5. 反时限负序过负荷试验

试验接线同定时限负序过负荷保护。如图 8 - 24 所示，当机端、中性点负序电流最小值大于反时限启动负序电流定值 I_{sset2} 时，图中“负序过负荷热积累”开始缓慢增加，电流越大热积累越快，动作时间越短，当百分数增至 100%时，反时限保护动作。

反时限负序过负荷保护的动作方程为

$$[(I_2/I_{Nf})^2-(I_{21})^2]\times t\geqslant A \tag{8-15}$$

式中：I_2 为发电机负序电流；I_{Nf} 为发电机额定电流；I_{21} 为发电机长期运行允许负序电流；A 为转子负序发热常数。

由此可推导出通入某一大于启动值的负序电流 I_2 时，反时限负序过负荷保护的动作时间计算公式为

$$t\geqslant A/[(I_2/I_{Nf})^2-(I_{21})^2]$$

通过试验实测保护动作时间，记录数据至表 8 - 15。

表 8 - 15　反时限负序过负荷保护试验表格

序号	输入电流 I_A(A)	负序电流 I_2(A)	计算时间（s）	实测动作时间（s）
1	<1.44	<0.48	∞	
2	4.5	1.5		
3	6	2		
4	9	3		
5	21	7		

当计算出的动作时间 t 小于反时限上限时间定值 3s 时，实际动作时间应为 3s。每项反时限试验做完后，需等热积累归零后，再做下一项，否则动作时间测量偏差会很大，快速将热积累清零只需短时退出屏上“投负序过负荷”硬连接片即可。

三、发电机电压保护调试

1. 发电机电压保护定值整定

（1）整定保护总控制字“发电机电压保护投入”置 1。

（2）投入屏上“投发电机电压保护”硬连接片。

（3）过电压Ⅰ段定值为 <u>150</u> V，过电压Ⅰ段延时 <u>0.3</u> s；过电压Ⅱ段定值为 <u>130</u> V，过电压Ⅱ段延时 <u>1</u> s；低电压定值为 <u>80</u> V，低电压延时 <u>1.5</u> s。

（4）整定各段保护的跳闸控制字，传送定值。

2. 过电压保护试验内容

过电压保护取发电机机端三个相间电压，为防止机端TV一次侧一相断线，另两相电压陡增，造成过电压保护误动，本保护在相间电压最小值小于0.9$U_{\phi\phi set}$时闭锁。因此，在试验时需由保护测试仪同时加三相电压于发电机TV1输入端子。如过电压定值为130V，则三相电压需加正序相电压为130/1.732≈75V以上，保护方能动作。

过电压Ⅰ段试验值为________V，过电压Ⅰ段延时________s；

过电压Ⅱ段试验值为________V，过电压Ⅱ段延时________s。

3. 低电压保护试验内容

低电压保护用于调相运行机组，作为调相失压保护。低电压保护为三个相间电压均低时才动作。

辅助判据：发电机最大相电流大于0.2A，保护需经调相运行辅助接点输入，用短接线短接强电开入6B25－6B20（端子1ZD1－1ZD18）即可。

在辅助判据满足后，由继保测试仪输入三相正序电压，三相电压同时递减降至动作值，报“低电压保护”动作。

低电压保护动作试验值为________V，低电压延时________s。

四、过励磁保护调试

1. 保护说明

（1）主变压器和发电机各配置有一套过励磁保护，对于电气一次接线发电机出口无断路器的，只投其中一套即可，一般投入发电机过励磁。

（2）在“保护投入总控制字”定值里分别有“主变压器过励磁保护投入”、“发电机过励磁保护投入”控制字，在保护屏上共用一块“投过励磁保护”硬连接片。

（3）主变压器过励磁保护取主变压器高压侧电压及其频率计算，发电机过励磁保护取发电机机端电压及其频率计算。（过励磁倍数U/f采用标幺值计算，即$\dfrac{U_1/57.735}{f/50}$，U_1为正序电压）

（4）TV断线自动闭锁过励磁保护。

（5）为防止主变压器高压侧TV在暂态过程中的电压量影响，主变压器过励磁经主变压器高压侧或低压侧无流闭锁，发电机过励磁不经机端无流闭锁。

2. 过励磁保护试验（以“主变压器过励磁”为例）

（1）定时限过励磁定值整定。

1）整定保护总控制字“过励磁保护投入”置1。

2）投入屏上“投过励磁保护”连接片。

3）过励磁Ⅰ段定值为__1.3__，过励磁Ⅰ段延时__0.5__s，过励磁Ⅰ段跳闸控制字。

4）过励磁Ⅱ段定值为__1.25__，过励磁Ⅱ段延时__5__s，过励磁Ⅱ段跳闸控制字。

5）过励磁信号段定值为__1.1__，过励磁信号段延时__9__s。

6）为防止反时限过励磁动作影响试验结果，整定反时限过励磁跳闸控制字为0000，退出其跳闸功能。

（2）定时限过励磁试验内容。保护测试仪三相正序电压、单相电流线按图8-26所示接入保护屏相应的端子，电压频率设定为额定50Hz，只递增三相正序电压即可。

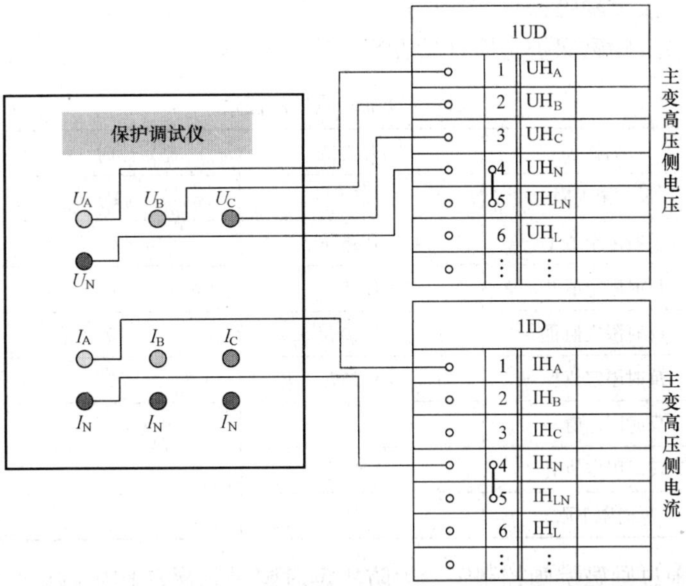

图8-26　主变压器过励磁保护试验接线示意图

在DBG2000的"主变压器、厂变压器采样"里的"主变压器高压侧采样"中可监测，"主变压器过励磁 U/F"采样和"主变压器过励磁反时限"累计百分比的实时值，如图8-27所示。

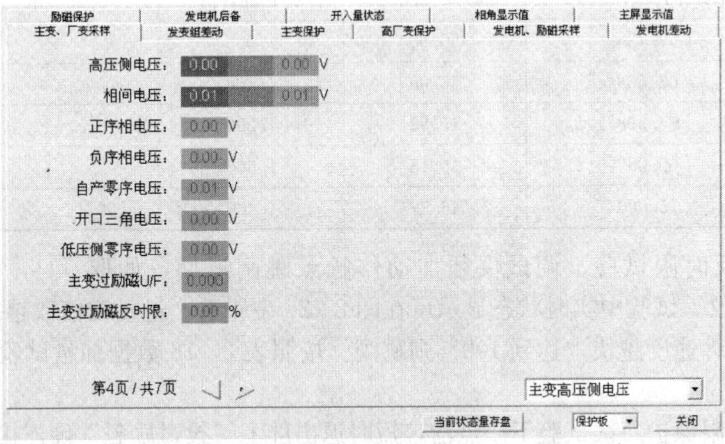

图8-27　主变压器高压侧采样显示界面

过励磁Ⅰ段试验值为________，过励磁Ⅰ段延时实测值为________；

过励磁Ⅱ段试验值为________，过励磁Ⅱ段延时实测值为________；

过励磁报警试验值为________，过励磁报警延时值为________。

在调试"发电机过励磁保护"时，同样也能在图8-24所示的界面中监测"发电机过励磁 U/F"采样和"过励磁反时限"累计百分比的实测值。

（3）反时限过励磁定值整定。

1）整定保护总控制字“过励磁保护投入”置1。

2）投入屏上“投过励磁保护”连接片。

3）整定反时限过励磁保护定值（见表8-16）。

表8-16　反时限过励磁保护定值表

序号	名称	U/F 定值	整定延时（s）	实测动作时间
1	反时限上限	1.50	1	
2	反时限定值Ⅰ	1.45	2	
3	反时限定值Ⅱ	1.40	5	
4	反时限定值Ⅲ	1.30	15	
5	反时限定值Ⅳ	1.25	30	
6	反时限定值Ⅴ	1.20	100	
7	反时限定值Ⅵ	1.15	300	
8	反时限下限	1.10	1000	

4）整定反时限过励磁跳闸控制字。为防止定时限过励磁动作影响试验结果，整定定时限过励磁跳闸控制字为0000，退出其跳闸功能。

(4) 反时限过励磁试验内容。

1）过励磁倍数精度试验，数据填入表8-17。

表8-17　过励磁倍数精度试验表格

序号	输入正序电压（V）	频率（Hz）	U/F 计算值	U/F 显示	误差
1	57.735	50.00	1.000		
2	63.508	50.00	1.100		
3	63.508	45.83	1.200		
4	69.282	46.15	1.300		
5	75.000	46.39	1.400		

2）过励磁反时限试验。调试仪须加动作触点跳闸返回，如取TJ1，将端子1PD1、1ND1接回调试仪。试验中实时状态显示可在图8-27中查看，过励磁倍数越高，“过励磁反时限”百分比累计速度越快，达到100%则跳闸。按照表8-16数据加量试验，记录实测动作时间。

过励磁反时限保护每次试验下一点前，短时退出屏上“投过励磁”硬连接片，使“过励磁反时限”百分比累计清零；过励磁反时限曲线上各点整定若相距太近，整定延时又相距较大（如：过励磁1.28倍时9s动作、1.26倍时18s动作），由于调试仪和保护装置的固有误差，会导致时间测量偏差很大。若实际发电机或变压器厂家提供的过励磁反时限曲线，没有达到8个点（包括上限、下限），整定时可以将“反时限定值Ⅱ”至“反时限定值Ⅴ”这四个点中的两个或几个定值整定为一致。

五、发电机功率保护调试

1. 发电机逆功率保护调试

(1) 定值整定。

1）整定保护总控制字“发电机逆功率保护投入”置 1。

2）投入屏上“投逆功率保护”硬连接片。

3）逆功率定值为 __1__ %，逆功率延时 __10__ s，整定逆功率跳闸控制字。

（2）试验内容。保护测试仪电压、电流线按图 8－28 接入保护屏相应的端子，辅助判据：发电机机端正序电压大于 6V。

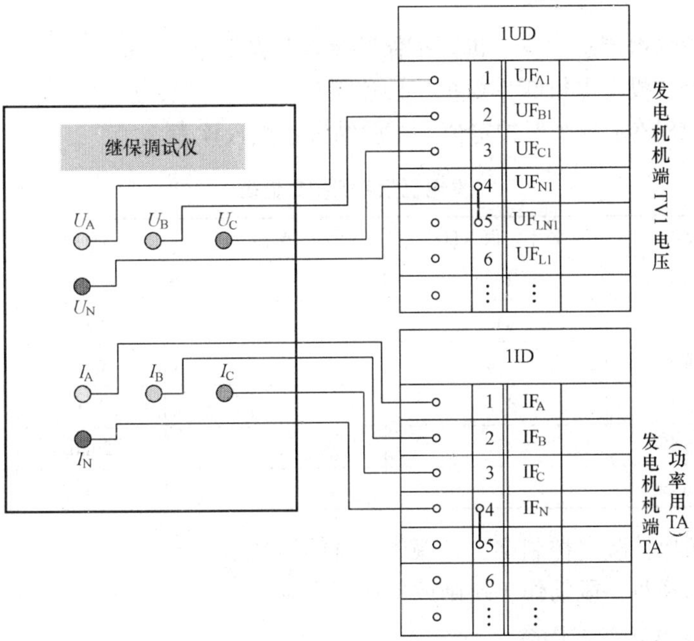

图 8－28　发电机功率保护试验接线示意图

设置保护测试仪输出三相电压、电流为 $\dot{U}_A=57.735\angle 90°$V，$\dot{I}_A=0.2\angle 0°$A，B、C 两相与 A 相对称。递增相角，逆功率不断加深，在图 8－24 所示界面中可监测“有功功率”P 值的变化。当该值达到逆功率定值时，保护延时动作。

逆功率试验值为________%，逆功率延时________s。

在整定发电机系统参数定值时，“机端 TV 一次侧”与“机端 TV 二次侧”应同为线电压或者同为相电压，否则将造成保护装置功率显示与实际功率相差 1.732 倍。整定逆功率时请输入正值，如要整定“－1%”的逆功率，只需输入定值“1%”即可。

2. 发电机低功率保护调试

RCS—985A 型设有一段低功率保护，动作于跳闸。该保护出口需经“紧急停机”开入闭锁。整定低功率保护定值为 __20__ %，低功率保护延时 __10__ min，低功率保护跳闸控制字；试验方法参照“发电机逆功率保护试验内容”。

低功率试验值为________%，低功率延时________min。

3. 发电机程序逆功率保护调试

为防止逆功率保护先于程序逆功率动作，退出逆功率保护跳闸功能。

整定程序逆功率定值为 __0.8__ %，程序逆功率延时 __1__ s，程序逆功率跳闸控制字。

程序逆功率动作需同时满足：①短接 5A27－5A26 强电开入（主汽门开关位置触点）；

②解开 5A23 外接电缆的开入（高压侧断路器跳闸位置触点）；③若机端有断路器，需解开 5A22 外接电缆的开入（机端断路器跳闸位置触点）。

试验方法参照“发电机逆功率保护试验内容”。

程序逆功率试验值为________%，程序逆功率延时________s。

六、发电机频率保护调试

1. 定值整定

（1）整定保护总控制字“发电机频率保护投入”置 1。

（2）投入屏上“投发电机频率保护”硬连接片。

（3）按表 8-18 整定频率保护定值，试验结果也填入该表。

表 8-18 发电机频率保护定值表

序号	名称	频率定值（Hz）	频率试验值（Hz）	延时	延时试验值
1	低频Ⅰ段	49.5		300min	
2	低频Ⅱ段	49		100min	
3	低频Ⅲ段	48		300s	
4	低频Ⅳ段	47.5		10s	
5	过频Ⅰ段	51		2min	
6	过频Ⅱ段	51.5		15s	

（4）整定低频保护跳闸控制字、过频保护跳闸控制字。

（5）按需要选择每一段动作于跳闸或动作于报警。

2. 发电机频率保护试验内容

低频保护辅助条件：处于并网后状态（解开 5A23 高压侧断路器跳闸位置触点外接电缆的开入；若机端有断路器，解开 5A22 机端断路器跳闸位置触点外接电缆的开入），发电机机端相电流大于 $0.06I_N$，低频Ⅰ、Ⅱ段带累计功能。过频保护不需位置触点、负荷电流闭锁，计时均不带累计。

从调试仪输出三相电压电流至机端电压 TV1、机端电流输入端子，降低电压频率至低频保护动作或报警，反之，升高电压频率至过频保护动作或报警。“频率”实时值和“低频Ⅰ、Ⅱ段实时累计状态”可从图 8-24 中监测。

为使各段保护动作行为正确，在做某段保护试验时需退出其他各段保护跳闸功能。低频Ⅰ段延时累计且掉电不消失，Ⅱ段只累计但是装置掉电即清零。所以Ⅱ段频率累计清零的方法为切除电源重新上电，Ⅰ段频率累计清零须在查看报告菜单下用“＋－＋－确认”组合按钮清除累计，即清除保护动作报告。

七、启停机保护调试

1. 保护说明

（1）保护装置所采用的频率均指机端电压频率，加三相电压或单相电压均可。

（2）RCS—985A 型配置有变压器差动电流（简称差流）、高压厂用变压器差流、发电机差流、裂相差流、励磁变压器差流和定子接地零序电压启停机保护。

2. 发电机启停机保护定值整定

（1）整定保护总控制字“发电机起停机保护投入”置 1。

（2）投入屏上“投发电机起停机保护”硬连接片。

（3）整定频率闭锁定值为 45 Hz。

（4）变压器差流定值等为 0.5 I_n，高压厂用变压器差流定值等为 0.5 I_n，发电机差流定值等为 0.3 I_n，裂相差流定值等为 0.5 I_n，励磁变压器差流定值等为 0.5 I_n，整定跳闸控制字。

（5）定子接地零序电压定值等为 10 V，延时定值 1 s，整定跳闸控制字。

（6）按需要选择某一功能投入，对于发电机出口装设断路器的情况，主变压器差流判据、高压厂用变压器差流判据不投。

（7）“低频闭锁投入”置 1，当频率低于定值时，启停机保护自动投入。

3. 启停机保护试验内容

辅助判据：机组处于并网前状态，即主变压器高压侧出口断路器为跳位（3/2 接线时主变压器高压侧 A、B 断路器均在跳位）或发电机出口断路器为跳位。试验时，短接 5A27－5A23 外接电缆的开入（高压侧断路器跳闸位置触点）。若机端有断路器，短接 5A27－5A22 外接电缆的开入（机端断路器跳闸位置触点）。

在发电机机端电压回路加入频率低于定值的电压或不加任何量，试验不同功能定值。

如图 8-29 所示在 DBG2000 采样中能显示“启停机保护状态”实时状态，当机组处于并网前状态，且所加电压频率递减至 45Hz 以下，该值将由“0”变为“1”，启停机保护投入。记录此刻频率闭锁试验值为________ Hz。

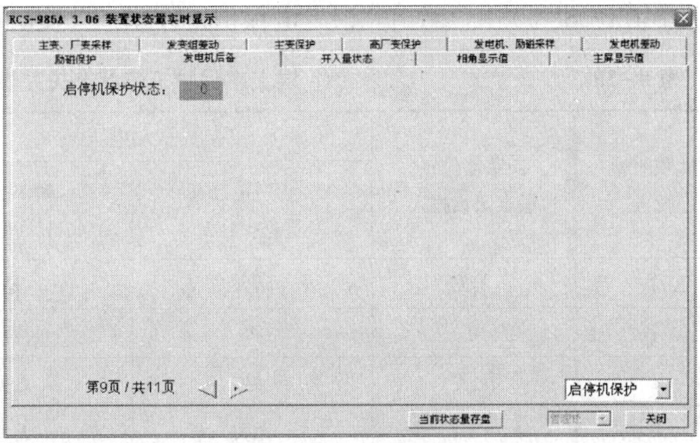

图 8-29　启停机保护状态显示界面

启停机保护投入后，加入所需差流或定子接地零序电压动作值，启停机保护即动作。具体加入多大电流和加入哪些输入端子，参见差动保护、定子接地基波零序电压调试方法。以发电机差流为例，其定值为 $0.3I_n=0.3\times4.24=1.272$（A），在发电机机端加入频率为 44Hz 的三相电压，中性点不加电流，机端电流从 1.2A 开始递增，达到 1.27A 时保护动作跳灭磁开关。

变压器差流试验值为________ I_n，高厂变差流试验值为________ I_n，发电机差流试验值为________ I_n，裂相差流试验值为________ I_n，励磁变差流试验值为________ I_n；定子接地零序电压试验值为________ V，延时试验值为________ s。

八、误上电保护调试

1. 保护说明

（1）RCS—985A 型误上电保护分误上电Ⅰ、Ⅱ段，其区别在于误上电保护Ⅰ段对应“跳其他开关”，即误合闸时，主变压器高压侧电流大于开关允许电流，闭锁跳闸出口 1、出口 2 通道（跳闸矩阵整定时可与主变压器高压侧开关或机端开关对应），此功能只在“断路器位置触点闭锁投入”与“断路器跳闸闭锁功能投入”控制字同时置“1”时才投入；误上电保护Ⅱ段则对应“跳所有开关”。

(2)“误合闸电流定值”是以机端TA为基准计算的，“断路器跳闸允许电流定值”是以主变压器高压侧TA为基准计算的，“断路器闪络负序电流定值”动作量取自主变压器高压侧TA。

(3) RCS—985A型设有一段两时限的断路器闪络保护。

(4) 测试者在做误上电保护试验时，退出断路器闪络保护跳闸功能；同样，在做断路器闪络保护试验时，退出误上电保护跳闸功能。

2. 误上电保护试验

(1) 误上电保护定值整定。

1) 整定保护总控制字“发电机误上电保护投入”置1。

2) 投入屏上“投误上电保护”硬连接片。

3) 整定误合闸电流定值为＿4.5＿A，误合闸频率闭锁定值为＿45＿Hz，断路器跳闸允许电流定值为＿28＿A，误合闸延时定值为＿0.1＿s。

4) 按试验要求整定“低频闭锁投入”、“断路器位置触点闭锁投入”、“断路器跳闸闭锁功能投入”控制字，并整定跳闸矩阵定值。

(2) 误上电试验内容。

1) 误上电保护工作状态投入试验与误上电Ⅱ段试验。

表8-19中列出误上电保护各个控制字、机端电压、并网情况与误上电保护工作状态的关系，在图8-30中显示出“误上电保护工作状态”实时值。

表8-19　　误上电保护工作状态关系表

低频闭锁投入	断路器位置触点闭锁投入	机端电压		是否并网	误上电保护工作状态
		正序电压是否<12V	频率是否<45Hz（低频定值）		
1	无关	否	是	无关	1
1	0	否	否	无关	0
1	无关	是	无关	无关	1
0	1	无关	无关	是	0
0	1	无关	无关	否	1

只要满足表8-19中突出显示的三种组合，“误上电保护状态”为“1”。按图8-31接线，I_A、I_B、I_C通入主变压器高压侧电流、发电机机端电流和中性点电流。主变压器高压侧所加电流只需满足大于$0.03I_n$有流判据即可，而发电机机端电流和中性点电流均需达到误合闸电流定值，误上电保护Ⅱ段才能动作。

2) 误上电Ⅰ段（跳其他出口开关）试验。整定“低频闭锁功能投入”置1，“断路器位置触点闭锁投入”置1，“断路器跳闸闭锁功能投入”置1。

本功能主要用作在主变压器高压侧开关发生非同期并网时，由于流过主变压器高压侧开关的电流很大，可能会超过开关的折断电流的能力，故需要暂时不跳主变压器高压侧开关，先跳灭磁开关等其他断路器，等主变压器高压侧电流降落到开关折断能力范围之内再跳主变

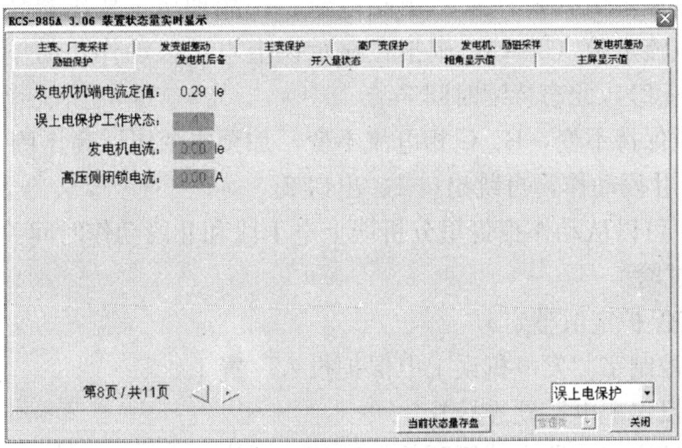

图 8-30　误上电保护实时值显示界面

压器高压侧。故试验该功能只需模拟主变压器高压侧开关非同期合闸即可。

采用调试仪的“状态序列”形成两个输出状态。

第一状态，机端正序电压设定为额定的三相电压，将断路器位置触点置于跳位（即短接高压侧断路器跳位触点 5A27－5A23），此时误上电工作状态为“1”。

第二状态，电压保持不变，突加三相电流，B、C 相分别在机端 TA、中性点 TA 输入端子加大于误合闸电流定值（4.5A）的单相电流，A 相加至主变压器高压侧电流，若此值大于断路器跳闸允许电流定值（28A），则误上电Ⅰ段动作，小于 28A 则误上电Ⅱ段动作。

断路器跳闸允许电流试验值为________A，误合闸延时试验值为________s。

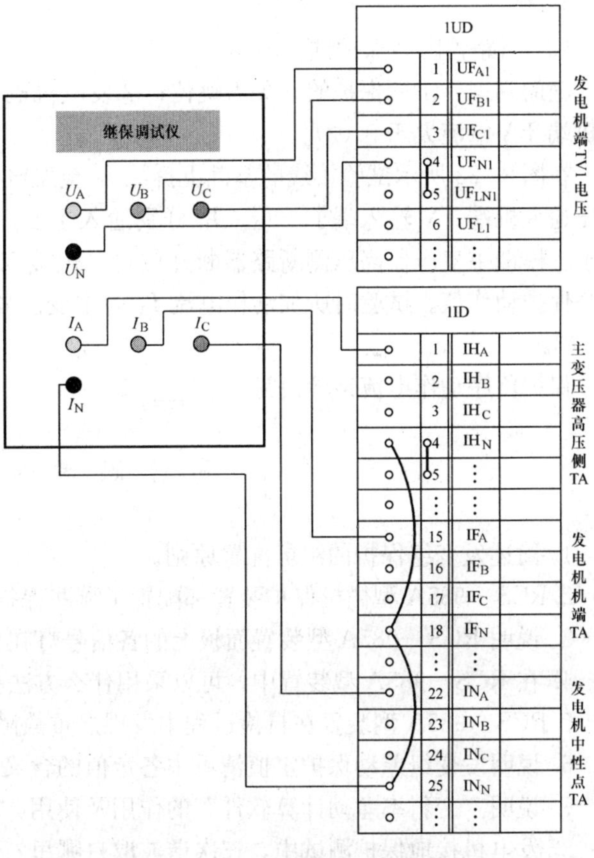

图 8-31　误上电保护试验接线示意图

以三个状态序列来完成：在主变压器高压侧电流从“大于跳闸允许电流”经过一定时间降至“小于跳闸允许电流”的过程中误上电Ⅰ段、误上电Ⅱ段相继动作的行为。

第一状态，机端正序电压设定为额定的三相电压，将断路器位置触点置于跳位（即短接高压侧断路器跳位触点），此时误上电工作状态为“1”，此态持续时间 5s。

第二状态，电压保持不变，突加三相电流，B、C 相分别在机端 TA、中性点 TA 输入端子加大于误合闸电流定值（4.5A）的单相电流，A相加至主变压器高压侧电流，此值大于断路器跳闸允许电流定值（28A），则报文显示误上电Ⅰ段动作，动作结果为“跳其他开关”（除出口1、出口2），此态持续时间3s。

第三状态，电压保持不变，B、C相电流不变，加至主变压器高压侧A相的电流跌落至27A。此时，误上电Ⅱ段动作，再跳出口1、出口2。

保护动作之后，可以从动作报告里分析误上电Ⅰ段和Ⅱ段动作时间关系。

3. 断路器闪络试验

（1）断路器闪络保护定值整定。

1）整定保护总控制字“发电机误上电保护投入”置1。

2）投入屏上“投误上电”硬连接片。

3）整定闪络保护主变压器高压侧开关电流负序定值为<u>　0.3　</u>A，闪络保护延时定值为<u>　0.2　</u>s。

4）整定跳闸控制字，传送定值。

（2）断路器闪络保护试验内容。

辅助判据：①所保护的开关为跳位；②发电机机端TV的正序电压$U_1>0.1U_n$；③发电机机端TA电流大于$0.03I_n$。

在图8-23所示试验接线的基础上拆除I_C至发电机中性点TA的电流传输线，三相正序电压通入机端TV输入端子。I_A、I_B分别通入主变压器高压侧电流、发电机机端电流输入端子。模拟主变压器高压侧断路器断开位置（短接5A27—5A23），利用调试仪测试断路器闪络保护动作值。试验时所加动作电流I_A为主变压器高压侧单相电流，负序电流应为其值的1/3。

保护负序动作电流试验值为________A。

复习思考题八

1. 简述发变组保护的组屏配置原则。
2. RCS—985A型微机保护装置都配置了哪些保护功能？
3. 说明RCS—985A型装置面板上的各信号灯在什么情况下会点亮。
4. 在RCS—985A型装置中，可以采用什么方法投退保护功能？
5. RCS—985A型装置在自检过程中发现严重故障时会如何处理？其硬件故障包括哪些？
6. 说明发变组差动保护定值清单中各定值的含义。
7. 说明“变斜率差动计算软件”的作用及使用方法。
8. 发电机接地保护测试中，三次谐波取自哪里？
9. 在进行负序过负荷保护测试时，如何加入负序电流？

技能训练八

任务1：根据发变组系统接线图初步完成发变组保护配置及保护屏组屏方案。

任务2：观摩RCS—985发变组保护屏，绘制其屏面布置图。

任务 3：对 RCS—985A 型微机保护装置进行上电操作。

(1) 记录各菜单下显示的内容。

(2) 查阅微机保护装置说明书中给出的定值清单，按照新的定值通知单修改 RCS—985A 型微机保护装置的定值。

任务 4：对 RCS—985A 型微机保护装置进行调试。

(1) 查阅相关规程及参考资料，根据发变组保护动作出口的要求，整定各保护的跳闸矩阵。

(2) 结合继电保护测试仪完成 RCS—985A 型发变组微机保护装置中各保护功能的测试。

(3) 按照第一章给出的微机保护装置试验报告格式编制 RCS—985A 型微机保护装置测试报告。

任务 5：写出发电机保护装置整组检验的项目名称及质量要求。

第三篇

电力系统自动化装置检测与实验

第九章 微机型自动装置检测及实验

教学目的

通过对备用电源自动投入装置、自动重合闸、按频率自动减负荷等功能的实验与检测，加深对各自动装置原理的理解，并熟悉相关设备的基本检测内容及基本检测方法。

教学目标

能说明备用电源自动投入装置、自动重合闸、按频率自动减负荷等功能的主要检测项目及检测目的；能说明备用电源自动投入装置、自动重合闸、按频率自动减负荷等功能的检测方法；能制定备用电源自动投入装置、自动重合闸、按频率自动减负荷等功能的检测方案；能正确完成备用电源自动投入装置、自动重合闸、按频率自动减负荷等功能的检测接线；能小组合作正确完成备用电源自动投入装置、自动重合闸、按频率自动减负荷等功能主要项目的检测。

第一节 备用电源自动投入装置检测

一、实训目的

熟悉常用备用电源自动投入装置的检测内容及方法。

二、实训目标

(1) 能说明备用电源自动投入装置检测的内容。

(2) 能说明备用电源自动投入装置检测的方法。

(3) 能依据检测说明以及作业指导书等资料制定备用电源自动投入装置的检测方案，并能按照备用电源自动投入装置的原理分析检测方案的正确性。

(4) 能确定各检测的注意事项。

(5) 能按照备用电源自动投入装置的原理分析检测结果。

三、实训注意事项

学生实训时，除了遵守实验基本安全规定外，还必须注意以下几点。

(1) 实训前必须进行危险点分析，并制定预防措施。

(2) 针对危险点分析中的危险点认真落实预防措施。

(3) 明确 CSB—21A 型备用电源自投装置（简称 CSB—21A 型装置）的操作注意事项，严格按照 CSB—21A 型装置的使用要求进行操作。

(4) 明确保护测试仪的使用注意事项，严格按照保护测试仪的使用要求进行操作。

(5) 实训前应准备好自己的实训方案，并详细列出检测过程中需要注意的事项。

四、实训设备、工具及资料准备

1. 需准备的仪器仪表及工具

表 9-1 中列出了检测时要准备的仪表及工具，作为参考，如果另有需要，可加入表中。

表 9-1 需准备的仪器仪表及工具

仪器仪表及工具	数量	备注
微机继电保护测试仪	1 套	
模拟断路器	3 套	当检测方法不同时，也可不采用
电源盘	1 块	应带漏电保护器和低压断路器
试验线	1 套	包括短接线
数字式万用表	1 块	要求内阻在 10MΩ 以上

2. 需准备的资料、材料

表 9-2 中列出了检测时要准备的资料、材料，作为参考，如果另有需要，可加入表中。

表 9-2 需准备的资料、材料

资料、材料	数量	备注	资料、材料	数量	备注
备自投保护屏二次接线图	1 份		工作安全措施票	1 份	
装置说明书	1 份		各检测方案	1 份	
安全注意事项	1 份		各检测报告	1 份	

五、实训内容

（一）CSB—21A 型备用电源自动投入装置开出传动检测

1. 检测目的

该项检测的主要目的是，通过 CSB—21A 型装置面板操作，对 QF1、QF2、QF3 进行跳合闸试验，检测 CSB—21A 型装置输出回路及其有关的二次接线是否完好。

2. 检测提示

该检测可利用保护测试仪的状态试验功能或利用模拟断路器进行。

3. 检测步骤

（1）安全措施实施及检查。

（2）接线，即保护屏、备自投装置及保护测试仪或模拟断路器之间的检测接线。

（3）接线完成，检查无误后，通过 CSB—21A 型装置面板操作，依次对 QF1、QF2、QF3 进行跳合闸检测，观察保护测试仪（或模拟断路器）动作是否正常。

（4）记录检测结果，分析结果的正确性。

（5）恢复检测前接线。

（二）CSB—21A 型备用电源自动投入装置开入量检测

1. 检测目的

该检测的主要目的是，检查装置开关量输入电路及相关二次接线是否正确。

2. 检测提示

引出装置的＋220V（或＋24V）电源，作为开入的正电源，以此电源接通/断开端子排上各开入端子（注意：当采用＋24V电源时可直接接通备自投装置上各开入端子），观察备自投装置面板显示结果即可检查开入是否正常。

3. 检测步骤

（1）找出电源端子及各开入端子。

（2）对照检测方案，依次检查开入是否正常；记录检测结果，分析结果的正确性。

（3）方法：引出装置电源的＋24V端子作为开入电源的正极，并以此接通各开入端子，即可检查各开入回路是否正常。结果正确与否可参考表9-3。

表9-3　装置显示的各开关量情况

开入号	装置端子号	24V点此端子后	24V撤出后	操作结果
1	X18	显示“BZTTC”DIN18 OFF-ON	DIN18ON-OFF	
2	X19	DIN19OFF-ON	DIN19ON-OF	
3	X20	DIN20OFF-ON	DIN20ON-OF	
4	X21	DIN21OFF-ON	DIN21ON-OF	
5	X22	DIN22OFF-ON	DIN22ON-OF	
6	X23	DIN23OFF-ON	DIN23ON-OF	
7	X24	DIN24OFF-ON	DIN24ON-OF	
8	X25	DIN25OFF-ON	DIN25ON-OF	
9	X26	DIN26OFF-ON	DIN26ON-OF	

（三）CSB—21A型备用电源自动投入装置模数变换系统检验

1. 检测目的

该项检测的目的是检测装置实测的模拟量与实际输入的模拟量是否符合误差要求。

2. 检测提示

利用保护测试仪交流检测功能可完成该项检测；各备用电源自动投入装置（简称备自投装置）对电压、电流动作值误差都有明确说明，请参考备自投装置说明书。

3. 检测步骤

以下检测项目需在保护装置上电5min后，方可进行检测。

（1）检查装置的精度值。用保护测试仪分别在各通道加入对应的模拟量，电压回路加入50V电压，电流回路加入5A电流，在保护装置的调试菜单中查看显示结果，检查偏差值是否在±2%之内，检查结果填入报告（参考表9-4）。

表9-4　装置精度检测结果

通道名	端　子	显示结果	误差	是否满足±2%要求
U_1				
U_2				

(2) 检查各模/数变换系统的相位。对照说明书进入调试菜单查看该备自投装置的基准相，用保护测试仪加入基准相和检测相的模拟量，以电压 50V，电流 5A 为准，变换角度分别为 0°、90°、180°和 270°，检查保护装置的相位显示，误差不应超过±2°，结果写入报告。

(3) 检查各模/数通道的线性度。用保护测试仪加入各通道的模拟量，电压分别为 0、20、50、70、100V 和 120V，电流分别为 0、1、5、10A 和 20A，观测各通道的显示值，误差不应超过 3%，结果写入报告。

(四) CSB—21A 型备用电源自动投入装置自动投入整组检测

1. 检测目的

通过模拟一次系统实际可能出现的几种有代表性的情况，检测备自投装置在各种启动或闭锁条件下动作是否正常。

2. 检测提示

检测的方法有多种，例如可利用保护测试仪的备自投检测功能进行检测，也可利用保护测试仪的状态序列检测功能配合模拟断路器完成检测等。当利用保护测试仪的备自投功能检测时，检测接线比较简单，但应注意测试仪开关量输出电路与备自投装置开关量输入回路的电压及正负逻辑的配合。检测方案请按照这一种方式编写。

进行检测时，保护测试仪输出多个开关量和模拟量，分别模拟一次接线中的各断路器、各相关母线电压、各相关电流，并输出到备自投装置中；备自投装置根据保护测试仪发来的电压、电流及开关量信息判断是否满足备自投的启动条件；备自投动作时将发出断路器的跳、合闸命令，送入保护测试仪中；保护测试仪根据备自投装置送来的开关量命令调整自身的输出量，再返送到备自投装置。它们之间的信息是交互传递的，并以此来判断各种情况备自投的反应是否正确。

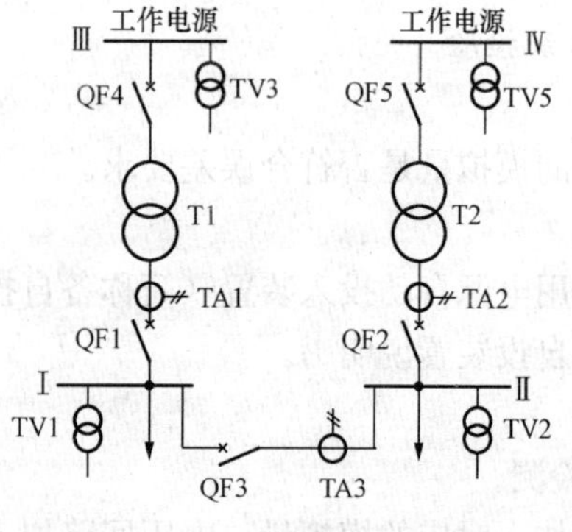

图 9-1　AAT 对应的一次主接线

3. 检测步骤

(1) Ⅰ段母线失电检测（第一组预置定值）。

该检测即依据图 9-1 中所示一次接线中使用的 AAT 装置来进行，并假设Ⅰ段母线失电，但Ⅱ段母线电压正常。

当利用保护测试仪备自投检测功能进行检测时，其检测过程如下。

1) 检测接线。按检测方案完成接线，并认真检查，保证无安全隐患，接线无误。

2) 备自投装置参数设定。按检测方案输入保护参数。在设计方案时，应注意这一检测备自投采用的定值是第一组预置定值。

3) 保护测控装置参数设置。将保护测试仪切换到备自投检测界面。

先根据图 9-1 所示接线方式及备自投装置的备投方式在软件界面的图形上选择好正常运行的主接线图，设置各个初始电压和电流应与实际情况一致。然后定义好各个开关的跳、合闸触点与测试仪的开入量的对应关系。接线图中的各个开入、开出触点的定义必须与实际接线一一对应，否则检测不能成功。

然后再设置事故原因。该检测应选择一种可引起Ⅰ段母线失电的情况。该检测可由多次完成，分别对各种可引起Ⅰ段母线失电的情况进行检测。

之后再设置进入故障状态的控制方式。参看后面有关测试仪的说明，可选择时间控制、手动控制或开入控制。

4）检测过程预想。要编写一个完善的检测方案，必须事先对整个检测过程有一个清晰的认识，先对正确动作的情况下检测的过程进行预想很有必要。

Ⅰ母线失压时，检测过程预想如下。①开始检测时，测试仪先输出正常运行态，此时测试仪模拟各断路器状态输出到备自投装置，与图 9-1 相对应的开关状态为——QF1 合闸，QF2 合闸，QF3 分闸；测试仪模拟各母线电压输出到备自投装置，各母线电压为正常电压；测试仪模拟变压器 T1、T2 低压侧电流输出到备自投装置，各电流为正常电流。②等待事故前延时（或手动触发）后，保护测试仪自动调整输出量进入事故状态，Ⅰ段母线失压，Ⅱ段母线电压正常，T1 低压侧无电流。备自投装置在检测到保护测试仪输出量变化后，先确认检测Ⅱ段母线电压正常，延时 T01 对断路器 QF1 发跳闸命令，保护测试仪接到该命令后，切换相应开关量，并将该信息返回备自投装置，备自投装置确定 QF1 确实跳开，且 T1 低压侧无电流后，延时时间 T01 合断路器 QF3，保护测试仪接到此命令后，自动调整输出量进入自投后状态。③测试仪自投后状态：Ⅰ段母线电压恢复，T2 低压侧电流为自投后电流（自己设定）；QF1 跳闸、QF2 合闸、QF3 合闸。

以上为Ⅰ段母线失压时检测过程预想，以此可检验检测接线方案是否正确，并与实际检测的过程进行对比，检查实际检测的正确性。

其他情况下备自投的检测过程预想请自己完成。

5）开始检测。按测试仪的使用说明开始检测，如果检测结果不正确，仔细检查，分析原因，直到检测成功，并写出现象及分析结论。如果结果正确，直接填写检测报告即可。

6）检测结束。恢复备自投保护屏的原始接线。课后整理检测报告。

（2）Ⅱ段母线失电检测（第一组预置定值）。参照（1）检测可完成该检测。

（3）Ⅰ段、Ⅱ段母线同时失电检测（第一组预置定值）。参照（1）检测可完成该检测。

（4）QF1 保护跳闸（或偷跳）检测（第一组预置定值）。参照（1）检测可完成该检测。

（5）QF2 保护跳闸（或偷跳）检测（第一组预置定值）。参照（1）检测可完成该检测。

（6）闭锁备自投检测。分别设定备自投的各闭锁条件，参照（1）检测的方案，依次完成各闭锁条件检测。

（7）第五组预置定值。按照以上第一组定值的检测项目及检测方法，对备自投工作在第五组定值时的情况进行检测。

六、实训指导

（一）CSB—21A 型备用电源自动投入装置说明

1. CSB—21A 型装置的结构特点及基本工作原理

CSB—21A 型装置从根本上说是一个可编程逻辑控制器，利用 8 路模拟量输入、9 路通用的开关量输入、1 路停用开关输入、10 个独立的空触点出口，针对不同的电网接线形式，通过不同的整定，适用于各种不同的场合要求。

装置的一个动作行为，是通过输入的各种模拟量、开关量的变化，经过启动条件、闭锁条件、检查条件等各个环节的检验后，才能通过事先设定好的出口发出动作命令。

装置可以事先定义共8个独立的动作行为，这8个动作从充电、启动、闭锁、检查、计时器、出口均完全独立，相互之间无任何联系，以满足系统不同情况下的需要。

2. CSB—21A 型装置的参数设置

(1) 装置的软连接片。在 CSB—21A 型装置中，设有两个软连接片，它们可以通过面板操作来进行投退，或利用变电站综合自动化系统从网络下发的遥控命令来进行投退。

软连接片1来投退备自投功能，投入时装置允许动作，退出时备自投装置处于停用状态。

软连接片2来选择预置方式或手动方式，投入时选择芯片内部固化的预置动作控制字，退出时选择板上 EEPROM 中手动输入固化的定值动作逻辑控制。

(2) 装置的定值区。CSB—21A 型装置共有三组定值区，区号0、1、2构成第一组定值，区号3、4、5构成第二组定值，区号6、7、8构成第三组定值。

0区、3区、6区内的定值项目用来整定：①自动方式下选择的预置定值组号或是手动方式下的动作总数目；②7个电压门槛值；③7个电流门槛值；④13个出口时间值。

1区、2区、4区、5区、7区、8区只在手动方式下起作用；自动方式下，只有0区、3区、6区的定值起作用。

选择预置方式时，CSB—21A 型装置共有8组预置定值可供选择，这8组预置定值分别适合现场常用的八种不同的主接线情况，针对一种主接线，只需根据其实际运行方式选择其中一组预置定值，再将相应的电压、电流、出口时间进行整定即可（即0区、3区、6区内的定值项目整定）。

当现场主接线比较特殊时，8组预置定值都无法满足要求时，可选择装置的“手动方式”，对装置的动作逻辑进行整定，改变装置的启动条件、闭锁条件以及动作逻辑，以满足实际逻辑的需要（即1区、2区、4区、5区、7区、8区内的定值项目整定）。

本检测对应的主接线如图9-1所示，可使用 CSB—21A 型装置的预置方式，选择8组预置定值中合适的一组进行即可。

(3) 0区、3区和6区的定值，定值清单见表9-5。控制字 KGZ 定义见表9-6。

表9-5　定值清单

序号	定值代码	整定范围	定值名称	序号	定值代码	整定范围	定值名称
1	KGZ	0000～FFFFH	控制字	11	I03	$0.08I_N$～$20I_N$	电流门槛值3
2	U01	0.4～120V	电压门槛值1	12	I04	$0.08I_N$～$20I_N$	电流门槛值4
3	U02	0.4～120V	电压门槛值2	13	I05	$0.08I_N$～$20I_N$	电流门槛值5
4	U03	0.4～120V	电压门槛值3	14	I06	$0.08I_N$～$20I_N$	电流门槛值6
5	U04	0.4～120V	电压门槛值4	15	I07	$0.08I_N$～$20I_N$	电流门槛值7
6	U05	0.4～120V	电压门槛值5	16	TM1	0～20s	时间定值1
7	U06	0.4～120V	电压门槛值6	17	TM2	0～20s	时间定值2
8	U07	0.4～120V	电压门槛值7	18	TM3	0～20s	时间定值3
9	I01	$0.08I_N$～$20I_N$	电流门槛值1	19	TM4	0～20s	时间定值4
10	I02	$0.08I_N$～$20I_N$	电流门槛值2	20	TM5	0～20s	时间定值5

续表

序号	定值代码	整定范围	定值名称	序号	定值代码	整定范围	定值名称
21	TM6	0～20s	时间定值 6	25	TMA	0～20s	时间定值 10
22	TM7	0～20s	时间定值 7	26	TMB	0～20s	时间定值 11
23	TM8	0～20s	时间定值 8	27	TMC	0～20s	时间定值 12
24	TM9	0～20s	时间定值 9	28	TMD	0～20s	时间定值 13

表 9-6　控制字 KGZ 定义

位	置“1”含义	置“0”含义
KGZ. 15	模拟量求和自检投入（运行时置 1）	模拟量求和自检退出
KGZ. 14	M 键投入	M 键退出（运行时必须置 0）
KGZ. 13	拨轮切换定值区	遥控切换定值区
KGZ. 12	保护 TA 额定电流 1A	保护 TA 额定电流 5A
KGZ. 11	自动方式下使用预置定值的组号（1～8）	
KGZ. 10		
KGZ. 9		
KGZ. 8		
KGZ. 7	装置本身动作后闭锁备自投	装置本身动作后不闭锁备自投
KGZ. 6	当拨轮切换定值区时采用 HWJ 方式切换	当拨轮切换定值区时采用 TWJ 方式切换
KGZ. 5	在拨轮切换定值区时外部开入错闭锁备自投	在拨轮切换定值区时外部开入错不闭锁备自投
KGZ. 4	两进线和电流过负荷时闭锁备自投	两进线和电流过负荷时不闭锁备自投功能
KGZ. 3	手动方式下动作的数目（18）	
KGZ. 2		
KGZ. 1		
KGZ. 0		

1）定义 KGZ. 7 的目的在于防止适用本装置实现双方相互投的场合，装置在第一次动作后当原因还未查明时又再次动作的情况。

KGZ. 7＝1 时，备投动作（出口序号为 1～13）自动闭锁备自投，上报“BZTTC”，充电始终清 0。当确认设备完全恢复正常运行后，可以重新投入备自投。当设置 KGZ. 7＝1 时，每次备自投动作后自动闭锁。当有多套备自投定值，每套定值设置 KGZ. 7＝1 时，切换定值区后，原闭锁备自投状态保持，直到人为复归。再次投入备自投只能通过以下两种方式恢复。

a）由远方退 1 号软连接片解锁，然后复归，再投入 1 号软连接片。

b）当地复归按钮对备投解锁。

KGZ. 7＝0，备投动作（出口序号为 14～15 时）不闭锁备自投，只告警。

2）控制字 KGZ. 4 用于分段备自投，当两段母线负荷过大时，有条件地闭锁备自投动作。

a）KGZ. 4=1 时，如果 I01+I03>I07（KDX=AA55），经 TM7 延时报“BZTTC”，闭锁备自投；如果 I01+I03<I07（KDX=AA55），报“BZTJS”，不闭锁备自投；对应 4 路电压、4 路电流的型号。

b）KGZ. 4=1 时，如果 I01+I02>I07（KDX=AAA5），经 TM7 延时报“BZTTC”，闭锁备自投；如果 I01+I02<I07（KDX=AAA5），报“BZTJS”，不闭锁备自投；对应 6 路电压、2 路电流的型号。

c）KGZ. 4=0 时，无过负荷闭锁功能。

3）CSB—21A 型定值区的切换有两种方式。

a）采用遥控命令切换的方式（KGZ. 13=0），可以从面板操作或是网络的监控命令来进行定值区的切换。

b）采用背板开入切换的方式（KGZ. 13=1），可以根据开入 7、8、9 确定定值区，具体定义如下。

①原 V3. 04 版中由 TWJ 开入 7、8、9 确定定值区时，开入 7、8、9 根据 KGZ. 13=1，且 KGZ. 6=0 表示 TWJ 切换定值区，此时开入量同定值区的关系见表 9-7。

②在 V3. 05 版中增加开入 7、8、9 根据 KGZ. 13=1，且 KGZ. 6=1 表示 HWJ 切换定值区，此时开入量同定值区的关系见表 9-8。

表 9-7 开入量同定值区的关系

开入 9	开入 8	开入 7	定值区
0	0	1	0 区
0	1	0	3 区
1	0	0	6 区

表 9-8 开入量同定值区的关系

开入 9	开入 8	开入 7	定值区
1	1	0	0 区
1	0	1	3 区
0	1	1	6 区

当不属于 0、3、6 定值区时，延时 15s CPU 会开出告警 2，同时液晶显示“SDIERR”（定值区开入不对应）告警，07H 报文中 S9. 1 置 1。此时若 KGZ. 5=1，则备自投闭锁，自动退出，液晶显示“BZTTC”（备自投退出）。充电始终清 0，07H 报文中 S9. 2 置 1。此时只有当开入恢复正常后备自投才自动解锁，液晶显示 BZTJS（备自投解锁）。

如 KGZ. 13 为 0，则开入 7、8、9 仍为普通开入。

以上硬开入定值区切换确认时间为 10s。

3. CSB—21A 型装置的预置方式举例

（1）第一组预置定值（采用无压闭锁判别逻辑）。该组定值适用的是母线断路器或桥断路器自动投入。现以图 9-1（母线断路器）为例说明该备自投的工作方式。

图 9-1 中 AAT 有如下两种工作方式。

备用方式 1：正常情况下 T1、T2 分列运行；母线Ⅰ失电，QF1 在跳闸位置时，QF3 由 AAT 装置动作自动合上，母线Ⅰ由 T2 供电。（母线Ⅰ失电的原因可以有：工作变压器 T1 故障，变压器保护动作跳开 QF1；Ⅰ段母线发生短路故障，变压器后备保护动作跳开 QF1；Ⅰ段母线上的出线发生短路故障而出线断路器没有断开，变压器后备保护动作跳开 QF1；因操作机构、控制回路或者保护回路等原因，使断路器 QF1、QF4 误跳闸；系统侧故障使

工作电源失去电压等。当 QF4 误跳闸或系统侧故障使工作电源失去电压时，QF1 由备自投装置跳闸）

备用方式 2：正常情况下 T1、T2 分列运行；母线Ⅱ失电，QF2 在跳闸位置时，QF3 由 AAT 装置动作自动合上，母线Ⅱ由 T1 供电。（备用方式 2 中母线Ⅱ失电及 QF2 跳闸与备用方式 1 情况相似）

对应于以上两种备用方式，备自投的启动条件及动作过程如下。

备用方式 1：如果母线Ⅰ失电，备自投以Ⅰ段母线电压小于备自投装置电压动作整定值 U01（即判断工作母线失压），Ⅱ段母线电压大于备自投装置电压动作整定值 U02（即判断备用母线电压正常），变压器 T1 低压侧电流小于备自投装置电流动作整定值 I01 作为启动条件，QF1 处于跳闸位置作为闭锁条件，以备自投动作时限 T01 延时跳开 QF1。备自投检查 QF1 跳闸是否成功，若 QF1 处于跳位，备自投以Ⅰ段母线电压小于 U01 作为启动条件，以Ⅱ段母线电压小于 U02 作为闭锁条件，以备自投动作时限 T03 延时合 QF3，检查 QF3 合位判断是否成功。

如果 QF1 被保护跳闸或偷跳，备自投以Ⅰ段母线电压小于 U01 作为启动条件，以Ⅱ段母线电压小于 U02 作为闭锁条件，以备自投动作时限 T03 延时合 QF3，检查 QF3 合位判断是否成功。

备用方式 2：如果Ⅱ母线失电，备自投以Ⅱ母线电压小于 U01（即判断工作母线失压），Ⅰ段母线电压大于 U02（即判断备用母线电压正常），变压器 T2 低压侧电流小于备自投装置电流动作整定值 I02 作为启动条件，QF2 处于跳位作为闭锁条件，以备自投动作时限 T02 延时跳开 QF2。备自投检查 QF2 跳位判断是否成功，若 QF2 跳闸成功，备自投以Ⅱ段母线电压小于 U01 作为启动条件，Ⅰ段母线电压小于 U02 作为闭锁条件，以 T03 延时合 QF3，检查 QF3 合位判断是否成功。

如果 QF2 被保护跳闸或偷跳，备自投以Ⅱ段母线电压小于 U01 作为启动条件，Ⅰ段母线电压小于 U02 作为闭锁条件，以 T03 延时合 QF3，检查 QF3 合位判断是否成功。

（2）第五组预置定值。该组定值适用的是线路断路器自动投入。现仍以图 9-1（母线断路器）为例说明该备自投的工作方式。

图 9-1 中 AAT 有如下两种工作方式。

备用方式 1：正常情况时 QF3 合上，QF2 断开，母线Ⅰ、Ⅱ由 T1 供电；当 QF1 跳开后，QF2 由 AAT 装置动作自动合上，母线Ⅰ和母线Ⅱ由 T2 供电。

备用方式 2：QF3 合上，QF1 断开，母线Ⅰ和母线Ⅱ由 T2 供电；当 QF2 跳开后，QF1 由 AAT 装置动作自动合上，母线Ⅰ和母线Ⅱ由 T1 供电。

对应于以上两种备用方式，备自投的启动条件及动作过程如下。

备用方式 1：如果母线Ⅰ失电，备自投以Ⅰ段电压小于 U01，变压器 T1 低压侧电流小于备自投装置电流动作整定值 I01 作为启动条件（即判断工作母线失压），QF1 处于跳位作为闭锁条件，以 T01 延时跳开 QF1，检查 QF1 是否处于跳位。备自投以 QF1 跳位，Ⅰ段母线电压小于 U01，Ⅳ母线电压大于 U02 作为启动条件（即判断备用母线电压正常），以 QF2 合位、QF3 分位作为闭锁条件，以 T03 延时合 QF2，之后备自投检查 QF2 合位判断是否成功。

如果 QF1 被保护跳闸或偷跳，备自投以 QF1 跳位，Ⅰ段母线电压小于 U01，Ⅳ母线电压大于 U02 作为启动条件，以 QF2 合位、QF3 分位作为闭锁条件，以 T03 延时合 QF2，之后备自投检查 QF2 合位判断是否成功。

备用方式 2：如果母线Ⅱ失电，备自投装置以母线Ⅱ电压小于 U01，变压器 T2 低压侧电流小于 I02 作为启动条件（即判断工作母线失压），QF2 处于跳位作为闭锁条件，以 T02 延时跳开 QF2，检查 QF2 跳位判断是否成功。QF2 跳位，Ⅱ段母线电压小于 U01，Ⅲ段母线电压大于 U02 作为启动条件（即判断备用母线电压正常），以 QF1 合位、QF3 分位作为闭锁条件，以 T03 延时合 QF2，检查 QF2 合位判断是否成功。

如果 QF2 被保护跳闸或偷跳，备自投装置以 QF2 跳位，Ⅱ段母线电压小于 U01，Ⅲ段母线电压大于 U02 作为启动条件，以 QF1 合位、QF3 分位作为闭锁条件，以 T03 延时合 QF2，检查 QF2 合位判断是否成功。

4. 装置使用说明

该装置的面板上各键功能见表 9-9。

表 9-9　　　　面板各键功能

名　称	作　用	名　称	作　用
液晶	(1) 正常运行显示； (2) 事件报文内容； (3) 操作提示	串行口	外接 PC 机
左键（◀）或右键（▶）	左右移动光标	运行监视灯	正常运行时为稳定黄色灯光，保护启动后灯光闪烁
上键（▲）或下键（▼）	(1) 上下移动光标位置； (2) 加或减光标对应数字的值； (3) 翻页	保护动作灯	保护动作出口时，呈红色灯光信号
确认键（SET）	进入主菜单；光标对应任务的功能确认	告警灯	外部回路、运行状态或保护装置异常，呈红色灯光信号
退出键（QUIT）	退出当前状态或回到正常运行显示	复归按钮	(1) 复归灯光信号； (2) 开入操作确认

注　与灯光信号相应有液晶显示事件内容。

该装置菜单组成见表 9-10。

表 9-10　　　　菜单组成

一级菜单	二级菜单	三级菜单	操作功能
模拟量	零漂		调保护零漂
	刻度		调保护刻度
	阻抗		空
	采样打印		打印保护采样值
定值	定值修改		调保护定值并修改
	切定值区		切换保护定值区
	定值打印		打印保护定值

续表

一级菜单	二级菜单	三级菜单	操 作 功 能
报告	MMI 报告		调 MMI 内存放的报告
	CPU 报告		调 CPU 内存放的报告
	删除		删除 MMI 内存储的报告
设置	CPU 投退		设置装置内运行的 CPU 号
	装置地址		设置装置的网络地址
	时钟	时钟修改	手动设定当前时间
		网络对时	将装置设置为网络对时方式
		秒脉对时	将装置设置为秒脉冲对时方式
		分脉对时	将装置设置为分脉冲对时方式
	面板选型		选择装置型号
控制	连接片投退		连接片投退
	开出传动		开出传动
PC 通信			切换到 PC 机与保护 CPU 通信
帮助	关于		关于软件及厂家联系方法
	版本	MMI 版本	MMI 版本说明
		CPU 版本	CPU 版本说明
	操作	菜单选择	菜单选择的简要操作说明
		定值修改	定值修改的简要操作说明
		循环显示	循环显示的简要操作说明
		报告显示	报告显示的简要操作说明

注：

(1) 装置的开入量（位置信号触点）在输入 220V 正电位时，装置判断相应开关量为断开状态，而当位置信号触点在输入低电位 0V 时，则装置判断该开关量为闭合状态，即采用所谓的“负逻辑”。

(2) 在对继电保护装置进行检验时经常会遇到“采样值”、“零漂”一些术语，所谓零漂即是不加电压、电流，直接观察装置本身的人机对话面板，通常要求值在－0.1～＋0.1 之间，零漂的误差直接影响微机保护对所保护设备运行情况的正确采样，影响软件的正确逻辑判断，降低了微机保护的整体技术性能。零漂产生的原因主要是装置内部电子元器件老化或性能不稳定；而采样值就是用测试仪选几个点去加电流或是电压（通常选 1、5、10、20A，10、30、50V 等），一般要求误差（即实际所加的值与面板显示的值的差）不大于 1%或 2%，不同的保护有不同的要求，根据电压等级的不同对保护的采样值要求也有不同。

(二) CSB—21 型备用电源自动投入装置的二次接线

装置背板连线如图 9 - 2 所示，装置外接端子如图 9 - 3 所示。

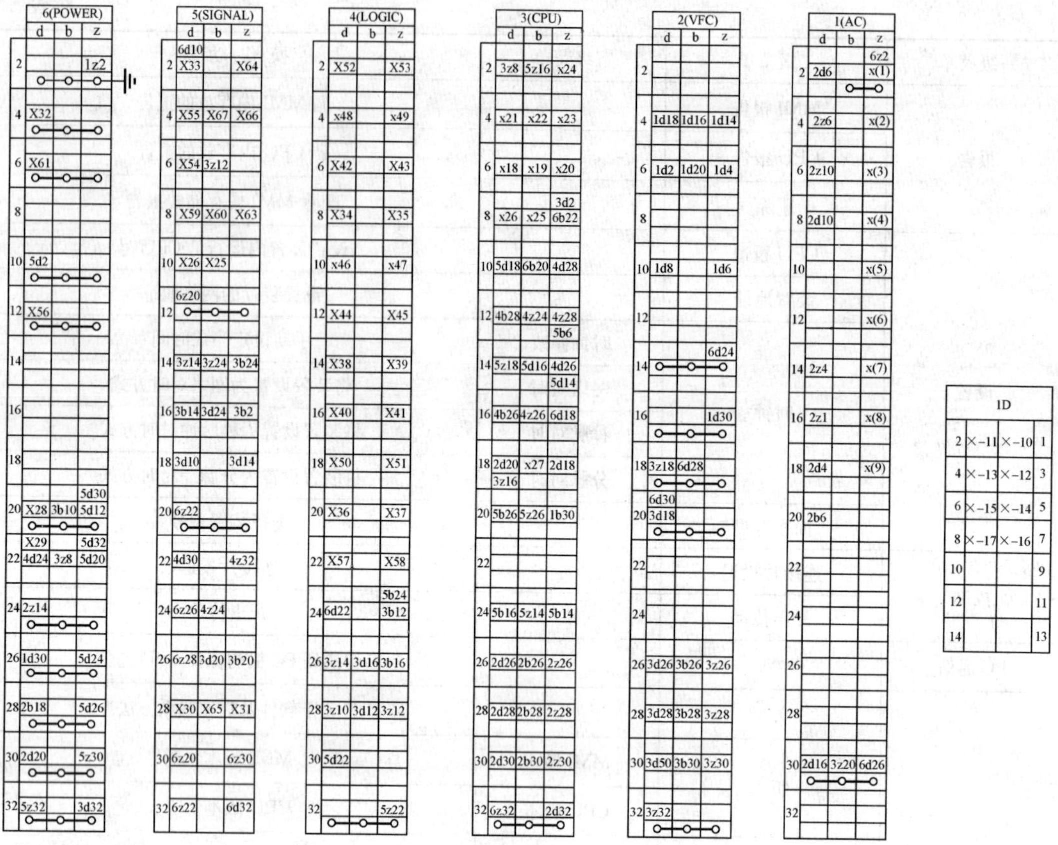

图 9-2 装置背板连线图

（三）保护测试仪的备自投检测模块

进入测试仪主界面后，点击其中的“备自投检测”选项即可进入该检测模块。该检测模块的主界面如图 9-4 所示。图中各部分使用方法如下。

1. 检测参数

在该选项卡中有如下几个方面的内容。

(1) 接线类型与备用方式：“接线类型 1”和“接线类型 2”是目前变电站常用的两种典型接线。软件预设了这两种接线在明备用或暗备用下的正常运行状态，检测时应将接线类型和备用方式配合起来设置，如图 9-5 所示。

从图 9-5 中可观察到开关的分、合闸状态（红色为开关合闸态，绿色为开关分闸态）；母线有、无电压或线路有、无电流（红色为有压、有流，灰白色为无压、无流）；变压器带电、失电状态（黄色为带电、灰白色为失电）。

(2) 开入量和开出量的定义和修改：开关旁边的“T”和“H”，是指示备自投装置发出的该开关的跳闸和合闸信号应接至测试仪的哪个开入量。测试仪共有 A、B、C、R、E、a、b、c、r、e 等共计 10 路开入。

开关旁边的“W”是指示该开关的位置状态信号由测试仪的哪个开出触点发出，应接入备自投的开关位置信号输入端。测试仪有 1、2、3、4、5、6、7、8 共 8 对开出。

界面上各开关的跳闸 T、合闸 H 触点接入测试仪哪路开入量的对应关系均做了初始定

远动	动作	67	5b4
	动作	66	5z4
网络	net B1	65	5b28
	net A1	64	5z2
	GPS 同步	63	5z8
	屏蔽地	62	
负电源	2	61	6d6
备用开出	ZJ1-1	60	5b8
	ZJ2-1	59	5d8
	CK6-1	58	4z22
	CK6-1	57	4d22
中央信号	直流消失	56	6d12
	告警	55	5d4
	动作	54	5d6
出口	出口 10′	53	4z2
	出口 10	52	4d2
	出口 9′	51	4z18
	出口 9	50	4d18
	出口 8′	49	4z4
	出口 8	48	4d4
	出口 7′	47	4z10
	出口 7	46	4d10
	出口 6′	45	4z12
	出口 6	44	4d12
	出口 5′	43	4z6
	出口 5	42	4d6
	出口 4′	41	4z16
	出口 4	40	4d16
	出口 3′	39	4z14
	出口 3	38	4d14
	出口 2′	37	4z20
	出口 2	36	4d20
	出口 1′	35	4z8
	出口 1	34	4d8
正电源	+XM	33	5d2
	1	32	6d4
		×	

	5z28	31	net B2	网络
	5z28	30	net A2	
	6d22	29	−24V	开入电源
	6d20	28	+24V	
	3b18	27	开入 9	开关量输入
	3d8,5d10	26	开入 8	
	3b8,5b10	25	开入 7	
	3z2	24	开入 6	
	3z4	23	开入 5	
	3b4	22	开入 4	
	3d4	21	开入 3	
	3z6	20	开入 2	
	3b6	19	开入 1	
	3d6	18	备自投停用	
	1D8	17	I_{CII}'	交流电流
	1D7	16	I_{CII}	
	1D6	15	I_{AII}'	
	1D5	14	I_{AII}	
	1D4	13	I_{CI}'	
	1D3	12	I_{CI}	
	1D2	11	I_{AI}'	
	1D1	10	I_{AI}	
	1z18	9	U_4'	交流电压
	1z16	8	U_4	
	1z14	7	U_3'	
	1z12	6	U_3	
	1z10	5	U_2'	
	1z8	4	U_2	
	1z6	3	U_1'	
	1z4	2	U_1	
	1z2	1	机壳接地	
		×		

图 9-3　装置外接端子图

义，如 DL11 的跳闸 T 默认接入开入 A、合闸 H 接入开入 a，但这些接入关系均可以修改，方法是在 DL11 及附近位置点击鼠标右键，在弹出的对话框中修改。同样，界面上各开关的位置信号 W 各由哪路开出输出的对应关系也都做了初始定义，如 DL11 的位置信号 W 默认由开出 1 输出，但这些接入关系也可以修改，方法相同。

开关位置信号可设置为“正逻辑”或“负逻辑”输出。

正逻辑：开关位置 W 为合闸态，相应的开出量闭合。

负逻辑：开关位置 W 为合闸态，相应的开出量打开。

保护测试仪位置信号输出逻辑选择与被测备自投装置本身有关，如果被测装置的位置信号触点在输入 220V 或 110V 正电位时，判断相应开关为合闸状态，则检测时应选择“正逻辑”；若判断为分闸状态，则选择“负逻辑”。

(3) 输出主变压器闭锁信号和手跳闭锁信号：如果事故原因是“主变压器故障”，有些

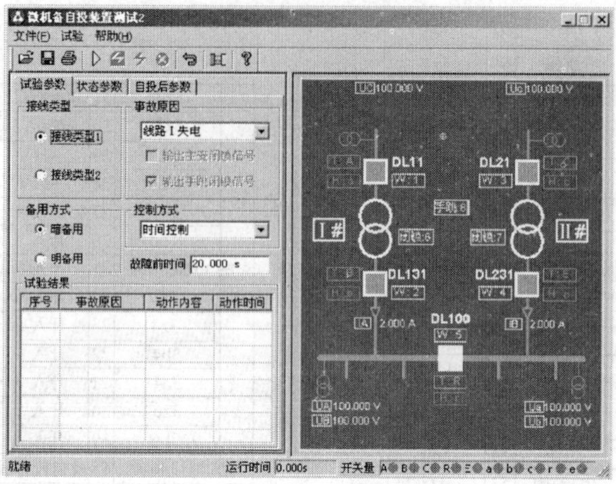

图 9-4　备自投检测模块界面

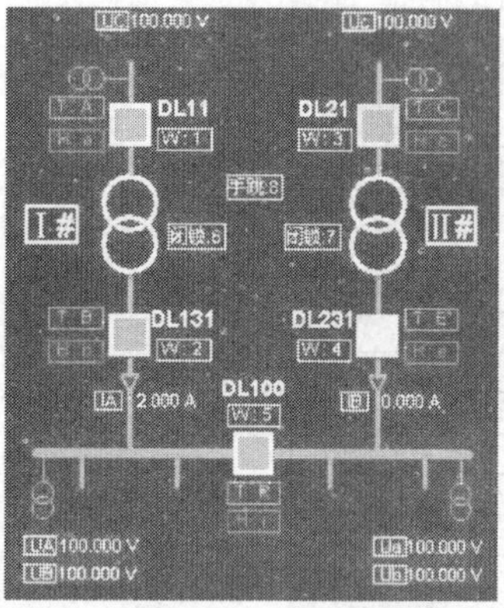

图 9-5　正常运行状态显示

情况下是不允许备自投动作的。若备自投误合上备用开关，则很可能造成事故。这种情况下软件可模拟输出主变压器闭锁备自投信号，接入备自投装置相应的闭锁信号输入端，闭锁备自投功能。

当事故原因选择“××号变压器故障”时，界面上“输出主变压器闭锁信号”选择项将开放，勾选则在进入事故状态时向备自投输出闭锁信号。该闭锁信号是由测试仪的开出量输出的。界面上初始定义开出 6 和 7 分别作为Ⅰ号、Ⅱ号主变压器的闭锁信号输出。当然也可以自定义修改，方法与开入量和开出量的定义和修改类似。

在正常倒闸操作中跳开某些开关，导致某些母线或元件失压，从而满足备自投的动作条件。如果不闭锁备自投，将造成备自投误动作而造成事故。这种情况下软件可模拟输出手跳闭锁备自投信号，接入备自投装置相应的闭锁信号输入端，闭锁备自投功能。

当事故原因选择“××开关手跳”，界面上“输出手跳闭锁信号”选择项将开放，勾选则在进入事故状态时向备自投输出闭锁信号。界面上初始定义开出 8 作为手跳闭锁信号输出。当然也可以自定义修改，方法与开入量和开出量的定义和修改类似。

修改“T”、“H”、“W”以及“闭锁”的方法均是：在非试验状态下，用鼠标右键点击图中“T”、“H”、“W”或“闭锁”框，在弹出的对话框中设置断路器名称、位置信号 W、跳闸 T、合闸 H，以及由哪个开出量输出主变压器或手跳闭锁信号，设置断路器初始状态等各个参数。如图 9-6 所示。

修改图 9-6 中电压、电流参数和变压器编号的方法与设置断路器参数类似。

(4) 描述进线、母线和支路的电压和电流：系统主接线的各条进线、各段母线上是否有电压，由测试仪哪些电压输出；各支路是否有电流，由测试仪哪路电流输出。界面上已根据不同的接线类型和备用方式预设了描述的电压、电流通道以及在正常运行状态的初始电压、电流值。这些预设的通道可能与实际情况不相符合，在检测前可能需要重新定义各个电压和电流通道。修改定义的方法与修改“T”、“H”、“W”的方法类似。

检测前，先根据实际情况在软件界面的图形上设置好正常运行的主接线图，各个初始电压和电流应与实际情况一致。然后定义好各个开关的跳、合闸触点与测试仪的开入量的对应关系。接线时，测试仪的各个开入开出触点必须按照图中所示的一一对应接线，否则检测不能成功。

(5) 事故原因与检测过程：在“事故原因”下拉菜单中，软件预设了共计 12 种事故原因，如图 9-7 所示。

图 9-6　断路器参数设置

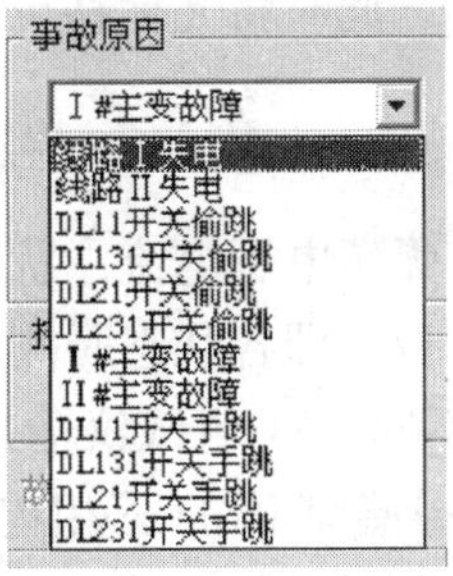

图 9-7　事故原因设置

点击“开始试验”按钮后，测试仪先输出主接线的正常运行状态数据，按图 9-5 中所设置的参数输出各相电压、电流，根据各开关的位置状态输出各开出触点。此时备自投装置应识别为“正常运行状态”而不动作。经过一定的“故障前延时”或按下“开始故障”按钮后，测试仪按所选择的事故类型输出相应的故障电压电流量和开关量。备自投装置识别到故障后将发出相应的跳、合闸命令。测试仪在收到备自投发来的跳、合闸信号后，变换图中开关状态，并智能地识别新的主接线状态而改变电压电流的输出和开关位置触点输出。并继续等待备自投下一步动作。

若事故原因为某线路失电，还能模拟事故后电源自动上电恢复过程。当备自投装置自投成功后，点击界面上工具栏的“供电恢复”按钮，原先因故障而失压的那条线路的电压将恢复有电。备自投识别到进线电压恢复后，将按“供电恢复”程序再次做出相应的反应。

开关偷跳与开关手跳在概念上有所区别，也就是导致事故的原因不同。开关偷跳，一般认为由开关设备自身故障或保护误动作造成，这时需要开放备自投；开关手跳，一般以人工主动操作造成，如变电站检修时进行的倒闸操作，工作前一般要退出或闭锁备自投装置。

主变压器故障时，由于是内部故障，其他保护（比如变压器差动保护）将高、低压两侧的开关跳开，导致主变压器和低压侧母线失压。在接线类型 1（低压桥母联），不应发出闭锁备自投信号，备自投可以正确发出合母联开关的命令，但在接线类型 2（高压桥母联），则要闭锁备自投，否则备自投检测到母线失压误合母联开关，将会导致主变压器带电的事故。

(6) 进入事故状态的控制方式。

时间控制：当选择此控制方式时，“故障前时间”将开放，可设置一定的故障前时间。试验时先在正常运行状态经过此时间后，自动进入事故状态。该时间一般应大于备自投装置的充电时间。

手动控制：当选择此控制方式时，开始检测时先输出正常运行状态，点击“开始故障”

按钮后，即进入事故状态。当模拟进线失电事故时，按钮栏的“供电恢复”按钮也呈激活状态，由试验人员手动控制何时进线供电恢复。

开入r控制：当选择此控制方式时，只有开入r变位才由正常运行状态进入事故状态。当需要由外部的设备发出触点信号来启动事故时，可在开入r接入相应的控制信号。

（7）试验结果：“试验结果”区记录的信息有当前模拟的是哪种事故原因；备自投的每步动作过程及主接线的状态变化；每步的动作时间。

在“试验结果”列表中，当“动作内容”栏需要显示的文字超出了单格显示的范围时，表格中会出现省略号。此时将光标移至该表格的文字上，那些被隐藏的文字就会显示出来，如图9-8所示。

2. 状态参数

有压电压电流、无压电压电流：状态参数页面用于输入在有压、有流或无压、无流时各电压和电流幅值和相位，即各状态时测试仪应输出的电压、电流值。

因检测的接线不同，或测试仪输出电压路数的不同，各电压的幅值和相位可能需设置得不同。比如，用测试仪的三相电压 U_A、U_B、U_C 分别输出给Ⅰ母线的三相电压，则应设置为 U_A：57.7V，0°，U_B：57.7V，－120°，U_C：57.7V，120°，如图9-9所示。

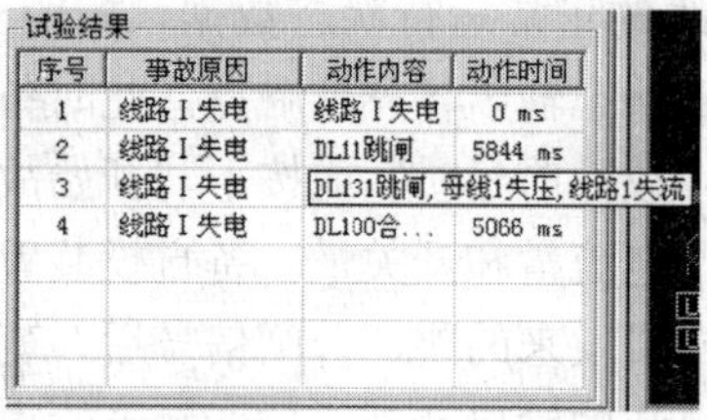

图9-8 试验结果记录

图9-9 状态参数设置例1

若仅用测试仪的两相电压UA、UB分别输出给Ⅰ母线三相电压，且要求加在Ⅰ母线的三个线电压幅值均为100V，正序相位，则可按如下方法设置电压参数（加给Ⅱ母线的两相电压设置方法同此）：

U_A 为100V，0°，U_B 为100V，60°，如图9-10所示。

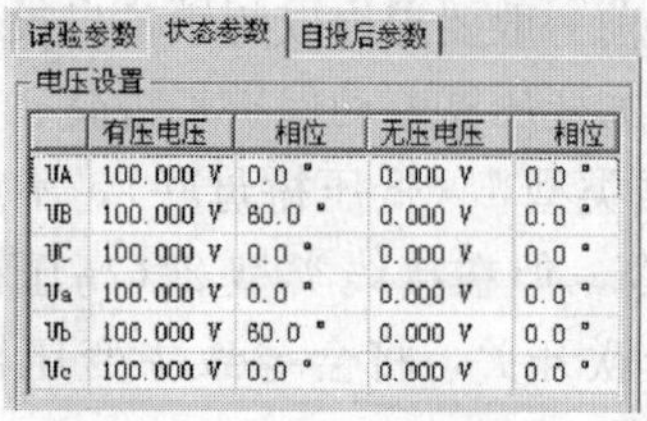

图9-10 状态参数设置例2

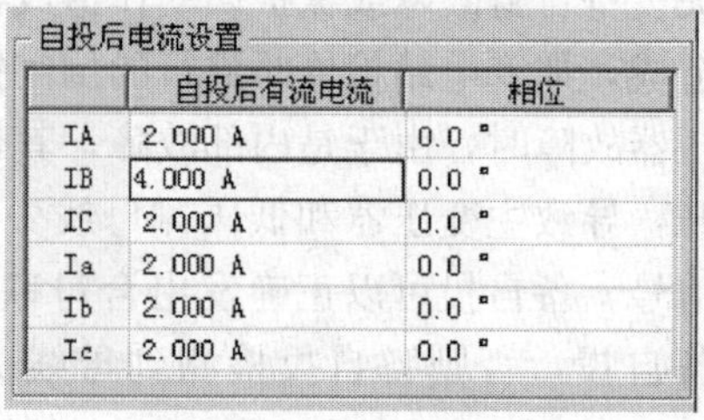

图9-11 自投后电流设置

在接线时，一般将测试仪 U_A、U_B 分别接备自投Ⅰ母线的 U_A、U_C 相，Ⅰ母线的 U_B 接测试仪 U_N。

3. 自投后电流

在暗备用情况下，考虑到母联开关自投后，可能出现一台变压器由原来只带一段母线负荷变为带两段母线负荷的情况，表现在自投后变压器的电流增加。自投后电流参数就是为此目的而设置的，如图 9-11 所示。

通过设置较大的自投后电流，能用来检测自投后备自投过负荷跳闸，或合闸于故障母线，后加速动作跳闸的情况。

第二节　输电线路自动重合闸检测

一、实训目的

熟悉常用微机式线路保护测控装置中重合闸检测的内容及检测方法。

二、实训目标

（1）能说明自动重合闸检测的内容。

（2）能说明自动重合闸检测的方法。

（3）能依据检测说明以及作业指导书等资料制定自动重合闸检测方案，并能按照自动重合闸的原理分析检测方案的正确性。

（4）能确定各检测的注意事项。

（5）能按照自动重合闸的原理分析检测结果。

三、实训注意事项

学生实训时，除了遵守实验基本安全规定外，还必须注意以下几点。

（1）实训前必须进行危险点分析，并制定预防措施。

（2）针对危险点分析中的危险点认真落实预防措施。

（3）明确 CSF206L 型线路保护装置（简称 CSF206L 型装置）的操作注意事项，严格按照 CSF206L 型装置的使用要求进行操作。

（4）明确保护测试仪的使用注意事项，严格按照保护测试仪的使用要求进行操作。

（5）实训前应准备好自己的实训方案，并详细列出检测过程中需要注意的事项。

四、实训设备、工具及资料准备

1. 需准备的仪器仪表及工具

表 9-11 中列出了检测时要准备的仪表及工具，作为参考，如果另有需要，可加入表中。

表 9-11　需准备的仪器仪表及工具

仪器仪表及工具	数量	备　注	仪器仪表及工具	数量	备　注
微机继电保护测试仪	1 套		试验线	1 套	包括短接线
模拟断路器	1 套	模拟出线断路器	数字式万用表	1 块	要求内阻在 10MΩ 以上
电源盘	1 块	应带漏电保护器和低压断路器			

2. 需准备的资料、材料

表 9-12 中列出了检测时要准备的资料、材料，作为参考，如果另有需要，可加入表中。

表 9 - 12 需准备的资料、材料

资料、材料	数量	备注	资料、材料	数量	备注
CSF206L 型装置二次接线图	1 份		工作安全措施票	1 份	
CSF206L 型装置说明书	1 份		各检测方案	1 份	
安全注意事项	1 份		各检测报告（空白）	1 份	

五、实训内容

（一）单电源线路三相一次重合闸检测

1. 检测目的

检测 CSF206L 型装置的三相一次自动重合闸的启动条件是否符合设计要求。

2. 检测提示

工作于“单电源线路三相一次重合闸”时，CSF206L 型装置退出检查同期功能。

该检测利用保护测试仪模拟某 10kV 出线正常或故障以及停运行时其 TA 二次侧输出的电流量、母线 TV 二次侧输出的电压量，并接入 CSF206L 型装置；利用模拟断路器模拟该出线断路器，观察 CSF206L 型装置的重合闸功能是否正常。

利用保护测试仪“状态系列”试验功能可完成该项检测，需要在测试仪“状态系列”界面下定义“故障前”、“故障”、“跳闸后”、“重合后”等状态参数。

重合闸功能只是 CSF206L 型装置的多个保护功能中的一部分，详细情况请参考该装置的说明（见前面章节）；重合闸与其他保护是相互配合的，不是孤立的，但本次检测可只选择与三段式过流保护配合进行，在编写检测方案时请注意（其他保护的情况是相似的）。

该检测假设装置不满足重合闸闭锁条件（即重合闸充电时间清除条件）；重合闸启动条件按“保护启动重合闸”和“不对应启动重合闸”两种方式分别进行试验。

（1）“保护启动重合闸”试验。

“保护启动重合闸”按三段式过电流保护分三段分别进行。

试验过程中，利用保护测试仪的“状态系列”试验功能，分别模拟线路“故障前”、“故障”、“跳闸后”、“重合后”等情况下电流、电压状态参数，并将各量输出到 CSF206L 型装置。CSF206L 型装置监测到线路工作在“故障前”状态时，装置不动作；当 CSF206L 型装置监测到线路工作在“故障”状态（满足保护启动条件）时，发跳闸命令到模拟断路器；模拟断路器跳闸后将跳闸位置信号送入保护测试仪；保护测试仪接到跳闸位置信号后自动跳转“跳闸后”状态，并将线路跳闸后电流、电压状态参数送入 CSF206L 型装置；CSF206L 型装置判断断路器已经跳闸后，结合其他相关条件，满足重合闸启动条件时，发重合闸命令到保护测试仪；保护测试仪接到该命令后，自动转入“重合后”状态，并将正常电流、电压参数送入 CSF206L 型装置，试验结束。

设置参数时，保护及重合闸的定值由自己依据线路实例编制。

（2）“不对应启动重合闸”试验。

在 CSF206L 型装置说明书中，“不对应启动重合闸”的条件是：充电时间条件满足（即重合闸处于准备动作状态），开关断开（即断路器位置在分位）。

进行试验时，将保护测试仪设置三个状态："故障前"状态、"断路器偷跳"状态、"重合后"状态。"故障前"状态、"重合后"状态与前面相似，而在"断路器偷跳"状态中保护测试仪模拟线路断路器偷跳闸后母线电压、出线电流及断路器跳闸位置。

"断路器偷跳"可由手动操作模拟断路器上的"手跳"按键实现，也可由保护测试仪的开出 1（或开出 2）的触点接通模拟断路器的跳闸回路实现（但注意接线设计的正确性，保证不误接通其他回路）。

当保护测试仪由"故障前"状态进入"断路器偷跳"状态时，CSF206L 型装置应能启动重合闸；保护测试仪在接到重合闸命令后自动进入"重合后"状态。

3. 试验步骤

注意：编写方案时要写"保护启动"和"不对应启动"两个方案，并分别按以下步骤进行试验。

（1）定值整定：按试验方案整定 CSF206L 型装置的定值。

（2）对保护测试仪进行设置：操作保护测试仪，进入状态系列Ⅰ界面。

按试验方案设置"故障前"、"故障"、"跳闸后"、"重合后"（或"断路器偷跳"）等状态参数。特别需要注意的是，各参数的设置一定要与试验接线保持一致，否则试验无法得到正确的结论；各状态之间翻转的条件采用时间触发或开入量触发，采用多长时间、采用哪个开入量，编制试验方案时要考虑清楚，必要时写出原因。

请注意试验开始时，必须保证重合闸在动作前有足够的充电时间。

（3）试验接线：编写试验接线方案时注意参考 CSF206L 型装置二次接线图及装置说明书，并依据试验内容编写。注意保护测试仪、CSF206L 型装置及模拟断路器之间的配合，特别是开关量的取用及连接。

按试验方案完成接线，并认真检查，保证无安全隐患，接线无误。

（4）开始试验：按测试仪的使用说明开始试验，如果试验结果不正确，仔细检查，分析原因，直到试验成功，并写出现象及分析结论。如果结果正确，直接填写试验报告即可。

（5）试验结束：恢复保护屏的原始接线。

课后整理试验报告。

（二）重合闸后加速试验

1. 试验目的

检测 CSF206L 型装置的三相一次自动重合闸后加速功能是否符合设计要求。

2. 试验提示

利用保护测试仪"状态系列"试验功能可完成该项试验。

试验方法与单电源线路三相一次重合闸检测试验相似。

试验过程前面几步与单电源线路三相一次重合闸检测试验相同，保护测试仪依次输出"正常"、"故障"、"跳闸后"几个状态，CSF206L 型装置分别做出相应的反应；但该试验在最后一步，CSF206L 型装置发重合命令时，保护测试仪输出"线路故障"状态（模拟永久性故障），之后 CSF206L 型装置加速保护，发跳闸命令，保护测试仪接到模拟断路器跳闸位置后进入"永跳"状态。

重合闸可加速保护Ⅱ段、Ⅲ段，制定试验方案时分别予以考虑。

3. 试验步骤

试验步骤如下。

(1) 定值整定：按试验方案输入 CSF206L 型装置的定值，定值设置时请注意参考 CSF206L 型装置说明书，并注意联系实际情况。

(2) 对保护测试仪进行设置：操作保护测试仪，进入状态系列Ⅰ界面。

按试验方案设置“故障前”、“故障”、“跳闸后”、“重合后”、“永跳后”等状态参数。特别需要注意的是，各参数的设置一定要与试验接线保持一致，否则试验无法得到正确的结论，各状态之间翻转的条件采用时间触发或开入量触发，采用多长时间、采用哪个开入量，编制试验方案时要考虑清楚，必要时写出原因，作结论分析时使用。

(3) 试验接线：按试验方案完成接线，并认真检查，保证无安全隐患，接线无误。编写试验接线方案时注意参考 CSF206L 型装置二次接线图及装置说明书，并依据试验内容编写。

(4) 开始试验：按测试仪的使用说明开始试验，如果试验结果不正确，仔细检查，分析原因，直到试验成功，并写出现象及分析结论。如果结果正确，直接填写试验报告即可。

(5) 试验结束：恢复保护屏的原始接线。

课后整理试验报告。

(三) 无压检定和同期检定的三相一次重合闸试验

1. 试验目的

检测 CSF206L 型装置的检定无压及检定同期的功能是否符合设计要求。

2. 试验提示

本试验假定本装置工作于双电源线路的无压侧，及当本侧断路器自动跳闸后，CSF206L 型装置检定线路满足“失压”条件，或检定线路电压和母线电压满足“同步”条件时，自动发重合闸命令（设不满足闭锁重合闸条件）。

本试验灵活运用保护测试仪的不同输出端子，分别模拟线路电压和母线电压送入 CSF206L 型装置。

本试验使用保护测试仪的“同期试验”检测模块完成。

参考 CSF206L 型装置说明书中对于重合闸的说明，可以把试验分为以下三步完成。

(1) 线路失压试验。这个试验的目的是判断当线路电压小于 CSF206L 型装置的“检同期电压低值”定值时重合闸是否正常启动，同时检测 CSF206L 型装置的“检同期电压低值”定值是否满足误差要求。

利用保护测试仪“同期试验”检测模块来完成该项试验时，利用其中的“同期动作值——调电压”功能进行。设置测试仪参数时，令“系统侧”电压和“待并侧”电压的频率差和相角差满足要求，将“待并侧”电压置于大于“检同期电压低值”而小于“检同期电压高值”之间的某一值。试验开始后模拟断路器偷跳闸（实际中应是保护动作跳闸），此时重合闸不启动；之后逐渐降低“待并侧”电压，直到重合闸启动，并记录此时“待并侧”电压值，以便与 CSF206L 型装置的“检同期电压低值”定值比较。

(2) 同步相角试验。这个试验的目的是判断线路两侧电压的相角差小于 CSF206L 型装置的“检同期重合闸角度”定值时重合闸是否正常启动，同时检测 CSF206L 型装置的“检同期重合闸角度”定值是否满足误差要求。

对于CSF206L型装置，判断线路电压和母线电压是否满足同步条件的依据主要是，它们的相角差是否小于“检同期重合闸角度”定值。当它们的相角差小于“检同期重合闸角度”定值时，CSF206L型装置判断为满足同步条件，允许重合闸启动；反之，当它们的相角差大于“检同期重合闸角度”定值时，CSF206L型装置判断为不满足同步条件，不允许重合闸启动。

利用保护测试仪“同期试验”检测模块来完成该项试验时，利用其中的“同期动作值——调角度”功能进行。调整测试仪使其输出的“待并侧”（模拟线路侧）电压大于“检同期电压高值”，系统侧（模拟母线）电压正常，线路及母线电压频率近似相等（请参考有关同期的三个条件），但不要相等。试验开始后，等观察到两个电压的相角差大于“检同期重合闸角度”定值，模拟断路器偷跳闸，此时重合闸不启动；当两个电压的相角差逐渐变化到小于“检同期重合闸角度”定值时，重合闸会启动（接线时注意利用重合闸启动信号停止试验）。记录此时两个电压的相角差，以便与CSF206L型装置的“检同期重合闸角度”定值比较。

（3）频率差试验。这个试验的目的是检测CSF206L型装置在重合闸时对频差的设定值。

保护装置一般不设置同期并列时对频差的要求，但它确实要检测频差的大小，频差太大时，重合闸是不会动作的。我们知道频差决定两个电压相量旋转的相对速度，频差越大它们相对运动的速度就越快。当频差较小时，两个电压在相角差允许值范围内运行的时间比较长，当这个时间大于重合闸的动作延时，重合闸来得及发合闸命令，即可实现重合；但是当频差大于一定值时，两个电压在相角差允许值范围内运行的时间必然会小于重合闸的动作延时，当重合闸未来得及发合闸命令时，两个电压的相角差又大于允许值了，这样就无法实现重合了。

利用保护测试仪“同期试验”检测模块来完成该项试验时，利用其中的“同期动作值——调频率”功能进行。调整测试仪使其输出的“待并侧”（模拟线路侧）电压大于“检同期电压高值”，系统侧（模拟母线）电压正常，线路及母线电压频率差足够大。试验开始后，模拟断路器偷跳闸，重合闸应不会启动；之后逐渐减少频差，直到重合闸会启动。记录此时两个电压的频率差。

3. 试验步骤

须分别编写以下三个试验方案。

（1）线路失压启动重合闸试验。

（2）同步相角试验。

（3）频率差试验。

这三个试验都按如下步骤分别进行。

（1）定值整定：按试验方案整定CSF206L型装置的定值。

（2）对保护测试仪进行设置：按试验方案整定CSF206L型装置的定值。

（3）试验接线：编写试验接线方案时注意参考CSF206L型装置二次接线图及装置说明书，并依据试验内容编写。按试验方案完成接线，并认真检查，保证无安全隐患，接线无误。

（4）开始试验：按测试仪的使用说明开始试验，如果试验结果不正确，仔细检查，分析原因，直到试验成功，并写出现象及分析结论。如果结果正确，直接填写试验报告即可。

(5) 试验结束：恢复保护屏的原始接线。

课后整理试验报告。

(四) 闭锁重合闸条件试验

按以上试验方法分别编写如下“重合闸闭锁条件”试验方案。

(1) 弹簧未储能；

(2) 闭锁重合闸端子高电位；

(3) 重合软连接片未投；

(4) 控制回路断线；

(5) 充电时间未到。

并参考试验（一）的试验步骤进行试验。

六、实训参考

(一) CSF206L型线路保护装置说明及相关工程图纸

请参考本书第五章。

(二) 保护测试仪“状态系列Ⅰ”检测模块使用说明

进入测试仪主界面后，选择进入“通用检测”选项，点击其中的“状态系列Ⅰ”选项即可进入该检测模块。

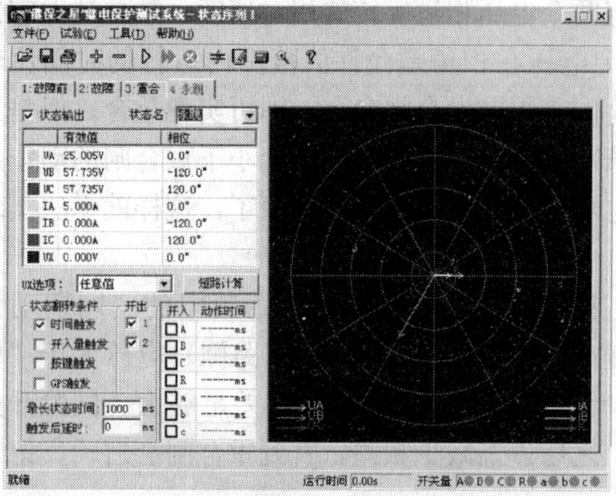

图9-12 状态序列检测模块界面

该检测模块的界面如图9-12所示，其中主要的工作界面由多个选项卡构成，每个选项卡代表一种状态。每个状态可根据实际情况自由定义电压电流数据和输入/输出开关量，用于模拟电网在某一时间的状态，如图9-12中的“1：故障前”、“2：故障”、“3：重合”、“4：永跳”四个状态。通过操作可对状态数目进行增、减，更换名称、定义各状态输出等，以模拟复杂程度各异的电网变化。试验过程中，当定义的条件满足时，可从一个状态切换到下一个状态，以模拟电网的变化。

1. 界面说明

(1) 增加、删除状态。增加、删除状态说明如下。

按工具栏上“+”、“－”按钮可以添加新状态或删除当前状态，最多可以添加至九个状态。添加新状态时，默认添加到当前状态之后，试验人员也可在弹出的对话框中根据实际需要将新状态添加至合适的位置，如图9-13所示。需要删除状态时，先用鼠标选中该状态（某状态处于当前状态时，其标题以红色字显示），按“－”按钮即可。

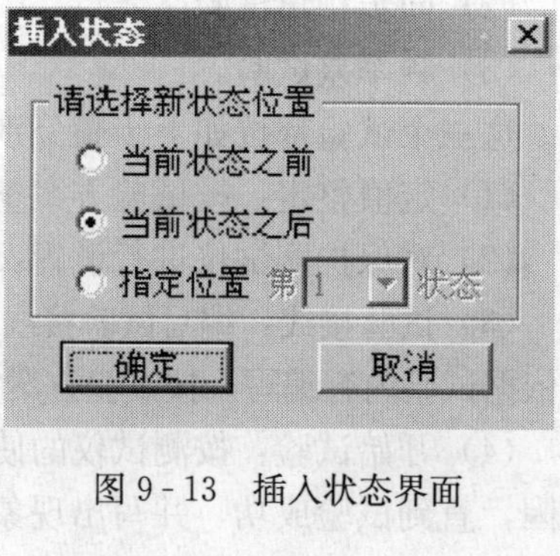

图9-13 插入状态界面

(2)“状态输出”选项。根据实际需要，可以通过去掉此选项前的“√”来实现跳过某个状态。此时该状态将以灰色显示，不再参与整个试验过程。

（3）状态名。因为该检测模块常用来做“重合闸及后加速”试验，在状态名下拉菜单中，软件已定义了“故障前”、“故障”、“跳闸后”、“重合”和“永跳”五个默认的状态名，供试验人员选择。用户也可根据需要，直接在方框内键入自定义的状态名。自定义的状态名不会被固化到该下拉菜单中，可随时更改。参与过试验的自定义状态名在下次再打开此检测模块时仍然存在。

（4）状态参数设置。每个状态下的交流量参数均可自由设置。要模拟复杂试验时，还可通过打开界面上的“短路计算”功能自动计算得出，计算出的数据也可以进行修改。

（5）各状态 U_X 选项。U_X 是特殊量，可设定多种输出情况：设定为 $+3U_0$、$-3U_0$、$+\sqrt{3}\times 3U_0$、$-\sqrt{3}\times 3U_0$ 时，U_X 的输出值是由当前输出的 U_A、U_B、U_C 组合出的 $3U_0$，再乘以各自系数得出，并始终跟随其变化而变化。

若选择等于某相电压值，则 U_X 输出将跟随该相电压变化，并始终与其保持一致。

若选“任意方式”，可以在参数栏中为 U_X 输入 0～120 范围的任意数字，试验时其值等于所置入的电压值且不变化。

（6）短路计算。点击“短路计算”按钮或按工具栏上 ≑ 按钮后，将打开一个“短路计算”对话框，该对话框用于模拟各种故障时的短路计算，并将计算结果填入到当前状态中。在重合闸试验时不需使用该功能。

（7）状态翻转条件。该功能下有“时间触发”、“开入量触发”、“按键触发”和“GPS 触发”四个选项，它们是决定由目前状态切换进入下一状态的触发条件。

“时间触发”和“开入量触发”两种触发方式可以同时选择，“按键触发”和“GPS 触发”只能单选。

当选择“时间触发”方式时，可以根据实际需要，在“最长状态时间”和“触发后延时”中分别输入一定的数值。试验时，经过上述两段延时后，自动从目前状态进入下一状态。“最长状态时间”是指这个状态的最长输出时间。“触发后延时”的作用是为了防止保护抖动而引起的误差，一般设置 10ms 左右。需要特别注意的是，在模拟重合闸及后加速故障的时候，不能设置该延时。因为后加速故障是在重合于故障态才引起的，所以必须是在重合态后立即进入永跳状态，后加速保护才能正确动作。如果“最长状态时间”期间输出的是故障量，当测试仪接收到保护的动作信号时，而试验前同时又选择了“开入量触发”作为状态的翻转条件的话，测试仪将跳过所设置的余下的“最长状态时间”进入“触发后延时”状态。

选中“开入量触发”方式时，右侧的七路开入量 A、B、C、R、a、b、c 都将有效。七路开入量为“或”的关系，可以根据需要去掉多余的开入量（取消其前面的“√”）。测试仪检测到所选的开入量动作时，将经“触发后延时”时间即翻转至下一状态。为防止触点“抖动”而影响试验，在该触发方式下一般应设置一定的“触发后延时”。

选“按键触发”时，试验期间，当状态翻转至该状态时，通过手动点击界面上的按钮或按测试仪面板上的“Tab”键来实现状态触发翻转。这是手动控制试验进程的一种有效方式。

选择“GPS 触发”时，利用 GPS 时钟的分脉冲或秒脉冲触发，实现多台测试仪的同步检测。

特别注意以下两点。

1）“时间触发”和“开入量触发”可以同时打勾，此时二者任何一个条件先满足都可触发翻转。

2）选开关量触发时，一般需设一定的“触发后延时”（约5～20ms），以免触点抖动导致多次误触发翻转。

（8）开出量状态。该功能下有“1”和“2”两个选项，分别对应保护测试仪面板上的“开出1”输出和“开出2”输出。选中某选项时，则该路开出（即对应的测试仪内部触点）在该状态时闭合，否则打开。“开出1”输出和“开出2”输出可以用于启动模拟断路器或保护装置等其他试验设备，满足复杂的试验需要。

2. 重合闸检测要点

在进行重合闸检测时，要谨记重合闸的工作条件，充分理解重合闸工作原理（包括与保护的配合）；设置各状态下的参数时要设想重合闸、保护在该状态下的正确工作情况。设置参数时需要注意的主要事项如下。

（1）“故障前状态”。故障前状态主要的作用是给重合闸一个足够的充电时间，所以选择“时间触发”来实现状态的翻转。故障前测试仪输出一个正常的工作状态，加给保护装置一个正常的电压。

（2）“故障态”。“故障态”用于模拟一个过电流故障，也就是由测试仪输出一个电流，电流定值大于保护的过电流值，使保护的过电流保护动作出口。这里用“开入量触发”作为本状态翻转的条件，也就是开入量A接到保护的动作信号后进入下一个状态。

（3）“重合态”。这个状态是一个重合等待状态，和“故障前状态”一样，测试仪输出的是一个正常的等待状态，在这个状态里让自动重合闸装置动作。

状态翻转条件选择“开入量触发”，也就是开入量R接到重合闸信号后进入下一个状态。这里要特别注意的一点是，因为要模拟后加速故障，所以触发后延时一定要设为0。

（4）“后加速”。这个状态是整个试验的最后一个状态，模拟的是一个电流后加速故障。对于故障类型的设置就看具体的保护是什么样的后加速故障，就模拟什么样的后加速故障状态。同样选择“开入量触发”状态翻转条件，也就是在接到保护跳闸信号后检测停止。

（三）保护测试仪“同期试验”检测模块使用说明

进入测试仪主界面后，选择进入“自动装置”选项，点击其中的“同期试验”选项即可进入该检测模块。

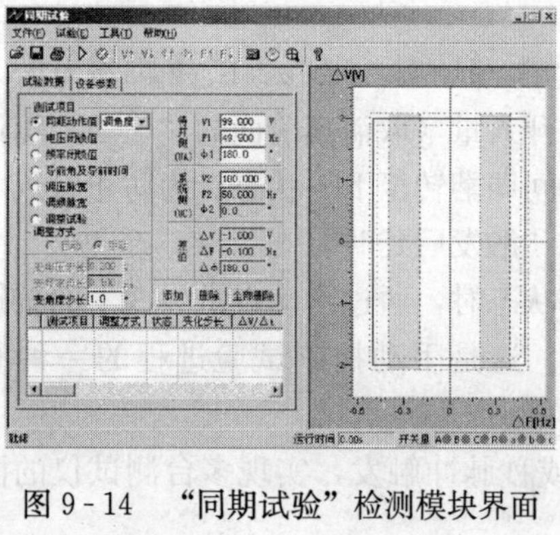

图9-14 “同期试验”检测模块界面

该检测模块用于准同期装置检测，也可用于线路检同期、检无压的同期重合闸保护。

用于线路检同期、检无压的同期重合闸保护试验时，可检测保护装置中重合闸解除闭锁的同期条件，即线路两侧电压的“幅值差”、“相角差”和“频率差”的定值是否正确。

该检测模块的主界面中有两个选项卡：“试验数据”和“试验参数”，如图9-14所示。

“试验数据”选项卡用于定义要进行的试验项目，及保护测试仪输出各量的特征，同时可观察试验过程和结果。“设备参数”选项卡主要用于输入各待测量的误差要求，作为判断检测结果是否符合误差要求的参考值。

1. 界面说明

（1）“试验数据”选项卡。该选项卡有如下几个参数需要定义。

1）“检测项目”：该参数用于定义将要进行哪一项或几项试验，可选的试验项目有“同期动作值”、“电压闭锁值”、“频率闭锁值”、“导前角及导前时间”、“调压脉宽”、“调频脉宽”、“调整试验”共七项试验。用于线路检同期、检无压的同期重合闸保护试验时，只需选“同期动作值”一项即可。注意：以下都是有关“同期动作值”检测的说明。

“同期动作值”用于检测同期电压差、频率差、角度差的动作值。其右侧的下拉菜单有“调电压”、“调角度”和“调频率”三个选项，分别用于检测同期“电压差”、“相角差”和“频率差”动作值。用于线路检同期、检无压的同期重合闸保护试验时，可测出保护装置在“电压差”、“相角差”和“频率差”的动作值，即在“电压差”、“相角差”和“频率差”分别等于多少时重合闸可以动作（试验后比较该结果与保护装置中对应的定值是否相符，误差是否在允许范围内）。

2）待并侧（U_A）：用于定义待并侧电压的三个参数，即 U_1（电压幅值）、F_1（频率）、Φ_1（初相）。用于线路检同期、检无压的同期重合闸保护试验时，可将该电压看作是输入保护装置的“线路侧电压”。待并侧电压（U_A）由测试仪的 U_A 输出。

3）系统侧（U_C）：用于定义系统侧电压的三个参数，即 U_1（电压幅值）、F_1（频率）、Φ_1（初相）。用于线路检同期、检无压的同期重合闸保护试验时，可将该电压看作是输入保护装置的“母线侧电压”。系统侧电压（U_C）由测试仪的 U_C 输出。测试仪软件将系统侧电压 U_C 的频率固定为 50Hz，角度为 0°，系统侧的电压值默认为 100V，电压值允许调整。

4）调整方式和步长：在各检测项目下，软件设置了不同的调整方式。检测“同期动作值”、“调压脉宽”、“调频脉宽”等项目时，软件仅为“手动”调整，其他几个检测项目则既可以“手动”也可以“自动”调整。“手动”调整方式下，要求在试验期间通过按键盘上的▲▼、◀▶键，或软件界面上的相关按钮来改变变量的输出；“自动”调整方式下，测试仪是依据同期装置发来的调整信号而自动调整变量的输出。

步长：用于定义手动增减待并侧电压、频率或待并侧相角自动改变的步长（每次增减多少）。步长的大小影响到检测结果的精度。开始试验后，可按所设置的变化步长手动增减相应的量至同期触点动作，即测出相应的同期动作值。手动改变待并侧电压和角度值的方法是按键盘上的▲、▼键，手动改变待并侧频率值的方法是按键盘上的◀、▶键，将鼠标移至按钮栏中会有提示。

5）添加、删除与全部删除：试验时可以把多个项目设置好后一次性完成所有试验。基本操作过程是，选择检测项目→设置检测该项目所需的各种参数→确定无误后点击“添加”按钮，将该项目添加至列表框中→点击开始试验按钮开始试验，将按添加的项目顺序依次进行试验。如果想删除检测项目列表中的某一项，则先用鼠标选中它，然后点击“删除”按钮。如果想删除列表中的全部项目，则直接点击“全部删除”按钮。

注意：必须将试验项目添加到检测项目列表中后，才能进行试验。

（2）设备参数。设备参数设置如下。

1）同步窗口：根据同期装置的整定值，设置 ΔU、ΔF、ΔF_{min}、ΔF_{max} 以及 $\Delta\varphi$ 的值。注

意这些值在试验过程中只起参考作用，不影响试验。设置完之后，可以在右侧的图中实时观察到相应的效果图。在试验过程中将看到试验轨迹。该项仅用于同期装置试验。

2）电压允许误差、频率允许误差、角度允许误差：可选择使用相对误差或绝对误差，可输入允许误差值，这些值在试验过程中只起参考作用，不影响试验。

3）两侧固有角度差：这是两侧的接线角差、变压器Y/△角差等各种固有角差之和。试验时软件将自动对该角度进行补偿。该项仅用于同期装置试验。

4）断路器合闸时间：断路器的合闸延时，模拟保护装置发合闸命令后断路器的延时合闸。

5）开入防抖动时间：用于消除试验期间保护继电器触点抖动对试验造成的影响。对微机同期装置一般设5ms，对继电器一般设20～40ms。

(3) 工具栏。工具栏上有些快捷方式需要注意。

如图9-15所示，其中工具栏中的“V↑、V↓、ϕ↑、ϕ↓、F↑、F↓”分别用于在试验过程中手动调节待并侧电压、相位和频率；[计算器图标]是“计算器”；[同步指示器图标]是“同步指示器”；[显示全部图标]是“显示全部”。

图9-15 同期试验界面工作栏

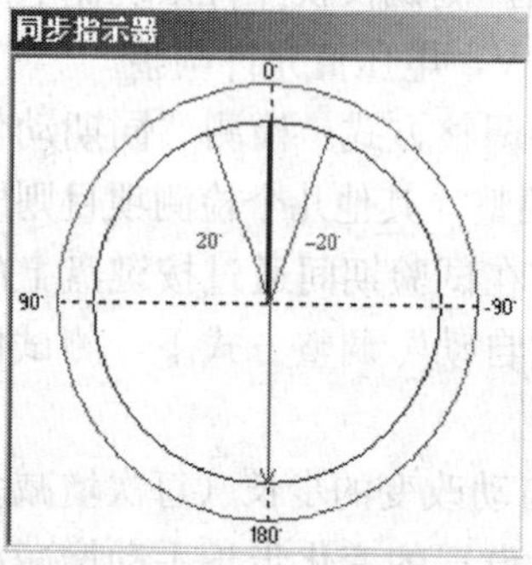

图9-16 “同步指示器”

试验期间点击“同步指示器”按钮可打开同步指示器，能观察到待并侧与系统侧在试验过程中的电压幅值、频率与相角的变化矢量图，如图9-16所示。

2. 试验要点

同期的三个条件当中，当要检测“电压差”或“频率差”动作值时，应该总是预先让其他两个参量满足同期条件，通过改变需检测的参量的值，最终使保护装置完全满足同期要求而动作。当要检测“相角差”时，让其他两个参量满足同期条件（但不要使频率差为0，否则试验无法进行），当“待并侧”电压和“系统侧”电压的相角差进入一定范围时，保护装置动作合闸。

第三节 自动按频率减负荷检测

一、实训目的

熟悉线路保护测控装置中自动按频率减负荷检测的内容及检测方法。

二、实训目标

(1) 能说明自动按频率减负荷检测的内容。

(2) 能说明自动按频率减负荷检测的方法。

(3) 能依据检测说明以及作业指导书等资料制定自动按频率减负荷检测方案，并能按照自动按频率减负荷的原理分析检测方案的正确性。

(4) 能确定各检测的注意事项。

(5) 能按照自动按频率减负荷的原理分析检测结果。

三、实训注意事项

学生实训时，除了遵守实验基本安全规定外，还必须注意以下几点。

(1) 实训前必须进行危险点分析，并制定预防措施。

(2) 针对危险点分析中的危险点认真落实预防措施。

(3) 明确 CSF206L 型装置的操作注意事项，严格按照 CSF206L 型装置的使用要求进行操作。

(4) 明确保护测试仪的使用注意事项，严格按照保护测试仪的使用要求进行操作。

(5) 实训前应准备好自己的实训方案，并详细列出检测过程中需要注意的事项。

四、实训设备、工具及资料准备

1. 需准备的仪器仪表及工具

表 9 - 13 中列出了试验时要准备的仪表及工具，作为参考，如果另有需要，可加入表中。

表 9 - 13　需准备的仪器仪表及工具

仪器仪表及工具	数量	备注	仪器仪表及工具	数量	备注
微机继电保护测试仪	1 套		试验线	1 套	包括短接线
模拟断路器	1 套	用于模拟出线断路器	数字式万用表	1 块	要求内阻在 10MΩ 以上
电源盘	1 块	应带漏电保护器和低压断路器			

2. 需准备的资料、材料

表 9 - 14 中列出了试验时要准备资料、材料，作为参考，如果另有需要，可加入表中。

表 9 - 14　需准备的资料、材料

资料、材料	数量	备注	资料、材料	数量	备注
CSF206L 型保护屏二次接线图	1 份		工作安全措施票	1 份	
CSF206L 型装置说明书	1 份		各检测方案	1 份	
安全注意事项	1 份		各试验报告（空白）	1 份	

五、实训内容

(一) 动作频率检测

1. 检测目的

检测 CSF206L 型线路保护装置的低频减载功能的动作频率值是否符合设计要求。

2. 检测提示

该检测利用保护测试仪的“频率及高低频保护”功能来完成。在完成测试仪及 CSF206L 型装置的参数设定，开始试验后，整个过程将自动完成。

开始试验时，保护测试仪模拟一次系统工作正常，输出正常的线路电流和母线电压，系统频率保持在50Hz，保证CSF206L型装置的各种保护都不会启动；经设定的延时后，保护测试仪开始模拟系统频率降低（并假设是有功缺额引起的，不是负荷反馈或其他因素引起的）：先按所设定的$\frac{df}{dt}$由50Hz均匀下滑至检测始值频率，然后开始按设定的步长逐格降低频率，且每降低至某一频率保护测试仪都保持一定的时间间隔，保持期间CSF206L型装置检测该频率值来决定是否动作；如CSF206L型装置动作，则输出跳闸命令，跳模拟断路器，测试仪测得断路器跳闸信号将停止试验，并自动记录该频率值；如在整个频率降低的过程中CSF206L型装置未动作，当频率变化至检测终值时，保护测试仪也会自动结束试验。

3. 检测步骤

检测步骤如下。

(1) 检测接线：设计试验接线时应注意按照CSF206L型装置低频功能所需从保护测试仪引接各电压、电流；注意模拟断路器使用相别；注意CSF206L型装置经端子排与模拟断路器及保护测试仪的联系；模拟断路器的跳闸位置输出应接到保护测试仪的开入A端子。

按试验方案完成接线，并认真检查，保证无安全隐患，接线无误。

(2) CSF206L型装置定值整定：按试验方案整定CSF206L型线路保护装置的定值。该装置没有设“低频动作延时”参数，故不必整定，但按一般经验取0.5s。在下一项试验时将实测该延时。

特别需要注意的是，保护测试仪的电压参数是相电压，而CSF206L装置的低频检测的是线电压（请参考CSF206L型装置原理说明）。以下各项试验都必须注意这一特点。

(3) 对保护测试仪进行设置：对保护测试仪进行设置时要注意以下几点。

1) 保护测试仪中的动作频率检测范围的检测始值和终值均应设置在动作频率附近，检测始值应大于CSF206L型装置整定动作值，检测终值小于CSF206L型装置整定动作值。

2) 保护测试仪中的参数$\frac{df}{dt}$应大于CSF206L型装置中的低频减载滑差定值。电压应大于低频电压闭锁定值。电流应大于低频电流闭锁定值，但应小于CSF206L型装置中的各保护动作值。

3) 保护测试仪逐格变频的时间间隔比其整定动作时间长0.2s，在整定其动作时间时，要使频率变化时间间隔足够长，保证CSF206L型装置在低频启动后有足够时间发出跳闸命令。

4) 保护测试仪逐格变频的步长将影响到检测结果的精确度。

5) 按照CSF206L型装置技术说明书，低频减载的启动条件是频率在45.00～49.75Hz范围内，因此保护测试仪的检测始值和终值不能设置得太小（一般应不低于45Hz），否则CSF206L型装置将闭锁。

(4) 开始试验：按测试仪的使用说明开始试验，如果试验结果不正确，仔细检查，分析原因，直到试验成功，并写出现象及分析结论。如果结果正确，直接填写试验报告即可。

(5) 试验结束：恢复保护屏的原始接线。课后整理试验报告。

（二）动作时间检测

1. 试验目的

检测CSF206L型线路保护装置的低频减载功能的动作时间值是否符合设计要求。

2. 试验提示

该检测利用保护测试仪的“频率及高低频保护”功能来完成。在完成测试仪及CSF206L型装置的参数设定，开始试验后，整个过程将自动完成。

开始试验时，保护测试仪模拟一次系统工作正常，输出正常的线路电流和母线电压，系统频率保持在50Hz，保证CSF206L型装置的各种保护都不会启动；经设定的延时后，保护测试仪开始模拟系统频率降低（并假设是有功缺额引起的，不是负荷反馈或其他因素引起的），系统频率从始值50Hz匀速下滑至终值，并等待CSF206L型装置动作；保护测试仪接到断路器跳闸命令后停止计时，自动计算出CSF206L型装置的低频减载动作时间。

3. 试验步骤

试验步骤如下。

（1）试验接线：试验接线同“动作频率检测”试验。

因为模拟断路器存在动作时间，所以检测结果应减去该时间。为了提高检测精度，也可直接将跳闸开出量从CSF206L型装置的端子或端子排输出到保护测试仪（注意参考相关工程图纸）。按试验方案完成接线，并认真检查，保证无安全隐患，接线无误。

（2）CSF206L型装置定值整定：按试验方案整定CSF206L型装置的定值。

（3）对保护测试仪进行设置：对保护测试仪进行设置时要注意以下几点。

1）保护测试仪中的参数$\frac{df}{dt}$应大于CSF206L型装置中的低频减载滑差定值。电压应大于低频电压闭锁定值。电流应大于低频电流闭锁定值，但应小于CSF206L型装置中的各保护动作值。

2）注意正确设置“开始计时点的频率”。一般设置为装置整定的动作频率，或检测出的准确动作频率值。

3）“变化终值”应略小于CSF206L型装置动作频率值以确保装置动作。

（4）开始试验：按测试仪的使用说明开始试验，如果试验结果不正确，仔细检查，分析原因，直到试验成功，并写出现象及分析结论。如果结果正确，直接填写试验报告即可。

（5）试验结束：恢复保护屏的原始接线。课后整理试验报告。

（三）df/dt闭锁条件检测

1. 试验目的

检测CSF206L型线路保护装置的低频减载功能的df/dt闭锁值。

2. 试验提示

该检测利用保护测试仪的“频率及高低频保护”功能来完成。在完成测试仪及CSF206L型装置的参数设定，开始试验后，整个过程将自动完成。

开始试验时，保护测试仪模拟一次系统工作正常，输出正常的线路电流和母线电压，系统频率保持在50Hz，保证CSF206L型装置的各种保护都不会启动；经设定的延时后，保护测试仪按照从大到小的顺序，依次以不同的df/dt值模拟频率降低，且每次都从频率始值50Hz下滑至终值；CSF206L型装置在每次频率下降的过程中决定是否启动，如果启动，发跳闸命令到模拟断路器；保护测试仪接到模拟断路器跳闸位置信号后停止试验，并自动记录此时的df/dt值，即为CSF206L型装置的df/dt闭锁的边界值。

试验结束，请比较该边界值与CSF206L型装置df/dt的整定值，看是否符合要求。

3. 试验步骤

试验步骤如下。

(1) 试验接线：试验接线同“动作频率检测”试验。

按试验方案完成接线，并认真检查，保证无安全隐患，接线无误。

(2) CSF206L型装置定值整定：按试验方案整定CSF206L型装置的定值。

(3) 对保护测试仪进行设置：对保护测试仪进行设置时要注意以下几点。

1) 保护测试仪中的电压参数应大于低频电压闭锁定值，电流应大于低频电流闭锁定值，但应小于CSF206L型装置中的各保护动作值。

2) 注意正确设置“最大检测时间”。该参数将决定整个试验过程中的每一轮试验结束后的延时时间。该参数应大于低频动作延时与断路器跳闸时间之和，保证跳闸位置可靠传入测试仪，在确定断路器没有跳闸后再进入下一轮试验。

3) “变化终值”应略小于CSF206L型装置动作频率值以确保装置动作。

(4) 开始试验：按测试仪的使用说明开始试验，如果试验结果不正确，仔细检查，分析原因，直到试验成功，并写出现象及分析结论。如果结果正确，直接填写试验报告即可。

(5) 试验结束：恢复保护屏的原始接线。课后整理试验报告。

(四) 低电压闭锁检测

1. 试验目的

检测CSF206L型线路保护装置的低频减载功能的低电压闭锁值，并与整定值比较，确定其是否符合要求。

2. 试验提示

该检测利用保护测试仪的“频率及高低频保护”功能来完成。在完成测试仪及CSF206L型装置的参数设定，开始试验后，整个过程将自动完成。

开始试验时，保护测试仪模拟一次系统工作正常，输出正常的线路电流和母线电压，系统频率保持在50Hz，保证CSF206L型装置的各种保护都不会启动；经设定的延时后，保护测试仪自动进行多次试探试验——每一次试探时频率逐渐降低（且变化规律相同），但电压逐次按一定的步长升高，当在某一次试探过程中电压足够高，CSF206L型装置解除闭锁正确启动，发跳闸命令；保护测试仪接到模拟断路器输出的跳闸位置后停止试验，并自动记录此电压值。此电压值即为CSF206L型装置低电压闭锁边界值。

试验结束，请比较该边界值与CSF206L型装置“低频减载电压闭锁定值”，看是否符合要求。

3. 试验步骤

试验步骤如下。

(1) 试验接线：试验接线同“动作频率检测”试验。

按试验方案完成接线，并认真检查，保证无安全隐患，接线无误。

(2) CSF206L型装置定值整定：按试验方案整定CSF206L型装置的定值。

(3) 对保护测试仪进行设置：①保护测试仪中的参数$\frac{df}{dt}$应大于CSF206L型装置中的低频减载滑差定值，电流应大于低频电流闭锁定值，但应小于CSF206L型装置中的各保护动作值；②注意正确设置“最大检测时间”。该参数将决定整个试验过程中的每一轮试验结束后的延时时间。该参数应大于低频动作延时与断路器跳闸时间之和，保证跳闸位置可靠传入测试仪，在确定断路器没有跳闸后再进入下一轮试验；③“电压变化始值”应设置为小于装置整定的闭锁值，“变化终值”应设置为大于装置整定的闭锁值，以确保装置动作。

(4) 开始试验：按测试仪的使用说明开始试验，如果试验结果不正确，仔细检查，分析原因，直到试验成功，并写出现象及分析结论。如果结果正确，直接填写试验报告即可。

(5) 试验结束：恢复保护屏的原始接线。课后整理试验报告。

(五) 低电流闭锁

该检测与低电压闭锁检测相似，只是试验过程中的变量变成了电流。

试验结束，请比较低电流边界值与 CSF206L 型装置“低频减载电流闭锁定值”，看是否符合要求。

六、实训参考

(一) CSF206L 型线路保护装置说明及相关工程图纸

请参考本书第五章。

(二) 保护测试仪“频率及高低频试验”检测模块说明

进入测试仪主界面后，选择进入“常规保护”选项，点击其中的“频率及高低频试验”选项即可进入该检测模块。

该模块可检测的项目有“动作频率”、“动作时间”、“df/dt 闭锁”、“du/dt 闭锁”、“低电压闭锁”以及“低电流闭锁”等六个检测项目，如图 9-17 所示。点击界面中各项目对应的选项卡可对各检测项目的参数进行设置。

1. 检测项目的选择

在“检测项目”选项卡中，可选择将要检测的项目。根据实际需要，可以选择其中的一个或者多个检测项目进行试验。选择一个检测项目时，试验开始后，测试仪将完成所选项目的检测；选择多个检测项目时，在一个检测项目检测完毕后，会弹出相应对话框提示是否进行下一个检测项目。

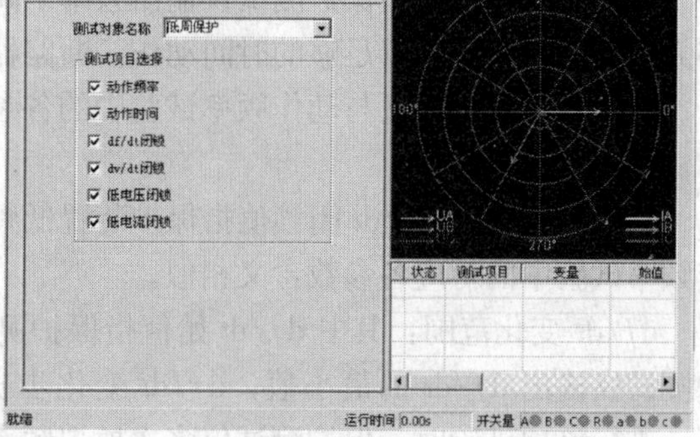

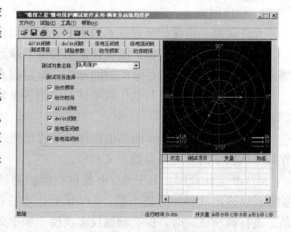

图 9-17 “频率及高低频试验”检测模块界面

其中检测对象名称中包含“低频保护”、“频率继电器”、“差频继电器”、“低频继电器”以及“高频继电器”五种继电器。默认情况下选择“低频保护”。其下拉菜单如图 9-17 所示。这里选择“低频保护”。

2. 在“试验参数”中各参数含义

频率变化前延时：在该模块的六个检测项目的检测过程中，测试仪都先以额定频率 50Hz 输出，维持至“频率变化前延时”结束，然后输出频率再开始变化，试验才正式开始。该项在有些保护检测时非常有用，可以用来等待保护频率闭锁后解除闭锁。

检测间断时间：每一次试验结束后装置将停止输出所有量，等“检测间断时间”结束后，再进入下一次试验。

开关防抖时间：为防止保护装置或模拟断路器出口继电器的触点在闭合或断开时抖动造成保护测试仪对开入量状态的误判断，加以延时，在触点稳定后再判断。

开入量：该参数有 A、B、C、R、a、b、c 七个选项，分别对应装置面板上的开入量端子。该试验可任选其中一个作为保护装置跳闸出口或模拟断路器跳闸位置的外部开入量的输入端子。接线时注意将接入的开入端子名称与参数设置对应起来。

开出量：用于设置保护测试仪在其输出频率开始变化时或频率变化开始计时时是否同时输出开关量，经面板上哪个端子输出，以及输出开关量的开、合状态。可以利用该功能控制其他装置。

3. 动作频率

电压电流定值：用于定义 U_A、U_B、U_C 三相电压的有效值、相位以及 I_A、I_B、I_C 三相电压的有效值、相位。

整定值：整定动作频率指保护装置的低频减载的动作频率整定值；整定动作时间是指保护装置的低频减载的动作时间整定值。这一项是作为与测试仪检测结果对照用的。

动作频率检测范围：其中初始频率是指测试仪输出的频率变化的初始值；终止频率是指测试仪输出的频率变化终了值。这两个值构成的频率范围应包含保护装置低频减载的动作频率，才能使试验成功。

允许误差：指保护装置技术说明所规定的频率测量误差。

频率变化步长：指保护测控装置输出的频率在检测过程中变化的步长。测试仪输出频率的变化不是连续的，当它输出逐渐降低的频率时，频率会从一个值跳到比该值低 Δf 的另一个频率值，且逐次下降 Δf，Δf 即频率变化步长。该值的大小将影响到动作频率测量的精度。

检测时的 $\mathrm{d}f/\mathrm{d}t$ 值：检测时测试仪输出频率降低的速度，即滑差。该项试验应将 $\mathrm{d}f/\mathrm{d}t$ 设置得小于滑差闭锁值。

4. 动作时间

允许误差：指保护装置技术说明中规定的动作时间误差。

最大检测时间：指保护测试仪输出频率下降到终值后的延时。设置该参数时应使该值足够大，保证保护装置有足够的时间动作，断路器有足够的时间跳闸。

其他各参数的含义与动作频率试验中的各参数含义相似。

5. “df/dt 闭锁”

整定值：其中 $\mathrm{d}f/\mathrm{d}t$ 闭锁值指保护装置低频减载的滑差闭锁整定值，其余参数含义与动作频率试验中的对应各参数含义相似。

$\mathrm{d}f/\mathrm{d}t$ 变化范围：其中 $\mathrm{d}f/\mathrm{d}t$ 始值指保护测试仪输出 $\mathrm{d}f/\mathrm{d}t$ 的最大值；$\mathrm{d}f/\mathrm{d}t$ 终值指保护测试仪输出 $\mathrm{d}f/\mathrm{d}t$ 的最小值；$\mathrm{d}f/\mathrm{d}t$ 变化步长指保护测试仪输出的 $\mathrm{d}f/\mathrm{d}t$ 逐次变化的差值。进行该项试验时，保护测试仪多次模拟频率降低，每次频率降低的 $\mathrm{d}f/\mathrm{d}t$ 都不一样，每次 $\mathrm{d}f/\mathrm{d}t$ 变化的大小即 $\mathrm{d}f/\mathrm{d}t$ 变化步长。$\mathrm{d}f/\mathrm{d}t$ 变化步长的大小将影响 $\mathrm{d}f/\mathrm{d}t$ 闭锁值的检测精度。

允许误差：保护装置技术说明中规定的 $\mathrm{d}f/\mathrm{d}t$ 测量误差。

最大检测时间：进行该项试验时，保护测试仪多次模拟频率降低，该参数决定每两次频率降低中间的时间间隔，此值应足够大，以保证保护装置及断路器可靠动作。

6. “低电压闭锁”

大多数参数与“df/dt 闭锁”检测中各参数的含义相似，但其中动作值定义一项是指保护装置电压闭锁的判断使用的是相电压还是线电压，请参照保护装置说明进行选择。

7. “低电流闭锁”

各参数含义与“df/dt 闭锁”检测中各参数的含义相似。

第四节　微机型自动装置相关实验

一、实验一：三相一次自动重合闸实验

（一）实验目的

（1）熟悉微机型线路保护测控装置的功能及结构。

（2）熟悉三相一次重合闸的工作过程。

（3）掌握三相一次重合闸的检测方法。

（二）实验项目

（1）检查整定保护测控装置定值。

（2）模拟线路瞬时性故障，检测三相一次重合闸的性能。

（3）模拟线路永久性故障，检测三相一次重合闸的性能。

（三）实验设备

（1）PSU—2000 系列微机保护测控屏 1 面。

（2）PSU—2000 系列线路微机保护测控装置 1 台。

（3）继电保护多功能测试仪 1 台。

（4）模拟断路器 1 台。

（四）实验接线

重合闸实验接线图如图 9-18 所示。

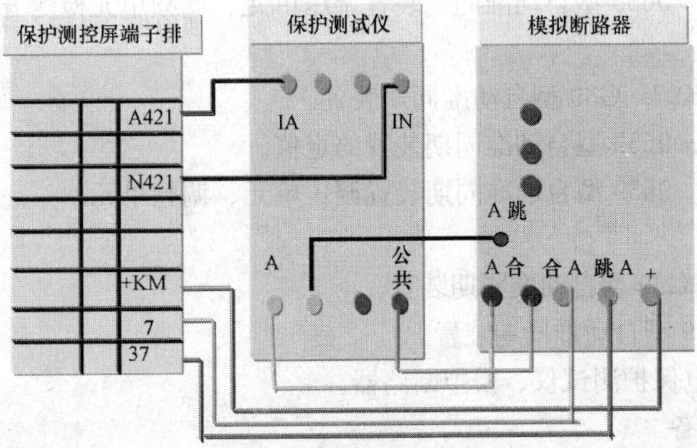

图 9-18　重合闸实验接线

（五）实验方法

1. 检查整定装置定值

参照第十章第三节“微机线路保护测控单元的操作与显示”中相关内容，按照实验要求

检查、修改、整定保护测控装置与重合闸功能实验相关的定值，并做好记录。

2. 模拟线路瞬时性故障，检测重合闸的性能

（1）按照图 9-18 所示实验接线图，完成实验接线的检查。

（2）利用保护测试仪的状态序列Ⅰ或状态序列Ⅱ菜单，设置模拟瞬时性故障的参数。

（3）模拟线路瞬时性故障，观察、记录实验现象、实验数据，并进行分析。

要求与注意：模拟线路瞬时性故障，用过电流Ⅱ段带重合闸。

操作方法可参照本章第二节“输电线路自动重合闸检测”相关内容。

3. 模拟线路永久性故障，检测重合闸的性能

（1）按照图 9-18 所示实验接线图，完成实验接线的检查。

（2）利用保护测试仪的整组试验序列Ⅰ，设置模拟永久性故障的参数。

（3）模拟线路永久性故障，观察、记录实验现象、实验数据，并进行分析。

要求与注意：模拟线路永久性性故障，用过电流Ⅱ段带重合闸，观察记录并分析重合闸的动作现象。操作方法可参照本章第二节“输电线路自动重合闸检测”相关内容。

（六）实验数据

要求：选择继电保护测试仪的试验报告文件夹，打开状态序列Ⅰ或状态序列Ⅱ文件夹中的上述保存的试验报告，记录实验数据并进行分析。

（七）实验结果

实验结果分析与结论。

二、实验二：微机型自动准同期装置实验

（一）实验目的

（1）熟悉 PRCK97—G39 型自动准同期装置屏面布置。

（2）熟悉 RCS—9659 型自动准同期装置的硬件结构。

（3）掌握 RCS—9659 型自动准同期装置定值检查的方法。

（4）熟悉 RCS—9659 型自动准同期装置调压单元、调频单元检测方法。

（二）实验项目

（1）观摩 PRCK97—G39 型自动准同期装置。

（2）检查 RCS—9659 型自动准同期装置的定值。

（3）检测 RCS—9659 型自动准同期装置调压单元、调频单元。

（三）实验设备

（1）PRCK97—G39 型自动准同期装置。

（2）RCS—9659 型自动准同期装置。

（3）微机型继电保护测试仪、模拟断路器。

（四）实验前准备

1. 自动准同期柜构成

这里以 PRCK97—G39 型自动准同期装置（简称 PRCK97—G39 型同期装置）为例，学习自动准同期装置的构成。

PRCK97—G39 型同期装置主要由数字电压表频率表、指针式同期表、RCS—9565 同期装置、操作盘、打印机、连接片、信号复位按钮、打印按钮、同期继电器构成。

图 9 - 19 所示为 PRCK97—G39 型同期装置的正面布置示意图和正面照片。

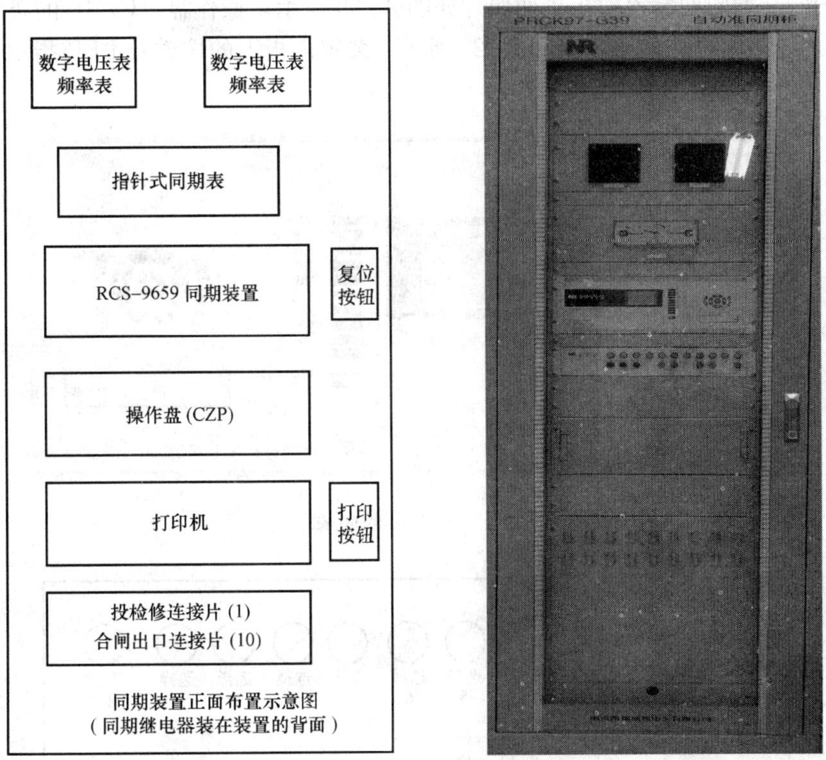

图 9 - 19　PRCK97—G39 型同期装置示意图及正面照片

(1) 数字电压频率表的作用是：在手动同期方式下，现场操作员依据数字电压频率表的指示，进行升压、降压、加速和减速操作。

(2) 指针式同期表的作用是：在手动同期方式下，现场操作员依据同期表的指示进行合闸。

(3) RCS—9565 同期装置的作用是：实现电机并网、线路的同期检同期合闸操作。

(4) 操作盘的作用是：用于对同期装置进行手动操作。

(5) 打印机和打印按钮的作用是：打印操作时，按下此按钮，打印机打印最新的动作报告。

(6) 连接片：有 1 个投检修连接片和 10 个合闸出口连接片。当装置进行检修时，为了让装置不通过通信口向远方发送信息，将装置投入检修态。

(7) 信号复位按钮的作用是：用于中央信号和合闸信号灯的复归。

(8) 同期继电器的作用：一是手动同期方式下，防止人为的误操作；二是自动同期和半自动同期方式下，可作为同期的判据之一。

2. RCS—9565 型同期装置的基本功能

RCS—9659 型同期装置为数字式准同期装置，可用作发电机并网、线路的同期检同期合闸操作。装置配置了手动准同期并列、半自动准同期并列、自动准同期并列、检无压并列等功能。可对发电机进行调频、调压控制，检测同期条件满足时，发出同期合闸命令。装置最多可完成 10 个点的同期功能。

3. RCS—9565 型同期装置的基本构成

RCS—9659 型同期装置面板正面照片如图 9-20 所示，操作盘（CZP）的布置示意图如图 9-21 所示，操作盘正面照片如图 9-22 所示。装置面板上的按键及 LED 指示灯的含义见表 9-15 和表 9-16。

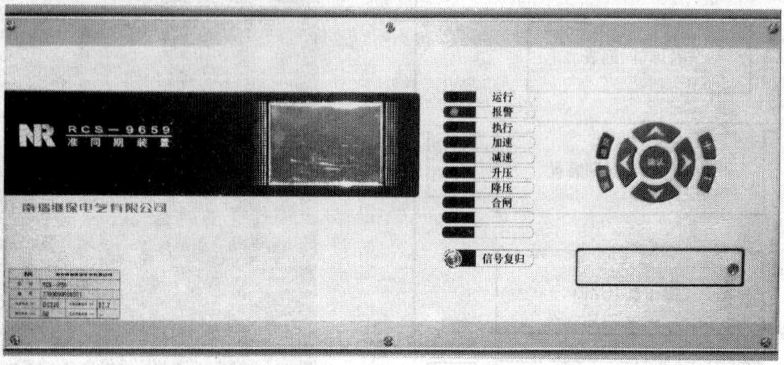

图 9-20　RCS—9659 型同期装置正面照片

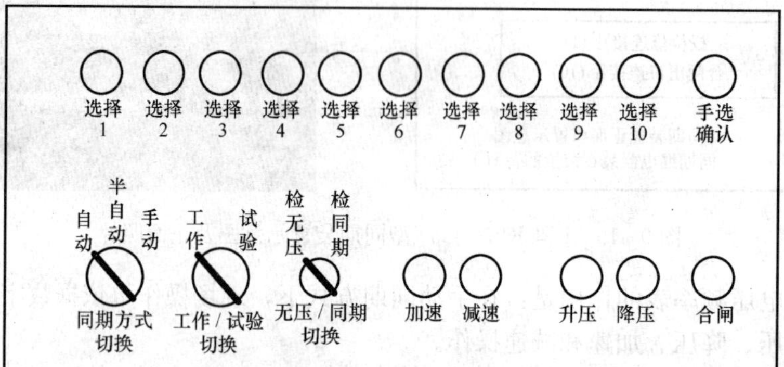

图 9-21　操作盘布置示意图

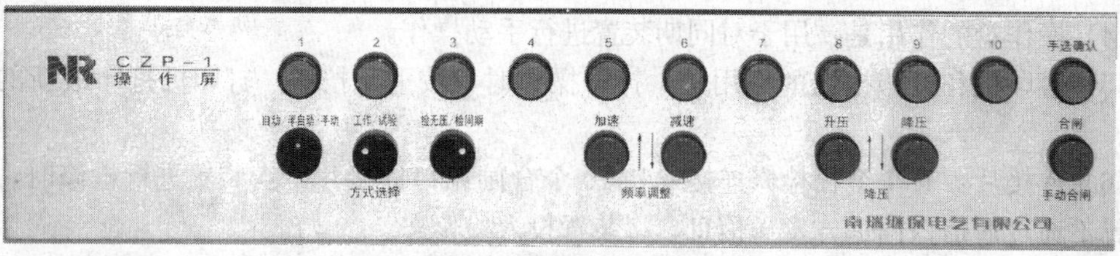

图 9-22　操作盘正面照片

表 9-15　　RCS—9659 型同期装置面板上按键含义

序号	按　键	功　能	备　注
1	↑	光标上移动	有进入主菜单功能
2	↓	光标下移动	

续表

序号	按　键	功　能	备　注
3	←	光标左移动	
4	→	光标右移动	
5	+	数字加 1	
6	—	数字减 1	
7	确认	确认操作	
8	取消	取消操作	
9	区号	未使用	

表 9-16　RCS—9659 型同期装置面板上指示灯含义

序号	标识	颜色	含　义
1	运行	绿色	亮：装置正常后 灭：装置闭锁时
2	报警	黄色	亮：有装置报警时 灭：无装置报警后
3	执行	红色	亮：启动同期过程时 灭：复归同期过程后
4	加速	红色	亮：发加速脉冲时 灭：无加速脉冲后
5	减速	红色	亮：发减速脉冲时 灭：无减速脉冲后
6	升压	红色	亮：发升压脉冲时 灭：无升压脉冲后
7	降压	红色	亮：发降压脉冲时 灭：无降压脉冲后
8	合闸	红色	亮：发合闸脉冲时，并保持 灭：信号复归（按复归按钮时、或按信号复归按钮或远方复归）

4. RCS—9565 型同期装置的同期方式

RCS—9565 型同期装置提供自动同期、半自动同期和手动同期三种同期功能。

（1）自动同期功能。自动同期功能如下。

1）同期屏操作盘（CZP）同期方式选择开关处在“自动”位置。

2）在远方通过遥控命令启动同期功能。

3）自动调节（调压和调速，依据是定值）。

4）自动合闸（依据是定值）。

5）远方信号复归。

自动同期功能适合于配有自动化系统的变电站。通过遥控命令，直接启动同期功能，进行发电机的并网或线路的合闸。

(2) 半自动同期功能。半自动同期功能如下。

1）同期屏操作盘（CZP）同期方式选择开关处在“半自动”位置。

2）在本地手动选择同期点。

3）手动启动同期功能（手动按下“手选确认”按钮）。

4）自动调节（调压和调速，依据是定值）。

5）自动合闸（依据是定值）。

6）远方命令或就地手动信号复归。

7）抬起“手选确认”按钮。

半自动同期功能适合用于就地启动同期操作和对同期装置进行校验。

(3) 手动同期功能。手动同期功能如下。

1）同期屏操作盘（CZP）同期方式选择开关处在“手动”位置。

2）在本地手动选择同期点。

3）按下“手选确认”按钮（启动手动同期）。

4）手动调节（调压和调速，依据是同期屏上的一对电压频率表）。

5）手动合闸（依据是同期屏上的一只同期表）。

6）就地手动信号复归。

7）抬起“手选确认”按钮。

手动同期功能适合用于需要就地手动操作地方。注意，此种操作需要丰富的经验。

5. RCS—9565 型同期装置的定值及其各项的含义

装置共有 10 个同期点，每个同期点有一组定值，共 10 组定值。每组定值说明见表9 - 17。

表 9 - 17　　同期点定值说明

序号	定值名称	典型值	整定范围	整定步长	备注
1	并列点序号				取值 1～10，不可整定
2	系统二次额定电压	57.70	57.70～100.00	0.01	单位 V
3	发电机二次额定电压	57.70	57.70～100.00	0.01	
4	允许频差	0.25	0～0.50	0.01	单位 Hz
5	频差加速度闭锁	3.00	1～10.00	0.01	单位 Hz/s
6	允许压差	10%	5%～30%	1	
7	判无压门槛	30%	5%～30%	1	
8	相差补偿值	0	0°～330°	1°	指系统侧超前发电机侧的角度，单位为°

续表

序号	定值名称	典型值	整定范围	整定步长	备　注
9	调频脉宽	500	10～9999	1ms	单位为 ms
10	调频周期	2000	10～9999	1ms	
11	调压脉宽	500	10～9999	1ms	
12	调压周期	2000	10～9999	1ms	
13	合闸脉冲	500	10～9999	1ms	
14	断路器合闸时间	30	20～999	1ms	
15	同期复归时间	30	20～999	1s	单位为 s
以下为整定控制字 SWn，控制字的位置“1”相应功能投入，置“0”相应功能退出					
16	自动调频及调压	1	0/1		
17	检无压合闸投入	0	0/1		
18	TV 断线判据投入	0	0/1		
19	同期继电器闭锁投入	0	0/1		
20	断路器辅助触点投入	1	0/1		

（五）实验接线（如图 9-23 所示）

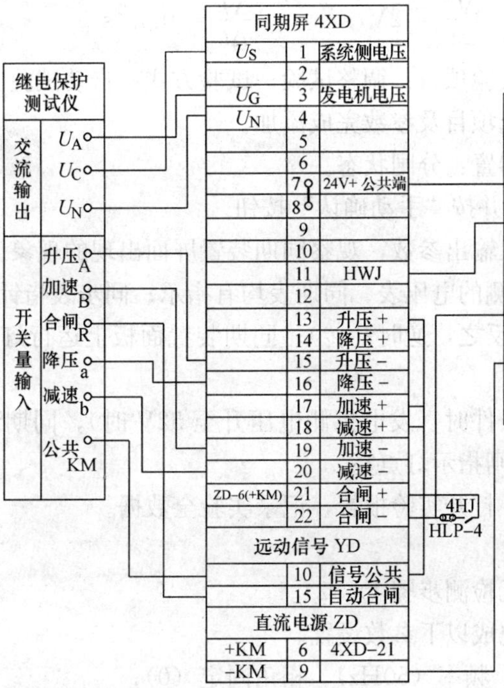

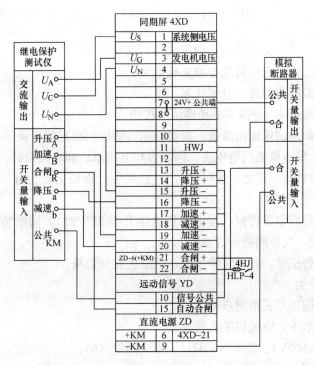

图 9-23　PRCK97—G39 型同期装置实验接线图

（六）实验方法

1. PRCK97—G39型自动准同期装置观摩

观摩PRCK97—G39型自动准同期装置，熟悉装置正面各元器件的作用及操作方法。

2. RCS—9659型自动准同期装置定值检查与整定

装置正常运行下，操作键盘上的“↑”键，进入主菜单，移动光标选择定值检查子菜单；选择同期点（例如选择3或同期点4），检查、整定装置定值。

3. RCS—9659型自动准同期装置调压单元、调频单元性能检测

（1）按照图9-23所示实验接线图，完成实验接线的检查。

（2）操作装置面板选择：半自动、工作、检同期工作方式。

（3）调压单元检测。调压单元检测步骤如下。

1）调节继电保护测试仪，选择自动装置实验，进入同期实验菜单。

参照本章第二节中“保护测试仪同期试验测试模块使用说明”内容，完成实验参数的设置。即系统加入标准参数，发电机侧频率、相角均与系统侧满足同期条件，只有发电机侧电压不满足同期条件。

参数设置时要注意：装置的调压或调频时间设置应小于同期装置定值中的“同期复归时间”，即从同期启动到复归的最大时间；否则，若超过同期复归时间后，仍未满足同期条件时，装置将不再进行同期检查。“同期复归时间”的典型定值是30s，可以根据情况整定。

参数设置例如，系统侧：电压（100V）、频率（50Hz）、相角固定（0）；

发电机侧：电压（85.5V）、频率（49.75～50Hz）、相角固定（0），则

$$\frac{\Delta U}{\Delta t}=2\text{V/s} \qquad \frac{\Delta f}{\Delta t}=0\text{Hz/s}$$

2）同期菜单下，选择实验项目：调整试验；试验方式：自动试验。

3）选择“添加”将所选项目及参数完成添加。

4）手动操作模拟断路器置：分闸状态。

5）手动选择同期点4，并按“手动确认”按钮。

6）操作继电保护测试仪输出参数，观察同期装置屏面出现的现象。

例如：系统侧、发电机侧的电压表、同期表均有指示；同步表指针开始转动（当发电机侧高于系统侧，顺时针转，反之，逆时针转）；同期装置面板上运行灯、执行灯、升压或降压灯亮。

7）自动升压满足同期条件时（发电机侧电压升至52V时），同期装置自动发出合闸信号、模拟断路器合闸，且合闸指示灯点亮。

8）保存实验报告记录，打开实验报告，记录实验全数据。

（4）调频单元检测。

1）操作步骤同调压单元检测步骤1）、2）。

2）同期实验菜单下，完成以下参数设置。

系统侧：电压（100V）、频率（50Hz）、相角固定（0）；

发电机侧：电压（95V）、频率（49.5Hz）、相角固定（0）；则

$$\frac{\Delta U}{\Delta t}=0\text{V/s}\quad \frac{\Delta f}{\Delta t}=0.15\text{Hz/s}$$

3）选择实验项目：调整试验；试验方式：自动试验；将调压测试添加的参数删除后，再重新选择“添加”将调频检测设置的参数完成添加。

4）、5）、6）步同调压单元步骤 4）、5）、6）。

（七）实验数据

要求：选择继电保护测试仪的试验报告文件夹，打开同期试验文件夹中的上述保存的试验报告，记录实验数据并进行分析。

（八）实验结论

三、实验三：备用电源自动投入装置实验

（一）实验目的

通过对 CSB—21A 型备用电源自动投入装置定值的整定及启动条件的测试，熟悉备用电源自动投入装置的定值整定的方法、二次接线原理及人机界面的操作，并进一步掌握备自投工作原理。

（二）实验项目

1. 备用电源自动投入装置的参数整定

按要求整定 CSB—21A 型备用电源自动投入装置参数。

系统条件：对于如图 9-24 所示的一次系统图，Ⅲ、Ⅳ为电源侧，Ⅰ、Ⅱ为负荷侧。正常运行时图中 1QF、2QF、4QF、5QF 合闸，3QF 分闸，两变压器互为暗备用，AAT 完成如下自投方式。

方式一：Ⅰ母线失电，跳 1QF，在Ⅱ母线有电压的情况下合 3QF。

方式二：Ⅱ母线失电，跳 2QF，在Ⅰ母线有电压的情况下合 3QF。

2. 备自投启动条件测试

利用保护测试仪模拟一次系统模拟量及开关量条件，验证 CSB—21A 型备用电源自动投入装置在设定的整定值下是否能完成预设的自投任务。

（三）实验设备

（1）CSB—21A 型备用电源自动投入装置。

（2）继保之星 1200 保护测试仪。

（3）直流操作电源。

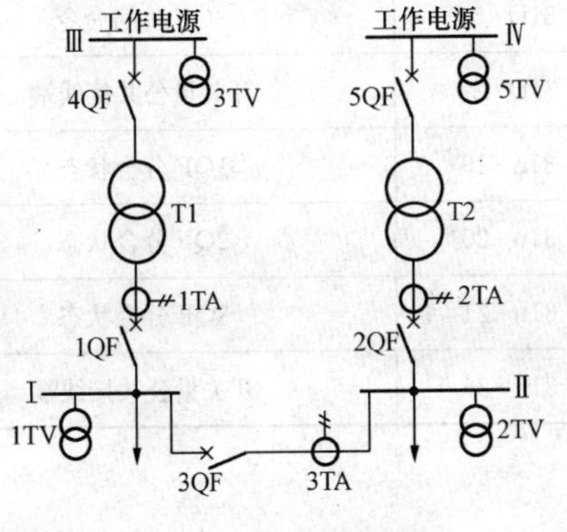

图 9-24　一次系统图

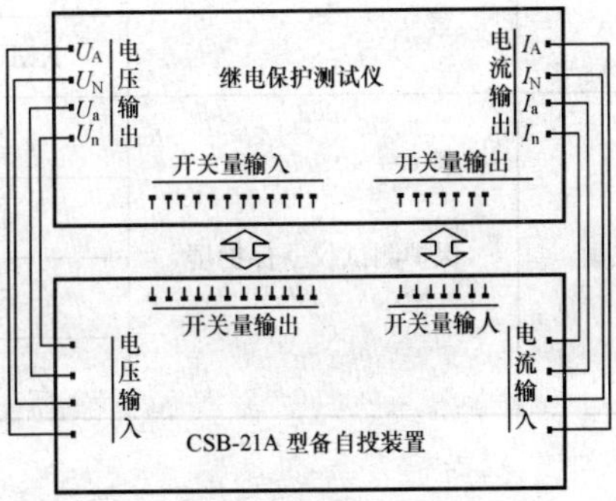

图 9-25　实验接线

（四）实验接线

本实验利用保护测试仪模拟一次系统各 U、I 模拟量及各断路器的开合状态量输入到 CSB—21A 型装置，并接收 CSB—21A 型装置的开出量，模拟一次系统的备自投，故实验接线如图 9 - 25 所示。

需要注意，为方便接线，电压、电流量及 CSB—21A 型装置的开出量可经由保护屏端子排接线到保护测试仪，而不从 CSB—21A 型装置背板端子直接接线；CSB—21A 型装置的开入量用直流 24V 电源时可经 CSB—21A 型装置背板端子直接接线，用直流 220V 电源时从端子排接线。接线端子见表 9 - 18（仅供参考，接线不是唯一的）。

表 9 - 18　　实验接线端子连接情况表

信号种类	信号方向	互连的端子号		对应的一次系统信号
		测试仪端子	端子排	
电压量	保护测试仪→保护屏	U_A	31D - 1	Ⅰ段母线电压
		U_N	31D - 2	
		U_a	31D - 5	Ⅱ段母线电压
		U_n	31D - 6	
电流量	保护测试仪→保护屏	I_A	31D - 10	1TA 二次电流
		I_N	31D - 11	
		I_a	31D - 14	2TA 二次电流
		I_n	31D - 15	
开关量	保护屏→保护测试仪	A	31D - 45	1QF 合闸命令
		C	31D - 51	1QF 跳闸命令
		R	31D - 53	2QF 合闸命令
		a	31D - 50	2QF 跳闸命令
		c	31D - 52	3QF 合闸命令
		r	31D - 54	3QF 跳闸命令
		+ KM（24V）	31D - 22	开关量公共接线端
开关量	保护测试仪→保护屏	2	31n - 19	1QF 分合状态
		4	31n - 20	2QF 分合状态
		5	31n - 21	3QF 分合状态
		公共端	31n - 36	开关量公共接线端

（五）实验方法

1. 备用电源自动投入装置的参数整定

（1）参阅本章第一节有关 CSB—21A 型装置定值整定的说明设置相关定值：将其软连接片 2 选为预置方式，再设定定值区 0（或 3、6）中控制字，使 CSB—21A 型装置工作在第一组预置定值。其他需要设置的定值如下。

1）U01，图 9 - 24 中Ⅰ段母线电压，即 1TV 二次电压。

2）U03，图 9 - 24 中Ⅱ段母线电压，即 2TV 二次电压。

3）I01，图 9 - 24 中 1TA 二次电流。

4）I03，图 9 - 24 中 2TA 二次电流。

5）TM1，Ⅰ段母线失压，延时 TM1 跳开 1QF。

6）TM2，Ⅱ段母线失压，延时 TM2 跳开 2QF。

7）TM3，AAT 在跳开 1QF（或 2QF）后，延时 TM3 合 3QF。

（2）操作 CSB—21A 型装置人机交互界面，将上述定值写入 CSB—21A 型装置。

2. 备自投启动条件测试

（1）检查实验接线是否正确。

（2）送直流操作电源后检查 CSB—21A 型装置定值及保护屏上硬连接片是否正确。

（3）检查保护测试仪参数设置是否正确（注意：保护测试仪开出量“正逻辑”、“负逻辑”设置与 CSB—21A 型装置自身开入量的定义有关，这会影响实验能否正常进行。开入去抖动时间设置 20ms 比较合适）。

（4）操作保护测试仪，对 AAT 的如下几个启动条件依次进行测试。

1）正常状态转Ⅰ段母线失电。

2）正常状态转Ⅱ段母线失压。

3）正常状态转 1QF 偷跳。

4）正常状态转 2QF 偷跳。

5）各闭锁条件实验（自己拟定）。

6）其他预想的情况。

（六）实验数据

（1）自制定值清单简表，填入相应的定值。

（2）绘制实际的实验接线图。

（3）记录各项实验的结果。

（七）实验结论

（1）定值整定的依据分析。

（2）接线的原理分析。

（3）分析 CSB—21A 型装置动作的正确性。

复习思考题九

1. 备用电源自动投入装置、自动重合闸、按频率自动减负荷的主要参数有哪些？各有何含义？

2. 备用电源自动投入装置、自动重合闸、按频率自动减负荷的主要检测项目有哪些？检测正确与否的依据是什么？

3. 继电保护装置与重合闸的配合方式有哪些？目前电力系统常用哪种方式？为什么？

4. 三相一次重合闸的定值通常有哪几项？

5. 三相一次重合闸的动作时间、充电时间（整组复归时间）通常是多少？为什么要有该时间？

6. 自动准同期并列的条件是什么？

7. 自动准同期装置的作用是什么？

8. 在测试同期电压值时，若设置待并侧和系统侧的频率不相等，在同期过程中“同步指示器”窗口中的电压矢量是怎样变化的？若设置两侧频率相同时，电压矢量又是如何变化的？

技能训练九

任务 1：完成重合闸实验接线，整定保护测控装置的定值。

任务 2：操作继保测试仪，完成实验参数的设置，对保护测控装置的重合闸功能进行检测。

任务 3：完成三相一次重合闸装置实验的数据分析与处理。

任务 4：完成自动准同期装置的实验接线，按照实验要求整定自动准同期装置的定值。

任务 5：操作继保测试仪，完成实验参数的设置，以及对自动准同期装置调压、调频单元性能的检测实验。

任务 6：完成自动准同期装置实验的数据分析与处理。

任务 7：利用保护测试仪的状态试验功能（或利用模拟断路器），通过 CSB－21 装置面板操作，对 QF1、QF2、QF3 进行跳合闸试验，检测 CSB－21 装置输出回路及其有关的二次接线是否完好，并填写检测报告。

任务 8：利用引出装置的＋220V（或＋24V）电源作为开入的正电源，以此电源接通/断开端子排上各开入端子（注意：当采用＋24V 电源时可直接接通备自投装置上各开入端子），进行开入量检测，并填写检测报告。

任务 9：利用保护测试仪交流检测功能完成模数变换系统检验，并填写检测报告。

任务 10：利用保护测试仪模拟一次系统实际可能出现的几种有代表性的情况，检测备自投装置在各种启动或闭锁条件下动作是否正常，并填写检测报告。

任务 11：利用保护测试仪状态量检测功能检测 CSF206L 型线路保护装置的三相一次自动重合闸的启动条件是否符合设计要求，并填写检测报告。

任务 12：利用保护测试仪状态量检测功能检测 CSF206L 型线路保护装置的三相一次自动重合闸后加速功能是否符合设计要求，并填写检测报告。

任务 13：利用保护测试仪同期试验功能检测 CSF206L 型线路保护装置的检定无压及检定同期的功能是否符合设计要求，并填写检测报告。

任务 14：利用保护测试仪状态量检测功能闭锁重合闸条件试验，并填写检测报告。

任务 15：利用保护测试仪的“频率及高低频保护”功能检测 CSF206L 型线路保护装置的低频减载功能的动作频率值是否符合设计要求，并填写检测报告。

任务 16：利用保护测试仪的“频率及高低频保护”功能来检测 CSF206L 型线路保护装置的低频减载功能的动作时间值是否符合设计要求，并填写检测报告。

任务 17：利用保护测试仪的“频率及高低频保护”功能来完成 CSF206L 型线路保护装置的低频减载功能的闭锁值检测，并填写检测报告。

第十章　变电站综合自动化系统及实验

教学目的

熟知 PSU—2000 型分布式变电站综合自动化系统的基本构成；针对 PSU—2000 系列线路保护测控单元装置应做到以下几点：①初步掌握硬件构成；②熟悉二次回路图及其工作原理；③了解其保护定值组成及其各项的含义；④了解其键盘命令及操作方法；⑤掌握综合自动化系统相关实验操作方法及步骤。

教学目标

结合实际能说明 PSU—2000 型分布式变电站综合自动化系统的基本构成；针对 PSU—2000 系列线路保护测控单元装置，能说明以下几点：①装置的硬件构成；②二次回路组成及其工作原理；③保护定值组成及其各项的含义；④键盘命令及操作方法。掌握变电站综合自动化系统相关实验目的及操作技能。

第一节　分布式变电站综合自动化系统简介

PSU—2000 型分布式变电站综合自动化系统（以下简称 PSU—2000 系统）是适应于 35kV 及其以下电压等级的综合自动化变电站，它包括了变电站所需要的各种继电器保护（如变压器保护，电容器保护，35/10kV 线路保护，母联保护，低频减载，小电流接地选线功能）；包括了变电站的测量、实时数据采集、运行工况监视、控制操作、打印制表、自动控制与调节等功能；集保护、测量、控制、远动等为一体的综合自动化系统。

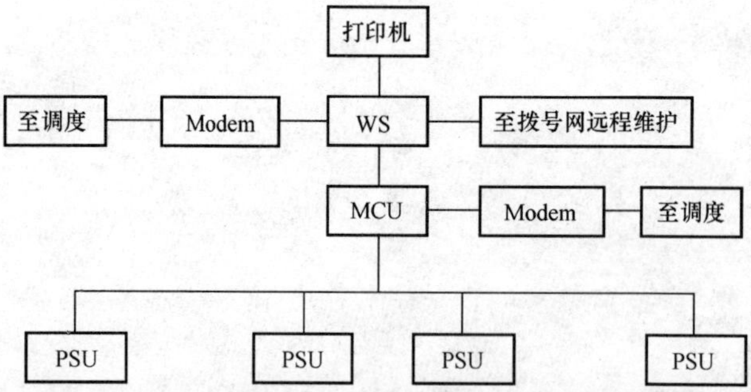

图 10-1　PSU—2000 型分布式变电站综合自动化系统组成框图

PSU—2000 系统由后台监控、保护主控单元和若干个保护测控单元组成，为分级多 CPU 的分布式计算机控制系统。其系统组成如图 10-1 所示。

1. 保护测控单元（PSU 单元）

保护测控单元由输入插件、CPU 插件、继电器输出及电源插件组成，为一个完整的计算机控制系统。各单元面向控制对象，完成保护、测量、控制、计量、开关量处理、录波等功能。PSU 单元通常有：变压器保护测控单元、电容器保护测控单元，35/10kV 线路保护测控单元等，控制对象不同，其配置及相应的软件不同。

2. 主控单元（MCU 单元）

主控单元主要完成数据或命令转发及远动功能，兼有中央音响功能。保护主控单元为一中间层，一方面通过 MOXA 卡与各单元相连，另一方面通过 RS-232 接口与后台计算机相连，还通过调制解调器与调度中心相连。

3. 后台监控（WS 单元）

后台监控为一完整计算机系统。主要功能为：人机对话、数据库的形成及检索、图形报表的打印及部分自动控制功能。

第二节 微机线路保护测控单元二次回路

一、装置概述

35/10kV 线路保护测控单元为一独立的子系统，主要完成线路保护（速断、过电流、三相一次重合闸、低频等保护，可用于终线端，也可用于联络线）；各电气量（U_a、U_b、U_c、U_{ab}、U_{bc}、U_{ca}、I_a、I_b、I_c、P、Q、f）测量以及脉冲电度表脉冲数的累加；线路断路器的控制等功能。

二、装置组成

35/10kV 线路保护测控单元由电流、电压输入回路，微处理器（CPU）部分，继电器输出部分，电源部分组成。其插件配置如图 10-2 所示，各插件的联系简图如图 10-3 所示，35/10kV 线路保护测控装置背面端子定义如图 10-4 所示。

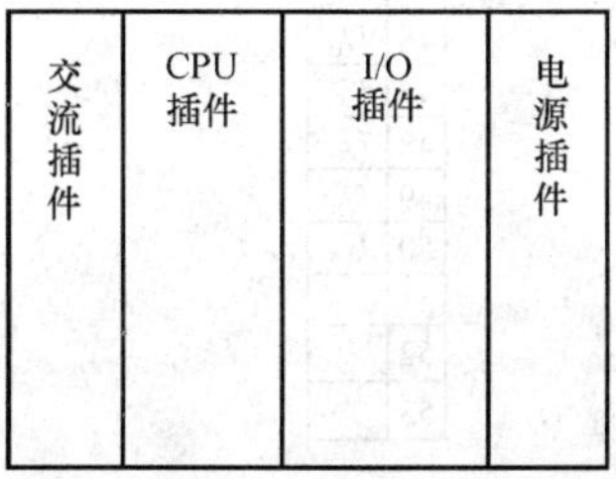

图 10-2 插件配置

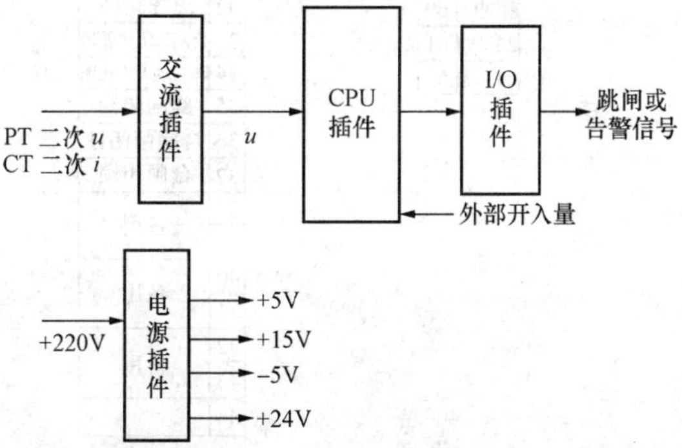

图 10-3 插件连接图

三、35/10kV 线路二次回路

1. 交流电流、电压回路

35/10kV 线路电流、电压回路如图 10-5 所示。

（1）计量用电流、电压回路。目前，电力部门为准确计量电能，规定计量回路的电流、电压回路独立设置。图中为单独设置计量电压、电流回路接法。

（2）测量用电流、电压回路。测量电流互感器与电压回路连接到子系统的电流、电压输入接口，用以实现电压、各相电流 I_a、I_b、I_c 及有功功率 P、无功功率 Q 及系统频率 f 的测量，各测量值通过装在机箱上的液晶显示器进行显示。

（3）保护用电流、电压回路。为实现线路保护，需引入三相电流、零序电流；电压量引入三相电压。由于各个工程所配置电流互感器及电压互感器的组数不同，上述的各回路仅为

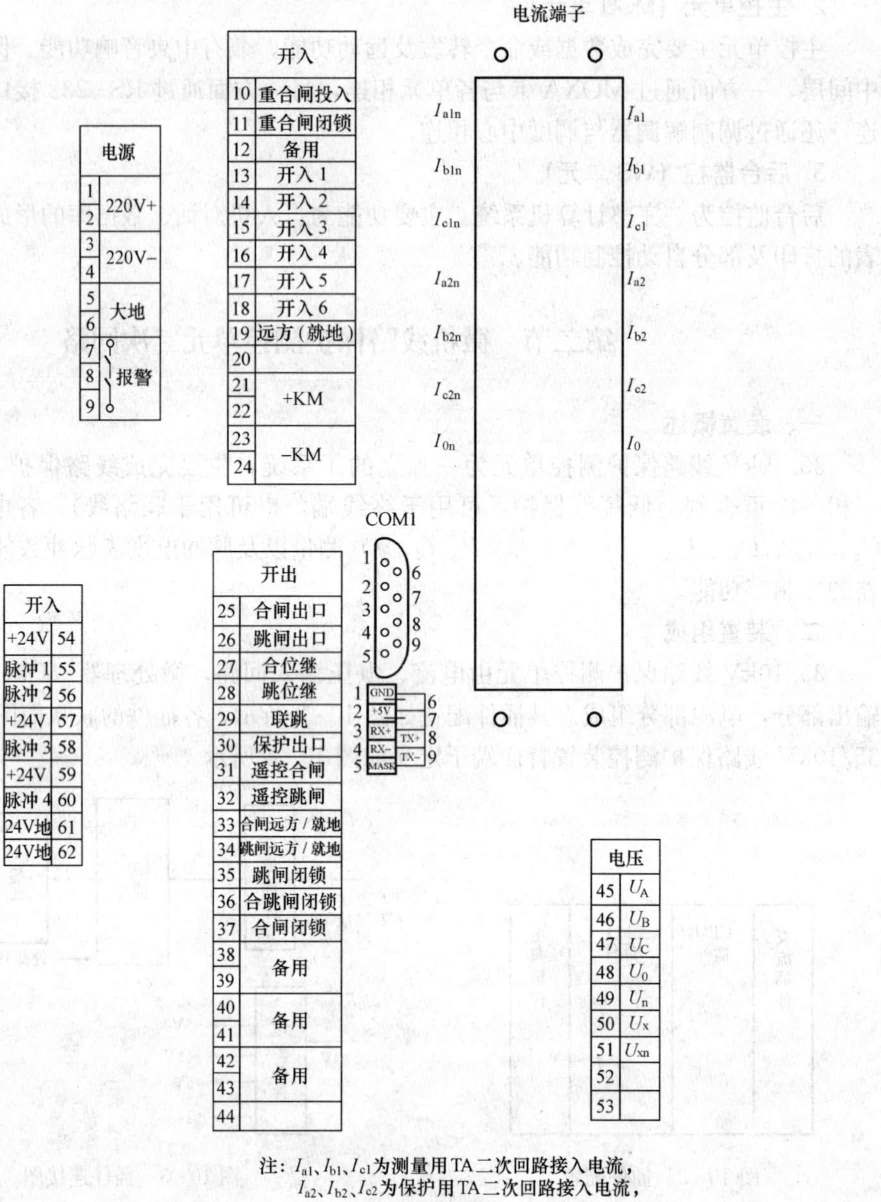

注：I_{a1}、I_{b1}、I_{c1}为测量用TA二次回路接入电流，
I_{a2}、I_{b2}、I_{c2}为保护用TA二次回路接入电流，
I_0为零序TA二次回路电流。

图10-4　35/10kV线路保护测控装置背面端子框图

一种接法。最终接法要以二次回路设计为准。但是，无论一次采用哪一种接法，线路监控保护子系统所配置的电流、电压接口基本上是不变的。

2. 控制及信号回路

线路控制及信号回路原理如图10-6所示。

（1）遥控合闸。CPU插件在接收到后台机/远动发来的合闸命令后，即启动遥控合闸执行回路。双光隔的三极管饱和导通，使HJ线圈带电，HJ-1触点闭合，HBJ的电压线圈带电，HBJ触点闭合，并通过HBJ的电流线圈及TBJ的动断触点、断路器的辅助触点（动

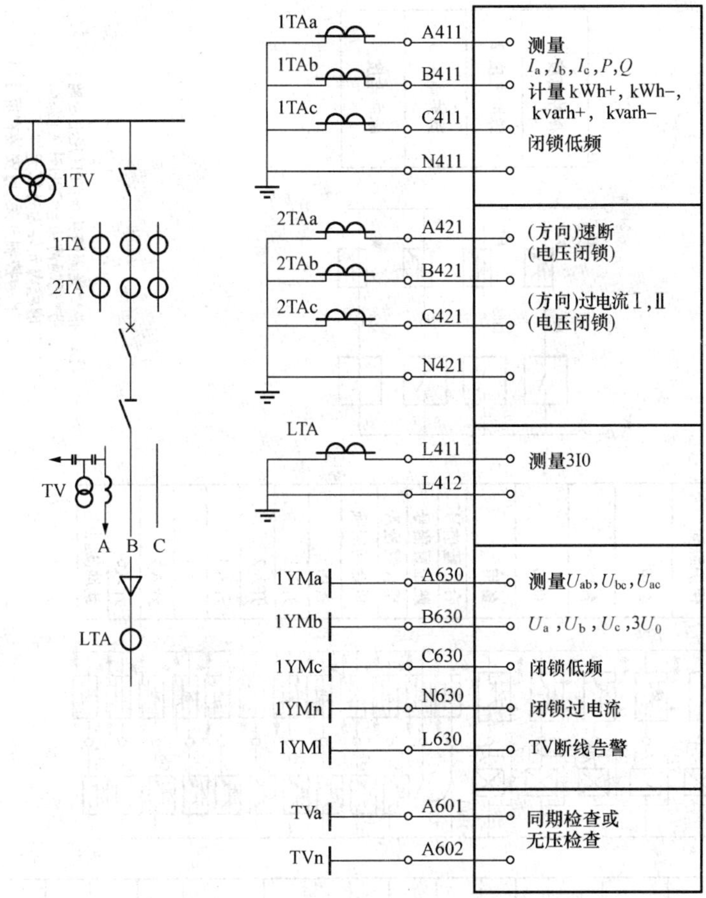

图 10-5　35/10kV 线路保护交流回路

断）将合闸回路接通。HC 线圈带电，断路器合闸。

微处理器插件所发出的合闸命令为一脉冲，靠 HBJ 的电流线圈进行保持。HBJ 一直保持到断路器的辅助触点断开为止。

合闸完成之后，TWJ 由于 DL 动断触点断开失电，面板上分灯灭；同时，DL 的动合触点闭合，通过 TQ，TBJ 的电流线圈使 HWJ 线圈带电，HWJ-2 闭合，面板上的合灯亮，指示断路器处于合位置状态。状态变化传送到微处理器，为分闸操作做准备。

特别注意：在合闸命令发出到断路器合闸完成这一过程中，HBJ 触点一直处于闭合状态。它将使 HC 一直带电，直到断路器辅助触点（动断）断开为止。因此要求：①在进行合闸操作时，合母线要带电，保证合闸操作的完成；②断路器的辅助触点必须正确反映断路器的位置，即随断路器的“合”后要能及时断开。否则，可能会出现 HBJ 长时间闭合，HC 长时间带电烧毁的情况；也可能出现面板指示灯（合）位置、（分）位置同时都亮的情况。在合闸的过程中，如果出现保护跳闸，则 TBJ 电流线圈带电，TBJ 动断触点断开，合闸回路断开。此时，即使 HBJ 闭合，也不能进行合闸。HBJ 闭合后，通过 TBJ 的动合触点（此时处于闭合位置）给 TBJ 的电压线圈加电，也使 TBJ 的动断触点断开，合闸回路处于断开状态。

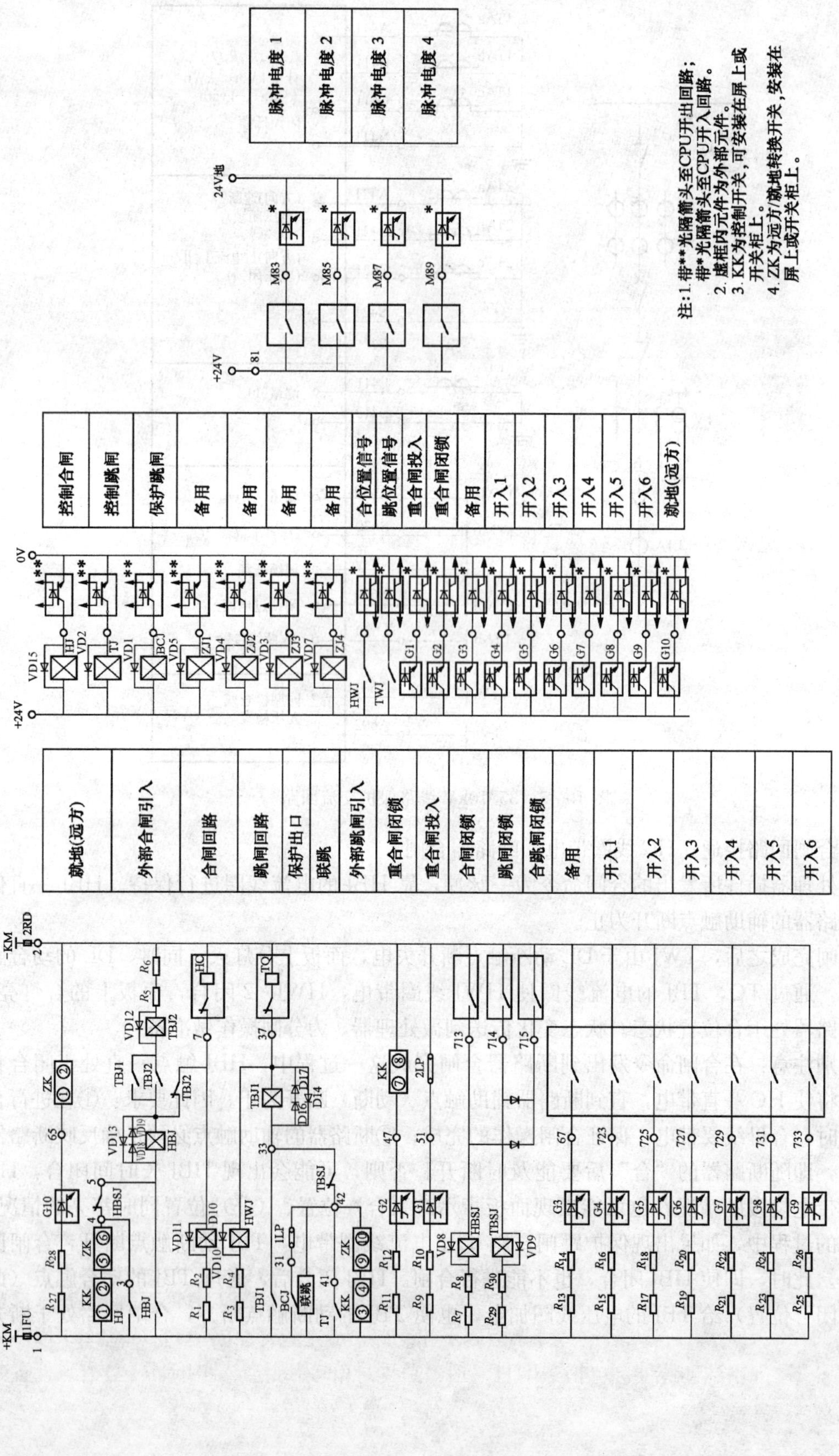

图 10-6 35/10kV 线路保护控制及信号回路

（2）手动合闸。通过屏上所设置远方/就地开关（ZK）置就地，分合闸开关（KK）进行合闸，HBJ 的电压线圈带电，其余过程同遥控合闸。与遥控合闸不同点是：手动合闸的操作回路是强电回路，完全不依赖于弱电回路。因而，手动合闸是弱电回路退出运行时操作的一种备用手段。

（3）遥控分闸。CPU 插件在接收到后台机/远动发来的分闸命令后，即启动遥控分闸执行回路。双光隔的三极管饱和导通，使 TJ 带电，TJ 触点闭合，TBJ 带电，TBJ - 1 闭合，通过 TBJ 电流线圈、断路器辅助触点（动合）将控制电压加到 TQ 上，断路器分闸。

微处理器插件发出的分闸脉冲，持续时间约为 0.1s，回路的保持靠 TBJ 的电流线圈。有电流通过时，其触点保持，TBJ 触点一直闭合，直到断路器辅助触点断开为止。

分闸完成后，TBJ 触点释放，HWJ 失电，面板上的“合”灯熄灭，TWJ 回路接通，面板上的分灯点亮。同时，位置变化传送到微处理器插件，为合闸操作做准备。

特别注意：在分闸过程中，TBJ 触点将一直保持，直到断路器分闸操作完成为止（断路器动合触点断开）。如果出现操作机构卡死或辅助触点不能断开的情况时，有可能使 TQ 因长时间带电烧坏。

（4）手动分闸。通过屏上设置的远方/就地开关（ZK）置就地，分合闸开关（KK）进行分闸，TBJ 继电器动作。其余过程同遥控分闸。与手动合闸相同，手动分闸不依赖于弱电回路，操作回路全部为强电回路。因而，手动分闸可作为操作的一种备用手段。

（5）远方/就地开关。为防止误碰合闸开关 KK 发生误跳/误合闸现象，屏上装一远方/就地开关（ZK）。平时，处于远方状态，手动控制的电源断开，手动开关不起作用。在操作时，可将远方/就地开关（ZK）置就地，接通控制电源，手动开关起作用。

（6）控制回路断路器位置监视。利用 HWJ 及 TWJ 的触点进行控制回路监视。在正常情况下，HWJ、TWJ 其中有一个触点处于闭合状态，用 HWJ 触点来反映断路器的位置。如果 HWJ、TWJ 的触点均处于断开状态，则判为控制回路故障，这一情况一般在控制回路断线时发生。

（7）保护跳闸。CPU 插件根据整定条件，当满足跳闸条件时，发出跳闸脉冲，BCJ 继电器动作，经设在屏上的 LP2 接通跳闸口路，跳开本线路开关。

四、保护判据说明

35/10kV 线路保护监控子系统对所加的全部模拟量采样频率为每周 24 点，且采样频率随外加频率自动调整。保护采用傅里叶算法。

1. 速断保护

当 A、B、C 三相中任何一相电流幅值大于整定值时，则速断保护动作，保护动作判据为

$$|I| > I_{set} \tag{10-1}$$

2. 定时限过电流保护

当 A、B、C 三相中任何一相电流幅值大于整定值时，相应定时器启动定时，返回系数大于 0.94，当计时器时间大于整定时间时，保护动作。动作判据为

$$\begin{cases} |I| > I_{set} \\ t > t_{set} \end{cases} \tag{10-2}$$

3. 低频

当频率低于整定值时，相应定时器启动定时，当定时器时间大于整定时间时，保护动作。动作判据为

$$\begin{cases} |U| > U_{set} \\ |I| > I_{set} \\ f < f_{set} \\ t > t_{set} \\ df/dt < [df/dt]_{set} \end{cases} \tag{10-3}$$

式中：U_{set}为经电压闭锁值；I_{set}为经电流闭锁值；f_{set}为低频整定值；t_{set}为低频延时值；df/dt为滑差值。U_{set}、I_{set}、f_{set}、t_{set}的整定根据低频减负荷的原则。

五、监控部分

1. 测量

测量电流I_a、I_b、I_c，功率P（有功）、Q（无功），功率因数$\cos\varphi$，电度量（有功电量、无功电量）。全部测量量均由数据通道传送到前置机与后台机。电流、功率等数值还显示在机箱上的液晶显示器上。

2. 控制

断路器“分”、“合”操作；手动开关或接收后台机/远动命令。

3. 事件顺序记录

当各类保护动作或所监视的开关状态发生变化时，装置将自动记录事件发生的时间及动作值，事件顺序记录将传至后台机进行存储及处理。

第三节　微机线路保护测控单元的操作与显示

一、正常显示状态

正常运行时显示线路二次电流（A）、母线电压（V），如图 10-7 所示。

在执行菜单命令时，若持续 60s 不按任何键，液晶将自动返回至正常显示状态。

二、主菜单

正常运行时，按动确定键，将进入主菜单，如图 10-8 所示。

I_A =××.×　U_A =××.×
I_B =××.×　U_B =××.×
I_C =××.×　U_C =××.×
I_0 =××.×　U_0 =××.×

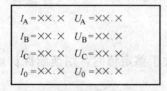

图 10-7　正常运行显示菜单

1. 运行状况
2. 事件查询
3. 信号复归
4. 定值修改

图 10-8　主菜单 1

光标定位在 1 上，按▼键可移动光标。若至 4 按▼键则换屏，如图 10-9 所示。

在主菜单时按取消键，将进入正常显示状态。按确认键进入所选取子菜单。

三、子菜单

1. 运行状况

本菜单显示如图 10-10 所示。

2. 事件查询

内存中记录最近 16 次事件的时间、类型、最大电流，而且是最后一次的最大电流，事件的排列顺序是以最后一次的事件开始，如图 10 - 11 所示。

5. 时间设定
6. 密码修改
7. 时间显示
8. 控制命令

图 10 - 9　主菜单 2

P=+0000.0W
Q=+0000.0var
cosφ=+1
f=50.00Hz

图 10 - 10　运行状况子菜单

00　TYPE：2E
2011—09—05
10：10：25.05
I_M=10.00A

图 10 - 11　事件查询子菜单

可按动换屏键进行换屏。

3. 信号复归

进入信号复归子菜单，显示 ENTER TO REVERT，此时按确定键，将装置整组信号复归。

4. 定值修改

进入定值修改子菜单，显示各定值项的单位、名称和值，例如（A）ISD 000003.0，利用装置面板上的小键盘可进行定值修改和固化。

5. 时间设定

进入时间设定子菜单，显示当前时间：2010 - 01 - 01 00：00：00，利用装置面板上的小键盘可进行时间设定和保存。

6. 密码修改

进入密码修改子菜单，显示如图 10 - 12 所示，利用装置面板上的小键盘可进行密码修改和保存。

7. 时间显示

显示装置运行当前的时间。

8. 控制命令

进入密码控制命令菜单，显示如图 10 - 13 所示，利用装置面板上的小键盘可进行断路器分、合闸控制。

OLD PW：000000
NEWPW:000000
ENTER T0 ESC

图 10 - 12　密码修改

PASSWORD：000000
控制：分
ENTER TO AFFIRM
ECS TO RETURN

图 10 - 13　控制命令

四、装置操作举例

1. 保护定值管理

在保护测控装置上就地完成保护定值设定。

（1）选择单元装置（例如，10kV 出线 1 装置）按面板上小键盘的“确定”键，液晶显示进入主菜单；操作键盘选择“定值修改”子菜单，再按“确定”键；液晶显示保护定值项。

（2）根据表 10 - 1，利用装置上的小键盘设定保护定值。例如，选择过电流Ⅱ段保护的动作电流值 I_2 为 3A，其动作时限 TI2 为 1.5s。

（3）再根据定值表中各个控制字的含义，设定控制字。例如，利用装置面板上的小键盘完成以下设定：将 KB0 控制字中的各项均设定为 0；将控制字 KB1 中的 D4 设定为 1，其他各项均设定为 0；KB2 控制字中的各项均设定为 0；KB3 控制字中的 D0、D1 分别设定为 1，其他各项均设定为 0；KB4 控制字中的 D4 设定为 1，其他各项均设定为 0。以上定值设定为，过电流Ⅱ段保护投入，重合闸和一次重合闸投入，重合闸加速过电流Ⅱ段。

注意：各个控制字的各项排列为 D7D6D5D4D3D2D1D0；当某一控制字的 D4 设定为 1，其他各项均设定为 0 时，该控制字应设定为 00010000。

在监控系统远方完成保护定值设定，步骤如下。

（1）打开监控后台机“人机界面”内的“浏览与设置”菜单，选择“定值管理”，正确输入口令后点“确定”按钮，进入保护定制管理界面。

（2）从“RTU”选项中，选择。例如，选择“10kV 出线 1”，单击“采集当前定值”，选择“口令”（正确输入后单击确定）；然后单击“禁止修改”菜单，选择“口令”（正确输入后单击确定），“禁止修改”变为“允许修改”。

（3）根据需要修改有关保护定值，修改完毕后，单击“定值固化”菜单，输入正确口令后，显示定值固化成功。

2. 断路器分、闸操作

在保护测控装置上完成断路器分合闸操作：选择单元装置（例如，10kV 出线 1 装置），按面板上小键盘的“确定”键，液晶显示进入主菜单；操作键盘选择“控制命令”子菜单，再按“确定”键。

如果断路器在合位，将光标移至控制，选择分，将执行分闸操作，如图 10 - 14 所示，输入密码，按“确定”键，执行分闸操作。

如果断路器在分位，对断路器进行合闸操作，将光标移至控制，选择合，如图 10 - 15 所示，输入密码，按“确定”键，执行合闸操作。

PASSWORD：000000
控制：分
ENTER TO AFFIRM
ECS TO RETURN

图 10 - 14　断路器分闸控制

PASSWORD：000000
控制：合
ENTER TO AFFIRM
ECS TO RETURN

图 10 - 15　断路器合闸控制

在后台机上完成断路器分合闸操作：方法见本章第四节。

表 10-1　　定值表

序号	代号	定值名称	整定范围
1	ISD	速断定值 ISD	3～99.9A
2	I1	过电流Ⅰ定值Ⅱ	1～99.9A
3	TI1	过电流Ⅰ延时 TⅡ	0.020～15s
4	I2	过电流Ⅱ定值Ⅲ	1～99.9A
5	TI2	过电流Ⅱ延时 TⅢ	0.020～15s
6	UIBS	过电流闭锁电压 UIBS	0.1～150V
7	I0 *	零序电流告警值 I0	0.1～0.99A
8	UTQ	重合闸同期电压差	0.1～30V
9	UWY	重合闸无压元件	0.1～30V
10	CHZT	一次重合闸时间 T1	0.020～15s
11	Fdz	低频频率 f	45.5～49.5Hz
12	TDZ	低频延时 TDZ	1～15s
13	UDZBS	低频闭锁电压 UDZBS	0.1～100V
14	IDZBS	低频闭锁电流 IDZBS	0.5～4.9A
15	FHC	低频滑差闭锁值	0.1～2.0Hz/s
16	KB0	控制字 0	
17	KB1	控制字 1	
18	KB2	控制字 2	
19	KB3	控制字 3	
20	KB4	控制字 4	

注　* 为备用控制字位定义。

表 10-1 中 KB0～KB4 位定义分别见表 10-2～表 10-6。

表 10-2　　KB0 位定义

位	置 1 含义	置 0 含义	位	置 1 含义	置 0 含义
D0	速断投入	速断退出	D4	速断带小延时	速断不带小延时
D1	速断经电压闭锁	速断不经电压闭锁	D5	备用	备用
D2	速断带方向	速断不带方向	D6	备用	备用
D3	闭锁重合闸	不闭锁重合闸	D7	备用	备用

表 10-3　　KB1 位定义

位	置 1 含义	置 0 含义	位	置 1 含义	置 0 含义
D0	过电流Ⅰ段投入	过电流Ⅰ段退出	D4	过电流Ⅱ段投入	过电流Ⅱ段退出
D1	过电流Ⅰ段经电压闭锁	过电流Ⅰ段不经电压闭锁	D5	过电流Ⅱ段经电压闭锁	过电流Ⅱ段不经电压闭锁
D2	过电流Ⅰ段带方向	过电流Ⅰ段不带方向	D6	过电流Ⅱ段带方向	过电流Ⅱ段不带方向
D3	过电流Ⅰ段闭锁重合闸	过电流Ⅰ段不闭锁重合闸	D7	过电流Ⅱ段闭锁重合闸	过电流Ⅱ段不闭锁重合闸

表 10 - 4 **KB2 位 定 义**

位	置 1 含义	置 0 含义	位	置 1 含义	置 0 含义
D0	零序电流接地信号投入	零序电流接地信号退出	D4	低频经电流闭锁	低频不经电流闭锁
D1	零序电流带方向	零序电流不带方向	D5	低频经电压闭锁	低频不经电压闭锁
D2	零序电流用五次谐波算法	零序电流用基波算法	D6	低频经滑差闭锁	低频不经滑差闭锁
D3	低频投入	低频退出	D7	备用	备用

表 10 - 5 **KB3 位 定 义**

位	置 1 含义	置 0 含义	位	置 1 含义	置 0 含义
D0	重合闸投入	重合闸退出	D4	重合闸检同期	重合闸不检同期
D1	一次重合闸投入	一次重合闸退出	D5	重合闸检无压	重合闸不检无压
D2	备用	备用	D6	备用	备用
D3	备用	备用	D7	备用	备用

表 10 - 6 **KB4 位 定 义**

位	置 1 含义	置 0 含义	位	置 1 含义	置 0 含义
D0	断路器合启动录波	断路器合不启动录波	D4	加速过电流Ⅱ段	不加速过电流Ⅱ段
D1	断路器分启动录波	断路器分不启动录波	D5	TV 断线闭锁低压投入	TV 断线闭锁低压退出
D2	保护启动录波	保护不启动录波	D6	备用	备用
D3	加速过电流Ⅰ段	不加速过电流Ⅰ段	D7	备用	备用

表 10 - 7 **线路单元遥信序号表**

事件号	遥信序号	端子号	标 示	遥信定义
08H	8		TWJ	断路器跳位置信号
09H	9		HWJ	断路器合位置信号
0CH	12	10	51	重合闸投入
0FH	15	11	47	重合闸闭锁
00H	0	12		备用
05H	5	13	723	开入 1
04H	4	14	725	开入 2
01H	1	15	727	开入 3
07H	7	16	729	开入 4
02H	2	17	731	开入 5
06H	6	18	735	开入 6
03H	3	19	65	就地／远方
20H	32		EVTSD	速断

续表

事件号	遥信序号	端子号	标　示	遥信定义
21H	33		EVTI1	过电流Ⅰ段
22H	34		EVTI2	过电流Ⅱ段
23H	35		EVTIQD	过电流启动
24H	36		EVTDZ	低频动作
25H	37		EVTCHZ1	一次重合闸
26H	38		EVTI1JS	过电流Ⅰ段加速
27H	39		EVTI2JS	过电流Ⅱ段加速
28H	40		EI02JS	零序Ⅱ段加速
29H	41		EI03JS	零序Ⅲ段加速
2DH	45		EVTI0	零序过电流告警
2EH	46		EVTKZD	控制回路断线
2FH	47		EVTPTDX	TV 断线
30H	48		EVTBEINGFR	正在录波
38H	56		EVTYKH	遥控合
39H	57		EVTYKT	遥控跳
3AH	58		EVTYJKH	液晶控制合
3BH	59		EVTYJKT	液晶控制跳
3FH	63		GETFR	有录波数据

表 10-8　　线路单元遥测序号表

序号	所在字节位置	名　称	转 换 关 系
0	1	遥测	
1	2	遥信	
2	3	遥脉	
3	4，5	U_{ab}	120V=2048
4	6，7	U_{bc}	120V=2048
5	8，9	U_{ca}	120V=2048
6	10，11	U_a	120V=2048
7	12，13	U_b	120V=2048
8	14，15	U_c	120V=2048
9	16，17	I_a	5A=2048
10	18，19	I_b	5A=2048
11	20，21	I_c	5A=2048
12	22，23	I_0	1A=2048

续表

序号	所在字节位置	名 称	转 换 关 系
13	24，25	P	600VA=2048
14	26，27	Q	600VA =2048
15	28，29	$\cos\varphi$	1.00=100
16	30，31	频率 f	1Hz=100
17	32，33	U_0	120V=2048
18	34	XB0	
19	35	XB1	
20	36	XB2	
21	37	XB3	
22	38	XB4	
23	39	XB5	
24	40	XB6	
25	41	XB7	
26	42，43，44，45	kWh+	1kWh=100
27	46，47，48，49	kvarh+	1kvarh=100
28	50，51，52，53	kWh−	1kWh=100
29	54，55，56，57	kvarh−	1kvarh=100
30	58，59，60，61	DD1（脉冲电度 1）	1kWh＊=100
31	62，63，64，65	DD2（脉冲电度 2）	1kvarh ＊=100
32	66，67，68，69	DD3（脉冲电度 3）	1kWh＊=100
33	70，71，72，73	DD4（脉冲电度 4）	1kvarh ＊=100

第四节 变电站综合自动化系统相关实验

一、实验一：变电站综合自动化系统硬件观摩

（一）实验目的

（1）熟悉变电站综合自动化系统的功能及结构。

（2）熟悉保护测控装置的功能及插件结构。

（二）实验项目

1. 变电站综合自动化系统总体结构

（1）观察变电站综合自动化系统总体结构。

（2）了解综自系统的屏面布置。

（3）了解后台机、通信管理机。

（4）了解连接片、切换开关的安装位置及作用。

（5）观察变电站综合自动化系统的端子排接线情况。

2. 变电站综合自动化系统的各子系统的构成

（1）观察变电站综合自动化系统的各子系统的构成。

（2）了解保护测控机箱的面板布置、各元件的作用。

（3）了解保护测控机箱的背板布置，认识装置背板端子排。

（4）了解保护测控机箱的内部结构，认识各种插件。

（三）实验设备

（1）PSU—2000 系列微机保护测控屏 1 面。

（2）CSF206L 10kV 线路保护屏 1 面。

（3）CSL164B 110kV 线路保护屏 1 面。

（4）CST221BZ 主变压器保护屏 1 面。

（四）实验方法

1. 变电站综合自动化系统总体结构

（1）观察变电站综合自动化系统总体结构。

（2）分组讨论变电站综合自动化系统结构形式及组屏安装方式。

2. 变电站综合自动化系统的各子系统的构成

（1）观察变电站综合自动化系统的各子系统的构成。

（2）分组讨论保护测控装置机箱的面板布置、各元件的作用。

（3）分组讨论保护测控装置机箱背板布置，认识装置背板端子排。

（4）分组讨论变电站综合自动化系统间隔层保护测控装置的插件结构及作用。

（五）实验结论

（1）画出综合自动化系统的屏面布置图并分析不同组屏安装方式。

（2）画出变压器保护装置机箱的面板布置图、插件布置图并分析各插件作用。

（3）画出 110kV 线路保护装置机箱面板布置图、插件布置图并分析各插件作用。

（4）画出 10kV 线路保护测控装置机箱面板布置图、插件布置图并分析各插件作用。

二、实验二：微机保护测控装置基本操作

（一）实验目的

（1）熟悉微机保护测控装置的结构。

（2）熟悉微机保护测控装置人机对话菜单。

（二）实验项目

（1）熟悉微机保护测控装置的结构。

1）认识各插件内部主要元器件。

2）熟悉装置面板上各元器件的作用。

3）熟悉装置背板接线。

（2）熟悉微机保护装置人机对话菜单。

（3）完成就地修改保护定值。

（4）完成就地控制断路器的分、合闸操作。

（三）实验设备

（1）PSU—2000 系列微机保护测控屏 1 面。

（2）CSF206L 10kV 线路保护屏 1 面。

（四）实验方法

（1）认识各插件内部主要元器件。

1）观察交流插件。了解交流插件的结构、作用；认识电压、电流变换器；找出交流输入端子。

2）观察CPU插件。了解CPU插件的结构、作用；找出CPU芯片、输入输出回路；找出保护连接片、切换开关输入端子。

3）观察I/O插件。了解该插件上各继电器的作用，找出合闸、跳闸继电器，找出合闸、跳闸输出端子。

（2）熟悉微机保护装置人机对话菜单。

（3）完成就地修改保护定值。

（方法见本章第三节装置操作举例）

（4）完成就地控制断路器的分、合闸操作。

（方法见本章第三节装置操作举例）

（五）实验结论

（1）分析微机保护装置各定值项含义并写出定值修改操作步骤。

（2）分析就地控制断路器的分、合闸操作实现的原理并写出操作步骤。

三、实验三：监控系统界面与基本操作

（一）实验目的

（1）了解PSU—2000综合自动化系统后台机软件的菜单及基本操作。

（2）综合自动化系统后台监控系统界面进行断路器遥控分、合闸操作实验。

（二）实验项目

（1）熟悉PSU—2000综合自动化系统后台机软件模块及功能。

（2）后台监控界面进行断路器遥控分、合闸操作实验。

（三）实验设备

（1）PSU—2000综合自动化系统后台监控机1台。

（2）PSU—2000系列微机保护测控屏1面。

（四）实验方法

（1）进入后台机模拟变电站主接线界面，如图10-16所示。

（2）对10kV出线102开关进行合闸操作，将鼠标移至102开关处，单击鼠标左键，弹出如图10-17所示对话框。

（3）单击“遥控选择”，将遥控选择项改为“合上”，单击“遥控执行”，下方出现“返校正确”时，单击“确认”键，确认执行遥控合闸操作，如图10-18所示。

（4）操作完成后，观察并记录告警提示显示窗口中事件记录，观察主接线界面断路器变位情况。

（五）实验结论

（1）分析PSU—2000综合自动化系统后台机软件模块及功能。

（2）分析遥控执行断路器的分、合闸操作实现的原理并写出操作步骤。

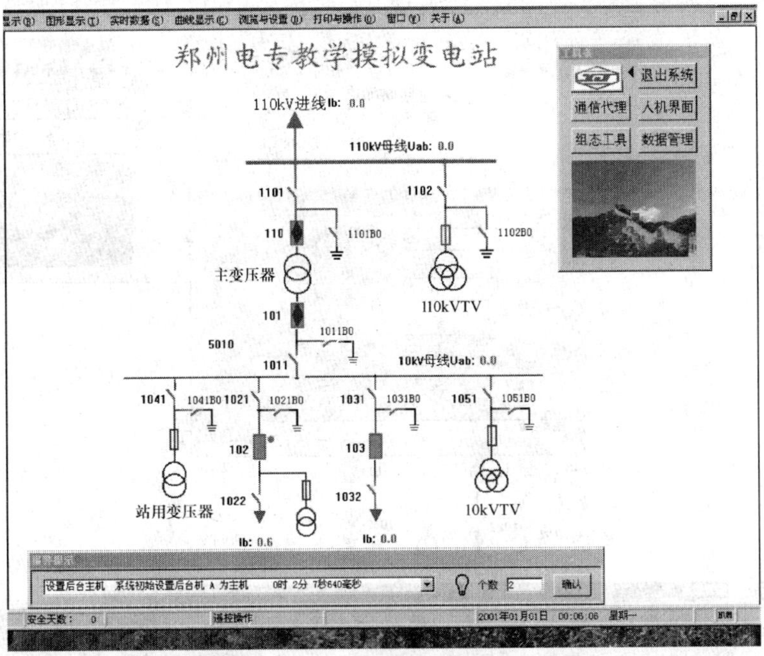

图 10-16　主接线监控界面

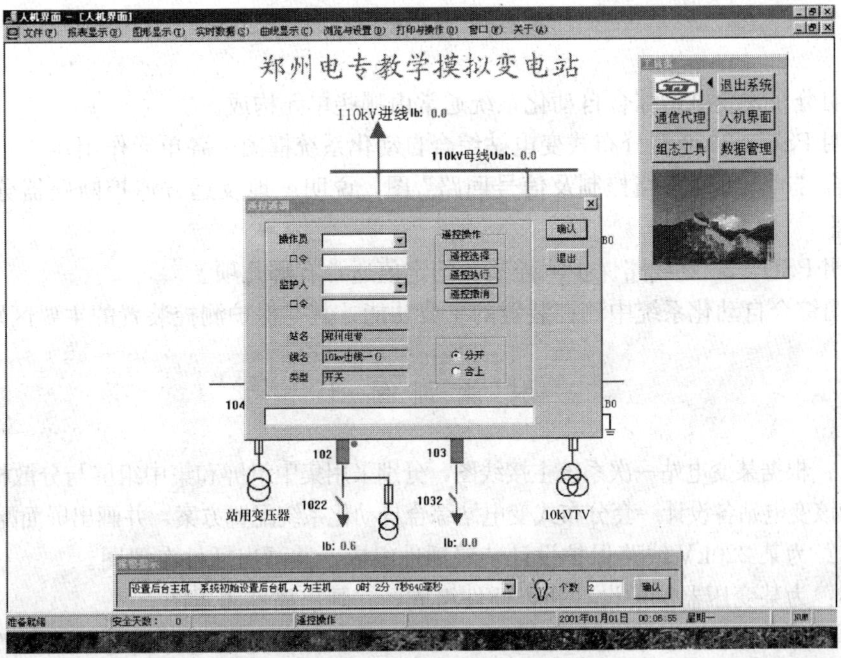

图 10-17　遥控命令框

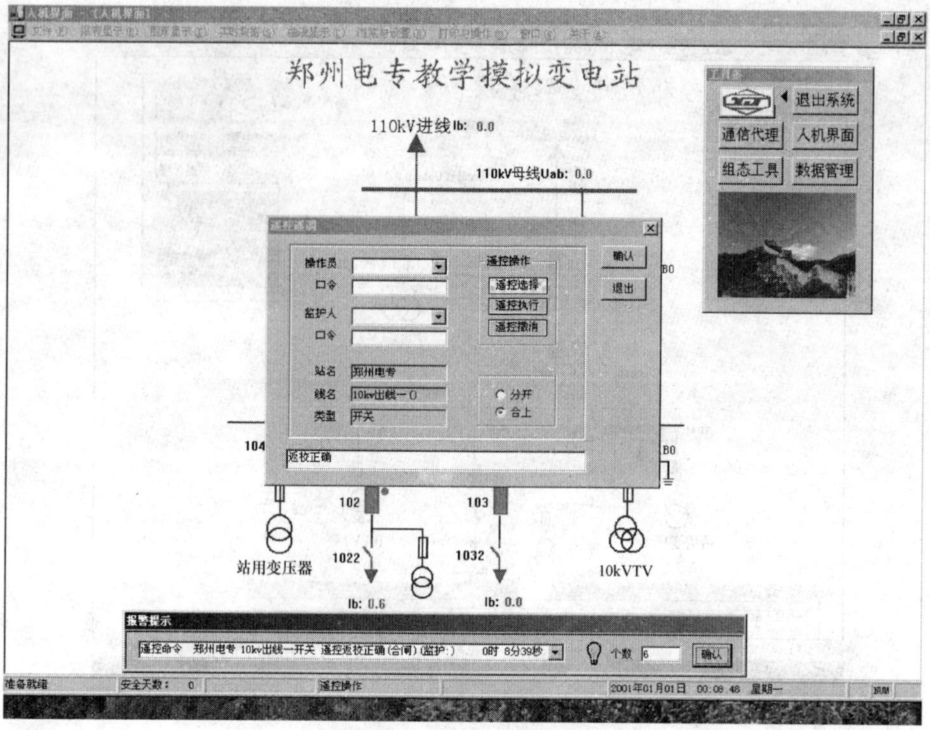

图 10-18 遥控返校对话框

复习思考题十

1. 说明分布式变电站综合自动化系统通常由哪些单元构成。

2. 说明 PSU—2000 型分布式变电站综合自动化系统框图中各单元作用。

3. 结合“35/10kV 线路控制及信号回路”图，说明就地及远方遥控断路器分、合闸操作实现原理。

4. 说明 PSU—2000 线路保护测控装置的定值通常有哪几项。

5. 说明综合自动化系统中测控装置的主要功能，其与保护测控装置的主要区别在哪里?

技能训练十

任务 1：根据某变电站一次系统主接线图，分别采用集中组屏和集中组屏与分散相结合的安装方式，为该变电站各设计一套分布式变电站综合自动化系统配置方案，并画出屏面配置图。

任务 2：为某 220kV 线路保护设计装置插件组成，并画出插件布置图。

任务 3：为某变压器保护设计装置插件组成，并画出插件布置图。

任务 4：分析微机保护装置各定值项含义，对某项保护定值进行整定，并在微机保护装置上就地修改保护定值。

任务 5：分析微机保护装置各定值项含义，对某项保护定值进行整定，并在监控系统界面上远方修改保护定值。

任务 6：说明监控后台断路器位置信号显示不正确的故障处理项目名称及质量要求。

第十一章　变电站综合自动化系统装置接线与检测

教学目的

通过对10kV线路保护测控装置二次接线的设计与检测，线路保护测控装置人机交互界面操作及主变压器测控部分接线分析及检测，熟悉变电站综合自动化系统基本的二次接线结构及相关设备基本的操作方法。

教学目标

能说明线路、变压器测控装置背板各端子的用途；能正确操作线路、变压器测控装置人机交互界面，并能说明各信息、参数的含义；能按照二次接线原理及安装接线图正确检测相关的二次接线。

第一节　线路保护测控装置外部接线与检测

一、实训目的

按照某10kV开关柜（其中的一次设备、二次设备、二次元器件等的型号、参数已知，并有详细的技术图纸）对保护、测控、通信等方面的要求，绘制出该开关柜的二次接线图，并实施接线；接线完成后进行必要的试验，以检验接线设计及连接的正确性。

二、实训目标

(1) 熟悉二次接线图绘制的基本要求及二次接线图绘制的基本规律。

(2) 熟悉二次接线的接线方法。

(3) 掌握常规开关柜二次接线的原理。

(4) 掌握开关柜的二次接线检测的基本步骤及方法。

三、实训内容及步骤

1. 接线设计

(1) 分析开关柜需要监控的所有量（包括开入/开出量、模拟量）。

(2) 分析给定保护测控装置的功能；分析相关二次设备元器件，如控制开关、转换开关、指示灯、按钮等功能及型式、参数。确定它们的用途及接线。

(3) 结合开关柜的实际情况，制定保护测控装置及各开关、指示灯等元件接线的初步方案。

(4) 确定端子排的种类、数量及实际安装位置，确定它们的接线。

(5) 绘制出开关柜二次部分原理展开图及安装接线全图。

2. 二次接线及检测

接线时应认真阅读并熟悉二次线符号，要将二次接线图与原理图进行核对，确保接线图正确无误。对二次接线施工的要求是：按图施工，接线正确；导线与电气元件采用螺栓连接、插接、焊接或压接等，均应牢固可靠，接线良好；配线整齐清晰、美观；导线绝缘良好，无损伤；柜内导线不应有接头；回路编号正确，字迹清晰。

接线完成后应进行检查。检查的内容有三个方面：一是按照展开图检查二次回路的接线是否正确；二是对二次回路进行检查，测定绝缘电阻；三是操作试验。对于检查出来的缺陷和错误要配合调试及时进行修改。

查线时注意的事项：①防止在查线过程中造成故障；②要正确使用电表等各类电工仪表，检查各仪表及其他工具是否有损。

3. 二次接线检测

接线检查完成，确认没有异常后开始进行如下各项检测。检测的目的是进一步检查接线是否有误，如果出现异常应分析原因，修正后再试验检测，直到没有错误。

(1) 断路器的控制回路检测。利用控制开关操作断路器跳闸、合闸，检查断路器控制回路是否正常。

(2) 信号回路检测。将断路器置于不同状态，检查各指示灯显示是否正常，保护装置显示是否正常。

(3) 交流回路接线检测。通过试验设备将相关端子加入二次交流电压、电流量，检查表计、保护装置的显示是否正确。

(4) 保护装置的开出检测。选择保护装置中的一个保护，根据定值单的要求输入定值，并在保护端子排上加入电流、电压，当保护动作时，检查断路器的动作是否正确。

四、参考资料

1. 10kV 开关柜实物及辅助元件

(见实训室设备，略)

2. 真空断路器电气图

VSI (ZN63A) —12 型断路器内部电气原理图及接线图分别如图 11-1 和图 11-2 所示。

3. 保护测控装置技术说明

(1) EKR—300N 综合保护装置功能简介。EKR—300N 综合保护装置适用于 110kV 及以下电压等级的架空线路、电缆、母线、各种馈出线以及厂用变压器、接地变压器和配电变压器的高压开关柜，可在开关柜就地安装。

1) EKR—300N 综合保护装置具有如下保护功能：①三段式定时限过电流保护（无方向闭锁）；反时限过电流保护；②定时限零序过电流保护；③带低压闭锁和滑差闭锁的低频减载保护；④三相（取最大值）过电压保护功能；⑤三相一次重合闸。

2) 除了具备上述保护功能外，EKR—300N 综合保护装置还具有如下功能：① 断路器位置监视及与各端子对应的开关量状态监视；②U_a、U_b、U_c、I_a、I_b、I_c、P、Q、$\cos\varphi$、f 等模拟量的遥测；③电压回路断线、电流回路断线、控制回路异常，各保护动作等告警；④事件 SOE 记录；⑤故障录波；⑥合成电量、功率、电能显示。

(2) EKR—300N 综合保护装置操作说明。综合保护装置操作说明如下。

1) 键盘说明见表 11-1。

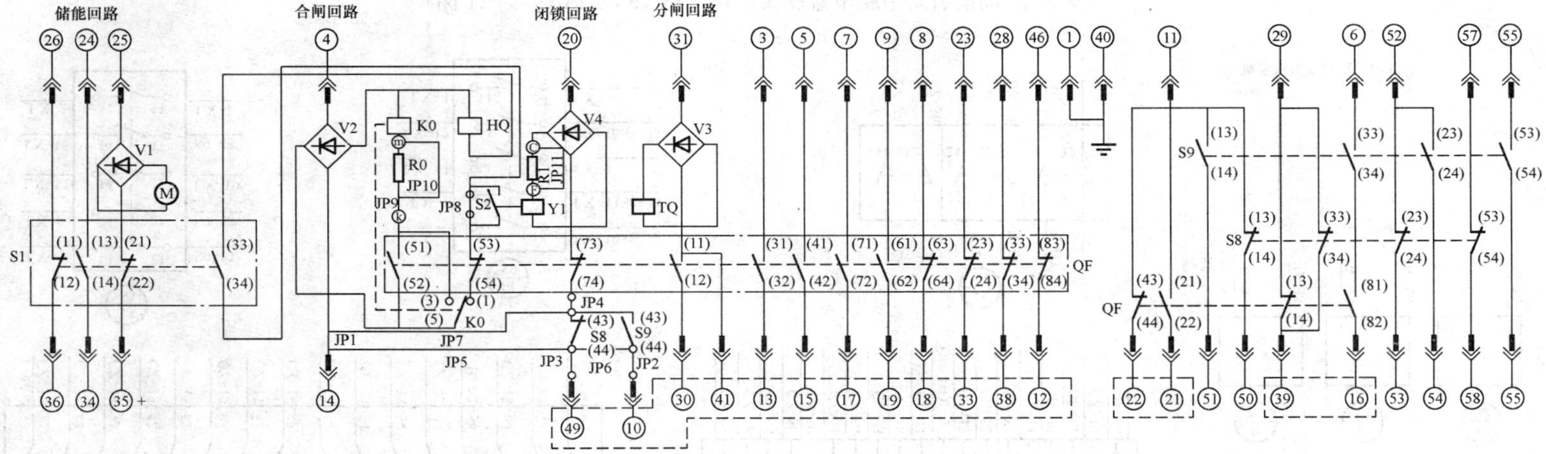

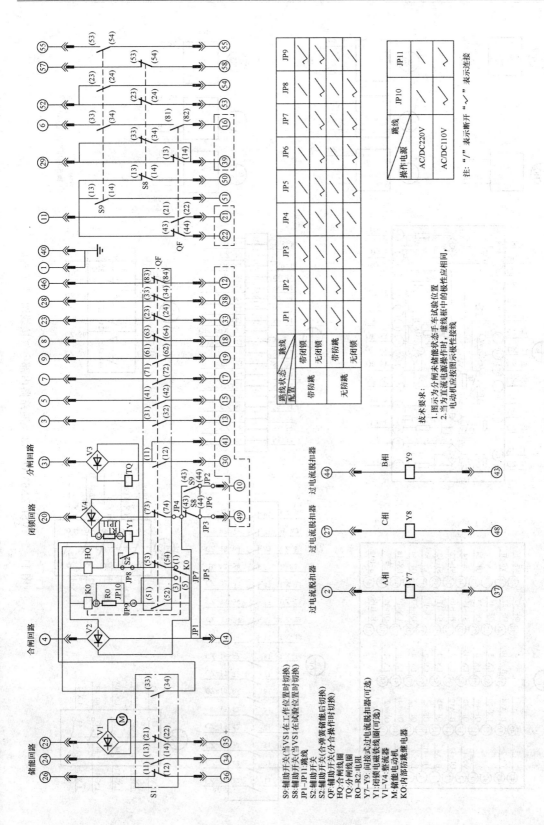

S9:辅助开关(当VS1在工作位置时切换)
S8:辅助开关(当VS1在试验位置时切换)
JP1–JP11:跳线
S2:辅助开关
S2:辅助开关(合弹簧储能后切换)
QF:辅助开关(分合操作时切换)
HQ:合闸线圈
TQ:分闸线圈
RO–R2:电阻
Y7–Y9:间接式过电流脱扣器(可选)
Y1:闭锁电磁铁线圈(可选)
V1–V4:整流器
M:储能电动机
KO:内部防跳继电器

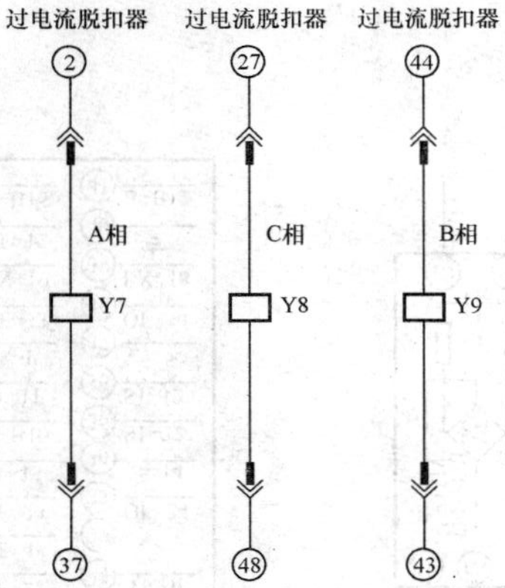

配置	跳线状态 \ 跳线	JP1	JP2	JP3	JP4	JP5	JP6	JP7	JP8	JP9
带防跳	带闭锁	✓	✓	✓	✓	/	/	/	/	✓
	无闭锁	/	/	/	/	✓	✓	✓	✓	✓
无防跳	带防跳	✓	✓	✓	✓	/	/	/	/	/
	无闭锁	/	/	/	/	✓	✓	✓	✓	/

技术要求：

1.图示为分闸未储能状态手车试验位置

2.当为直流电源操作时，虚线框中的极性应相同，电动机应按图示极性接线

操作电源 \ 跳线	JP10	JP11
AC/DC220V	/	/
AC/DC110V	✓	✓

注：“/”表示断开“✓”表示连接

图 11-1　VSI(ZN63A)—12 型断路器内部电气原理图(手车式)

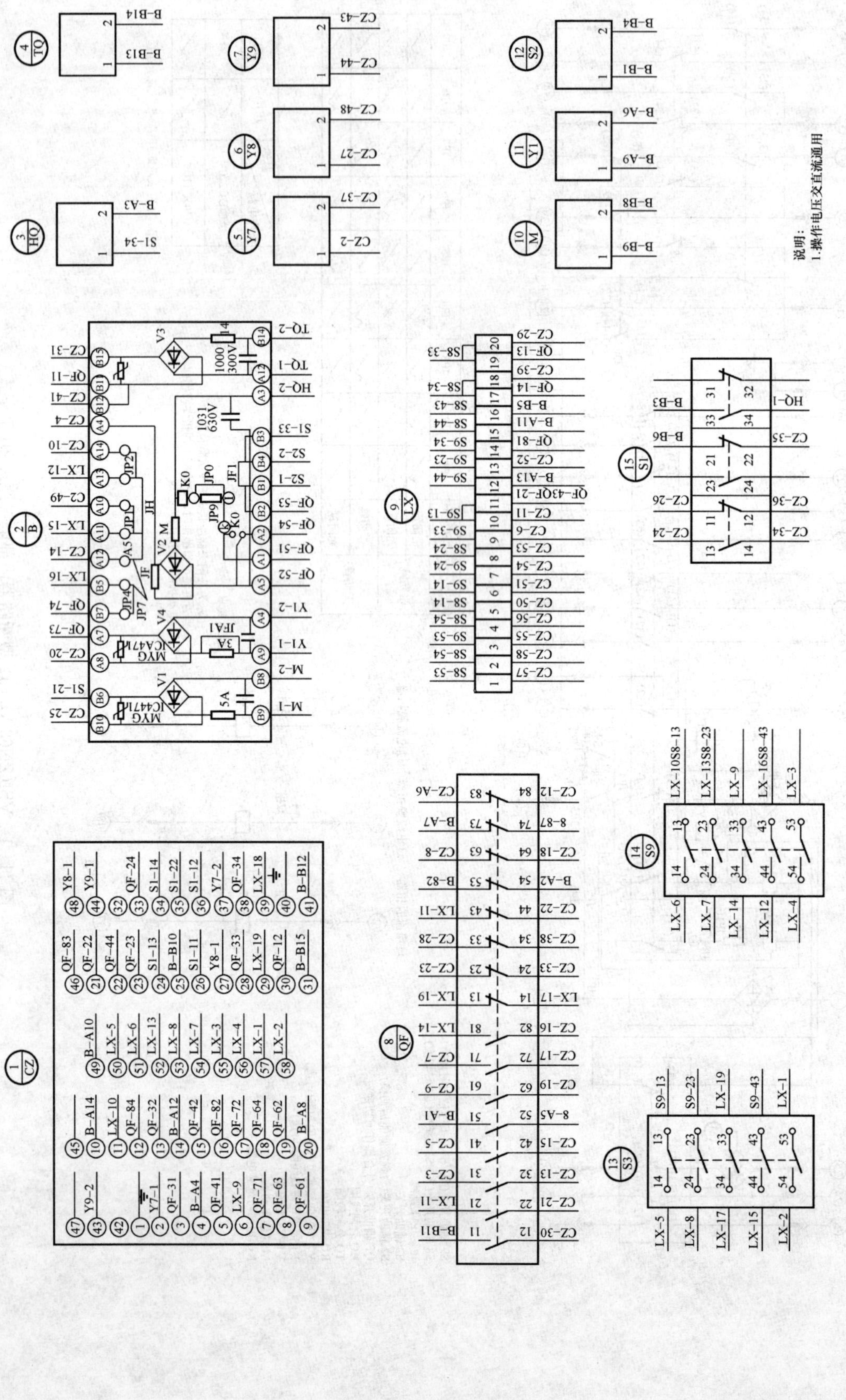

说明：
1.操作电压交直流通用

图 11-2 VSI(ZN63A)—12 型断路器内部电气接线图(手车式)

表 11-1　**键　盘　功　能**

按键	键名	主要功能	按键	键名	主要功能
E	确认	参数保存确认/进入子目录	⬇	下	双键功能，用于界面翻阅和参数的递减
C	取消	参数设定时取消/退出子目录	➡	右	用于子目录和项的右向选择
⬆	上	双键功能，用于界面翻阅和参数的递加	⬅	左	用于子目录和项的左向选择

2）菜单结构如图 11-3 所示。

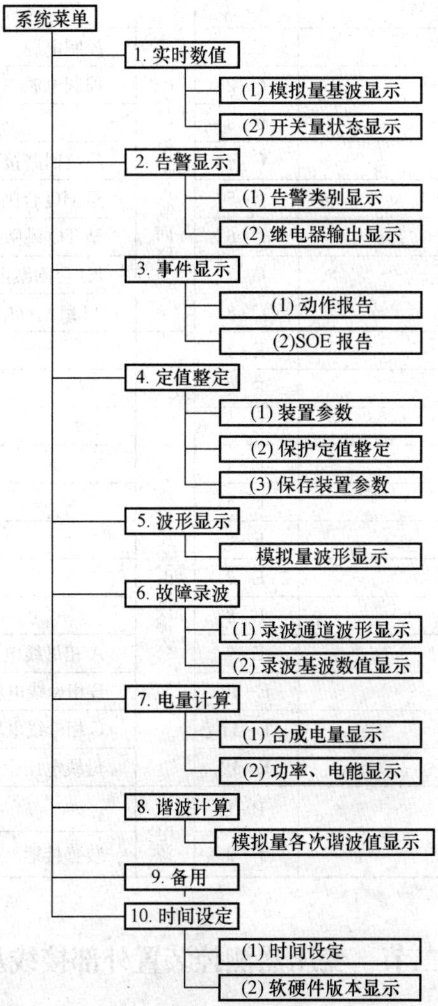

图 11-3　系统菜单结构

(3) EKR—300N 综合保护装置背面端子功能见表 11-2。

表 11-2　　EKR—300N 综合保护装置背面端子功能

A 开关量输入	断路器位置（DL1）	A-1	B 通信和脉冲	RS-485A/CAN-H	B-1
	试验位置/上隔离（SW/GL1）	A-2		RS-485B/CAN-L	B-2
	运行位置/下隔离（YW/GL2）	A-3		通信电源－	B-3
	接地开关位置（QJD）	A-4		通信电源＋	B-4
	储能位置（CN）	A-5		脉冲输入公共端	B-5
	可编程开入 1（BI1）	A-6		12V 脉冲输入 1	B-6
	可编程开入 2（BI2）	A-7		12V 脉冲输入 2	B-7
	可编程开入 3（BI3）	A-8		220V 开关量　保留　（KEEP）	B-8
	第 2 断路器（DL2）	A-9			B-9
	开关量输入公共端（＋KM）	A-10			B-10
C 报警信号输出	装置自检继电器（JX）＋	C-1	D 保护控制回路	控制电源　＋KM	D-1
	装置自检继电器（JX）－	C-2		控制电源　－KM	D-2
	1 号可编程报警继电器＋	C-3			D-3
	1 号和 2 号继电器公共端－	C-4		防跳回路接入点	D-4
	2 号可编程报警继电器＋	C-5		至 HQ 合闸线圈	D-5
	3 号可编程报警继电器＋	C-6		至 TQ 跳闸线圈	D-6
	3 号和 4 号继电器公共端－	C-7		HJ 合闸继电器输出	D-7
	4 号可编程报警继电器＋	C-8		TJ 跳闸继电器输出	D-8
E 电流输入回路	A 相保护电流（I_{pa}）	E-1	F 电压或电流输入		F-1
	A 相保护电流※	E-2			F-2
	B 相保护电流（I_{pb}）	E-3			F-3
	B 相保护电流※	E-4			F-4
	C 相保护电流（I_{pc}）	E-5			F-5
	C 相保护电流※	E-6			F-6
	零序保护电流（I0）	E-7			F-7
	零序保护电流※	E-8			F-8
	A 相测量电流（I_a）	E-9		A 相母线电压	F-9
	A 相测量电流※	E-10		B 相母线电压	F-10
	C 相测量电流（I_c）	E-11		C 相母线电压	F-11
	C 相测量电流※	E-12		母线电压中性线 N	F-12
P 电源	220/110V　＋	P-1	P 电源		P-3
	220/110V　－	P-2		装置接地	P-4

第二节　变压器测控装置外部接线及检测

一、实训目的

通过本实训，掌握变电站综合自动化系统中变压器测控的基本构成，并掌握检测其接线正确性的方法。

二、实训目标

（1）能说明变电站综合自动化系统中变压器测控部分的测控对象。

（2）能说明变电站综合自动化系统中变压器测控的原理。

（3）能说明变电站综合自动化系统中变压器测控的接线原理。

（4）能检测变电站综合自动化系统中变压器测控的接线的正确性。

三、实训内容及步骤

1. 变压器测控装置分析

（1）本阶段任务。依据给定的变电站资料，对变压器测控部分监控项目进行分析，并分类列表，供下一阶段使用。

（2）要点分析。要点分析具体内容如下。

1）遥测：主变压器各侧 I_a、I_b、I_c、P、Q、$\cos\varphi$，U_{ab}、U_{bc}、U_{ca}、U_a、U_b、U_c、$3U_0$、主变压器油温。

2）遥信量：主变压器各侧断路器位置、隔离开关位置、接地开关位置、主变压器中性点接地开关等位置信号；远方/就地切换、控制回路断线、SF_6 气体异常闭锁、SF_6 气体补气信号、机构未储能或正在储能信号、机构已储能信号、变压器本体风扇合闸及运行信号、声光报警信号、主变压器有载分接开关控制电源消失信号、主变压器及主变压器有载分接开关油位异常信号、主变压器挡位、装置故障告警、保护动作信息（通信上传）。

3）遥控量：主变压器各侧断路器及 110kV 电动隔离开关及接地开关、主变压器中性点隔离开关。

4）遥调量：主变压器挡位。

2. 变压器测控装置外部接线分析

（1）本阶段任务。对照变压器测控装置产品说明书，对各测控装置的基本功能（如控制、测量、通信和监视等功能）、接线端子、性能等方面进行分析，并结合其测控对象，分析其接线的原理及工作原理。

（2）实训内容。具体实训内容如下。并要求绘制展开图时，标出各端子编号。

1）列表说明测控装置各端子在实际接线中的功能。

2）画出各断路器、隔离开关的控制回路原理展开图。

3）画出变压器有载调压挡位监视、变压器温度监视原理接线展开图。

4）画出变压器有载调压控制回路原理展开图。

（3）二次接线检查。将二次接线图与原理图进行核对，检查展开图是否正确无误；对二次回路进行检查，确定原接线是否正确。

（4）二次接线试验。接线检查完成，确认没有异常后开始进行如下各项试验。检测前必须按要求准备好检测方案。本检测的目的是检查自己对接线的理解是否有误，如果出现异常应分析原因。

1）断路器的控制回路试验。利用控制开关操作断路器跳闸、合闸，检查断路器控制回路是否正常。

2）开关量输入回路试验。将断路器置于不同状态，检查各指示灯显示是否正常，测控装置显示是否正常（同时从后台监控查看）。

3）交流回路接线试验。通过试验设备将相关端子加入二次交流电压、电流量，检查测控装置的显示是否正确（从后台监控查看）。

4）有载分接开关位置试验。模拟输入有载分接开关位置信号，观察分接开关控制器显示及后台监控显示是否正确。

5）变压器温度显示试验。模拟输入温度信号，观察变压器温度监控变送仪显示及后台监控显示是否正确。

6）测控装置的开出试验。选择保护装置中的一个保护，根据定值单的要求输入定值，并在保护端子排上加入电流、电压，当保护动作时，检查断路器的动作是否正确。

7）有载调压模拟试验。从分接开关控制器及后台监控分别发出调压命令，检查调压命令是否从端子排正确发出。

四、实训指导

（一）变电站主接线图

变电站主接线图如图 11-4 所示。

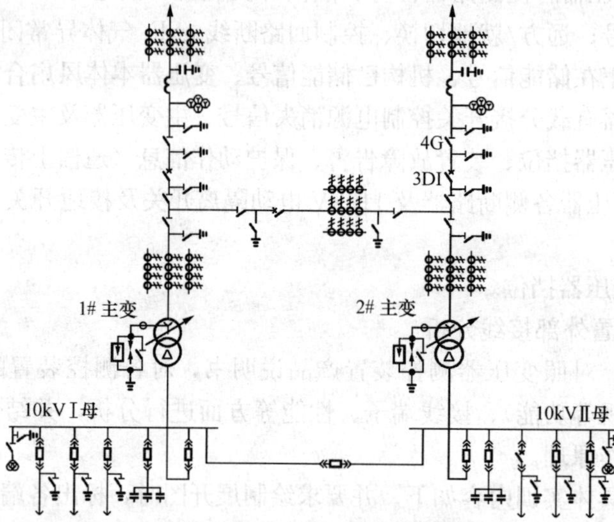

图 11-4 变电站主接线图

（二）CSF202 测控装置技术说明

1. 机箱结构

测控装置前面板实物如图 11-5 所示，前面板指示灯说明见表 11-3，测控装置后端子如图 11-6、图 11-7 所示。

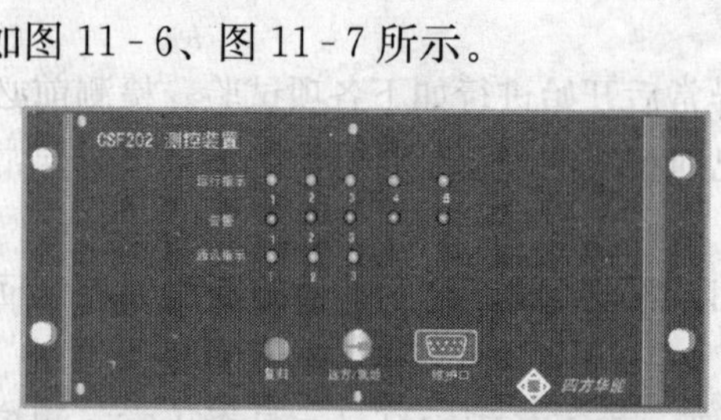

图 11-5 CSF202 测控装置前面板实物图

2. CSF202 测控装置功能

测控装置功能见表 11-4。

3. CSF202 调压功能

CSF202 可实现变压器的挡位采集、调节和滑挡急停功能。调压功能由扩展板完成。当调压允许控制字投入时，装置最多可完成两组调压挡位的采集。调压允许控制字位于第 1 区第 1 组定值的控制字 1 的 D9 位（详细说明见说明书）。当装置调压允许时，扩展插件作为调压功能的开入端子含义见表 11-5。

表 11-3　　前面板指示灯说明

<table>
<tr><td rowspan="2"></td><td>测控插件 2
（HBJ7）</td><td>测控插件 1
（HBJ5）</td><td>通信插件
（HBJ6）</td><td>扩展插件 1
（HBJ2）</td><td>扩展插件 2
（HBJ10）</td></tr>
<tr><td>灯 1</td><td>灯 2</td><td>灯 3</td><td>灯 4</td><td>灯 5</td></tr>
<tr><td>运行指示灯</td><td>闪烁：测控插件 2 处于运行状态</td><td>闪烁：测控插件 1 处于运行状态</td><td>闪烁：通信插件处于运行状态</td><td>闪烁：扩展插件 1 处于运行状态</td><td>闪烁：扩展插件 2 处于运行状态</td></tr>
<tr><td>告警灯</td><td colspan="2">亮：测控插件运行异常，如配置错、ROM 错、开入错、定值错、采样错</td><td>亮：通信插件运行异常，如配置错</td><td colspan="2">亮：扩展插件运行异常，如配置错</td></tr>
<tr><td>通信指示灯</td><td colspan="2">灭：无报文接收
闪烁：有报文接收</td><td>灭：无报文转发
闪烁：有报文转发</td><td colspan="2"></td></tr>
</table>

表 11-4　　CSF202 测控装置功能表

<table>
<tr><td rowspan="3">四遥：
（1）遥测。
1）能够对各个模拟量采样通道就模拟量类型、相别、变比系数等因素进行配置。
2）能够选择需要计算的遥测量，如交/直流电压量、电流量、功率、功率因数、频率等。
3）能够根据不同规约的要求配置某一遥测量在遥测报文中的位置。
（2）遥信。
1）断路器/隔离开关位置。
2）远方/就地状态。
3）给出 ROM、开入、开出、自动校正、采样通道等的出错告警信息。
4）模拟量越限的告警信息。
（3）遥控。接受并执行遥控指令，控制开关的开、合。
（4）遥脉。每块扩展插件最多可配置 8 路普通开入为遥脉输入</td><td>配置功能：
CSF202 可配置的参数有：
（1）本机地址、通信波特率、校验方式。
（2）当地、远方操作设置，可以实现远方操作闭锁。
（3）时间设置、远方对时。
（4）采样通道任意配置变比类型，若外部互感器发生变化，更改通道配置后即可正确计算。
（5）需要上送的遥测量的计算表达式以及遥测量在遥测报文中的位置。
（6）运行参数（分合闸脉宽、遥信去抖延时等参数）。
（7）测控板间配置信息的整板复制</td></tr>
<tr><td>故障处理配置功能：可最多对 16 个模拟量进行越限告警配置。告警的上限和下限均可从 8 个电流定值和 8 个电压定值中选配。
PLC 功能配置与实现</td></tr>
<tr><td>SOE 上报及记录：记录并及时上报开关状态变化和发生改变的时间</td></tr>
<tr><td rowspan="3">通信：
RS-232、RS-485、LonWorks 和以太网多种通信方式可选，可与两个以上的主站进行通信，将采集和处理信息向上发送并接受上级站的控制命令。提供标准规约接口，如 IEC870－5－101、DNP3.0 等</td><td>自诊断、自恢复功能：
（1）具有自诊断功能，发现终端的内存、时钟、I/O 等异常马上记录并上报。
（2）具有上电及软件自恢复功能</td></tr>
<tr><td>调试功能：可通过测控板前面板上的标准 RS-232 维护口进行当地调试及维护</td></tr>
<tr><td>调压功能：变压器的挡位采集、调节和滑挡急停功能</td></tr>
</table>

电源插件 (HBJ1)		
1	地	
2		
3	~220V	交流电源输入
4		
5	~220V	
6		
7	+XM	失压告警
8		
9	+24GND	直流电源输出
10	+24V	

注：GCOM1 是扩展遥信 01～08 的公共端

GCOM2 是扩展遥信09～20 的公共端

扩展插件 1(HBJ2)	
1	扩展开入遥信 01
2	扩展开入遥信 02
3	扩展开入遥信 03
4	扩展开入遥信 04
5	扩展开入遥信 05
6	扩展开入遥信 06
7	扩展开入遥信 07
8	扩展开入遥信 08
9	GCOM1(G)
10	GCOM2
11	扩展开入遥信 09
12	扩展开入遥信 10
13	扩展开入遥信 11
14	扩展开入遥信 12
15	扩展开入遥信 13
16	扩展开入遥信 14
17	扩展开入遥信 15
18	扩展开入遥信 16
19	扩展开入遥信 17
20	扩展开入遥信 18
21	扩展开入遥信 19
22	扩展开入遥信 20

跳闸插件 1(HBJ3)		
1	+KM1	第 1 组
2	至跳闸机构箱 1	
3	至合闸机构箱 1	
4	+KM2	第 2 组
5	至跳闸机构箱 2	
6	至合闸机构箱 2	
7	+KM3	第 3 组
8	至跳闸机构箱 3	
9	至合闸机构箱 3	
10	+KM4	第 4 组
11	至跳闸机构箱 4	
12	至合闸机构箱 4	
13	+KM5	第 5 组
14	至跳闸机构箱 5	
15	至合闸机构箱 5	
16	+KM6	第 6 组
17	至跳闸机构箱 6	
18	至合闸机构箱 6	
19	+KM7	第 7 组
20	至跳闸机构箱 7	
21	至合闸机构箱 7	
22	备用	

模拟插件 1(HBJ4)			
1	ANA01	17	ANA09
2	ANA01′	18	ANA09′
3	ANA02	19	ANA10
4	ANA02′	20	ANA10′
5	ANA03	21	ANA11
6	ANA03′	22	ANA11′
7	ANA04	23	ANA12
8	ANA04′	24	ANA12′
9	ANA05	25	ANA13
10	ANA05′	26	ANA13′
11	ANA06	27	ANA14
12	ANA06′	28	ANA14′
13	ANA07	29	ANA15
14	ANA07′	30	ANA15′
15	ANA08	31	ANA16
16	ANA08′	32	ANA16′

测控插件 1(HBJ5)		
1	开入遥信 1	开入信号
2	开入遥信 2	
3	开入遥信 3	
4	开入遥信 4	
5	开入遥信 5	
6	开入遥信 6	
7	开入遥信 7	
8	开入遥信 8	
9	开入遥信 9	
10	开入遥信 10	
11	开入遥信 11	
12	开入遥信 12	
13	开入遥信 13	
14	开入遥信 14	
15	开入遥信 15	
16	开入遥信 16	
17	开入遥信 17	
18	开入遥信 18	
19	24V 开入公共电源	
20	通信信号地	通信口
21	TX–A	
22	RX–B	

图 11-6 CSF202 测控装置后端子图(1)

通信插件 (HBJ6)	
1	LonWorks A 线
2	LonWorks B 线
3	232 地
4	232RX
5	232TX

测控插件 2 (HBJ7)		
1	开入遥信 1	开入信号
2	开入遥信 2	
3	开入遥信 3	
4	开入遥信 4	
5	开入遥信 5	
6	开入遥信 6	
7	开入遥信 7	
8	开入遥信 8	
9	开入遥信 9	
10	开入遥信 10	
11	开入遥信 11	
12	开入遥信 12	
13	开入遥信 13	
14	开入遥信 14	
15	开入遥信 15	
16	开入遥信 16	
17	开入遥信 17	
18	开入遥信 18	
19	24V 开入公共电源	
20	通信信号地	通信口
21	TX–A	
22	RX–B	

模拟插件 2 (HBJ8)			
1	ANA01	17	ANA09
2	ANA01′	18	ANA09′
3	ANA02	19	ANA10
4	ANA02′	20	ANA10′
5	ANA03	21	ANA11
6	ANA03′	22	ANA11′
7	ANA04	23	ANA12
8	ANA04′	24	ANA12′
9	ANA05	25	ANA13
10	ANA05′	26	ANA13′
11	ANA06	27	ANA14
12	ANA06′	28	ANA14′
13	ANA07	29	ANA15
14	ANA07′	30	ANA15′
15	ANA08	31	ANA16
16	ANA08′	32	ANA16′

跳闸插件 2 (HBJ9)		
1	+KM1	第 1 组
2	至跳闸机构箱 1	
3	至合闸机构箱 1	
4	+KM2	第 2 组
5	至跳闸机构箱 2	
6	至合闸机构箱 2	
7	+KM3	第 3 组
8	至跳闸机构箱 3	
9	至合闸机构箱 3	
10	+KM4	第 4 组
11	至跳闸机构箱 4	
12	至合闸机构箱 4	
13	+KM5	第 5 组
14	至跳闸机构箱 5	
15	至合闸机构箱 5	
16	+KM6	第 6 组
17	至跳闸机构箱 6	
18	至合闸机构箱 6	
19	+KM7	第 7 组
20	至跳闸机构箱 7	
21	至合闸机构箱 7	
22	备用	

扩展插件 2 (HBJ10)	
1	扩展开入遥信 01
2	扩展开入遥信 02
3	扩展开入遥信 03
4	扩展开入遥信 04
5	扩展开入遥信 05
6	扩展开入遥信 06
7	扩展开入遥信 07
8	扩展开入遥信 08
9	GCOM1(G)
10	GCOM2
11	扩展开入遥信 09
12	扩展开入遥信 10
13	扩展开入遥信 11
14	扩展开入遥信 12
15	扩展开入遥信 13
16	扩展开入遥信 14
17	扩展开入遥信 15
18	扩展开入遥信 16
19	扩展开入遥信 17
20	扩展开入遥信 18
21	扩展开入遥信 19
22	扩展开入遥信 20

图 11-7　CSF202 测控装置后端子图(2)

表 11-5 调压允许时扩展插件作为调压功能的开入端子含义

扩展插件开入端子		端子含义	说明
HBJ2	HBJ10		
HBJ2-1[①]	HBJ10-1	调压挡位 D1	第一组调压挡位。若控制字 1 中 D10=1[②]，则挡位按十六进制计数，端子有高电平输入时对应位为 1。D5 为高位，D1 为低位，最多可有 $2^5=32$ 个挡位；若控制字 1 中 D10=0，则挡位 D1～D4 按 BCD 码计数，作为两位数挡位值的个位，端子有高电平输入时对应位为 1。D4 为高位，D1 为低位。D5 为两位数挡位值的十位。按此法最多可有 20 个挡位
HBJ2-2	HBJ10-2	调压挡位 D2	
HBJ2-3	HBJ10-3	调压挡位 D3	
HBJ2-4	HBJ10-4	调压挡位 D4	
HBJ2-5	HBJ10-5	调压挡位 D5	
HBJ2-6	HBJ10-6	闭锁调压开入	该端子为高电平时，闭锁第一组调压开入
HBJ2-9	HBJ10-9	公共端 1	第一组调压挡位的公共端
HBJ2-10	HBJ10-10	公共端 2	第二组调压挡位的公共端
HBJ2-11	HBJ10-11	调压挡位 D1	第二组调压挡位。若控制字 1 中 D10=1，则挡位按十六进制计数，端子有高电平输入时对应位为 1。D5 为高位，D1 为低位。最多可有 $2^5=32$ 个挡位；若控制字 1 中 D10=0，则挡位 D1～D4 按 BCD 码计数，作为两位数挡位值的个位，端子有高电平输入时对应位为 1。D4 为高位，D1 为低位。D5 为两位数挡位值的十位。按此法最多可有 20 个挡位
HBJ2-12	HBJ10-12	调压挡位 D2	
HBJ2-13	HBJ10-13	调压挡位 D3	
HBJ2-14	HBJ10-14	调压挡位 D4	
HBJ2-15	HBJ10-15	调压挡位 D5	
HBJ2-16	HBJ10-16	闭锁调压开入	该端子为高电平时，闭锁第二组调压开入

① HBJ2-1 表示扩展插件 1（HBJ2）的第 1 个端子。

② 控制字 1 各位置 1 的含义（D0：闭锁开关 1；D3：闭锁开关 4；D9：允许调压；D10：调压挡位为十六进制；其余位备用）；控制字 1 各位置 0 的含义（D0：不闭锁开关 1；D3：不闭锁开关 4；D9：不允许调压；D10：调压挡位 BCD 码）。

调压的降、升、停三种状态分别对应 3 路继电器输出控制节点。调压出口端子含义及遥控方法见表 11-6。

表 11-6 调压遥控方法

跳闸插件		端子含义	
跳闸插件 1（HBJ3）	跳闸插件 2（HBJ9）		
HBJ3-11[①]	HBJ9-11	调压降	第 1 组
HBJ3-12	HBJ9-12	调压升	
HBJ3-14	HBJ9-14	调压停	
HBJ3-17	HBJ9-17	调压降	第 2 组
HBJ3-18	HBJ9-18	调压升	
HBJ3-20	HBJ9-20	调压停	

① HBJ3-11 表示跳闸插件 1（HBJ3）的第 11 个端子。

（三）主变压器有载调压问题

1. 有载调压变压器的电动操动机构的基本结构

有载调压变压器的调压是通过有载分接开关实现的。图 11-8 所示为一有载调压变压器的结构示意图，图中 1 为分接开关的头部，2 为组合式分接开关的切换开关部分，3 为组合式分接开关的选择器部分，4 为分接开关的电动操动机构。

有载分接开关可以用手动操作，也可以通过电动机构操作，目前的操动机构都将手动和电动合为一体。为了便于控制和观察，电动操动机构经电动操动机构箱（如图 11-8 中 4 所示）中的接线端子与控制室中相关设备相连。正常情况下运行人员操作调压或自动装置调压都通过电动机构操作完成。

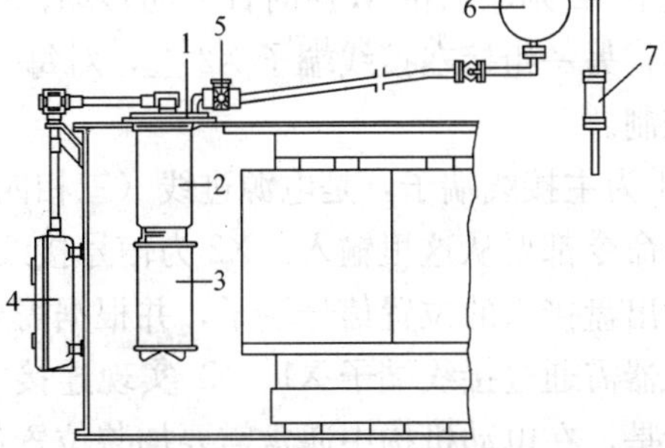

图 11-8　有载调压变压器结构示意图
1—分接开关头部；2—组合式分接开关的切换开关；3—组合式分接开关的选择器；4—电动操动机构；5—油流继电器（保护）；6—油枕；7—去湿呼吸器

这里不介绍有载调压过程中分接开关的工作原理，而结合该实训的目的，以 DCJ10 电动操动机构为例，简要分析电动操动机构的原理，以便大家对有载调压的原理有一个初步的认识。

图 11-9（a）所示为 DCJ10 电动操动机构箱内部结构图。图中 M 为三相 380V 交流异步电机，调压变压器的分接开关的正向

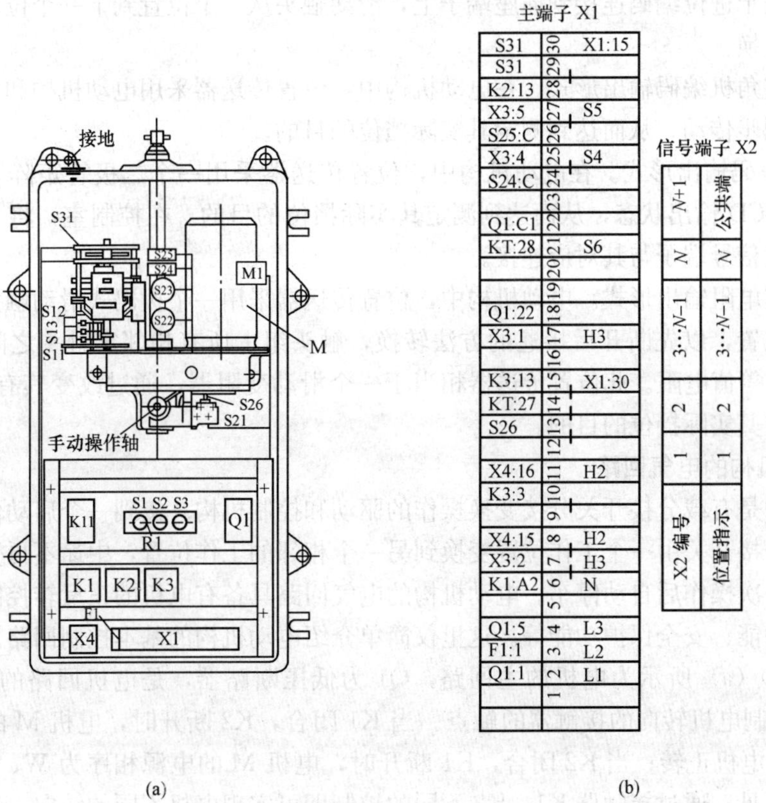

图 11-9　电动操动机构箱内部结构图
(a) DCJ10 电气设备布置图；(b) DCJ10 接线端子图

调挡或反向调挡即是通过该电机的正转或反转控制来实现的（请同时参考图 11-10 中电机主回路及控制回路图）；K1、K2 是控制电机转动的接触器，K1 启动则电动机顺时针转动，K2 启动则电动机逆时针转动；S1、S2 是操作控制按钮，按下 S1 则电动机 M 顺时针方向转动，按下 S2 则电动机 M 逆时针方向转动；S31、S32 为位置信号输出盘，一组信号用于远方显示器，另一组接在接线端子 X2 上，对每一分接位置都有一一对应的无源触点，可用于计算机控制。

X1 为主接线端子，是电源进线（三相四线），操作控制线的引出端子。挡位操作的电源及控制命令都要从这里输入。X2 为信号接线端子［端子接线详见图 11-9（b）］，是从位置信号输出盘接入的位置信号端子，并根据需要从端子上引到控制室。自动调压装置与有载调压变压器需通过接线端子 X1、X2 实现连接（必要时须经有载调压挡位控制变送器）。需要说明的是，在电动机构中通常需要加装位置传送器，将分接开关的挡位位置状态传送到控制室自动化设备上。不同类型的有载调压分接开关电动机构，其位置传送器输出的分接开关位置信号的形式是不同的，大致有如下几种。

（1）一对一编码输出信号形式。电动机构中，位置传送器采用一个拨码式的滑动触头从一个位置到下一个位置以先断开后接通的方式转换，触头组上所有定触头都连到插座的接线端子上。

（2）十进制编码输出信号形式。在电动机构中，位置传送器采用一个拨码式的滑动触头组，定触头按十进位编码连接到插座端子上，滑动触头从一个位置到下一个位置以先断开后接通的方法转换。

（3）自整角机编码输出形式。在电动机构中，位置传送器采用电动机构和主控室内两个同步电机的同步传动，从而达到测定其实际挡位的目的。

（4）BCD 码输出形式。在电动机构中，位置传送器采用一个二极管矩阵 BCD 转换器，通过改变其 BCD 输出状态，从而达到测定其实际挡位的目的。在控制室，将主变压器挡位变送器的采集信号端子与其对应连接。

（5）固定电阻输出形式。电动机构中，位置传送器采用一个拨码式滑动触头，从一个位置到下一个位置，以先断开后接通的方法转换，触头组上所有相邻定触头之间均加有（5、10Ω 或 20Ω）等值电阻。此位置传送器相当于一个滑动变阻器，通过改变其有效阻值大小，从而起到测定其实际挡位的目的。

2. 电动机构的电气回路

电动机构是有载分接开关分接变换操作的驱动和控制机构。接到一个启动信号后，电动机构将驱动分接开关由一个工作位置变换到另一个相邻的工作位置，中途不再受启动信号的影响，完成一次操作后自动停车。电动机构的电气回路具备有电机的正反转控制功能、电机的级进控制功能、安全保护功能等。这里仅简单介绍电动机构的基本控制回路。

图 11-10（a）所示为电机的主回路，Q1 为低压断路器，是电机回路的电源总开关；K1、K2 为控制电机转向的接触器的触点。当 K1 闭合，K2 断开时，电机 M 的电源相序为 U、W、V，电机正转；当 K2 闭合，K1 断开时，电机 M 的电源相序为 W、V、U，电机反转。由此可见，通过接触器 K1、K2 不同的控制即可实现电机不同的转向，进而达到控制有载调压开关调挡方向的目的。需要注意，在任何情况下，K1、K2 两组触点不能同时闭合，否则将造成电机回路的相间短路，为此，在控制电路中还将采取专门的电气闭锁。

图 11 - 10（b）所示为电机的控制回路，由启动按钮 S1、S2 和接触器 K1、K2 构成，回路的功能就是通过对接触器 K1、K2 的控制，实现电动机的启动和正转、反转的目的。其中 S1（21 - 22）和 S2（21 - 22）相互构成电气闭锁，K2（22 - 21）和 K1（22 - 21）相互构成电气闭锁，其作用是防止 K1、K2 两接触器同时动作，造成电机回路的相间短路。电机控制回路的具体工作过程是：当按下正向启动按钮 S1 时，S1（13 - 14）闭合，由 220V 电源经 S2（22 - 21）、S1（13 - 14）、K2（22－21）、K1（A1 - A2）到 N 构成的回路沟通，接触器 K1 励磁动作，图 11 - 10（a）中 K1 的动合触点 K1（1 - 2）、K1（3 - 4）、K1（5 - 6）闭合，则电机主回路接入正序电源，电动机启动且正转。另外，图 11 - 10（b）中 K1（14 - 13）动合触点闭合，当松开按钮 S1（13 - 14）后，由该回路向 K1（A1 - A2）提供电源（自保持）。该电路在有些场合应用时，往往在电源回路中还串有停车按钮，如图 11 - 10（b）中 S，按下此按钮，即可切断接触器 K1（A1 - A2）的电源，使其失磁，触点返回，电机停车。同理，按下反向启动按钮 S2，会使接触器 K2（A1 - A2）励磁动作，电动机启动且反转。

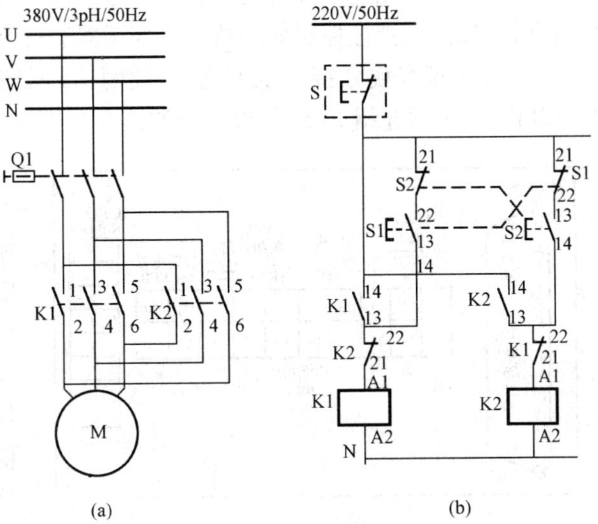

图 11 - 10　电机主回路及控制回路

（a）电机主回路；（b）电机控制回路

需要指出的是，上述利用 S1、S2 按钮进行控制是手动控制，当采用自动装置进行控制调压时，只需将自动装置相关的升压及降压出口分别并联连接到图 11 - 10（b）中 S1 和 S2 触点的两端即可。自动装置内部也要采取与 S1、S2 相似的电气闭锁措施。

3. 有载分接开关控制器

有载分接开关控制器作用及控制说明如下。

（1）有载分接开关控制器的作用：有载调压分接开关控制器安装在控制室中变压器控制屏（在综自站安装在保护屏）上，与变压器有载调压分接开关电动机构相连，用来完成主变压器有载分接开关的挡位升、降调压控制，调压计数，将挡位位置自动转换成模拟电压、开关信号、BCD 码等多种功能的一种装置。

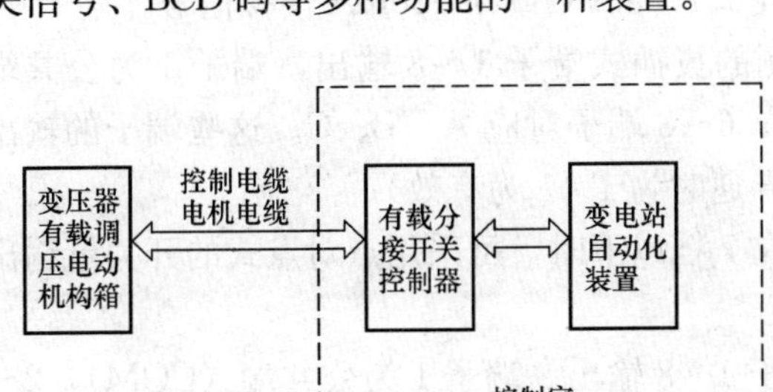

图 11 - 11　有载分接开关控制器连接示意图

图 11 - 11 所示为有载分接开关控制器与有载调压电动机构箱和变压器测控装置等变电站自动化装置的连接示意图。有载分接开关电动操动机构的挡位信号、电机控制电路等通过电缆与变电站控制室内有载调压分接开关控制器相连接。分接开关控制器内部电路将这些位置信号和控制信号转换成编码信号或模拟电流或电压信号，通过电缆与变电

站自动化系统装置相连。各自动化装置将这些信号接收转换，即可确定变压器的实际挡位位置，同时可以通过挡位控制变送器对主变压器进行调节。

（2）FKZ型有载分接开关控制器说明：FKZ型有载分接开关控制器背板端子如图11-12所示，下面介绍FZK背板端子的接线方法。

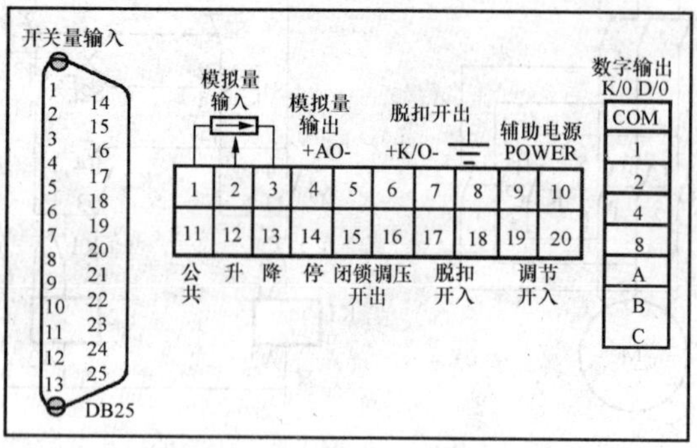

图11-12 FKZ型有载分接开关控制器背板端子

1）FKZ的信号输入。

①开关量输入：图11-12中开关量输入端子利用DB25型插座，可引入来自电动机构箱的开关量位置信号。控制器可接受的开关量输入信号类型可以是：a. 直接点对点的接线方式。分接开关的位置传送器输出的开关量节点与FKZ的信号输入插座DB25编号一一对应连接，公共端接DB25的25引脚；b. 十进开关量式。分接开关的位置传送器输出的个位数1～9触点与FKZ的DB25插座的1～9端子一一对应，而输出的表示十位的触点（一般为电动机构输出19芯航空插座的第12脚）接FKZ的DB25插座的10端子，表示个位0与十位0的触点线（10、11）均不需接入，表示进位（十位的2）的触点接DB25的20，公共端接25；c. 5、6线BCD编码。接线前需将FKZ装置由壳体抽出，在电路板背面找到标有BCD字样的备用IC芯片，用其更换下原有的标志为KKJ的IC芯片，插入方向使箭头与原芯片方向一致。分接开关位置输出触点表示个位数值的BCD四条引线按1、2、4、8的编码接入DB25的1、2、3、4端，表示十位数值的开关量接DB25的10端（6线式），公共端接25。

②模拟量输入：图11-12中模拟量输入（见图中部D-20的1、2、3端子）用于接以模拟量方式传送位置信号的电动机构，可接位置传输器送来的模拟电压量信号。端子D1、D3输出5V电源供电动机构的位置传送器使用，D1为电源低端，D3为电源高端。D2接来自位置传送器的电压形式的位置信号。图11-12中的调整电位器用于在FKZ装置接线完成后加电调整，校准不同电压值与分接开关挡位的对应关系。若传送位置的模拟量是电流量，如4～20mA，则电流由FKZ的端子D1、D2输入，D1为负，D2为负。

2）FKZ的信号输出。

①模拟量输出：如图11-12所示，经FKZ变送的表示位置信号的模拟电压量或电流量由端子D4、D5输出，D4为正，D5为负，输出0.1～3.9V或4～20mA模拟信号。

②BCD码输出：BCD码由图11-12中右侧的拔插式端子1～8输出，端子1为公共端（COM），2～5端子对应BCD码的1、2、4、8；6～8端子对应A、B、C。这些端子的输出采用光电开关方式，当各光电开关三极管饱和导通时为1（1为有效）。

③点对点式的开关量输出：分接开关挡位在7挡以下时，可采用点对点式的开关量输出方式。

7挡开关量由图11-12中右侧的拔插式端子1～8输出，端子1为公共端（COM），2～5端子对应开关量的1～4挡；6～8端子对应5～7挡。

3）FKZ操作回路接线图。图11-13所示为FKZ操作回路的内部接线图。外部接线时将 D20 端子排中下面一排的D11～D20 各端子按图中标出的功能与现场分接开关电动机构及遥控执行回路相连接即可。

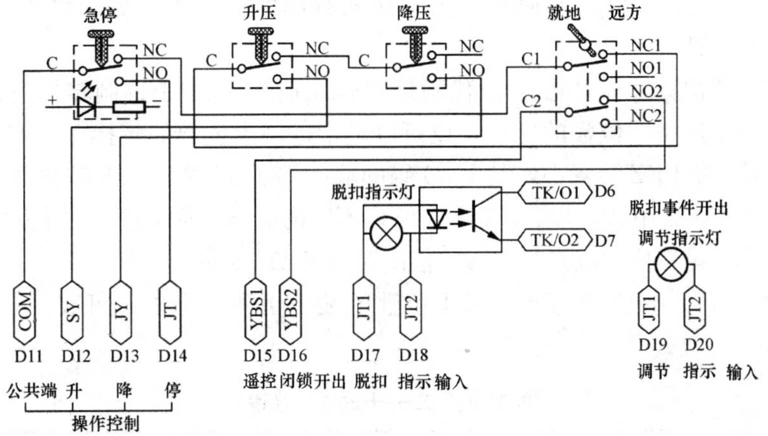

图 11-13　FKZ 操作回路内部接线图

4）电源及接地。端子 D-20 的 D9、D10 引入 FKZ 装置的辅助电源（DC/AC 80～264V），D8 接地。

4. 位置信号表示

（1）十进式分接开关位置信号。许多电动机构将分接开关位置信号变为十进式，由航空插座（如图 11-14 所示）输出。例如某航空插座各针的含义见表 11-7。注意这里编号的含义与 FKZ 并不一致，只是帮助大家理解。

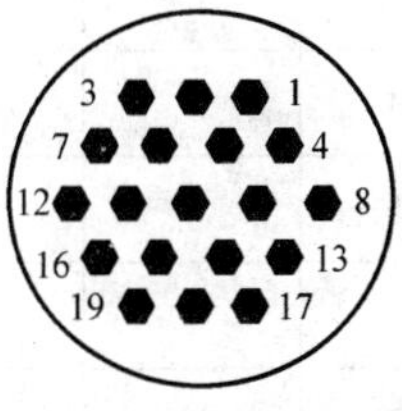

图 11-14　19 芯航空插座示意图

表 11-7　　某 19 芯插座编号含义

19 芯插座编号	说　明	19 芯插座编号	说　明
CX1-1	接个位“1”	CX1-11	接十位“0”
CX1-2	接个位“2”	CX1-12	接十位“10”
CX1-3	接个位“3”	CX1-13	接十位“20”
CX1-4	接个位“4”	CX1-14	接十位“30”
CX1-5	接个位“5”	CX1-15	公共端
CX1-6	接个位“6”	CX1-16	正面指示灯公用端
CX1-7	接个位“7”	CX1-17	“1-N”指示
CX1-8	接个位“8”	CX1-18	“N-1”指示
CX1-9	接个位“9”	CX1-19	“停止”指示
CX1-10	接个位“0”		

（2）BCD 码。用 4 位二进制数来表示 1 位十进制数中的 0～9 这 10 个数码，称为 BCD（Binary-Coded Decimal）码即 BCD 代码，也称二—十进制代码，是一种二进制的数字编码

形式，用二进制编码的十进制代码。这种编码形式利用了四个位元来储存一个十进制的数码，使二进制和十进制之间的转换得以快捷进行。

4位二进制码共有 $2^4=16$ 种码组，在这16种代码中，可以任选10种来表示10个十进制数码，故有很多种方案。

表示分接开关位置时常用的BCD代码是“8421码”。二—十进制转换逻辑见表11-8。表中逻辑可以是十进制个位数的转换，也可以是十进制十位数的转换，它们的逻辑都符合“8421码”规则。在FKZ装置中，其BCD码的输出端子1、2、4、8输出四位二进制开关量，依次对应表11-8中 2^0、2^1、2^2、2^3，它们不同的取值表示十进制的个位数0～9；端子A、B、C，分别输出三位二进制开关量，依次对应表11-8中 2^0、2^1、2^2，它们不同的取值表示十进制数0～7。一般情况下表示十位数的端子由两位组成，可表示39挡，已经足够了。

表11-8　　“8421码”二—十进制转换逻辑

十进制数	BCD码逻辑				十进制数	BCD码逻辑			
	2^3	2^2	2^1	2^0		2^3	2^2	2^1	2^0
0	0	0	0	0	5	0	1	0	1
1	0	0	0	1	6	0	1	1	0
2	0	0	1	0	7	0	1	1	1
3	0	0	1	1	8	1	0	0	0
4	0	1	0	0	9	1	0	0	1

5. 有载分接开关操动机构运行要求

有载分接开关的操动机构应具有以下运行要求。

（1）有载调压分级进行，每次只能调一挡，前后两次调挡应有一定的延时。不允许越级连动。越级连动是失控地连续完成一个以上的分接头切换，是一种不正常的操作。

（2）挡位上下限应有限位措施。有载分接开关调节通常都采用旋转方式，为了防止其旋转过头定位错误，在正、反调的极限位置均应设限位开关中止其旋转。

（3）有载分接开关的操作机构应有紧急停止功能，万一在操作过程中电力系统发生故障，操作有载分接开关可能引起分接开关事故，应立即停止操作。

（4）人工闭锁或主变压器保护动作后应闭锁调挡。

（5）调挡命令发出后要进行校验，发现拒动或滑挡应闭锁调挡机构。

（6）手摇操作时应停电保护，以防冲突。

（7）旋转方向应有保护功能。

（8）具有分接位置指示功能。

（9）应具有动作次数计数功能。

（10）低温自动加热及防潮装置（手动投切）。

注意：多台主变压器并列运行时必须保证同步调挡，且并列运行的各主变压器必须处于同一挡位时才能参加调挡，并列运行的主变压器调挡时必须同时升降。

作为电压和无功功率综合调节设备，在进行有载调压控制时，应考虑到上述情况。

（四）主变压器温度监测

1. 主变压器温度监测的目的

变压器的温度监测是衡量变压器实时运行工况、确定其安全运行的重要手段，也是实现综合自动化变电站无人值班的重要条件之一。

目前国内大部分变压器以油面温度（顶层油温）作为保护变压器安全运行的投切信号，甚至保护跳闸，把油面温度作为变压器监控装置的判断依据，通过监护顶层油温来达到保障变压器安全运行的目的。同时，随着电力事业的发展，大容量油浸变压器得到了迅速的发展和应用，为了保障变压器运行安全可靠，延长变压器的使用寿命，测量变压器的绕组温度的应用也越来越广泛。

当需要将温度信号远传时，常采用温度传感器技术，利用安装在测温现场的热电阻，将温度信号远传到控制室，再通过保护屏上的温度变送器将该温度信号转换成与计算机联网的直流标准信号（0～5V、1～5V、4～20mA 等）输出。

2. 热电阻测温原理

热电阻是基于电阻的热效应进行温度测量的，即电阻体的阻值随温度的变化而变化的特性。因此，只要测量出感温热电阻的阻值变化，就可以测量出温度。热电阻大都由纯金属材料制成，目前应用最广泛的热电阻材料是铂和铜。铂电阻精度高，适用于中性和氧化性介质，稳定性好，具有一定的非线性，温度越高电阻变化率越小；铜电阻在测温范围内电阻值和温度呈线性关系，温度线数大，适用于无腐蚀介质。中国最常用的有 $R_0=10\Omega$、$R_0=100\Omega$ 和 $R_0=1000\Omega$ 等几种，它们的分度号分别为 Pt10、Pt100、Pt1000；铜电阻有 $R_0=50\Omega$ 和 $R_0=100\Omega$ 两种，它们的分度号分别为 Cu50 和 Cu100。其中 Pt100 和 Cu50 的应用最为广泛。此外，现在已开始采用镍、锰和铑等材料制造热电阻。如测量变压器温度常用的 Pt100（它的阻值在 0°时为 100Ω，－200°时为 18.52Ω，200°时为 175.86Ω，800°时为 375.70Ω），其材料就是金属铂，利用其精确的热效应，再根据电桥平衡的原理即可构成测温电路。

图 11-15 所示为常见的三线制测温连接方式。因为连至测温现场的导线有三根，故称之为三线制。其中的 R_2、R_3、R_4 和热电阻 R_t 构成电桥电路——热电阻 R_t 位于测温现场，电桥在测温现场的温度处于起始点时，达到平衡状态。当测温现场温度（如变压器油温）改变时，R_t 阻值发生改变，电桥中 c、d 之间电压必然随之发生改变，将 c、d 之间电压与现场温度之间的关系计算出来，即可利用 c、d 之间电压的大小表示现场温度。

在实际工程应用中，采用的三根导线应具有相同的长度、材质，三根导线的阻值基本相等，这样当环境温度变化时，位于相邻两臂的导线电阻同时增大或减小，$r_1=r_2=r$，对电桥的平衡是不会造成明显影响的。另外一根导线的电阻 r_3，因为其处于电源 E 的电路中，所以其变化根本不会影响平衡。因此，三线制连接可以减少由于环境温度变化所引起的连接导线电阻变化所带来的温度附加误差。

3. WSB 温湿度监控变送仪表

图 11-16 所示为 WSB 温湿度监控变送仪表背视端子图，其中 R_{t1}、R_{t2} 为热电阻，采用三线制连接；变送器输出 0～5V/4～20mA/0～20mA/0～10mA/0～1mA（需参考具体型号的装置说明）信号。辅助电源 DC/AC 80～264V。

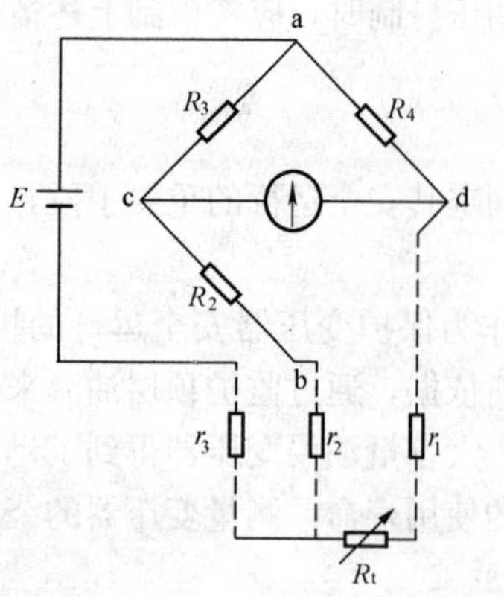

图 11-15　三线制测温连接原理图

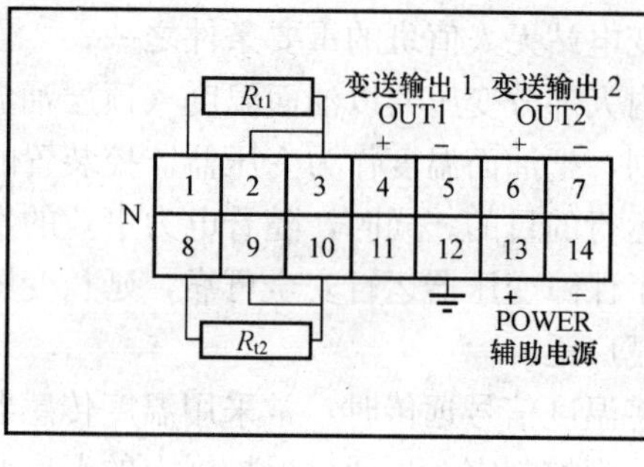

图 11-16　WSB 温湿度监控变送仪表背视端子图

复习思考题十一

1. 线路保护测控装置的主要信息量及参数有哪些？各量含义是什么？
2. 变压器测控装置主要能完成哪些功能？
3. 线路保护测控装置、变压器测控装置背板端子分别输入或输出哪些？
4. 变压器有载调压挡位监控及温度测量的基本原理是什么？

技能训练十一

任务 1：按照某 10kV 开关柜（其中的一次设备、二次设备、二次元器件等的型号、参数已知，并有详细的技术图纸）对保护、测控、通信等方面的要求，绘制出该开关柜的二次接线图，并实施接线；接线完成后进行必要的试验，以检验接线设计及连接的正确性。

任务 2：按照线路保护测控装置的使用说明正确操作其人机交互界面，记录观察到的信息量及参数。

任务 3：依据给定的二次接线安装图及原理接线图，进行以下检测，并填写检测报告。

（1）断路器的控制回路试验。

（2）开关量输入回路试验。

（3）交流回路接线试验。

（4）有载分接开关位置试验。

（5）变压器温度显示试验。

（6）测控装置的开出试验。

（7）有载调压模拟试验。

附录A 微机保护装置试验报告

××微机线路保护

试 验 报 告

批　　准：________________

审　　核：________________

校　　阅：________________

整　　理：________________

检验日期：________________

________供电公司继电保护________班

<table>
<tr><td>安装地点</td><td colspan="6">××站</td></tr>
<tr><td>被保护设备</td><td colspan="6">××</td></tr>
<tr><td>保护屏（柜）型号</td><td colspan="3">PLP31—02</td><td colspan="3">PLP31—06S</td></tr>
<tr><td>屏号</td><td colspan="3">P020526</td><td colspan="3">P020521</td></tr>
<tr><td>合同编号</td><td colspan="6"></td></tr>
<tr><td>生产厂家</td><td colspan="3">南瑞</td><td colspan="3">南瑞</td></tr>
<tr><td>出厂日期</td><td colspan="3">2012.02</td><td colspan="3">2012.02</td></tr>
<tr><td>投运日期</td><td colspan="3">2012.06</td><td colspan="3">2012.06</td></tr>
<tr><td>检验性质</td><td colspan="6">定检</td></tr>
<tr><td>TA、TV变比</td><td colspan="6">1200/5</td></tr>
<tr><td>通知单编号</td><td colspan="6">省调通知单第2012年04月2a\2C号</td></tr>
<tr><td rowspan="6">软件版本
及校验码</td><td colspan="3">PLP31—02</td><td colspan="3">PLP31—06S</td></tr>
<tr><td rowspan="5">931A</td><td>CPU1</td><td>V4.00 D103</td><td rowspan="3">931A</td><td>CPU1</td><td>V4.00 D103</td></tr>
<tr><td>CPU2</td><td>V4.00 DE45</td><td>CPU2</td><td>V4.00 DE45</td></tr>
<tr><td>CPU0</td><td>V4.00 6941</td><td>CPU0</td><td>V4.00 6941</td></tr>
<tr><td rowspan="2"></td><td rowspan="2"></td><td rowspan="2">923C</td><td>CPU1</td><td>3.0 8931</td></tr>
<tr><td>CPU0</td><td>3.0 8399</td></tr>
<tr><td>定值区号</td><td colspan="6">1区</td></tr>
<tr><td>试验仪器仪表</td><td colspan="6">ONLLY-5108D</td></tr>
<tr><td>发现及遗留问题</td><td colspan="6">无</td></tr>
<tr><td>试验结论</td><td colspan="6">合格</td></tr>
<tr><td>调试日期</td><td colspan="6">2012年5月13～14日</td></tr>
<tr><td>工作负责人</td><td colspan="6">×××</td></tr>
<tr><td>调试人员</td><td colspan="6">×××</td></tr>
<tr><td>记录</td><td colspan="6">×××</td></tr>
</table>

PLP31—02屏

LFP—931A微机线路保护试验报告

<table>
<tr><td rowspan="2">铭　　牌</td><td>装置型号</td><td>LFP—931A</td><td>生产厂家</td><td>南瑞</td></tr>
<tr><td>出厂日期</td><td>2012.02</td><td>出厂编号</td><td>P020526</td></tr>
<tr><td colspan="2">交流额定值</td><td colspan="3">5A 100V 50Hz</td></tr>
<tr><td colspan="2">直流额定值</td><td colspan="3">220V</td></tr>
</table>

一、装置通电前检查

外观机械检查		合格
安装接线		良好
绝缘检查	交流回路对地（MΩ）	130
	直流回路对地（MΩ）	120

二、装置通电检查

整机通电检查	合格	开关量输入检查	合格
键盘与打印机回路检查	合格	输出触点检查	合格
交流回路检查	电流5A、电压50V均合格		

三、整组试验

1. 光纤纵差保护整组试验（ms）

	电流值（A）	动作情况	跳闸情况	AN	BN	CN
$1.05I_0$	1.05	差动动作	跳闸重合	20	31	10
$0.95I_0$	0.95	零差动作	跳闸	111	111	111

注 I_0为零序差动保护定值。

2. 相间距离与接地距离保护整组试验（ms）

阻抗值（Ω）		动作情况	跳闸情况	AB	BC	CA	AN	BN	CN
0.95XX2	2.094	可靠动作	跳闸	1021	1023	1023	×	×	×
1.05XX2	2.314	可靠动作	跳闸	4016	4016	4016	×	×	×
0.95XX3	3.658	可靠动作	跳闸	4021	4023	4023	×	×	×
1.05XX3	4.044	可靠不动	×	∞	∞	∞	×	×	×
0.95XD2	2.094	可靠动作	跳闸	×	×	×	1023	1023	1025
1.05XD2	2.314	可靠动作	跳闸	×	×	×	4018	4018	4018
0.95XD3	3.658	可靠动作	跳闸	×	×	×	4023	4020	4023
1.05XD3	4.044	可靠不动	×	×	×	×	∞	∞	∞
反向	0.122	可靠不动	×	∞	∞	∞	∞	∞	∞

注 XX2为相间距离Ⅱ段保护定值；XX3为相间距离Ⅲ段保护定值；XD2为接地距离Ⅱ段保护定值；XD3为接地距离Ⅲ段保护定值。

四、保护带断路器做传动试验

CZX-12A操作箱回路名称	状　况	CZX-12A操作箱回路名称	状　况
手合、手跳回路	正常	压力监视回路	正常
不启动重合闸回路	正常	保护跳合回路	正常
不对应启动重合闸回路	正常		

（1）分别模拟A、B、C相单相瞬时性接地故障，单跳、单重、正确动作。

（2）分别模拟AB、BC、CA相间故障，三跳、正确动作。

（3）模拟A、B、C相单相永久性接地故障，单跳、单重、后加速、正确动作。

（4）模拟手合故障线路，加速三跳不重合。

（5）模拟开关偷跳，正确重合。

附录B CSF206L线路保护装置连接片、定值、控制字

附表B-1 连接片清单

连接片编号	1	2	3	4	5
连接片名称	电流连接片	零序电流连接片	重合连接片	低频连接片	过负荷连接片

附表B-2 定值清单

序号	定值名称	组号	整定范围	步长
1	控制字Ⅰ（十六进制）	1	0000～FFFFH	
2	控制字Ⅱ（十六进制）		0000～FFFFH	
3	过电流Ⅰ段电流定值（A）		2～100	0.01
4	过电流Ⅱ段电流定值（A）		0.5～100	0.01
5	过电流Ⅲ段电流定值（A）		0.5～100	0.01
1	过电流Ⅰ段时间（s）	2	0～99.99	0.01
2	过电流Ⅱ段时间（s）		0.04～99.99	0.01
3	过电流Ⅲ段时间（s）		0.04～99.99	0.01
4	过电流保护低压闭锁定值（V）		10～140	0.01
5	后加速跳闸时间（s）		0.04～99.99	0.01
1	一次重合时间定值（s）	3	0.05～99.99	0.01
2	重合闸充电时间定值（s）		0.5～99.99	0.01
3	检同期重合闸角度		5°～50°	1°
4	检同期电压低值（V）		10～140	0.01
5	检同期电压高值（V）		10～140	0.01
1	低频减载电压闭锁定值（V）	4	10～140	0.01
2	低频减载电流闭锁定值（A）		1～100	0.01
3	低频减载频率偏差（Hz）		0.5～4	0.01
4	低频减载滑差定值（Hz/s）		1～6	0.01
5	备用			
1	控制字Ⅲ（十六进制）	5	0000～FFFFH	
2	自动复归时间定值（s）		1～7200	1
3	控制回路断线确认时间（s）		0.01～99.99	0.01
4	弹簧储能失败确认时间（s）		0.01～99.99	0.01
5	备用			

续表

序号	定值名称	组号	整定范围	步长
1	过负荷电流定值（A）	6	1～99.99	0.01
2	过负荷保护时间定值（s）		0.04～600	0.01
3	零序电压突变量定值（V）		10～100	0.01
4	录波启动电流（A）		0.5～50	0.01
5	备用			
1	零序电流Ⅰ段电流定值（A）	7	0.1～9	0.01
2	零序电流Ⅱ段电流定值（A）		0.1～9	0.01
3	零序电流Ⅲ段电流定值（A）		0.1～9	0.01
4	充电保护电流定值		0.5～100	0.01
5	备用			
1	零序电流Ⅰ段时间（s）	8	0～99.99	0.01
2	零序电流Ⅱ段时间（s）		0.04～99.99	0.01
3	零序电流Ⅲ段时间（s）		0.04～99.99	0.01
4	充电保护延时时间（s）		0.04～99.99	0.01
5	充电保护有效时间（s）		0.1～99.99	0.01

附表B-3　　控制字1清单

D15	D14	D13	D12	D11	D10	D9	D8	D7	D6	D5	D4	D3	D2	D1	D0
备用	录波	小电流接地	加速零序电流Ⅲ段	加速零序电流Ⅱ段	零序电流Ⅲ段	零序电流Ⅱ段	零序电流Ⅰ段	电流Ⅲ段方向	电流Ⅱ段方向	电流Ⅰ段方向	加速电流Ⅲ段	加速电流Ⅱ段	电流Ⅲ段	电流Ⅱ段	电流Ⅰ段

附表B-4　　控制字2清单

位	名　称	含　义	位	名　称	含　义
D0	电流Ⅰ段	0=电流Ⅰ段告警 1=电流Ⅰ段出口	D5	电流Ⅰ段方向	0=电流Ⅰ段不经方向 1=电流Ⅰ段经方向
D1	电流Ⅱ段	0=电流Ⅱ段告警 1=电流Ⅱ段出口	D6	电流Ⅱ段方向	0=电流Ⅱ段不经方向 1=电流Ⅱ段经方向
D2	电流Ⅲ段	0=电流Ⅲ段告警 1=电流Ⅲ段出口	D7	电流Ⅲ段方向	0=电流Ⅲ段不经方向 1=电流Ⅲ段经方向
D3	加速电流Ⅱ段	0=后加速电流Ⅱ段退出 1=后加速电流Ⅱ段投入	D8	零序电流Ⅰ段	0=零序电流Ⅰ段退出 1=零序电流Ⅰ段投入
D4	加速电流Ⅲ段	0=后加速电流Ⅲ段退出 1=后加速电流Ⅲ段投入	D9	零序电流Ⅱ段	0=零序电流Ⅱ段退出 1=零序电流Ⅱ段投入

续表

位	名称	含义	位	名称	含义
D10	零序电流Ⅲ段	0＝零序电流Ⅲ段退出 1＝零序电流Ⅲ段投入	D13	小电流接地	0＝小电流接地选线功能退出 1＝小电流接地选线功能投入
D11	加速零序电流Ⅱ段	0＝后加速零序电流Ⅱ段退出 1＝后加速零序电流Ⅱ段投入	D14	录波	0＝录波功能退出 1＝录波功能投入
D12	加速零序电流Ⅲ段	0＝后加速零序电流Ⅲ段退出 1＝后加速零序电流Ⅲ段投入	D15	备用	备用

附表B-5　控制字2清单

D15	D14	D13	D12	D11	D10	D9	D8	D7	D6	D5	D4	D3	D2	D1	D0
备用				备用	同期抽取电压相位选择			备用	母联充电	过负荷	TV断线判别	TV断线与保护	低压闭锁	重合方式	

附表B-6　控制字2位清单

位	名称	含义
D1：D0	重合方式	D1　D0 0　0—不检定 0　1—检无压 1　0—检同期
D2	低压闭锁	0＝电流保护低压闭锁退出 1＝电流保护低压闭锁投入
D3	TV断线与保护	0＝TV断线退出保护 1＝TV断线退出方向和低压闭锁
D4	TV断线判别	0＝退出TV断线判别 1＝投入TV断线判别
D5	过负荷保护	0＝过负荷告警 1＝过负荷出口
D6	母联充电保护	0＝不做母联充电保护 1＝做母联充电保护
D7	备用	备用
D10～D8	同期抽取电压相位选择	D10　D9　D8 0　0　1　—　A相 0　1　0　—　B相 0　1　1　—　C相 1　0　0　—　AB相 1　0　1　—　BC相 1　1　0　—　CA相
D15～D11	备用	备用

附录C CSF206L线路保护装置端子图

电源插件(1J)

端子	名称	功能
1	地	
2		
3	~220V	交流电源输入
4		
5	~220V	
6		
7	+XM	失压告警
8		
9	+24GND	直流电源输出
10	+24V	

逻辑插件(2J)

端子	功能
1	
2	
3	
4	
5	遥跳
6	
7	遥合
8	
9	事故总信号
10	
11	预告总信号
12	
13	备用1出口
14	
15	备用2出口
16	
17	备用3出口
18	
19	备用4出口
20	
21	备用5出口
22	

跳闸插件(3J)

端子	功能
1	保护跳合闸电源+KM
2	
3	保护跳合闸电源-KM
4	
5	保护跳闸出口
6	保护跳闸入口
7	保护合闸出口
8	保护合闸入口
9	手动跳闸入口
10	手动合闸入口
11	跳位至合闸机构箱
12	至合闸机构箱
13	至跳闸机构箱
14	
15	+XM 控母断线
16	TWJ HWJ
17	信号公共
18	HWJ 红灯
19	TWJ 绿灯
20	手跳遥信信号
21	
22	跳位位置遥信

通信插件(4J)

端子	功能
1	串口3发送(备用)①
2	串口3接收(备用)
3	串口2发送(备用)
4	串口2接收(备用)
5	串口1发送(备用)
6	串口1接收(备用)
7	通信地
8	
9	以太网D线
10	以太网C线
11	以太网B线
12	以太网A线
13	
14	
15	通信地
16	串口1接收②
17	串口1发送
18	
19	LonWorks A线
20	LonWorks B线
21	
22	

测控插件(5J)

端子	功能
1	有功脉冲/直跳或告警信号1
2	无功脉冲/直跳或告警信号2
3	脉冲公共端
4	普通开入3/直跳或告警信号3
5	隔离开关1位置
6	隔离开关2位置
7	控制回路断线
8	闭锁重合闸
9	弹簧未储能
10	远方操作闭锁
11	手动同期合闸开入
12	普通开入11/直跳或告警信号11
13	备用开入公共端
14	普通开入12/直跳或告警信号12
15	跳闸位置
16	手动跳闸信号
17	备用开入公共端
18	串口0接收端
19	串口0发送端
20	串口地
21	
22	

模拟插件(6J)

端子	功能	端子	功能
1		17	
2	电压Ua	18	电压Ua′
3	电压Ub	19	电压Ub′
4	电压Uc	20	电压Uc′
5	零序电压3U0	21	零序电压3U0′
6	检同期电压Ux	22	检同期电压Ux′
7		23	
8		24	
9	保护电流Ia	25	保护电流Ia′
10	保护电流Ib	26	保护电流Ib′
11	保护电流Ic	27	保护电流Ic′
12		28	
13	测量电流Ia	29	测量电流Ia′
14	测量电流Ib	30	测量电流Ib′
15	测量电流Ic	31	测量电流Ic′
16	零序电流3I0	32	零序电流3I0′

①通信插件上端口1～12功能当配有IP2022通信子卡时有效，且该功能与LonWorks功能两者互斥。

②通信插件上端子15～17功能与端子19～20(LonWorks)功能互斥。

参 考 文 献

[1] 国家电网公司人力资源部. 继电保护. 北京：中国电力出版社，2010.
[2] 国家电力调度通信中心. 继电保护培训教材. 北京：中国电力出版社，2009.
[3] 国家电力调度通信中心. 电力系统继电保护规程汇编. 2版. 北京：中国电力出版社，2000.
[4] 江苏省电力公司. 电力系统继电保护原理与实用技术. 北京：中国电力出版社，2006.
[5] 国家电力调度通信中心. 电力系统继电保护实用技术问答. 北京：中国电力出版社，2000.
[6] 许正亚. 变压器及中低压网络数字式保护. 北京：中国水利水电出版社，2007.
[7] 王维俭. 发电机变压器继电保护应用. 北京：中国电力出版社，2005.
[8] 杨晓敏. 电力系统继电保护原理及应用. 北京：中国电力出版社，2006.
[9] 陈德树，张哲，尹项根. 微机继电保护. 北京：中国电力出版社，2000.
[10] 丁书文. 电力系统自动装置原理. 北京：中国电力出版社，2007.
[11] 丁书文. 变电站综合自动化现场应用技术. 北京：中国电力出版社，2008.
[12] 王大鹏. 电力系统继电保护测试技术. 北京：中国电力出版社，2006.
[13] 电力行业职业技能鉴定指导中心. 继电保护工. 北京：中国电力出版社，2002.
[14] 国家电力公司华东公司. 变电二次安装技术问答. 北京：中国电力出版社，2005.
[15] 袁乃志. 发电厂和变电站电气二次回路技术. 北京：中国电力出版社，2004.
[16] 王国光. 变电站综合自动化系统二次回路及运行维护. 北京：中国电力出版社，2005.
[17] 杨奇逊. 微型计算机保护基础. 北京：中国电力出版社，2005.
[18] 熊为群. 继电保护自动装置及二次回路. 2版. 北京：中国电力出版社，2000.
[19] 黄益庄. 变电站综合自动化技术. 北京：中国电力出版社，2001.
[20] DL/T 995—2006. 继电保护和电网安全自动装置检验规程. 北京：中国电力出版社，2006.
[21] 邓庆松，周世平，等，300MW火电机组调试技术. 北京：中国电力出版社，2002.